天津大学社会科学文库

天津大学古建筑测绘历程

天津大学建筑学院建筑历史与理论研究所 主编

STRIVING FOR PERFECTION:
HISTORY OF ARCHITECTURAL HERITAGE RECORDING BY TIANJIN UNIVERSITY

Editor Institute of Architectural History & Theory, School of Architecture at Tianjin University

图书在版编目（CIP）数据

天津大学古建筑测绘历程/天津大学建筑学院建筑历史与理论研究所主编. —天津:天津大学出版社，2017.10
（天津大学社会科学文库）
ISBN 978-7-5618-5974-2
Ⅰ.①天… Ⅱ.①天… Ⅲ.①古建筑—建筑测量—建筑史—天津 Ⅳ.①TU198
中国版本图书馆CIP数据核字（2017）第245544号

策划编辑 金 磊 韩振平
责任编辑 郭 颖

出版发行 天津大学出版社
地 址 天津市卫津路92号天津大学内（邮编：300072）
电 话 发行部：022-27403647
网 址 publish.tju.edu.cn
印 刷 北京信彩瑞禾印刷厂
经 销 全国各地新华书店
开 本 235mm×305mm
印 张 22
字 数 406千
版 次 2017年10月第1版
印 次 2017年10月第1次
定 价 228.00元

目录
Contents

我们的历程
——天津大学建筑学院古建筑测绘

古建筑测绘是天津大学建筑学科教育的重要组成部分。几十年来，天津大学建筑学院在人才培养、学科发展、服务社会等方面取得了令人瞩目的成就。值此天津大学建筑教育 80 周年庆，建筑学院建筑历史与理论研究所愿以几十年的测绘历程作为纪念。

先辈的起步
——中华人民共和国成立前

中国近现代建筑学科的古建筑测绘，始于 20 世纪初，有识之士强烈的民族意识与学术见识，西方和日本近代学者研究中国建筑的影响以及海外留学归来学子带回的科学方法等因素，推进了中国的古建筑测绘实践。朱启钤、刘敦桢、梁思成等众多学者，以及中国营造学社、旧都文物整理委员会等社会学术团体和政府机构为此做出了重要贡献。在这些学者和团体机构的带动下，新兴的中国近现代大学建筑学科师生也以各种方式参与其中。

意大利留学归来的沈理源先生（图 1），曾为天津工商学院建筑系（天津大学建筑学院前身之一）的主要负责人。作为近现代以来中国第一代建筑师和建筑教育家，沈先生早在 1920 年就对杭州胡雪岩故居进行了测绘，留存至今的总平面图（图 2），是目前所知中国学者最早运用现代测绘方法完成的古建筑图纸。

为了在抗日战争期间保护珍贵的古建遗产，通过朱启钤先生的疏通联系，由当时兼任天津工商学院建筑系教授的著名建筑师张镈先生（图 3）负责，组织学院师生和基泰工程公司展开了大规模的北京（时称北平）中轴线建筑测绘（图 4），在近代中国古建筑测绘史上留下了浓重的一笔。1941 年至 1945 年，共完成南起永定门、北达鼓楼的中轴线和天坛、先农坛、太庙、社稷坛等许多重要建筑的测绘图约 700 余幅。测绘按照现代建筑制图规范，以墨线图表达几何信息与结构特征，以渲染图突出视觉效果，还包括了材料和工艺的调查记录。

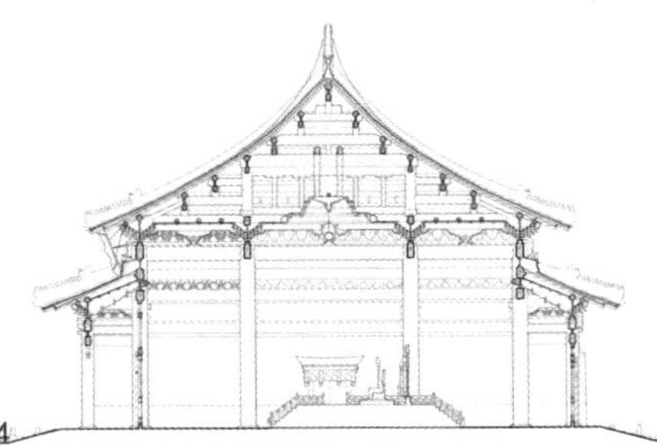

在测绘过程中，北京大学工学院建筑系主任朱兆雪亦组织师生，以大中工程司名义，从 1942 年开始参与部分工作，其中就有当年毕业并任教于该校的冯建逵先生（图 5）。以此为契机，冯先生开始致力于中国古建筑，特别是清代建筑工程做法的研究。1945 年，冯先生转入天津工商学院建筑系任教，1952 年随该学院（时称津沽大学）并入天津大学，成为首批天津大学建筑教育的骨干教师。20 世纪 70 年代末至 80 年代的改革开放初期，他作为民用建筑设计教研室主任，为大力配合古建筑测绘教学所开设的"清式营造法"课程，融丰厚的知识性与趣味性于一体，脍炙人口。

更直接把中国古建筑测绘带进天津大学建筑教育的前辈学者，当属 1942 年毕业于南京中央大学建筑系，深受刘敦桢、梁思成等学者学术熏陶的卢绳先生（图 6）。卢先生就读中大时就对建筑历史充满兴趣，毕业后在李庄师从刘、梁二位先生，参与了抗战期间营造学社在大西南的研究活动，如 1943 年至 1944 年在宜宾参加旧州坝白塔、宋墓等建筑的调查测绘，发表学术论文《宜宾旧州坝塔墓实测记》和《旋螺殿》（图 7）。此间，他还协助梁思成编撰《中国建筑史》。1945 年后，卢先生曾在中央大学等多所高校任教，1952 年随北方交通大学唐山工学院建筑系并入天津大学，长期主持中国建筑史和古建筑测绘教学工作。

朱启钤、刘敦桢、梁思成等第一代中国近现代建筑学者开展的古建筑考察与测绘，肇始了中国人自己的古建筑研究，在战乱多发的苦难年代取得了瞩目成就；

沈理源、张镈、卢绳、冯建逵和天津工商学院（图 8）师生在这一历史时期的实践和贡献，不仅给天津大学后继者留下了强烈的学术荣誉感，更成为其不断进取的重要动力。

初成的体系

——20 世纪 50 年代至 60 年代

1952年，天津大学土木建筑工程系由天津工商学院、北方交通大学、唐山工学院等数所院校调整、合并而成。至 1997 年成立建筑学院，古建筑测绘一直是天津大学建筑学教育不可或缺的教学环节。

1953 年暑期，1952 级建筑学专业学生组成“参观测绘实习团”，由卢绳主持，童鹤龄、郑谦、张佐时、赵冠洲等协助带队，在北京进行古建筑认识实习，为古建测绘课程纳入天津大学建筑学固定教学计划奠定了重要基础。此间，卢先生还专门针对正在讨论的计划草案，回津同徐中先生等学科负责人探讨古建测绘教学。

同毕业于南京中央大学的徐中先生（图 9），曾留美获硕士学位，自 1939 年起任教于中央大学建筑系，1950 年任唐山工学院建筑系主任并随之转入天津大学，长期主持天津大学建筑学教育工作。徐先生长于建筑设计、建筑美学，中国传统建筑学养丰厚，1950—1960 年主持设计天津大学主楼等一批校园建筑以及北京纺织部大楼等，创造出新中国传承传统建筑艺术风格的佳例。

9

由徐中先生主持，以 1953 年草案为基础，遵循高教部 1954 年颁布的五年制建筑教育须设 5 次实习的规定，天津大学结合教学传统和现实需要，正式把中国古建筑测绘列入教学计划。1954 年正是学习民族建筑形式的高潮，测绘实习引起新闻宣传的关注。中央新闻纪录电影制片厂对徐中先生带队、卢绳先生主持教学的 1951 级承德古建筑测绘实习跟踪拍摄，以“测绘古代建筑物”为题，制作了时长 2 分 22 秒的新闻短片，成为 1954 年第 39 号《新闻周报》。影片不仅保存了徐先生在承德须弥福寿之庙妙高庄严殿（图 10）前向学生实地讲解授课的画面，并且记录了现场实测的工作情况，堪称宝贵（图 11）。

10　11

自此，天津大学建筑学院开启了大规模古建测绘的教学历程。教师的生动讲解，增进了学生对中国传统建筑文化的理解与热爱；大规模的建筑组群测绘，培养了学生吃苦耐劳、团队协作的精神；丰富的材料与结构关系，全面的建筑体系认知，规范的工程制图，锻炼了学生草图绘制、手工与仪器测量、图纸记录的能力，加强了学生的建构工程意识；多样的表达方式，训练了学生的绘图技巧，提高了审美素养。由于测绘集合了大量的建筑学科基础知识与技能，在参加过测绘的学生中曾流传着“通过古建筑测绘实习等于建筑基本功出师”的说法。古建测绘教学从中国古建筑学习，延伸出更广泛的建筑学基础教育的价值，至今依然如此。承德测绘之后，在卢绳先生主持下，天津大学于 1955 年至 1957 年间，相继测绘了北京故宫内廷宫苑与颐和园的部分建筑，在教学安排的诸多方面积累了经验，并在此后的实践中不断完善。基本的教学过程、方式和内容主要为以下五点。

第一，针对教学需求、教学条件与建筑价值确定测绘对象：由于学校地理位置和对中国传统建筑的基础认知需要，20 世纪 60 年代前多以华北、东北的清代官式建筑为主。

第二，测绘前的基础准备：包括拟定测绘大纲、前期授课、学生动员、规定安全事项，学习或复习测绘技能等基础准备项目。

第三，现场测量与绘图：主要工作程序为参观实物、现场讲解、分组、制订工作计划、绘制草图、测量、绘制铅笔仪器草图、绘制正式成果图。

第四，人力分配与认知综合平衡：合理分配绘图内容，使学生都能理解测绘对象的基本形式和结构；由具体负责某项图纸的学生提出要求并记录数据，其他同学测量报数；绘图中相互补充、印证数据，在完成各自图纸的同时，进一步全面了解测绘对象。

第五，图纸要求：墨线线形按断面线、外轮廓线、内轮廓线、主要构件和细部纹样线划分，对图纸字体、配景也有严格要求。图面既反映建筑空间、形体层次，又富于美感。结合对中国古建筑艺术特性的理解，必要时加入彩绘和组群整体的形象表达。

令人叹息的是，1957 年“反右”运动中，卢绳先生被错误打成“右派”，天津大学建筑历史教研室撤销。原计划于 1958 年赴西藏测绘布达拉宫开展西藏建筑研究，也随之夭折。但从“反右”到“文化大革命”期间，由于可以被视为加强体力劳动和团结协作的教学活动，古建测绘教学除了在“大跃进”和“三年困难时期”暂停外，一直未予取缔，还结合“教育革命”加入勤工俭学内容。系领导徐中先生一如既往地支持测绘，逆境中的卢绳先生发扬乐观精神长期坚守，许多切身体会到测绘价值的教师继续发挥着他们对学术和教育的热情。1960 年，天津大学编纂的《清代苑囿建筑测绘图集（第一辑）》（图 12）首次将测绘成果付梓，收录了避暑山庄、故宫乾隆花园的测绘图，不仅在建筑高校与文物单位间广泛交流，还被香港学者李允鉌先生应用于 1975 年的著作《华夏意匠》（图 13）中。

12

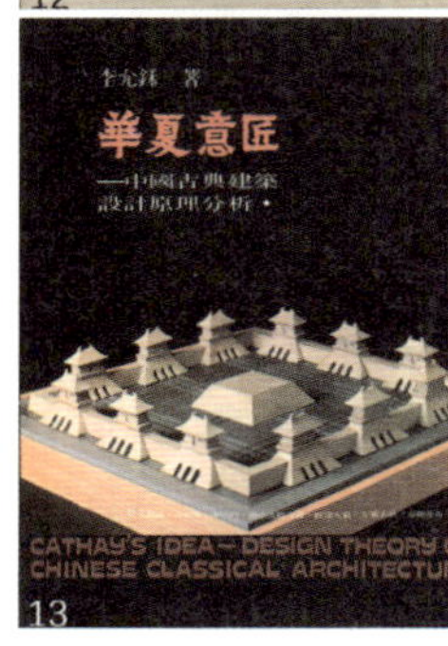

13

“文化大革命”前夕，1962—1964 年，天津大学测绘了承德避暑山庄与外八庙、北京故宫内廷宫苑、河北易县清西陵、辽宁沈阳故宫与关外三陵。其中，1964 年沈阳测绘在天津大学师生中留下了重要记忆。（图 14）这次测绘在“备战”主题下，以社会主义建设勤俭办学为导向，同沈阳故宫博物馆协商，对部分学生采取了至今仍行之有效的勤工俭学的方式。测绘教学延续天津大学传统，取得了丰厚的成果。这一时期的测绘教学虽然交通、食宿条件艰苦，工具简陋，但师生甘苦与共的实施过程按部就班，进展顺畅。

14

在卢绳先生的推动下，测绘成果很快成为天津大学建筑研究的重要组成部分，为当时的清代苑囿、明清陵寝等主要专题方向提供了基础资料。1956—1957 年，卢先生在《文物参考资料》上连续发表了《承德避暑山庄》《承德外八庙建筑》《北京故宫乾隆花园》等论文。但“反右”以后的卢先生只能默默从事教学，同测绘相关的更多成果一直未能及时发表，有的在多年后才得以面世，如《清代苑囿概说》《承德避暑山庄与其他苑囿的比较》《多民族国家统一政策的贯彻与承德避暑山庄的建立》《中国古代墓葬建筑》《清代陵寝建筑群造型的艺术分析》《清东陵的“陵圈”建筑考记》等。

“文化大革命”使中国高等教育陷于混乱和停顿。即便如此，1975—1978 年仍有三届工农兵学员在北京颐和园进行了相对简单的古建筑测绘实践。

传承的发展
——20 世纪 80 年代

以 1977 年恢复高考为标志，中国高等教育重新步入正轨。在 20 世纪 80 年代拨乱反正、社会主义四个现代化建设的新时期，在徐中先生的继续领导以及冯建逵、童鹤龄等前辈和其他诸多教师的支持、参与下，由中国建筑历史授课教师杨道明负责，天津大学古建筑测绘优良传统迅速得到恢复和发扬。遗憾的是，卢绳先生已于 1977 年辞世，未能看到他钟爱的事业发扬光大。1979 年，天津大学建筑系重新独立。1980 年开始，在冯建逵先生倡导下，天津大学在整理已有成果的基础上继续清代皇家陵寝的大规模测绘。1981 年，恢复高考后的首批学生——1977、1978 级本科生测绘河北遵化清东陵孝陵、裕陵、定东陵；1982 年，1980 级本科生继续测绘清东陵孝陵、孝东陵。截至 1990 年，学生们又相继测绘了河北曲阳北岳庙、北京北海、山西浑源悬空寺、北京明十三陵、四川阆中古建筑、山东蓬莱水城与蓬莱阁以及天津蓟县独乐寺等建筑。

伴随古建测绘教学继续进行，对“文革”前测绘成果的整理、研究、发表和继承、创新也在新时期有序展开。许多教师提出承德避暑山庄和外八庙是天津大学古建筑测绘的重要起点，具极高的艺术价值，既有褒扬中国传统建筑艺术的重要意义，也蕴含着天津大学建筑学人的自豪，测绘成果应该尽快出版。由此，经各方共同努力，凝聚了几代师生心血的《承德古建筑》（图 15）一书于 1982 年出版，获该年度全国优秀科技图书一等奖，并由日本朝日新闻出版社翻译后在日本发行（图 16）。该书在改革开放的起步年代，引起巨大反响。天津大学史绍熙校长在出国访问时，还将该书作为学术礼品赠予国外高校。随后，其他测绘成果也陆续整理、研究和出版，如冯建逵等主持编著的《清代内廷宫苑》（1986 年）（图 17）、《清代御苑撷英》（1990 年）（图 18）等。

15　16　17　18

20 世纪 80 年代，以杨道明先生为主主持测绘教学，直至 1994 年退休。同时，一批青年教师逐步担起重任。建筑历史和古建测绘领域的代表王其亨先生，自 1982 年 2 月攻读研究生起，就在联系、组织和指导测绘中发挥重要作用，1984 年留校任教后复接续前辈经验，逐步开始了 30 余年富有战略眼光的，系统性、针对性的开拓性实践。

这一时期的天津大学古建测绘在传承前人成果的基础上继续发展，结合推进学术研究和著作出版的目标，仍然以明清皇家陵寝、园林、宫殿等作为古建测绘的主要对象。经过数年的测绘与积累，20 世纪 80 年代以王其亨先生主持的国家自然科学基金“清代皇家园林综合研究”“清代皇家园林综合研究续”“清代陵寝综合研究”和“清代陵寝综合研究续”为先导，形成一系列学术论著以及优秀博士、硕士学位论文。进而，陵寝测绘又进一步扩展到明代。以 1987 年 16 名学生高效、优质地完成明永陵“勤工俭学”测绘为起始，1988 年至 1994 年间，又对明十三陵进行了 4 次大规模测绘。由天津大学承编的《中国美术分类全集·中国建筑艺术全集·清代陵寝建筑》（图 19），就是在测绘和研究基础上，精美翔实地展现了传统的建筑艺术之美。

19

在清代皇家园林方面，1985—1988 年，师生们完成了北海全园建筑的测绘记录，还绘制了各组群的总体效果图。在当时的测量条件下，师生们为全面展现团城、琼岛及北海北岸的组群性景观不懈努力，完成了气势磅礴的整体立面、剖面图，这些经后续数字化的彩绘渲染，成为天津大学测绘的代表性成果之一。北海测绘也成为天津大学开展中国传统园林系列研究的重要起点，并取得了数十部包括硕士、博士论文在内的一系列研究成果。进入 21 世纪后，天津大学古建测绘更获得多项国家级科研基金资助如“中国古典园林的学术史研究”（国家社科基金，刘彤彤）、“颐和园营建过程研究”（国家自然科学基金，张龙）、“清代行宫综合研究”（国家自然科学基金，朱蕾）等。

此外，天津大学对明清陵寝和北海公园的测绘，还为其申报世界文化遗产奠定了坚实的基础，在古建筑遗产保护和宣传领域起到巨大的作用。

1990 年，在 20 世纪 40 年代张镈指导的天津工商学院实践的基础上，故宫博物院同天津大学商讨合作，开启了 20 世纪 90 年代天津大学的数次北京故宫和坛庙的测绘活动。

自此，天津大学通过测绘教学全面记录了清代陵寝、园林、宫殿、坛庙等重要官式建筑类型，获得多项科研基金的支持，全面拓展了研究的深度广度。

20 世纪 80 年代的测绘教学，是继承优秀传统、不断总结经验、积极提升质量、结合科研与教学的发展过程，呈现出如下几个方面的新特点。

第一，加强爱国主义、优秀传统文化教育与民族自信培养：改革开放后，西方文化对中国的影响日益增强，甚至出现某种程度的“民族虚无主义”。为此，天津大学古建筑测绘特别注重以丰富的研究成果，联系西方学者对中国传统的褒扬和借鉴，在同西方当代艺术的对比中，展现中国传统文化和技艺的价值。

第二，突出群体效果，体现中国建筑的丰富组合特征：继承前辈的方法，除总平面外，还从局部庭院组合片段推进到连续院落的大规模整体立面、剖面图，以北海琼岛、山西浑源悬空寺和山东蓬莱阁等为典型范例。

第三，注重特定构造与装饰细节，把握类似建筑细微差异的意义：在努力发扬前辈传统的时候，特别关注众多细节差异在历史进程、形象和工艺中的价值，鼓励学生在测绘中发现此类情况，把测绘当作兼具勘察、研究性质的综合调查。

第四，聘请专家进行多角度的讲解和授课：针对各种测绘对象，积极聘请相关领域的专家和学者现场授课，涉及不同的学术层面，从而拓展了学生的视野，加深了民族传统文化修养。

第五，结合学术研究和研究生教育等需要，有意识地进行学术积累：长期关注一些大规模的建筑组群和经典的建筑类型，力求通过结合测绘来获得完整的认知和把握，并安排研究生从多个方面展开研究，获得丰硕成果，为天津大学的建筑历史不断拓展和深入研究奠定了重要基础。

鉴于长期教学实践取得的突出成绩，天津大学中国古建筑测绘教学课程——“中国古建筑测绘实习——提高建筑教育质量的重要综合性实践教学环节”，于1989年12月28日获得国家教委国家级教学成果特等奖（图20），这也是建筑学教育领域至今唯一获取国家级教学成果特等奖的项目。

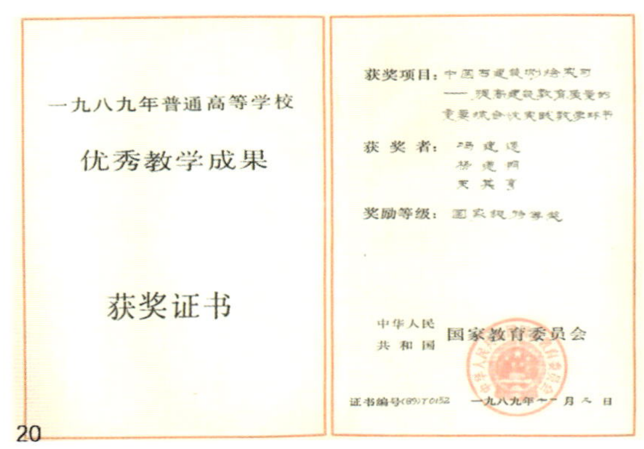
一九八九年普通高等学校

优秀教学成果

获奖证书

获奖项目：中国古建筑测绘实习——提高建筑教育质量的重要综合性实践教学环节

获奖者：[illegible]

奖励等级：国家级特等奖

中华人民共和国 国家教育委员会

证书编号(89)T0152 一九八九年

20

前行的改革
——20世纪80年代后期至90年代

20世纪80年代后期和90年代初，是高校古建筑测绘教学危机与机遇共存的年代。此间，天津大学建筑系抓住各种机会坚持大规模测绘，同时推进测绘教学多方面的改革进程。

测绘危机主要体现在市场经济发展和既有行政管理体制的矛盾，一度面临经费严重短缺，从而出现古建测绘只面对少数特定学生，或选定一两个建筑作为教学点的观点。许多建筑院校的古建测绘办办停停，或不定期结合教师研究项目，进行小规模的专题测绘，甚或以参观实习取代。在这种情况下，天津大学克服困难，艰苦奋斗，控制成本，节流开源，竭力坚持。美术教研室章又新先生提出就近水彩实习，免除食宿、差旅支出，在教学固定经费中减省水彩实习部分以支持测绘实习。同时，由于牵涉企业改制，工地实习频遭推辞，逐渐取消，经费转而补充测绘实习。

20世纪90年代后，国家逐步加大对古建保护修缮的力度与经费投入，高校测绘有机会同文保单位的各种实际任务相结合，也形成一定竞争。天津大学通过展现长期积累的测绘教学成就，尽力争取代表古代杰出建筑艺术和技术的、具有国家或世界级文化遗产价值的大型古建筑群作为测绘对象。

在教学对象方面，天津大学基于学科共通和城市快速建设中日益突出的不可移动文物保护问题，要求新增的城市规划专业学生也参加古建测绘训练，接受传统建筑文化熏陶。因而，20世纪90年代的天津大学测绘教学往往面对上百名学生，虽有许多实际困难需要克服，却更具备了短期完成大规模建筑组群测绘的实力。

困难中的坚守和学术发展机遇，使天津大学古建筑测绘进入了新的发展与改革时期。1990年，对天津独乐寺进行了具有特殊意义的测绘——落架大修前的残损现状测绘，这在中国古建筑测绘的历史上又留下了浓重的一笔。为高质量完成测绘工作，教学组深入研究了测量方案，在建筑内外布设控制网和垂直基线，采用交会测量法获取观音阁和山门各部分可能发生倾斜、位移的数据。测量中对所有柱子加以编号，柱头、柱脚都依据控制线进行测量。在观音阁测量中，使用透明聚酯薄膜将各层平面图叠合，揭示出观音阁除了存在目视可见的倾斜外，还发生了各层水平方向的扭转。通过详尽的勘查还进一步发现了相关角柱的扭曲劈裂等问题，最终完成了观音阁和山门测绘图纸60余张，直观地反映出建筑物的现状及残损面貌，并撰写了包括构件尺寸与变形缺损记录的《天津市蓟县独乐寺测绘报告》，为分析现状和修缮施工提供了重要的基础资料。（图21）在传统经纬仪、水平仪和手工测量的配合下，作为中国古建筑测绘的一次独特尝试，独乐寺测绘获得了国家相关机构和学术界的高度评价。

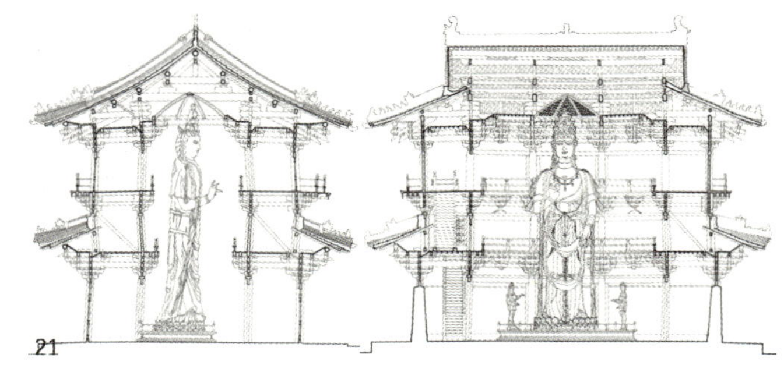
21

1991年，故宫博物院再次邀请天津大学进入北京故宫测绘，同期还进行了沈阳故宫测绘。测绘过程得到故宫博物院众多顶级古建专家学者的帮助和指导，严格把关成果验收，对天津大学测绘的精益求精起到了很大促进作用。其后，1992、1997、1998、1999年相继展开的北京故宫、太庙（图22）、天坛（图23）和社稷坛（图

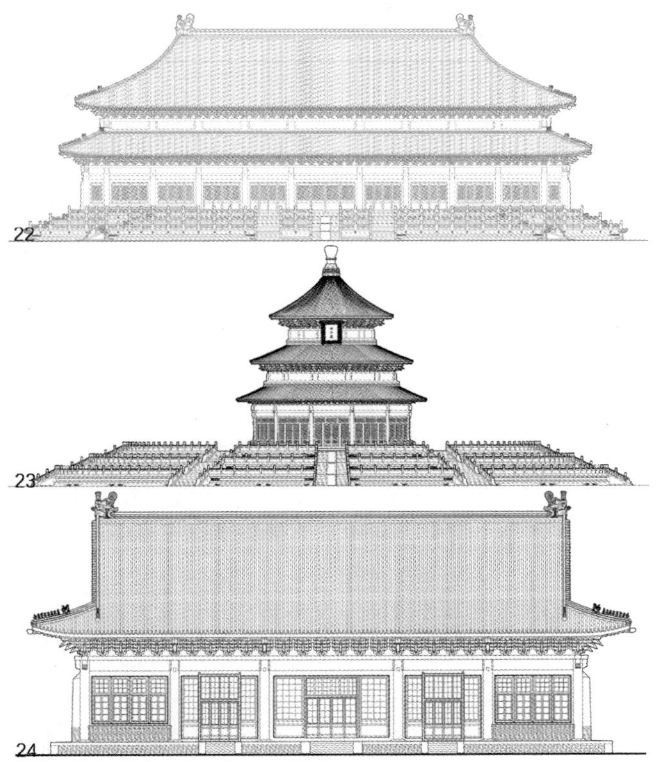

24）等多处皇家建筑测绘，均获得相关单位和古建界的充分好评。对北京明清都城主要建筑的测绘，也促成了国家自然科学青年基金项目“明清都城坛庙格局”（曹鹏）、“清代皇家建筑装修设计研究”（何蓓洁）等后续研究方向的形成。

1992年，国家决定以维修青海乐都瞿昙寺为起点，扶持“老少边穷”地区的重要文物建筑保护项目。1993年，经国家文物局专家组鼎力推荐，青海省文化厅委托天津大学测绘和制定保护修缮工程设计方案。在设计、施工的过程中，国家文物局专家组考察现场，直接监督、指导工作，力求使其成为“样板工程”。由于项目的特殊性，天津大学汇集已有测绘经验的三年级学生结合课程设计展开工作，在详尽勘察、测绘、记录各种残损状况的基础上，严格遵守文物保护的原则，采用最小干预、可逆性措施来解决问题。修缮部位历经20余年冻胀循环的考验，至今无开裂和渗漏等现象，成为名副其实的修缮样板工程。青海乐都瞿昙寺测绘不仅使天津大学测绘走向新的地域，也开启了测绘结合修缮工程设计的历程。（图25）

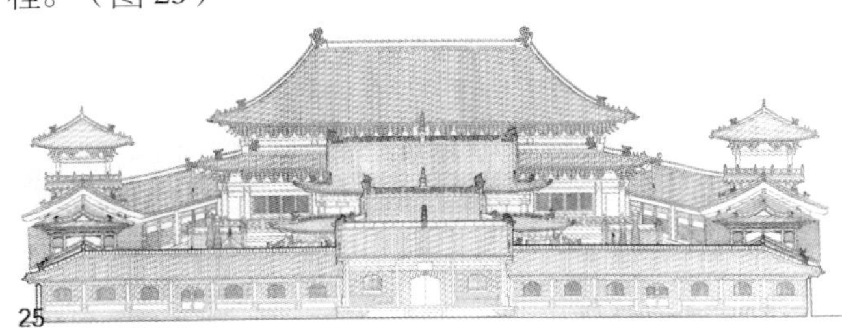

以瞿昙寺为契机，天津大学与甘肃、青海两地文物部门建立了良好的合作关系。自1993年起，陆续完成了青海、甘肃诸多全国重点文物保护单位的测绘、研究、修缮设计和保护规划。2001年，专项研究课题“甘青地区传统建筑及其保护研究”（吴葱）获国家自然科学基金资助。2004年，“甘肃永登鲁土司衙门旧址修缮工程施工图设计及预算”入选年度“全国十佳文物保护工程勘察设计方案及文物保护规划”。

伴随着社会的发展和实际需求，以独乐寺、瞿昙寺等结合实际工程的测绘为标志，天津大学测绘步入了“产学研一体化”的阶段。以往主要面对教学的高校测绘成果，相对更注重建筑艺术效果和图面表达，多数只有少量的控制尺寸。据杨道明先生回忆，早在20世纪60年代，时任古代建筑修整所工程组组长的祁英涛先生，在充分肯定天津大学测绘图的同时，就表达了欢迎高校测绘力量加入文物保护体系的愿望，建议在图纸上标注详细尺寸，以便用于修缮设计。1985年中国成为世界遗产缔约国，越来越重视文物建筑遗产的保护。申报世界文化遗产逐步提上日程，对“文物四有”有了更严格的要求，各种保护规划、修缮也需要数据详尽的高质量测绘图纸，而高校拥有关键的测绘技术与人力资源优势。由此，天津大学适时转变观念，调整测绘教学思路和方案，着力使教学成果达到文物保护实践的要求。

但是，详细标注数据的图纸要求，在实践中也显露出一些问题，如增加了测绘时段师生的工作量，尺寸线与数据繁杂影响图面美观，测绘成果时有延期，等等。因此，天津大学古建测绘开始向数字化方向拓展，配合一系列相应的教学改革，既适应了技术发展，又解决了上述问题。

1989年，毕业设计课题为“北海万佛楼复原”的本科生张红，参加工作后继续协助学校完成后续的设计工作，借助所在单位进口电子管计算机工作站展开研究，制作了万佛楼复原设计的数字化二维图和三维虚拟模型，完成了国内首例数字化古建图纸。在1993年举办的“神户大学—天津大学学生建筑设计联展”中，该项目作为东亚遗产保护，尤其是首次应用电脑技术的古建测绘成果，引起日本同行的重视和高度评价。

此后，电脑制图和辅助设计迅速普及。天津大学建筑教育首先在本科和研究生教学中开始了电脑制图培训。考虑到电脑制图具有直接保存完整测量信息的优势，王其亨教授敏锐地提出了二年级测绘教学向电脑绘图转变的计划。电脑绘图首先由1997年北京太庙、社稷坛的小规模试验开始，并邀请国家文物局专家现场考察，获得高度肯定。1998年起全面推广这一技术，率先在国内将古建筑测绘引向数字化的新阶段。（图26）

26

1999年，在常用计算机制图软件Autodesk AutoCAD平台上，天津大学研发了“中国古建筑测绘制图工具”插件“Survey Drafting Tools”(SDT)（图27）。该插件分为平面、立面、剖面以及轮廓线、图框、标注工具等。前三类针对手工绘图重复性强、繁琐和准确性低的情况，输入数据可自动生成图形，后三类提供了包括图层、线型、尺寸、字体、图签在内的标准化样式。依据数据输入的电脑成图，保证了形象、线形与尺寸数值联系的规范化，还可针对艺术形象展示、数据分析、工程资料等不同性质的图纸需要，在出图时提取、标示各种类型和细致程度的数据。多年的教学实践表明，SDT的应用有效地保证了古建筑测绘绘图的规范化、高效化、便利化，具有极强的实用性，其研发论文也被收入亚洲计算机辅助建筑设计研究协会2001年会议（CAADRIA2001）。

伴随着测绘记录和表达的数字化变革，天津大学还引进了国外先进的测量设备。1997年成立的建筑学院设立了“建筑创作支持系统”，引进全站仪、摄影经纬仪、解析作图仪、大型工程扫描仪等。教学组也将相关收益大量投入到测绘设备的更新上，添置了高档摄影器材及数十台计算机，开展计算中心、局域网和多媒体教室的建设，为大规模数字化作业提供了有力保障。

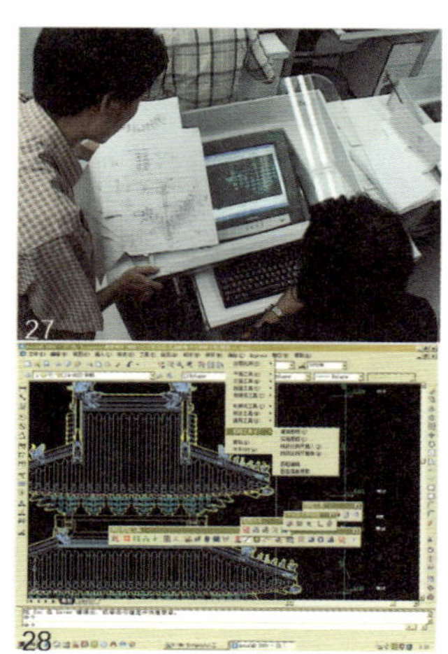
27
28

与前述新技术、“产学研一体化”和计算机数字化相适应，测绘的教学方式、要求和过程也发生了进一步的变革，主要体现在以下几个方面。

第一，电脑技能培训与教学课件应用：将古建测绘插件(SDT)与CAD绘图技术相结合，在学生二年级时进行测绘前电脑绘图教学，既帮助学生高效地完成古建测绘，也在信息化时代延续了综合锻炼学生能力的传统；“中国古建筑测绘实习多媒体课件”把实际建筑及图面投影形象联系在一起，着重解释各种建筑造型和构造难点；针对常见的绘图错误，以饶富趣味的电脑“测绘找错游戏”，让学生随时开展自我研习。（图28）

第二，强化“选择最小干预样本”的明晰性：进一步明确“选择最小干预样本”的测绘原则，把详细甄别、选定当作测量前的必要过程，并在典型测绘最终成果中标明样本位置。在需要更为详细的现状变形数据的测绘中，把最贴近建筑原初状态的数据图纸作为底图，再标示其他部位的变形数值。

第三，加强“测量控制误差”的校核：在坚持基本测量原理的基础上，强化手测工具比长核对、仪器校验、阶段数据复查等程序要求；保证正确的电脑绘图程序，要求由平面至剖面、立面，先绘制柱网、梁架类的控制性结构，再分别深入细部。

第四，强化对工程做法的理解、观察和绘图严谨性，避免因疏失造成的形象与关系错误：电脑绘图虽便于复制，但也容易造成某些构件排布与投影关系的疏失。为此，测绘更注意对工程做法的理解与现场观察，使确认构件关系、数量对应与数据度量过程相辅相成，规定以开间为依据，分段计数控制构件数量，在“典型”测量中，也同时考虑一般构造原理与实际工程做法的联系与区别；对于可能因复制造成的形象疏失，还会利用具有明确针对性的“测绘找错游戏”，提醒学生注意同一位置不同投影方向的问题。

第五，把握先进仪器规律，培养测绘教学实践骨干：许多测量仪器都有一套相对复杂的操作程序，天津大学古建筑测绘教师同建筑工程学院测量研究所教师密切合作，针对古建特点把握应用规律，并积极培养能够熟练应用仪器的骨干研究生，再通过高年级指导低年级，将相关知识传承下去，进而辅助本科生完成测绘教学。

第六，教学各阶段成果把控管理的规范化：①强调测稿存档，将测稿的绘制、整理纳入评分因素；②制定测绘各阶段成果范图，确立标准，逐层把关；③在外业工作尾声，详细校核仪器草图；④利用局域网施行计算机辅助教学管理，方便图纸备份、查阅、评改；⑤反复校核修改最终成果，保证图纸质量；⑥建立测绘日志制度和自动化测绘图信息数据库，形成了完备便捷的档案管理体系。

第七，缩短现场工作时段：随着计算机绘图的成熟，测绘教学过程改为现场完成测稿、测量记录、仪器草图三个步骤，经过严格审查、校核后，学生返校统一用计算机绘图。最为费时的成果图绘制阶段改为内业完成，改善了绘图条件，也节约了经费。

第八，深化古建与遗产保护的知识与理念：测绘教学加入古建调查、口述历史搜集、分析报告以及文化遗产保护理论学习，加强对古建文化遗产和建筑历史研究方法的了解，增进相关学术兴趣与积极性。不少本科生由此积极参与后续的古建保护规划和维修设计，或攻读建筑历史与理论研究生学位，选择从事相关职业。

在完善测绘技术和教学程序的新时期，天津大学建筑教育不忘延续培养人文素质的传统，加强学生的爱国主义、自信自尊、艰苦奋斗、团结协作、勤俭节约等多方面的精神，以及各种生活能力的培养，使学生得到广泛的认同和赞赏。

2000 年，在全国高等院校建筑学专业指导委员会主办的“中国建筑史教学研讨会”上，总结测绘教学成果的论文得到与会代表及专家教授的肯定，希望将这一教学改革成果在全国建筑院校推广。在新要求、新技术下确立的测绘方法和管理体系，也得到国家文保机构的关注，提出了在古建筑测绘规范编制等方面加强合作的殷切期望。

“产学研一体化”和数字技术的进步，也加速了天津大学古建筑测绘教学成果向学术研究和服务社会等方面的转化。天津大学在短期内完成大型建筑组群测绘的能力，对加快解决“文物四有”的档案建设起到重要作用，尤其为专业技术力量薄弱地区提供了有力支持。数据完整的测绘成果，在天津大学承担的多项国家重点文物建筑的保护规划和修缮设计中发挥了重要的作用，获得广泛好评。其中，湖北钟祥明显陵保护规划与青海乐都瞿昙寺维修设计，被国家文物局认定为样板工程。

此外，大量图纸档案和进一步的研究成果，成为多处古迹申报世界文化遗产的资料基础。例如在承德避暑山庄与外八庙、明清皇家陵寝、颐和园、天坛等多项世界文化遗产申报文本和展陈中，以双方合作或王其亨教授担任顾问的工作形式，借助相关图纸和多方面论证，均取得了圆满的成果。

在国家自然科学基金和教育部博士点基金支持的基础上，天津大学建筑学院不仅在明清皇家陵寝、园林、宫殿、坛庙、府邸、“样式雷图档”等多个研究方向获得大量成果，还陆续向更广泛的地域性建筑扩展，测绘成果即是这些中国传统建筑研究的坚实基础。

测绘的出版物促进了相关研究和传统建筑文化艺术的普及。主要有《中国美术分类全集》（图 29）中的《明代陵墓》《清代陵寝》《清代皇家园林》《沈阳故宫》《北京故宫》等分卷，多卷集《中国古代建筑史》（图 30），《中国建筑艺术史》（图 31）以及目前已部分出版的《中国古建筑测绘大系》（图 32），等等。

29 30 31 32

丰富的拓展

——21 世纪以来

新世纪以来，天津大学古建筑测绘在教学、科研和社会服务中稳步前行，在相关领域实现了更为切实和多样的拓展。

在测绘技术和科研方面，天津大学古建测绘一直保持着先进性与前瞻性。三维激光扫描仪的应用，在中国古建筑测绘技术的发展中具有显著意义。2006 年天津大学引入全系列三维激光扫描设备，2007 年与中国文化遗产研究院合作，首次用于辽宁义县奉国寺大殿的精细测绘。其后，多次在国家、省、市文保单位应用，如甘肃安西踏实墓阙建筑群、陕西桥陵考古发掘现场等。经历两年的尝试与探索，自 2009 年，三维激光扫描技术开始应用于大规模古建测绘教学。在这种新型测量技术的初步应用实践中，天津大学建筑学院坚持结合手工测量，相互印证，发现问题，对其优势和弱点进行专项研究，完成《三维激光扫描技术在古建筑测绘中的应用及相关问题研究》的硕士论文，形成一套三维激光扫描仪应用规范程序，初步成为古建筑测绘中的“行业指南”。

伴随着新技术的发展以及大规模、复杂地形建筑的测量需要，天津大学测绘又在国内率先引入小型无人机，研究相关摄影及信息处理技术。基于“建筑遗产低空遥感研究”（国家文物局重点科研基地项目，李哲）完成“基于无人机直升机的建筑高精度三维测绘”“组合型平台建设”等高精技术成果，在该领域位于国内最高水平。首架 40 公斤级涡轮轴无人直升机（超低振动高级遥感平台）还获得了国家实用新型专利。引入无人机后，近景摄影测量在地面、低空分别进行，结合三维激光扫描等手段，天津大学古建测绘可以形成“空地一体化”的协同快速数据采集模式。

大规模古建测绘教学积累了海量信息，如何实现高效的管理、共享和利用，是进一步实现测绘成果价值的一个重要拓展领域，并具有高校、文保单位紧密联系与协作，以至推进全社会文明发展的意义。针对测绘技术数字化和管理信息化的趋势，天津大学结合地理信息系统（GIS）、建筑信息模型（BIM）等技术，对测绘数据的管理及在建筑遗产保护等多领域的应用等方面展开研究，并在测绘实践中持续推进。2008 年，以柬埔寨吴哥古迹茶胶寺南外门为试点，进而在天津蓟县独乐寺、河北正定隆兴寺、北京颐和园德和园大戏楼等处，取得 BIM 应用实践成果。结合“文物建筑测绘及图像信息记录的规范化研究”（国家社科基金，吴葱）、“基于 BIM 和 GIS 技术的文物建筑信息管理与展示系统研究”（国家文物局重点基地项目，孙济洲）等一系列应用与理论研究，总结了基于 BIM 和 GIS 技术建构信息模型的思路和方法，为推进建筑遗产信息共享和服务系统的专业化、规范化奠定了基础。（图 33）

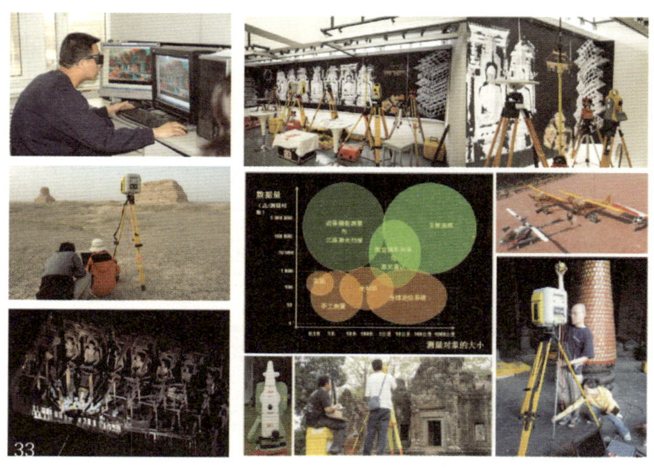
33

近年来，天津大学还与北京大学合作，开展应用碳 14 测年技术判定古建筑年代的研究。在“辽代建筑系列研究”课题中，结合传统的实物调查测绘与文献考证方法，对 26 座古建筑进行了 200 余次取样，为建筑断代和修造史研究提供了新的分析依据。

新世纪的天津大学古建筑测绘以问题为导向，在应用技术、管理方法等方面都拓展出一系列新领域，无论在人才培养、学术研究，还是服务社会方面，都显示出越来越广泛的价值。在“产学研一体化”服务社会方面，直接融入国家文化遗产保护领域，完成了一系列保护规划、修缮设计。2004 年 1 月，天津大学成为第一批获得全国文物保护规划和古建筑修缮设计甲级资质的建筑院校之一，顺应国家文物保护的形势，承担了数十项文化遗产保护项目（图 34）。其中，大量基础工作以测绘为先导，实现了测绘与规划设计的连贯推进。例如 2011 年承担的北京北海保护规划，使这座世界上现存历史最悠久、格局最完整的皇家园林达到世界文化遗产的保护标准。（图 35）经系统深入测绘、研究并完成保护规划的北京北海和太庙、安徽凤阳皇陵皇城、甘肃天水麦积山石窟、山西解州关帝庙、辽宁义县奉国寺大殿、陕西应县木塔、寄畅园所在的江苏无锡惠山祠堂群、湖北钟祥明显陵等多处古建筑群，均在 2012 年被国家文物局、中国遗产保护协会列入世界文化遗产预备名单。

34 35

天津大学还在特定方向上与相关单位长期合作，以测绘为基础直接形成了系列化研究成果。如 20 世纪 90 年代开始的甘青地区大量建筑测绘持续至今，完成甘肃、青海全国重点文物保护单位 20 余处。由此开展国家自然科学基金项目研究，形成《甘青地区传统建筑工艺特色初探》《甘肃永登连城鲁土司衙门及妙因寺建筑研究——兼论河湟地区明清建筑特征及河州砖雕》《青海黄南隆务寺及其附属寺院建筑研究——兼论热贡艺术及藏式建筑装饰》《张掖大佛寺及山西会馆建筑研究——兼论河西清代建筑特征》《明清时期河西走廊建筑研究》等多篇硕士、博士论文。

同样始于 20 世纪末，天津大学在宋、辽等早期建筑研究方面也取得重要进展，调查测绘足迹遍布多个省市的200余座建筑遗构，包括奉国寺、独乐寺观音阁、应县木塔及辽上京地区皇家建筑遗址的三维激光扫描测绘记录，获得国家自然科学基金对“辽代建筑系列研究”及“辽代建筑系列研究（续）”（丁垚）等课题的资助，完成了多篇硕士、博士论文。依据测绘掌握的大量早期建筑资料和研究，丁垚带领课题组整理出版了陈明达先生遗著《〈营造法式〉辞解》（图36），为一千一百多个词条补充图释，添加了大量图片和线画图等图像信息。

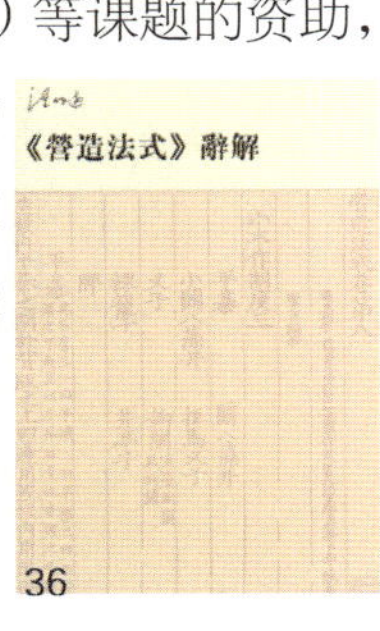

36

此外，同颐和园的长期合作，也是天津大学古建筑测绘在新世纪拓展的重要事项。2005年至2013年，天津大学先后投入近千人，完成了颐和园95%以上的建筑测绘工作，并运用GPS、三维激光扫描、低空信息采集系统、建筑信息模型技术，实施试点建筑的三维扫描以及建筑信息模型的开发。在此基础上，双方合作实施了“德和园大戏楼变形监测”等近10项遗产保护项目，完成《颐和园营建过程研究》《颐和园植物景观的历史原貌探究及恢复方案研究》等博士、硕士论文，为保护这一世界文化遗产的完整性和真实性做出了贡献。（图37）依托国家自然科学基金的资助，天津大学对颐和园样式雷图档进行了系统整理，结合文献图档和大规模测绘，形成博士论文《颐和园样式雷建筑图档综合研究》。

37

天津大学在新世纪里再次同承德文物局密切合作，对避暑山庄和外八庙开展多次测绘，并结合内蒙古等地的测绘与修缮，形成国家自然科学青年基金资助的“北方内陆边疆官修汉藏结合式建筑”(杨菁)等方向的研究。

2013年，天津大学与故宫博物院共建“中国历史建筑与传统村落保护协同创新中心”（图38），围绕线性遗产、大遗址、古建筑群、近代遗产、传统村落、民间文学、民间艺术、民俗八大方向展开研究，并整合高校、政府部门、行业学会、科研院所等协同单位的优势资源，打破物质与非物质文化遗产界限，建立成果共享平台与人才储备库。在文化遗产保护、传承与人才培养等领域进行合作，开始了对文化机制体制改革、文化遗产保护模式等问题的探索。

38

王其亨主持的“清代建筑世家样式雷及其图档综合研究”及相关系列项目，多次获得国家自然科学基金、社科基金、教育部博士点基金的支持，不仅在这一领域取得了瞩目的成就，更显示了测绘成果在学术领域转化的突出价值。（图39）“样式雷图档”对发掘、认知中国传统设计思想、方法和程序都有重要意义，但这些图纸往往标定不详，管理不善，需要大量的鉴别工作。正是由于天津大学把握雄厚的清代官式建筑测绘成果，才能从陵寝、园林起步，准确详细地鉴别出1.1万张图纸，得到国家有关部门和国内外相关学者的高度认可和赞赏；结合图档判定，天津大学在各相关建筑研究领域得到进一步深化。21世纪后，天津大学基于样式雷图档研究，结合样式雷家族及大量建筑营建过程的考据，发展与之相辅相成的研究领域，如“清代建筑工官制度综合研究”（国家社科基金，汪江华）。

39

丰厚的测绘成果积淀，接连培育出两项国家社科基金重大项目：2013年徐苏斌教授主持“我国城市近现代工业遗产保护体系研究”；2014年王其亨教授主持“中国古代建筑营造文献整理及数据库建设”。

天津大学古建测绘教学的拓展与成就还反映在促进国家文物建筑测绘规范化的工作与机构建设、教育培训及古代建筑成就展示等方面，赢得诸多赞誉。2006年，天津大学编著出版国家普通高等教育“十五”规划教材《古建筑测绘》（图40），填补百余年来东亚传统木结构建筑测绘技术和操作规范的空白，在国内建筑院校和文化遗产保护专业人员中得到普遍应用，获得日、韩等国同行的关注和好评。目前正在修订教材第二版。

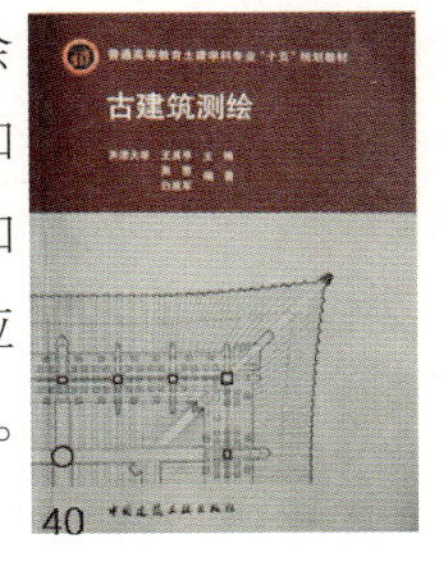

40

2008年，基于对天津大学古建筑测绘基础与成就的高度肯定，国家文物局文物建筑测绘研究重点科研基地在天津大学建筑学院成立。基地的成立使天津大学测绘进一步围绕国家文物建筑遗产保护的需要展开相关研究。如前文中的“文物建筑测绘及图像信息记录的规范化研究”“基于BIM和GIS技术的文物建筑信息管理与展示系统研究”“建筑遗产低空遥感研究”以及“中国文物建筑测绘史研究”（教育部人文社科基金，张凤梧）等。基地成立后，受国家文物局委托，承担了《文物建筑测绘技术规程》的编写工作。该书旨在建立古建筑测绘行业的标准规范，根据中国古建筑的形制和结构特点，规范空间几何数据信息获取的基本方法、技术选择、操作流程、成果内容、表达方式、评价指标等。编写工作建立在天津大学长期积累的技术和管理经验基础上，并集中了国内多所高校和文保部门专家的意见和建议，于2012年9月形成“征求意见稿”，在全国各地开展试验验证。

在教学领域，天津大学建成测绘课程教学网站，将教学方法、内容、课件、参考资料等作为共享资源，进行教学交流；同文物保护需求接轨，以“中国古建筑测绘”“中国建筑史”等专业课程为基础，增设了“文化遗产保护”“古建筑修缮”等课程。

2004年，由清华大学、天津大学联合发起，东南大学、同济大学、北京大学受邀举办“历史建筑测绘五校联展”，在全国多处建筑院校巡展，获得众多师生和相关专家的高度评价。联展内容整理出版《上栋下宇——历史建筑测绘五校联展》（图41）一书，国家文物局局长单霁翔为该书撰写序言，强调指出：“事实上，历史建筑测绘是西方传统建筑教育的重要组成部分，可以说，历史建筑测绘源自高等院校。建筑院校参与历史建筑测绘具有不可替代的优势。”

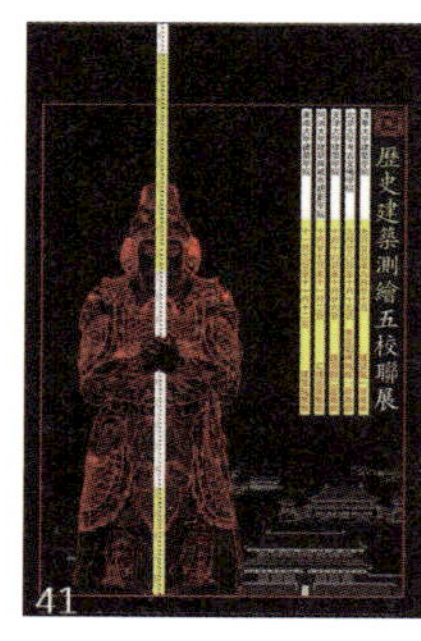

41

结合基地工作要求，围绕古建筑测绘教学和研究，为搭建国内建筑高校共享平台，促进合作交流和教学质量的提升，天津大学与华南理工大学、山东大学、武汉大学、四川大学、西南交通大学、华侨大学、内蒙古工业大学、沈阳建筑大学等多所院校的建筑院系合作交流，联合培训师资，共享技术，联合开展文物建筑测绘，吸引更多人才投入建筑遗产保护事业。2009年，天津大学积极策划国家文物局“指南针计划”之专项“中国古代建筑与营造科学价值挖掘研究”，联合清华大学、北京大学、北京工业大学参与，组成多学科联合团队进行专题研究，促进了科研院所的资源优化整合与共享。

在国内及国际交流合作领域，天津大学也进行了更积极的拓展。如2004年，举办“清代样式雷建筑图档展”及相关国际会议（图42），展览的外文版于2006年在巴黎推出（图43），进而又有瑞士、德国展，在国内外引起巨大反响，直接促成2007年“中国清代样式雷建筑图档”被联合国教科文组织选入世界记忆名录（图44）；2008年起，天津大学连续数年的茶胶寺测绘参与了“中国政府援助柬埔寨吴哥古迹保护工程（二期）”（图45）；2011年，应那不勒斯东方大学邀请，对意大利库马古城古建遗址进行详细调查与数字化测绘（图46），把中国人的先进古建测绘技术推向近代建筑测绘的始源地。

42 43 44 45 46

天津大学建筑学院还结合古建测绘优势，与多家海内外学校和研究机构建立了稳定的交流合作关系。2007年后面对香港、台湾大学生相继组织了6次传统建筑文化工作坊；2008年王其亨教授应邀在法国文化部等多家机构主办的“中法建筑师、规划师、景观师遗产教育研讨会”做主题演讲“中国国家级精品课程——文物建筑测绘”，获得与会者高度认同，促成了天津大学建筑学院与法国文化部及相关建筑院校在遗产教育领域的长期国际合作（图47）；2010年始，建筑学院邀请香港大学建筑系参与暑期建筑研习活动，连续举办了4期中国古建筑津港建筑院校暑期研习班；2012年，开办天津大学中国传统建筑园林文化暑期国际班，法国巴黎美丽城国立高等建筑学院遗产保护专业师生通过讲座及参观、参与中国古建筑测绘，现场体验了中国传统建筑和园林的文化内涵；相关科研活动也扩展到中外交流史领域，如“解读非文字的文化遗产史学——20世纪初日本的中国建筑调查历史照片之研究”（国家自然科学基金，徐苏斌）、“16 世纪以来中国建筑、园林影像资料在西方的传播、分布及其影响研究”（教育部人文社会科学研究项目，张春彦）。测绘教学向港台与国际的成功拓展，对促进文化交流和开拓视野具有深远的影响，在展示中国建筑教育和文化遗产保护水准的同时，也使我国传统建筑设计思想与方法得到更广泛的传播和认同。

坚守的荣耀
——历年测绘项目与获奖

一、测绘项目

天津大学建筑学院的古建筑测绘，上溯至前身天津工商学院 1942 年北京中轴线建筑测绘，至今已近 80 年历史。自 1952 年建筑系成立至今，在教学中坚守半个多世纪，足迹遍布全国各地，取得丰硕成果。

1953

1952 级 北京北海测绘

成果用于《中国古建筑测绘大系・园林建筑・北海》《北京北海保护规划》《中国古典园林建筑图录——北方园林》

1954

1951 级 河北承德避暑山庄及外八庙测绘

成果用于世界文化遗产申报，保护规划，修缮设计，《承德古建筑》《中国古典园林建筑图录——北方园林》

1953 级 北京故宫内廷建筑小品、建筑细部测绘

成果用于《清代内廷宫苑》

1955

1953 级 北京故宫御花园、宁寿宫花园、慈宁宫花园测绘

成果用于《清代内廷宫苑》

1956

1955 级 北京颐和园测绘

成果用于保护规划，《清代御苑撷英》《中国古建筑测绘大系・园林建筑・颐和园》《中国古典园林建筑图录——北方园林》

1957

1956 级 北京颐和园测绘

成果用于保护规划，《清代御苑撷英》《中国古建筑测绘大系・园林建筑・颐和园》《北京颐和园保护规划》《中国古典园林建筑图录——北方园林》

1962

1960 级 河北承德避暑山庄及外八庙测绘

成果用于世界文化遗产申报，保护规划，修缮设计，《承德古建筑》《中国古典园林建筑图录——北方园林》

1961 级 北京故宫御花园、宁寿宫花园、慈宁宫花园测绘

成果用于《清代内廷宫苑》

1960 级 河北易县清西陵测绘

成果用于世界文化遗产申报，保护规划，修缮设计，国家出版基金项目《古建筑测绘大系》

1963

1961 级 河北承德避暑山庄及外八庙测绘

成果用于世界文化遗产申报，保护规划，修缮设计，《承德古建筑》

1964

1962 级 辽宁沈阳故宫测绘

成果用于《文溯阁研究》

1962 级 辽宁沈阳福陵、昭陵测绘

成果用于研究及维修，国家出版基金项目《古建筑测绘大系》

1976—1978

工农兵学员 北京颐和园测绘

1980

1977、1978 级 河北遵化清东陵孝陵、裕陵、定东陵测绘

成果用于世界文化遗产申报，国家重点文物抢救性维修工程设计，《中国美术分类全集・清代陵墓》，国家出版基金项目《古建筑测绘大系》

1981

1979 级 河北曲阳北岳庙测绘

成果用于国家重点文物抢救性维修工程设计

1982

1980 级 河北遵化清东陵孝陵、孝东陵测绘

成果用于世界文化遗产申报，国家重点文物抢救性维修工程设计，《中国美术分类全集・清代陵墓》，国家出版基金项目《古建筑测绘大系》

1983

1981 级 河北易县清西陵泰陵、昌陵测绘

成果用于世界文化遗产申报，国家重点文物抢救性维修工程设计，保护规划，《中国美术分类全集・清代陵墓》，国家出版基金项目《古建筑测绘大系》

1984

1982 级 河北易县清西陵泰东陵、昌西陵、慕陵、慕东陵、崇陵测绘

成果用于世界文化遗产申报，国家重点文物抢救性维修工程设计，保护规划，《中国美术分类全集·清代陵墓》，国家出版基金项目《古建筑测绘大系》

1985

1983 级 北京北海团城与琼岛建筑群测绘

成果用于《中国古建筑测绘大系·园林建筑·北海》《北京北海保护规划》《中国古典园林建筑图录——北方园林》

1986

1984 级 山西浑源悬空寺测绘

成果用于研究及维修

1984 级 北京皇家宫苑建筑外檐装修陈设测绘

成果用于研究及维修

1987

1985 级 北京北海东岸及北岸建筑群测绘

成果用于“文物四有”档案，《中国古建筑测绘大系·园林建筑·北海》《北京北海保护规划》《中国古典园林建筑图录——北方园林》

1985 级 北京明永陵

成果用于《中国美术分类全集·明代陵墓》

1988

1986 级 北京明长陵、景陵、昭陵、德陵等测绘

成果用于《中国美术分类全集·明代陵墓》

1986 级 北京北海先蚕坛测绘

成果用于“文物四有”档案，《中国古建筑测绘大系·园林建筑·北海》《北京北海保护规划》《中国古典园林建筑图录——北方园林》

1989

1987 级 山东蓬莱蓬莱阁和水城，戚继光祠堂测绘

成果用于研究及维修，保护规划

1990

1988 级 天津蓟县独乐寺观音阁测绘

成果用于国家重点文物抢救性维修工程设计

1988 级 河北遵化清东陵景陵、孝陵、定陵、昭西陵测绘

成果用于国家重点文物抢救性维修工程设计，世界文化遗产申报，《中国美术分类全集·清代陵墓》，国家出版基金项目《古建筑测绘大系》

1991

1989 级 北京故宫慈宁宫和西三所测绘

成果用于《中国美术分类全集·北京故宫》《紫禁城内檐装修》

1989 级 辽宁沈阳故宫测绘

成果用于《中国美术分类全集·沈阳故宫》《文溯阁研究》

1989 级 山西介休后土庙，祆神楼测绘

成果用于国保单位申报

1992

1990 级 北京明定陵、献陵测绘

成果用于抢救性维修工程设计；《中国美术分类全集·明代陵墓》

1990 级 北京故宫大库等测绘

成果用于研究及维修

1990 级 山东临清永寿寺舍利塔测绘

成果用于抢救性维修工程设计

1993

1989 级 青海乐都瞿昙寺测绘

成果用于国家重点文物抢救性维修工程设计，《瞿昙寺修缮报告》《瞿昙寺》，国家自然科学基金重点项目多卷集《中国建筑史》，国家出版基金项目《古建筑测绘大系》

1991 级 青海黄南隆务寺测绘

成果用于国保单位申报，国家重点文物抢救性维修工程设计，《黄南藏传佛教寺院》

1991 级 北京明茂陵、康陵、裕陵和庆陵测绘

成果用于《中国美术分类全集·明代陵墓》

1991 级 广西桂林靖江王坟测绘

成果用于国保单位申报，《中国美术分类全集·明代陵墓》

1994

1992 级 北京明思陵、东井、西井万贵妃坟等测绘

成果用于《中国美术分类全集·明代陵墓》

1992 级 四川涪陵、武隆、奉节三峡库淹文物建筑（白帝城等）测绘

成果用于三峡库淹区文物建筑保护规划和迁建工程设计

1992 级 天津清真大寺和广东会馆测绘

成果用于国保单位申报

1995

1993 级 山西张壁古堡、平遥民居测绘

成果用于国保单位申报，《平遥古城与民居》

1997

1994 级 北京太庙、北海团城、社稷坛测绘

成果用于《中国古建筑测绘大系·园林建筑·北海》《北京北海保护规划》《中国古典园林建筑图录——北方园林》《北海与团城》（中国建筑工业出版社出版计划）

1994 级 湖北钟祥明显陵测绘

成果用于保护规划，世界文化遗产申报

1998

1996 级 北京太庙测绘

成果用于维修方案论证，保护规划，研究

1996 级 北京天坛斋宫、神乐署、圜丘测绘

成果用于研究，国家出版基金项目《古建筑测绘大系》

1995 级 天津文庙及老城区民居测绘

成果用于维修工程，天津老城区改造和规划，国保单位申报

1999

1997 级 甘肃永登鲁土司衙门及妙因寺测绘

成果用于国家重点文物抢救性维修设计和保护规划

1997 级 北京天坛神厨、皇乾殿等测绘

成果用于国家出版基金项目《古建筑测绘大系》

1997 级 江西景德镇三闾庙古街测绘

成果用于保护规划

2000

1998 级 甘肃张掖大佛寺、山西会馆及鼓楼测绘

成果用于国家重点文物抢救性维修设计

1998 级 辽宁新宾清永陵测绘

成果用于研究及维修，国家出版基金项目《古建筑测绘大系》

2001

1999 级 山东曲阜孔庙测绘

成果用于国家出版基金项目《古建筑测绘大系》

2002

2000 级 山东曲阜孔府测绘

成果用于国家出版基金项目《古建筑测绘大系》

1999 级 青海贵德玉皇阁建筑群测绘

成果用于研究及维修

2003

2001 级 山东曲阜孔林测绘

成果用于国家出版基金项目《古建筑测绘大系》

2001 级 山东曲阜颜庙测绘

成果用于保护规划

2001 级 山东曲阜周公庙测绘

成果用于保护规划

2001 级 山东曲阜少昊陵测绘

成果用于保护规划

2001 级 山东曲阜洙泗书院测绘

成果用于保护规划

2000 级 甘肃永登显教寺及雷坛测绘

成果用于国保单位申报

2000 级 甘肃甘谷大像山测绘

成果用于研究及维修，保护规划

2004

2001 级 河北献县单桥测绘

成果用于国保单位申报

2002 级 山东曲阜尼山建筑群测绘

成果用于保护规划

2002 级 山东淄博博山颜文姜祠测绘

成果用于国保单位申报

2002 级 山西介休后土庙和祆神楼测绘

成果用于研究及维修

2005

2003 级 山东邹县孟府、孟庙建筑群测绘

成果用于“文物四有”档案，保护规划

2002 级 北京颐和园部分建筑群测绘

成果用于《中国古建筑测绘大系·园林建筑·颐和园》，保护规划

2002 级 北京天坛建筑群测绘

成果用于《中国古典园林建筑图录——北方园林》，国家出版基金项目《古建筑测绘大系》

2006

2004 级 北京颐和园部分建筑群测绘

成果用于《中国古建筑测绘大系·园林建筑·颐和园》，保护规划

2004 级 河北蔚县常平仓、灵岩寺建筑群测绘

成果用于研究及维修

2007

2005 级 辽宁义县奉国寺大雄殿测绘

成果用于《义县奉国寺》

2005 级 北京颐和园部分建筑群测绘

成果用于保护规划，《中国古建筑测绘大系·园林建筑·颐和园》《中国古典园林建筑图录——北方园林》

2008

2006 级 山西运城解州关帝庙测绘

成果用于国家出版基金项目《古建筑测绘大系》

2006 级 山西运城长平关帝家庙测绘
成果用于国家出版基金项目《古建筑测绘大系》
2006 级 河北易县清西陵各妃园寝及宗室园寝测绘
成果用于国家出版基金项目《古建筑测绘大系》
2006 级 内蒙古赤峰市巴林右旗辽庆陵测绘
成果用于研究及维修
2006 级 柬埔寨暹粒茶胶寺测绘
成果用于研究及保护
2006 级 甘肃踏实墓阙测绘
成果用于研究及维修

2009

2007 级 河北正定隆兴寺建筑群测绘
成果用于研究及维修
2007 级 福建泉州开元寺大雄宝殿测绘
成果用于研究及维修
2008 级硕 河北承德避暑山庄普宁寺大乘之阁木质彩绘雕像测绘
成果用于研究及维修

2010

2008 级 内蒙古席力图召、大召、五塔寺建筑群测绘
成果用于研究及维修
2008 级 甘肃武威文庙、大云寺测绘
成果用于研究及维修
2008 级硕 河北赵县安济桥（赵州桥）测绘
成果用于研究及维修
2006 级 福建泉州开元寺戒坛测绘
成果用于研究及维修

2011

2009 级 北京颐和园部分建筑群（西堤桥、文昌阁、霁清轩、船坞、景明楼等）测绘
成果用于《中国古建筑测绘大系·园林建筑·颐和园》《中国古典园林建筑图录——北方园林》
2009 级 河北遵化清东陵裕陵及妃园寝测绘
成果用于国家出版基金项目《古建筑测绘大系》
2009 级 河北承德避暑山庄月色江声建筑群测绘
成果用于《中国古典园林建筑图录——北方园林》
2009 级 甘肃张掖西来寺、民勤会馆测绘
成果用于保护规划及维修
2008 级 北京北海公园静心斋测绘
成果用于修缮设计，《中国古建筑测绘大系·园林建筑·北海》《中国古典园林建筑图录——北方园林》

2012

2010 级 江苏无锡寄畅园及华孝子祠测绘
成果用于世界文化遗产申报
2010 级 河北承德避暑山庄如意洲、烟雨楼、文津阁测绘
成果用于《中国古典园林建筑图录——北方园林》
2010 级 河北遵化清东陵定东陵测绘
成果用于国家出版基金项目《古建筑测绘大系》，修缮设计
2010 级 天津蓟县独乐寺配房测绘
成果用于研究及维修

2013

2011 级 甘肃武威民勤县圣容寺测绘
成果用于研究及维修，保护规划
2011 级 北京大高玄殿建筑群测绘
成果用于研究
2011 级 北京颐和园佛香阁排云殿建筑群测绘
成果用于著作出版，《中国古典园林建筑图录——北方园林》，国家出版基金项目《古建筑测绘大系》
2011 级 河北遵化清东陵孝东陵建筑群测绘
成果用于国家出版基金项目《古建筑测绘大系》
2011 级 河南焦作寨卜昌村古建筑群测绘
成果用于研究及维修，保护修缮工程

2014

2012 级 北京景山寿皇殿建筑群测绘
成果用于国家出版基金项目《古建筑测绘大系》
2012 级 江苏无锡惠山祠堂群测绘
成果用于世界文化遗产申报
2012 级 辽宁沈阳福陵测绘
成果用于研究及维修，文物保护修缮工程
2012 级 河北蔚县古建筑测绘
成果用于研究及维修
2011 级 甘肃嘉峪关关城信息化测绘
成果用于研究及维修

2015

2014 级硕 北京故宫景福宫测绘
成果用于研究及维修，文物建档
2013 级 河南安阳袁林、韩王庙、高阁寺古建筑测绘
成果用于研究及维修
2013 级 辽宁沈阳故宫古建筑测绘
成果用于研究及维修

2013 级 江苏无锡惠山祠堂群测绘

成果用于申报世界文化遗产

2013 级 河北蔚县古建筑考察

成果用于研究及合作

2016

2014 级 北京故宫养心殿古建筑测绘

成果用于研究及维修，文物建档

2014 级 河北遵化清东陵孝陵古建筑测绘

成果用于国家出版基金项目《古建筑测绘大系》

2014 级 北京景山五峰亭与宫门古建筑测绘

成果用于国家出版基金项目《古建筑测绘大系》

2014 级 山东聊城光岳楼精细化测绘

成果用于研究及维修

2014 级 河北蔚县古建筑考察

成果用于研究及合作

2014 级 江苏无锡惠山祠堂群古建筑材质工艺调查研究

成果用于世界文化遗产申报

2017

2015 级 北京故宫养心殿、景福宫古建筑测绘

成果用于研究及维修，文物建档

2015 级 北京景山五观德殿、关帝庙古建筑测绘

成果用于国家出版基金项目《古建筑测绘大系》

2015 级 北京北海漪澜堂测绘

成果用于研究和维修

2015 级 北京天坛测绘

成果用于国家出版基金项目《古建筑测绘大系》

2015 级 辽宁义县奉国寺古建筑测绘

成果用于辽代建筑系列研究

2015 级 河南潞简王墓测绘

成果用于研究及维修

2015 级 江苏无锡惠山祠堂群保护工程跟踪记录

成果用于世界文化遗产申报

2015 级 山东聊城山陕会馆测绘

成果用于研究及维修

二、指导教师

由于“文革”，自天津大学建校至 20 世纪 70 年代末从教且指导过测绘教学的教师名单已散失，据师生们回忆如下（按姓氏笔画为序）

王乃香　王玉生　王龙飞　王淑纯　王福义　方咸孚
卢　绳　冯建逵　石承露　庄涛声　杨永祥　杨道明
羌　苑　沈玉麟　宋元谨　张　敕　张佐时　张博仁
张文忠　周祖奭　范　挺　林兆龙　郑　谦　屈浩然
荆其敏　胡德君　夏兰西　徐　中　高珍明　高树林
曹治政　章又新　彭一刚　童鹤龄　褚　平　慕春暖
……

20 世纪 80 年代后，新时代的师生发扬测绘光荣传统，继续谱写新的篇章（按姓氏笔画为序）

测绘指导教师

丁　垚　卜雪旸　王兴田　王其亨　王　迪　王　晶
王　蔚　方　元　白成军　白雪海　冯　琳　永昕群
朱　阳　朱　蕾　庄　岳　刘云月　刘彤彤　刘顺校
刘冠华　刘燕辉　许　蓁　纪　业　运迎霞　严建伟
杜海鹰　李　哲　杨昌鸣　杨　菁　杨　颖　肖宇澄
吴唯佳　吴　葱　吴静子　邱　康　何　捷　何蓓洁
邹　颖　汪江华　宋　昆　张凤梧　张玉坤　张　龙
张向炜　张　弛　张　红　张春彦　张　威　张晓宇
张　颀　张　萍　陈　天　陈春红　林　宁　林　青
周　恺　庞志辉　郑　颖　赵建波　荆子洋　胡　莲
洪再生　袁大昌　袁逸倩　曹　鹏　曹　磊　盛海涛
崔　愷　梁　雪　覃　力　曾　力　曾　坚　温玉清
靳元峰　窦　征　滕凤宏　……

建工学院测量教师

邓　融　岳树信　郭传镇　韩　旭　熊春宝　……

学生工作

刘丹青　闫佳亮　李长清　来　琳　张建斌　林佳妮
谢　舒　……

后勤工作

苏其盛　郭胜华

摄影宣传

史焕玲　白建树　刘如李　徐廷发

带队研究生（留校任教者已列入指导教师名单）

马　凯　马胜楠　王凤莹　王方捷　王　刚　王　齐
王　依　王　茹　王茹茹　王胜霞　王笑石　王　雪
王　康　王婧婷　王　琳　王奥怡　王蕊佳　王　蕾
王　巍　尹佳欢　孔志伟　孔俊婷　邓宇宁　邓婧蓉
石　铮　石　越　叶　珺　田　甜　史　展　付蜜桥
代　朋　白丽丽　冯玉婵　冯婷婷　亚白杨　成　丽
曲　鹏　朱振骅　朱　琨　朱　磊　伍　沙　仲丹丹
邬东璠　刘世达　刘生雨　刘江峰　刘　芳　刘　畅

刘洪涛　刘晓晨　刘　秘　刘婉琳　刘翔宇　刘婷婷
刘　瑜　刘殿行　刘　静　刘慧媛　齐斯洋　闫　凯
闫金强　闫　觅　池小燕　许　莹　孙立娜　孙亚男
孙　炼　孙　倩　孙　媛　孙　鉴　阴帅可　苏　心
苏　怡　杜一鸣　杜松毅　杜　欣　杜美怡　李　天
李文迪　李东祖　李东遥　李　江　李丽娟　李佳璐
李　欣　李　珂　李　峥　李　洁　李　哲　李晓丹
李　倩　李倩枚　李竞扬　李　婧　李　琦　李　超
李程远　李舒静　杨大为　杨文默　杨　洁　杨　莹
杨晓青　肖芳芳　吴莉萍　吴晓冬　吴晗冰　吴琳琳
何　蓉　何滢洁　狄雅静　沙黛诺　沈振森　宋　雪
张　斗　张　宇　张胜强　张英琦　张雨奇　张净妮
张　苗　张恒显　张恒媛　张峻崚　张家浩　张煦康
张颖娟　张黎明　张耀飞　陈　学　陈双辰　陈书砚
陈芬芳　陈克强　陈国栋　陈佳敏　陈天成　陈　津
陈　晨　陈　鹏　陈　雍　陈燕丽　武　晶　范一鸣
范小凤　林　佳　周文尧　周俊良　周悦煌　官　嵬
孟晓月　孟晓静　赵小刚　赵子杰　赵向东　赵春兰
赵晓峰　赵雅威　赵蓬雯　赵熙春　季　宏　郝　帅
荣　幸　侯宇楠　侯　凯　侯新觉　姜　贝　姜东成
费之腾　费亚普　贺美芳　袁小棠　袁守愚　袁　媛
耿　昀　耿　威　铁　晶　徐　丹　徐龙龙　殷　亮
高　原　郭华瞻　郭俊杰　郭奥林　郭　满　唐　栩
黄　兵　黄　波　曹　苏　曹晓宇　曹　雪　曹睿原
盛　梅　常清华　崔　山　商　莹　阎梓怡　梁　哲
梁　璐　彭　飞　葛盛娅　董瑞曦　韩　洁　韩　涛
韩　赛　程枭翀　程静微　傅东雁　傅　晶　傅　强
曾　引　曾　辉　谢竹悦　谢国杰　谢怡明　雷彤娜
满兵兵　褚安东　谭　虎　樊　非　潘灏源　薛　山
冀　凯　戴建新　魏安敏　魏秋芳　沈　龙（韩）

三、获奖情况

天津大学古建筑测绘继承先辈的坚守，在长期的历史积累、令人瞩目的成果和不断地改革与拓展的基础上，赢得许多荣誉奖项，如：

1989 年，测绘教学获国家教委全国普通高等教育优秀成果“国家级教学成果特等奖”；

2001 年，测绘教学改革获教育部国家级“教学成果二等奖”（2000 年先获天津市级教学成果一等奖）；

2007 年，测绘教学或教育部“国家级精品课程”称号（2006 年先获天津市“高校精品课程”称号）；

2008 年，测绘教学团队获天津市总工会“五一劳动奖”；

2009 年，测绘教学团队获教育部“国家级优秀教学团队”奖；

2017 年，基于测绘教学的“建筑遗产测绘关键技术研究与示范”获教育部科技进步二等奖。（图 48）

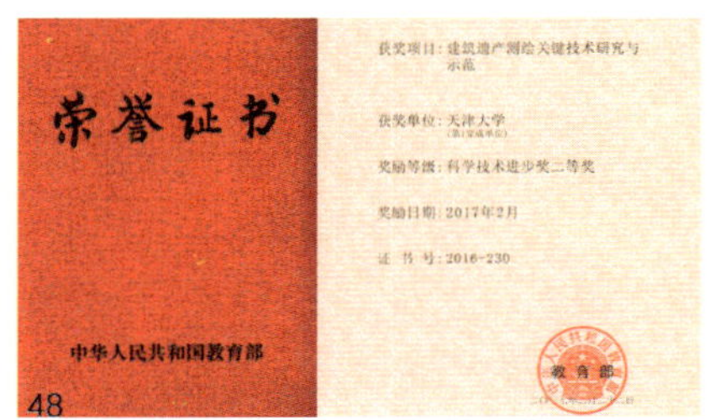
荣誉证书
中华人民共和国教育部
获奖项目：建筑遗产测绘关键技术研究与示范
获奖单位：天津大学
奖励等级：科学技术进步奖二等奖
奖励日期：2017年2月
证 书 号：2016-230
教育部

48

由于在建筑教育与研究领域，包括中国古建筑测绘中的突出成就，新一代建筑历史学科带头人王其亨教授于 2003 年获首届教育部“国家级教学名师”奖，2008 年获中国建筑学会“建筑教育”奖。

在文物建筑遗产保护规划和修缮设计方面也获得大量奖项，如：

2004 年，全国十佳文物保护工程勘察设计方案及文物保护规划奖，甘肃永登鲁土司衙门旧址修缮工程施工图设计（第三期）及预算；

2005 年，山东省 2004 年度优秀城市规划设计一等奖第一名，蓬莱阁及蓬莱水城保护规划；

2005 年，全国优秀规划设计三等奖第一名，山东蓬莱水城及蓬莱阁保护规划；

2009 年，教育部优秀规划设计二等奖第一名，麦积山石窟保护规划项目；

2009 年，全国优秀城乡规划设计二等奖第三名，蓬莱历史文化名城保护规划；

2009 年，山东省优秀城乡规划设计奖一等奖第三名，蓬莱历史文化名城保护规划；

2012 年，天津市“海河杯”优秀勘察设计奖（工程勘察）一等奖，天津广东会馆修缮设计；

2012 年，天津市“海河杯”优秀勘察设计奖（工程勘察）二等奖，颐和园清外务部公所修缮设计；

2016 年，天津市“海河杯”优秀勘察设计奖（工程勘察）一等奖，北海静心斋修缮设计。

学生结合毕业设计测绘的文物保护、修缮设计，自 2003 年以来也多次获得各种奖项，如：

2003 年，全国建筑学专业大学生建筑设计作业观摩与评选“优秀作业”（最高奖），北海延楼修缮设计；

2004 年，全国建筑学专业大学生建筑设计作业观摩与评选“优秀作业”（最高奖），山东青山隆兴寺重建方案设计；

2005 年，全国建筑学专业大学生建筑设计作业观摩与评选“优秀作业”（最高奖），北京北海保护规划；

2006 年，全国建筑学专业大学生建筑设计作业观摩和评选“优秀作业”（最高奖），天津广东会馆保护规划；

2007 年，全国建筑学专业大学生建筑设计作业观摩和评选“优秀作业”（最高奖），北京颐和园文物保护规划；

2009 年，Revit 杯第八届大学生建筑设计优秀作业，北京太庙保护规划；

2010 年，Autodesk 杯全国大学生建筑设计作业评选与观摩优秀作业，基于三维重建与建筑信息模型的茶胶寺形制复原设计与研究；

Autodesk 杯全国大学生建筑设计作业评选与观摩优秀作业，清西陵文物保护规划；

天津市普通高校本科生优秀毕业设计（论文），基于三维重建与建筑信息模型的茶胶寺南外门形制复原设计与研究等。

与这些奖项相伴的，是国家领导、业内专家的高度评价。

1987 年 8 月 15 日，北京园林局组织北海测绘成果鉴定会。国家文物局专家组罗哲文先生、杨烈先生等对天津大学建筑系 1985 年以来的测绘图作出高度评价：“高等院校面向社会，把教学、科研和生产结合起来，有计划地系统组织大规模古建筑测绘，是对古建筑文物保护研究工作一大促进，这一宝贵经验是值得称道和在国内古建筑文物界认真总结、学习推广的。这些主要由建筑系专业二年级本科生完成的古建筑测绘图，大都达到了科学性、资料性和艺术性兼备的较高水准，反映了近年来我国建筑教育中国古代建筑史教学和科研蓬勃发展的可喜局面。”

1989 年，天津大学中国古建筑测绘教学荣获国家级教学成果特等奖前夕，建筑系主任胡德君先生与建筑历史教研室组织专家组评审测绘成果并举办汇报展。专家组组长故宫博物院单士元，携同国家文物局罗哲文、杜仙洲，中国建筑学会副理事长虞福京、清华大学建筑学院徐伯安、天津大学建筑系沈玉麟、张敕一众学者经过认真评议，于 5 月签署鉴定意见：“天津大学的古建筑测绘实习是一项长期坚持、卓有成效的优秀教学成果，对于建筑学专业教学具有综合性实践作用，对学科发展和我国古建筑保护事业贡献卓著，具有很大的推广意义。”专家尤其赞赏成果中的大规模组群测绘图，认为“组群布局是中国传统建筑的精华之一，强调组群是学术思想的进步。”

1990 年在中国营造学社成立 69 周年纪念会上，建设部副部长、建筑设计大师戴念慈先生也曾高度评价天津大学古建筑测绘实习在建筑师职业修养和职业道德培养方面的作用。

1990 年，时任中共中央政治局常委李瑞环在清东陵和独乐寺测绘现场接见天津大学实习师生，充分肯定了这一教学弘扬古代优秀文化遗产、培养爱国主义的教学方向。

2008 年，国家文物局局长单霁翔先生在参观天津大学建筑学院院史展后曾专门致信强调：“建国五十多年来，天津大学建筑学院已先后开展了承德避暑山庄及外八庙、北京故宫、明十三陵、北海、天坛、太庙、社稷坛、颐和园、清东陵与清西陵、沈阳故宫等世界文化遗产地、国家级及省级文物保护单位的大规模古建筑测绘，取得了丰硕的成果，积累了大量至关重要的基础资料，奠定了扎实的学术理论基础，建立了稳定的科学队伍，促进了我国文物建筑测绘研究水平的整体提升。”

1920年

沈理源留学意大利归国后测绘杭州胡雪岩故居，是首位运用现代方法测绘古建筑的中国学者。

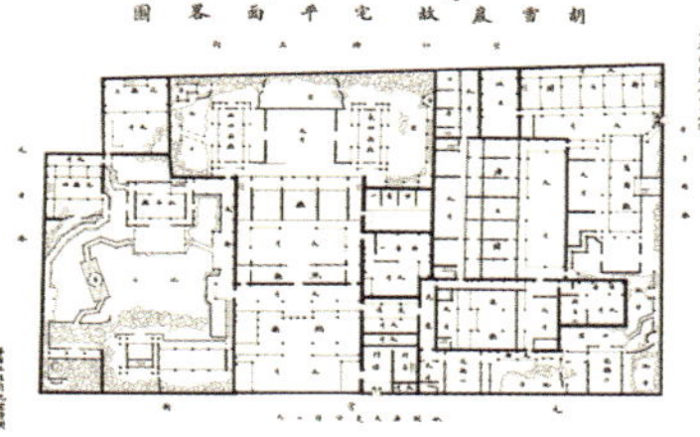

1937年

天津大学建筑学院前身：天津工商学院建筑工程系成立。

1942年

天津大学建筑学院建筑历史学科创始人卢绳加入中国营造学社。1943年，卢绳与莫宗江、罗哲文测绘李庄旋螺殿。

1941年—1945年

天津工商学院兼职教授张镈组织学生测绘北京故宫中轴线区域古建筑。

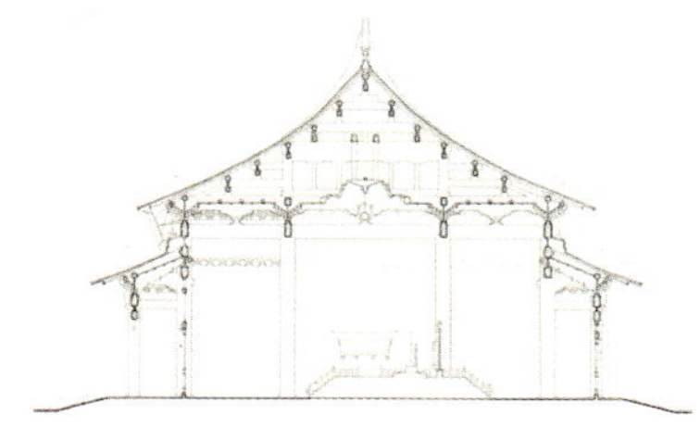

1953年

徐中、卢绳、冯建逵、沈玉麟、童鹤龄等先生共同关注参与下，古建筑测绘课程正式开设。

1954年

徐中指导河北承德避暑山庄测绘。

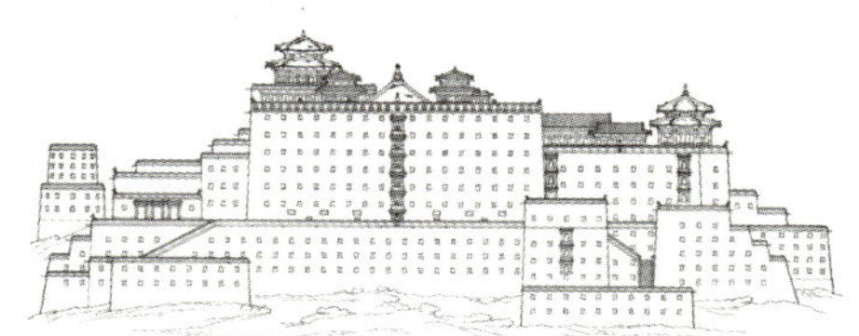

1964年

辽宁沈阳故宫大政殿测绘。

1965年

测绘实习中断。

历年测绘项目

1950年　——
1951年　——
1952年　——
1953年　北京北海测绘
1954年　北京故宫内廷建筑小品、细部测绘；河北承德避暑山庄及外八庙测绘
1955年　北京故宫御花园、宁寿宫花园、慈宁宫花园测绘
1956年　北京颐和园测绘
1957年　北京颐和园测绘
1958年　——
1959年　——
1960年　——
1961年　——
1962年　北京故宫御花园、宁寿宫花园、慈宁宫花园测绘；河北承德避暑山庄及外八庙测绘；河北易县清西陵测绘
1963年　河北承德避暑山庄及外八庙测绘
1964年　辽宁沈阳故宫测绘；辽宁沈阳福陵、昭陵测绘
1965年　——
1966年　——
1967年　——
1968年　——
1969年　——

北海北岸组群立面渲染图

Elevation rendering of northern shore building groups, Beihai Park

北京

Beijing

北海琼岛南坡组群立面渲染图（局部）

Elevation rendering of southern slope building groups on the Jade Flower Island, Beihai Park (partial)

北京

Beijing

北海琼岛北坡组群立面渲染图

Elevation rendering of northern slope building groups, Jade Flower Island, Beihai Park

颐和园万寿山佛香阁组群立面渲染图（局部）

Elevation rendering of Hall of Dispelling Clouds-Tower of Buddha's Fragrance complex, Longevity Hill, Summer Palace (partial)

北京

Beijing

颐和园万寿山须弥灵境组群立面渲染图

Elevation rendering of Sumeru Fairyland complex, Longevity Hill, Summer Palace

颐和园霁清轩组群立面渲染图

Elevation rendering of Jiqing (Clear-up) Pavilion complex at Summer Palace

普乐寺阇城五塔立面渲染图

Elevation rendering of Five Stupas of Ducheng at the Temple of Universal Happiness

河北承德　　1954

Chengde, Hebei Province, 1954

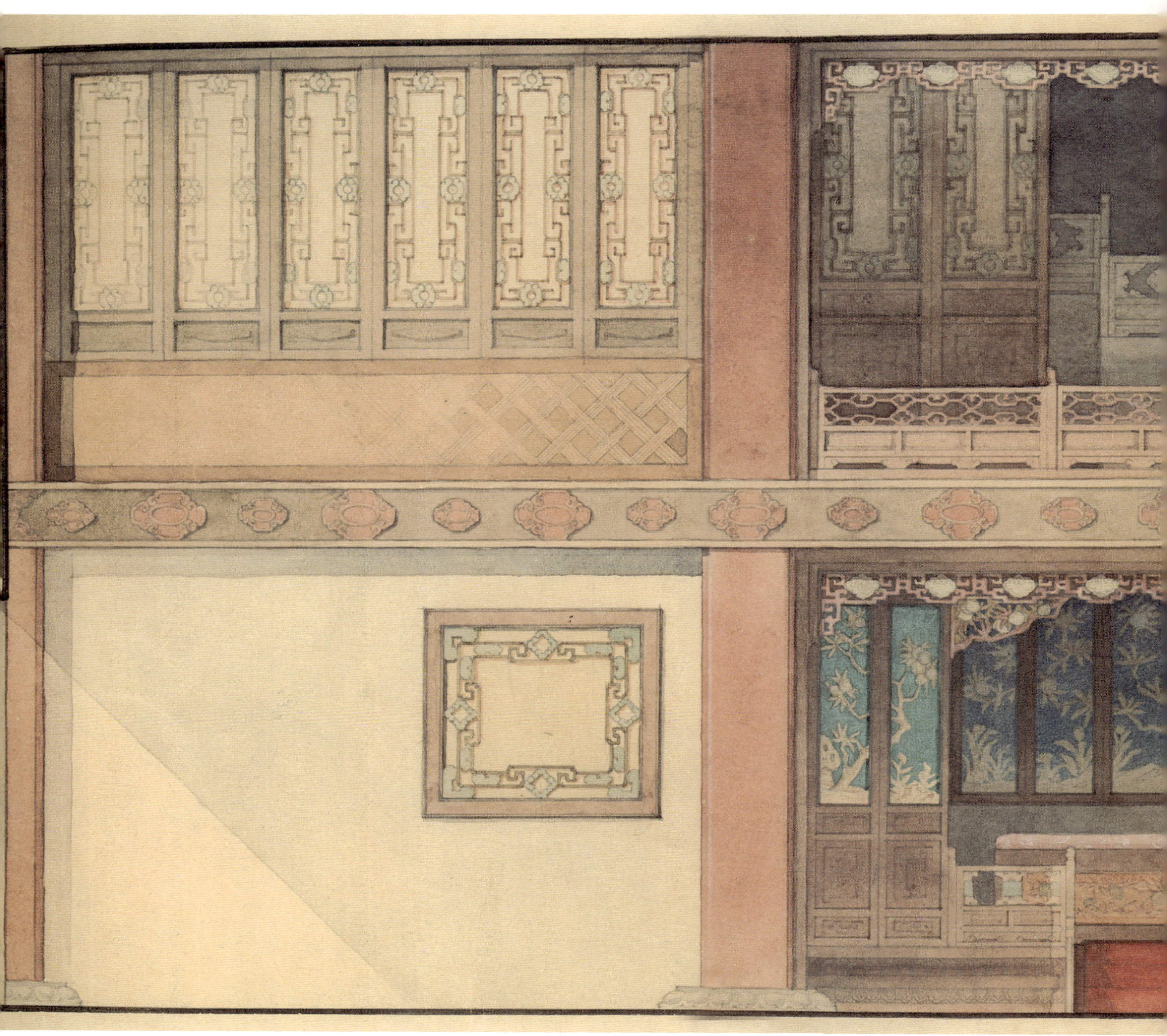

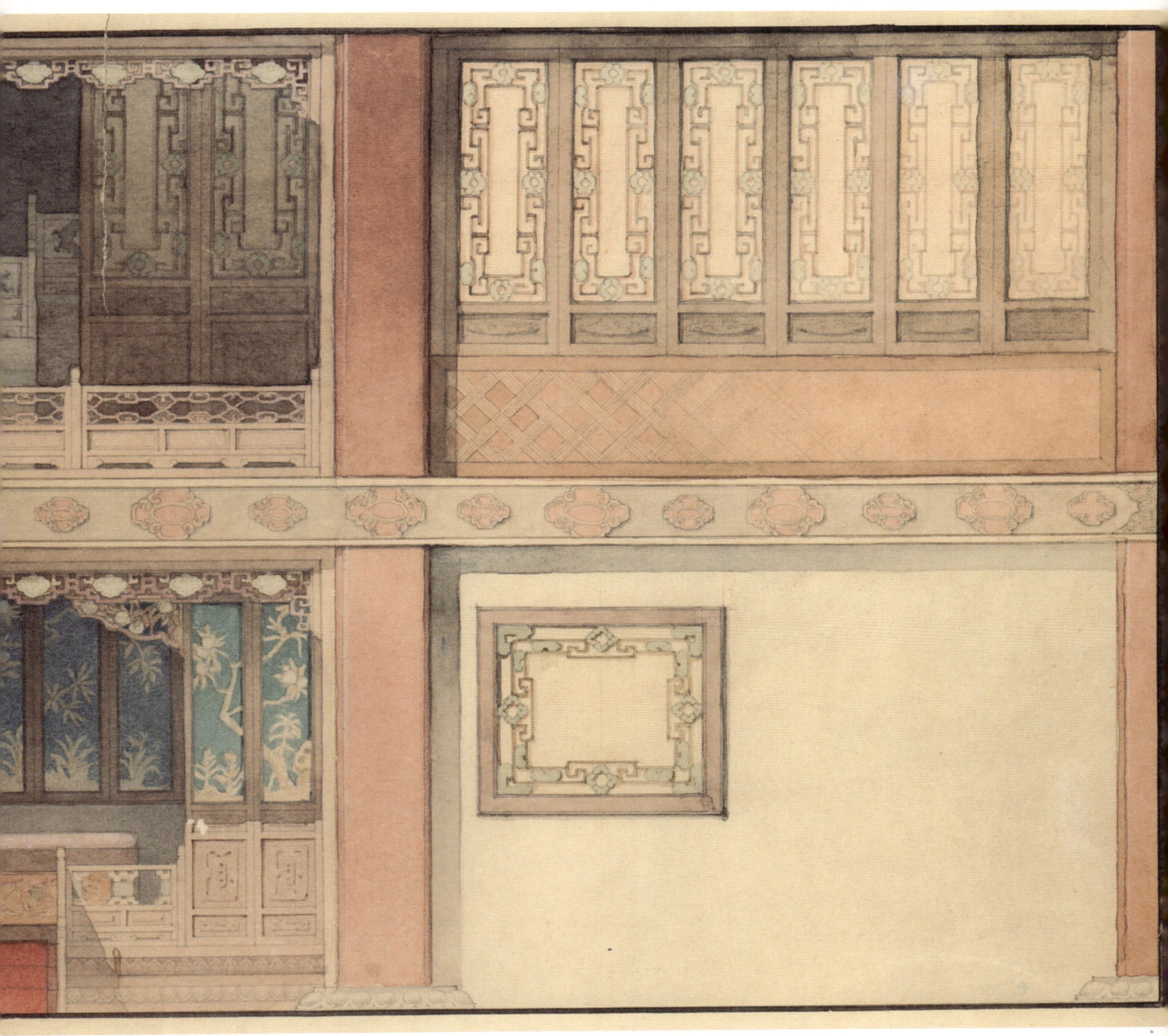

故宫宁寿宫花园倦勤斋内檐立面渲染图

Elevation rendering of the internal decoration of Juanqin Zhai (Studio of Exhaustion from Diligent Service) at Garden of Ningshou (Tranquil Longevity) Palace of the Palace Museum

北京　1954

Beijing, 1954

悬空寺组群立面渲染图
Group elevation rendering of Hanging Temple

山西浑源　　1986
Hunyuan County, Shanxi Province, 1986

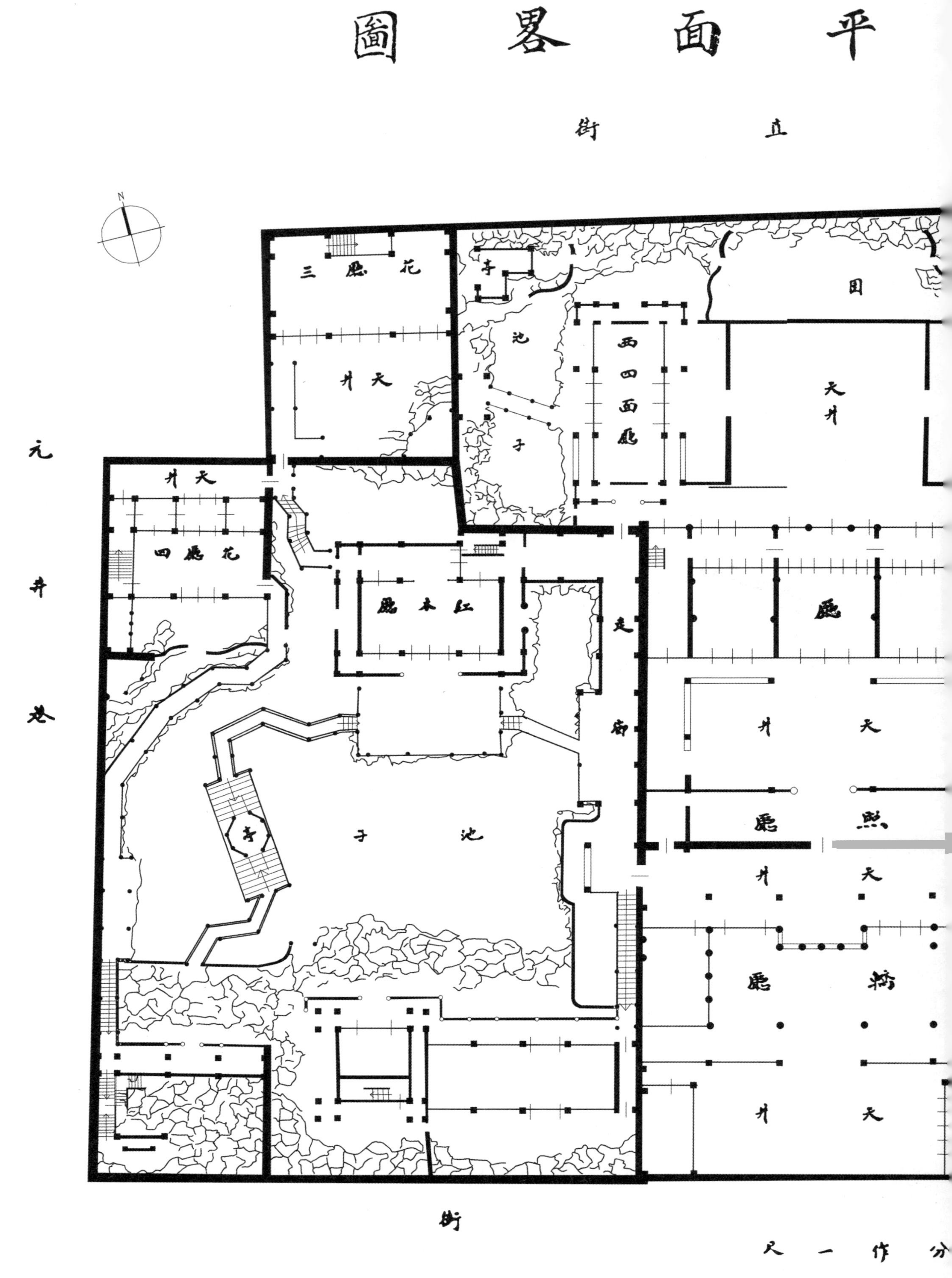

州
平面畧圖
直街
花廳三
天井
亭
池子
西四面廳
天井
花廳四
紅木廳
走廊
亭
池子
廳
熙廳
天井
廳
元井巷
街
分作一尺
華信工程司沈理源測

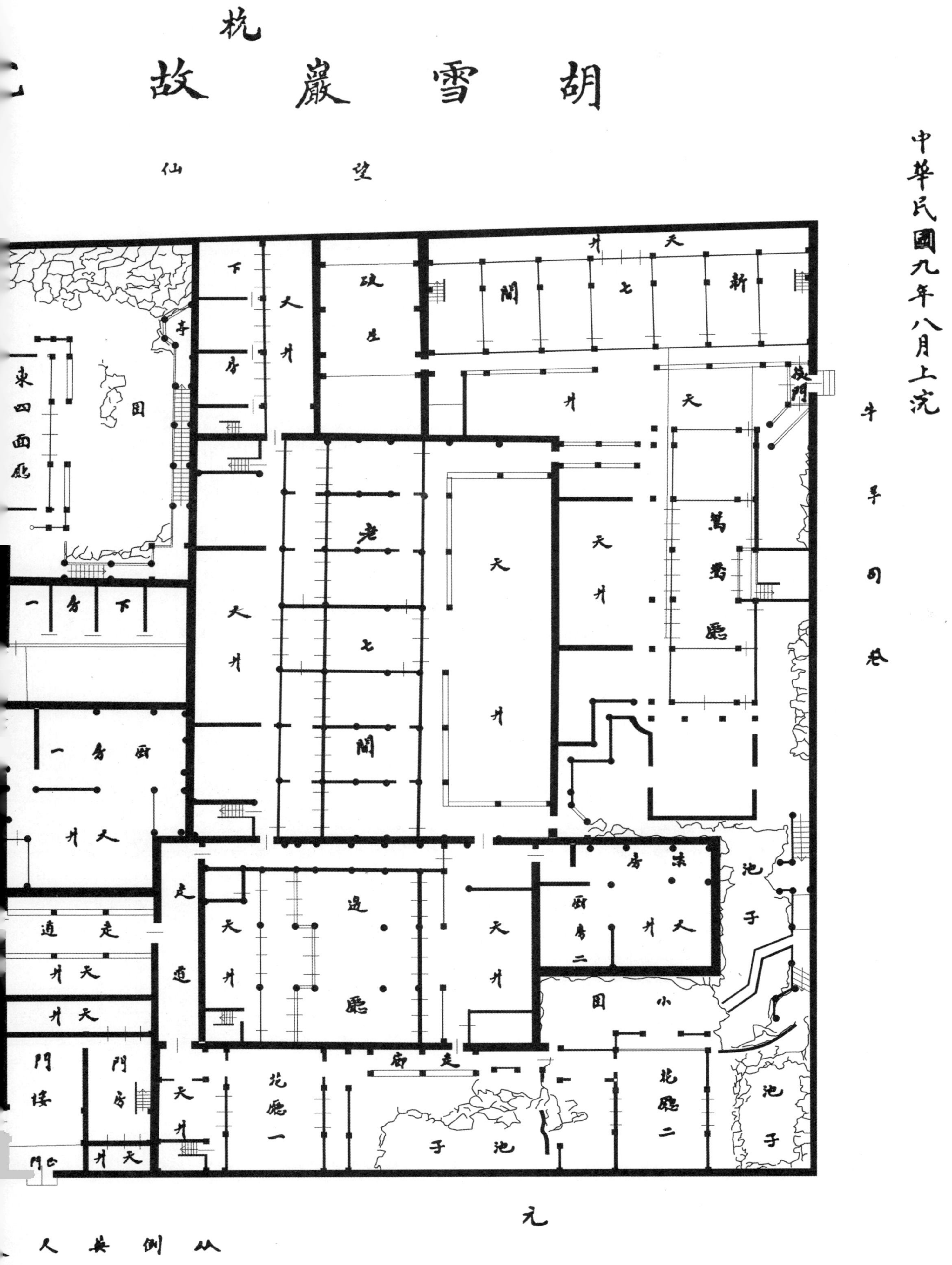

杭
胡雪巖故宅

中華民國九年八月上浣

胡雪岩故宅平面略图（重绘）

0 4 8m

Sketch plan of Hu Xueyan's Former Residence (redrawing)

浙江杭州 1920

Hangzhou, Zhejiang Province, 1920

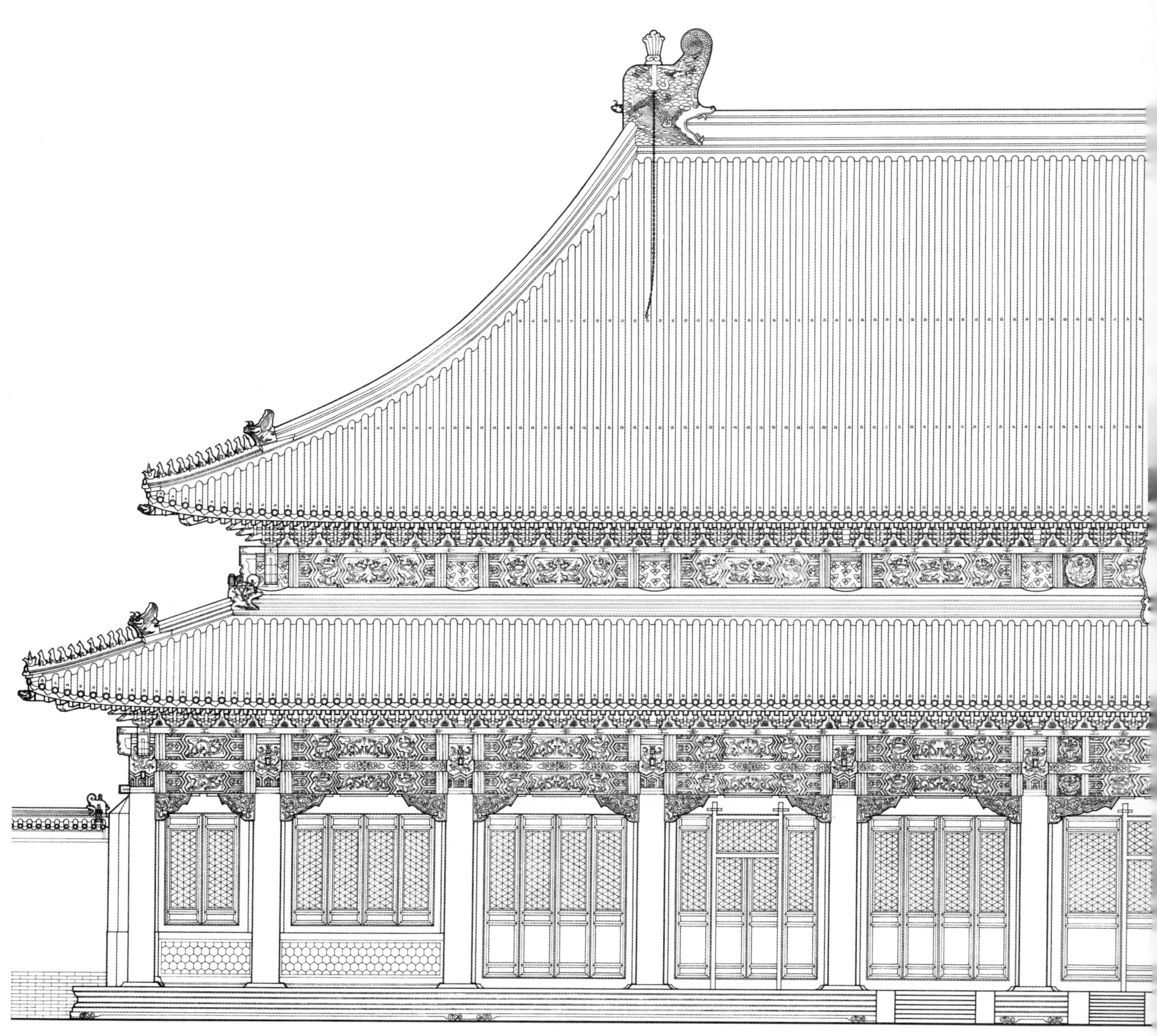

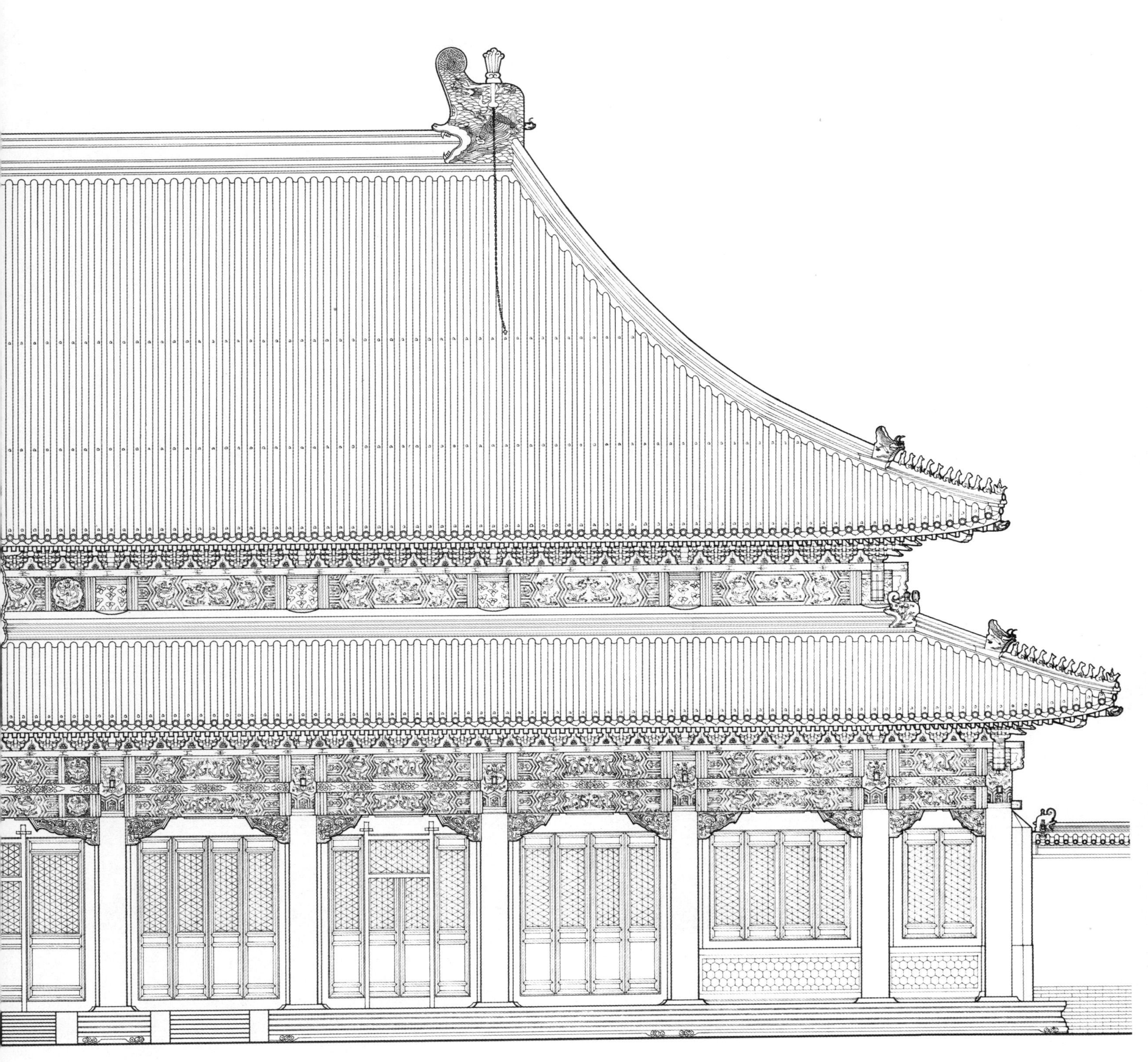

故宫太和殿正立面图 0 2.5 5m

Front elevation of Hall of Supreme Harmony at the Palace Museum

故宫太和殿侧立面图

Side elevation of Hall of Supreme Harmony at the Palace Museum

北京 1942

Beijing, 1942

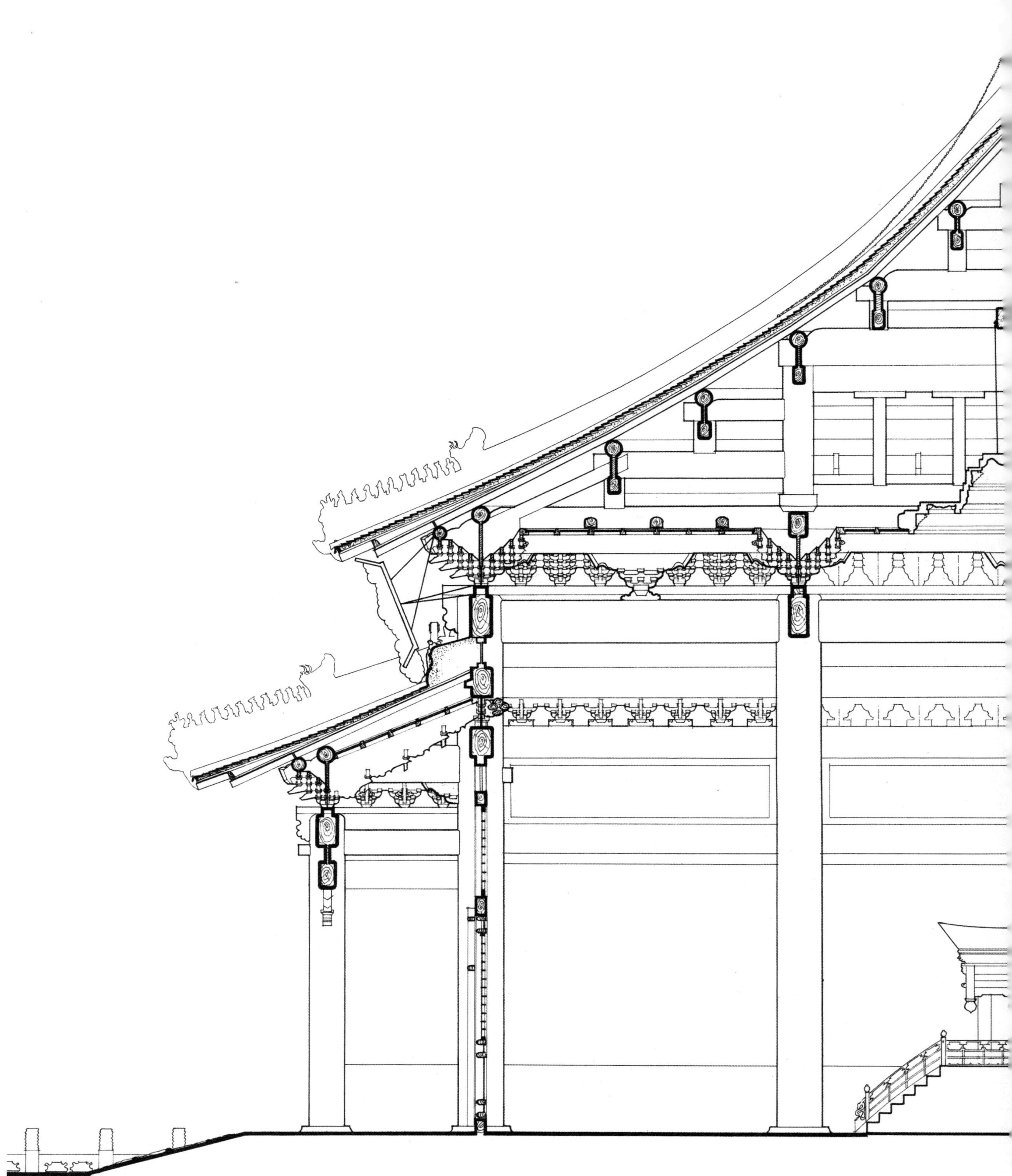

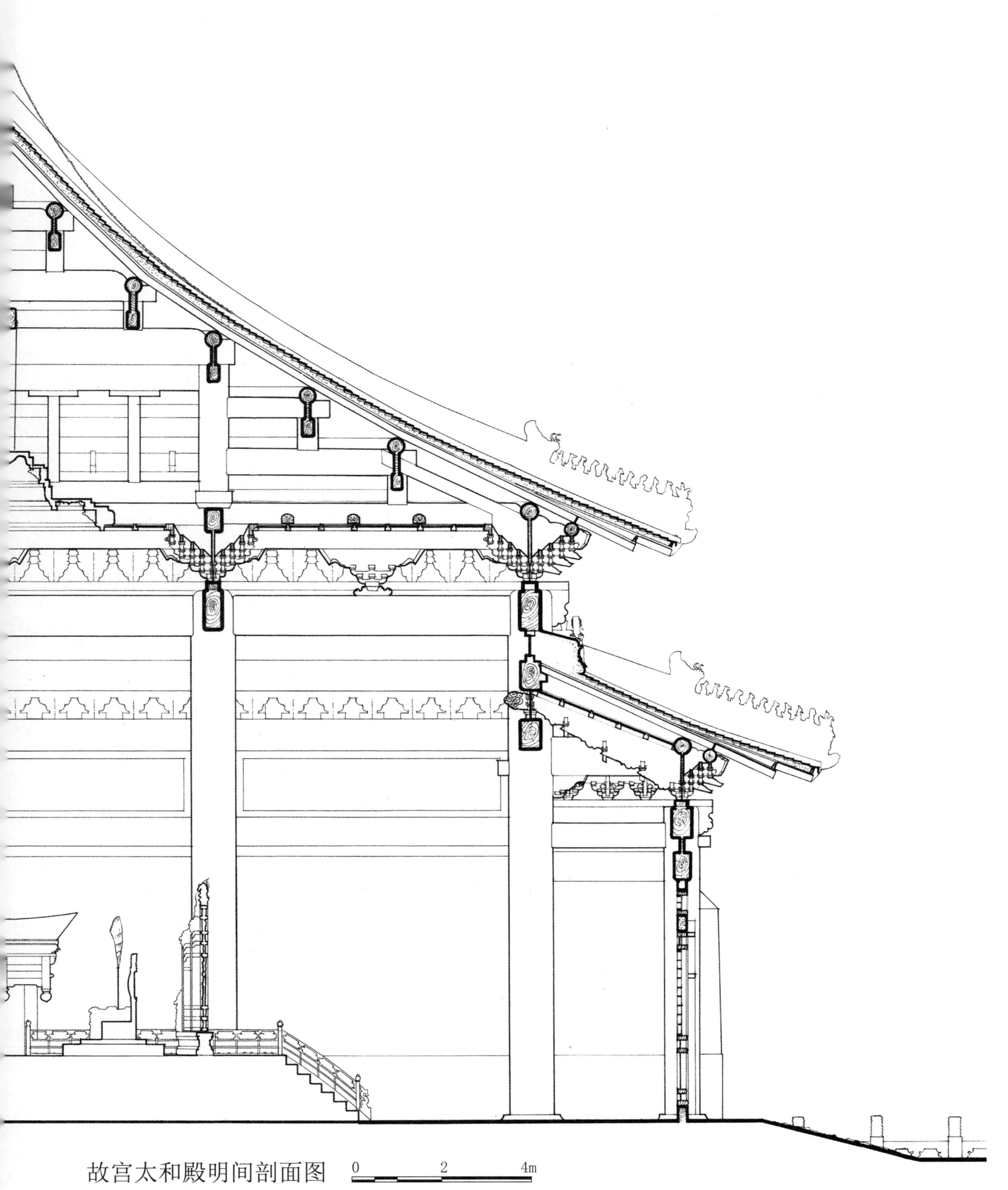

故宫太和殿明间剖面图

Central bay section of Hall of Supreme Harmony at the Palace Museum

北京　　1942

Beijing, 1942

故宫角楼背立面图 0 1.5 3m

Rear elevation of the Corner Tower at the Palace Museum

北京 1942

Beijing, 1942

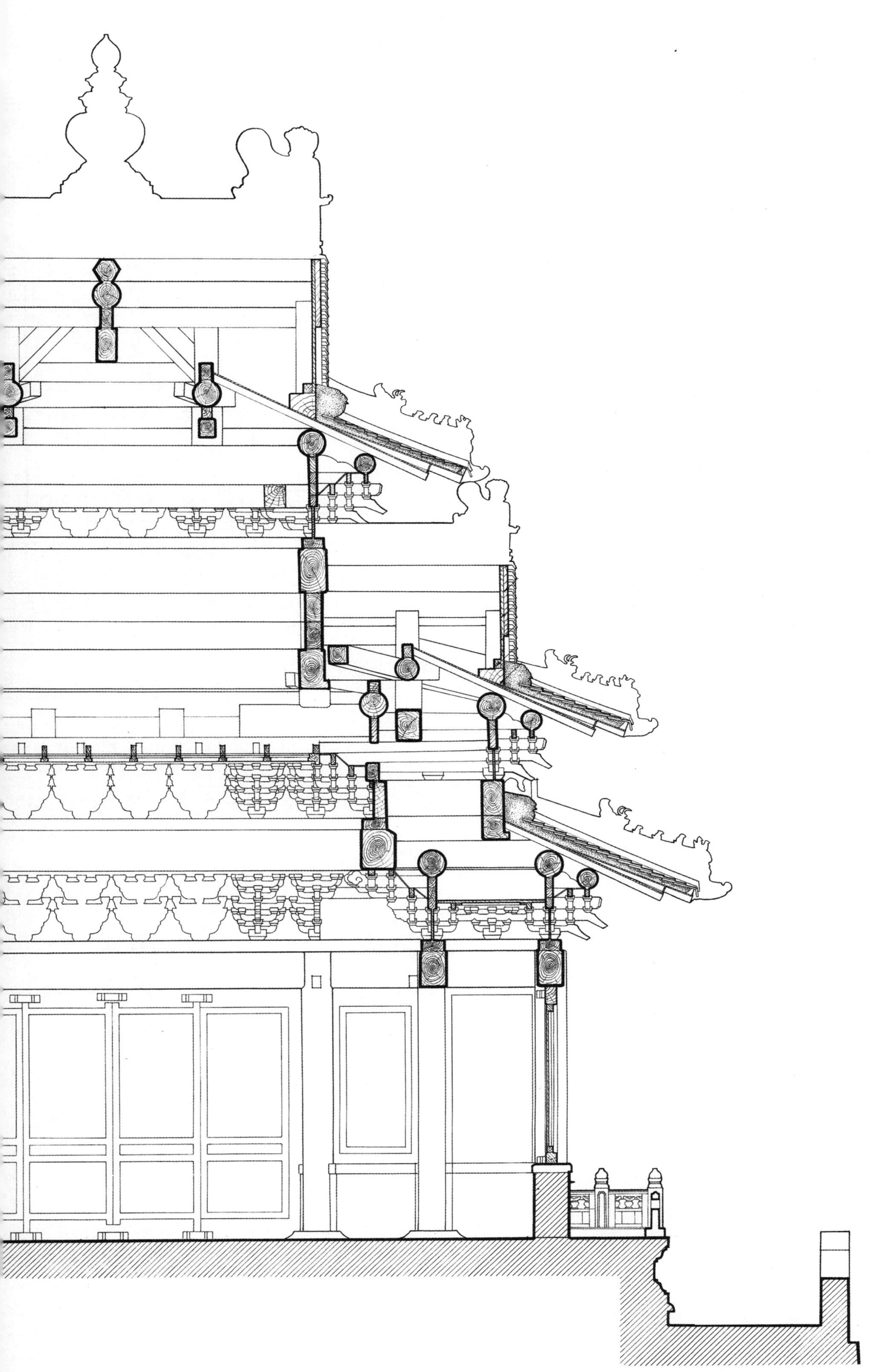

故宫角楼纵剖面图

Vertical section of the Corner Tower at the Palace Museum

北京　1942

Beijing, 1942

正阳门城楼正立面图

Front elevation of the Tower on the Gate of Zenith Sun

北京　1944

Beijing, 1944

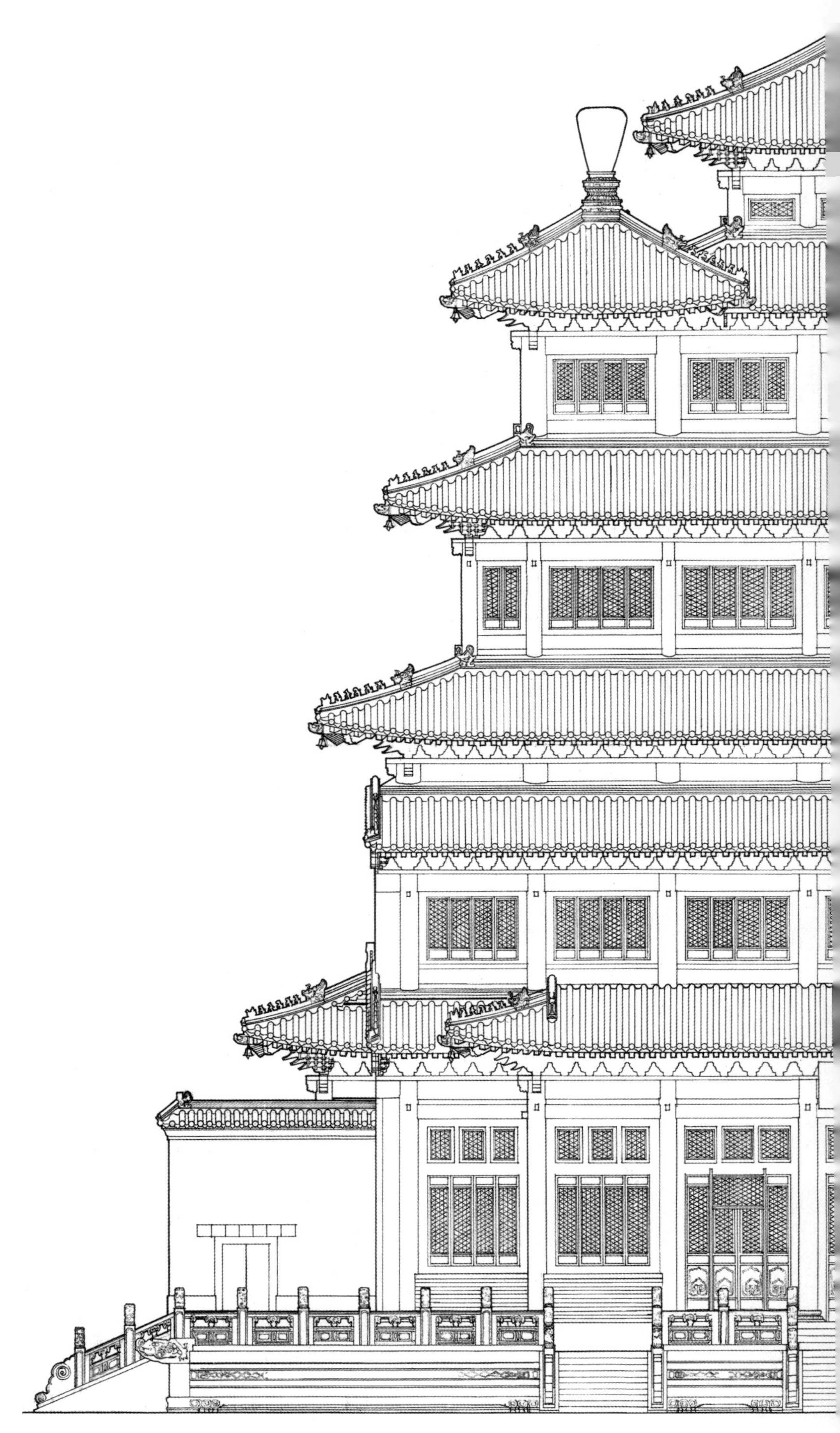

普宁寺大乘之阁正立面图 0 1.25 2.5m

Front elevation of Pavilion of Mahayana in the Temple of Universal Happiness

河北承德 1954

Chengde, Hebei Province, 1954

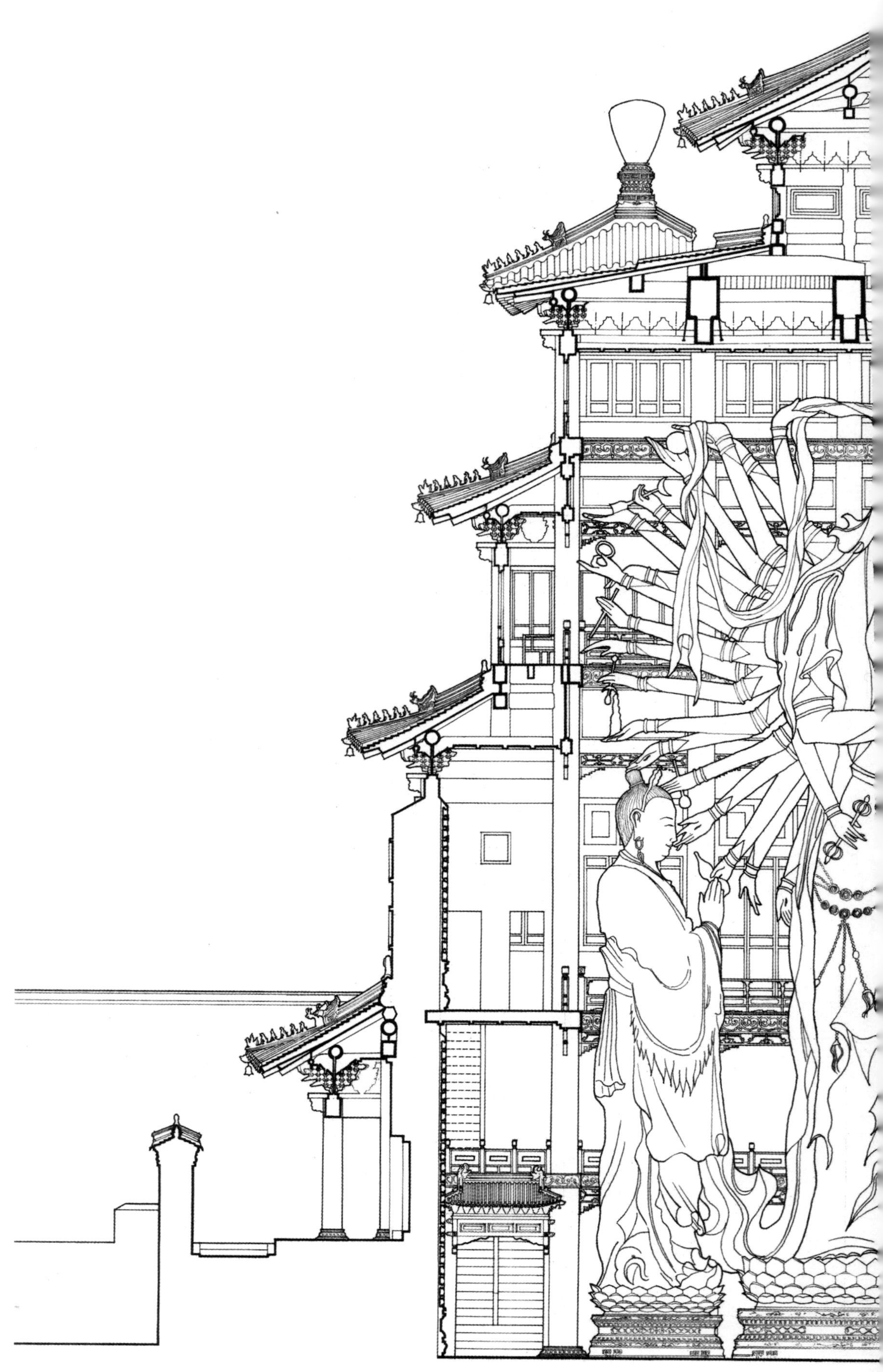

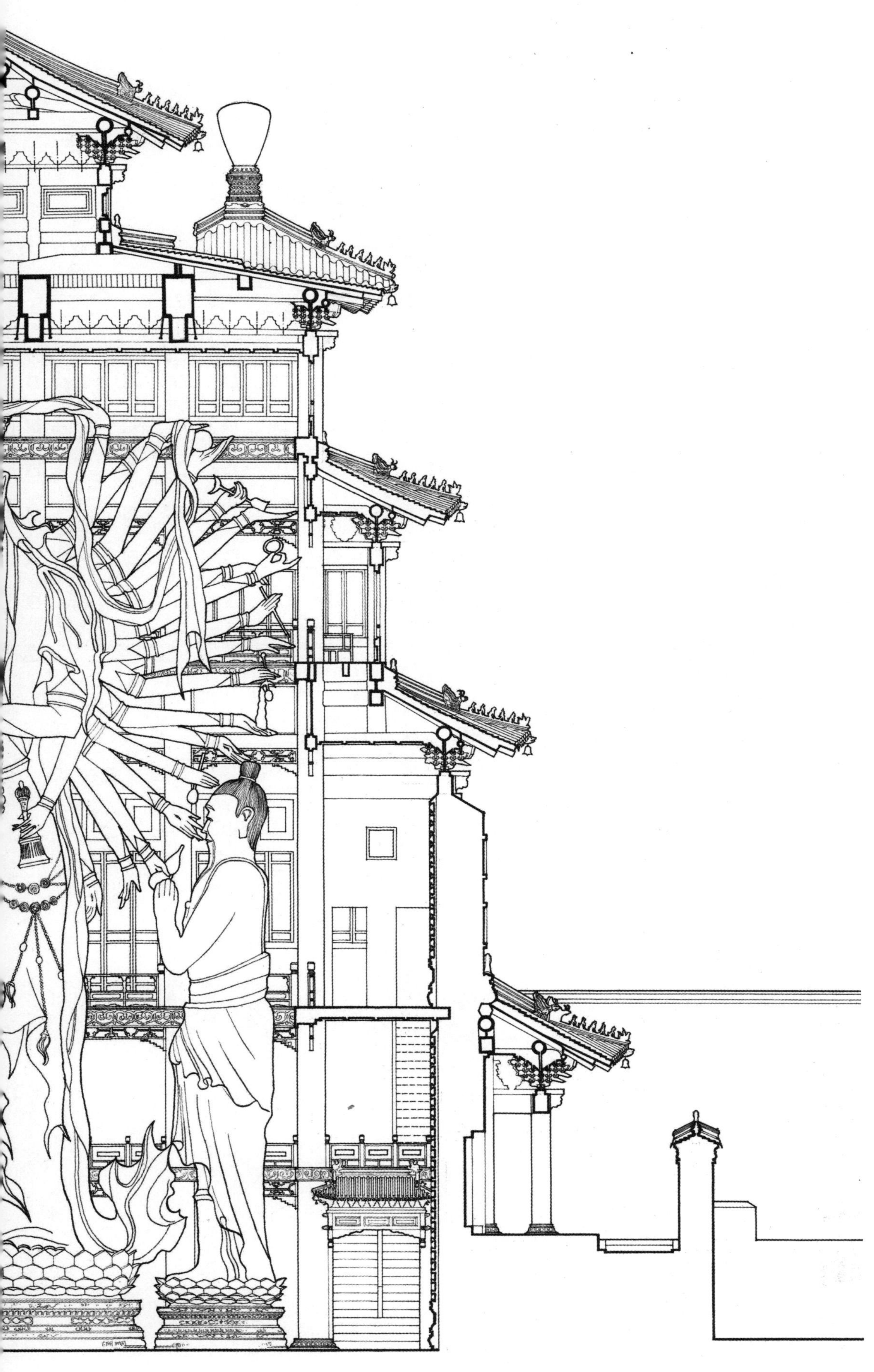

普宁寺大乘之阁纵剖面图 0 1.25 2.5m

Vertical section of Pavilion of Mahayana in the Temple of Universal Happiness

河北承德 1954

Chengde, Hebei Province, 1954

普陀宗乘之庙大红台正立面图 0 5 10m

Front elevation of Great Red Platform in the Temple of Potaraka Doctrine

河北承德 1954

Chengde, Hebei Province, 1954

须弥福寿之庙妙高庄严殿正立面图

Front elevation of Hall of Sublime Loftiness in the Temple of Sumeru Happiness and Longevity

须弥福寿之庙妙高庄严殿明间剖面图

Central bay section of Hall of Sublime Loftiness in the Temple of Sumeru Happiness and Longevity

河北承德 1954

Chengde, Hebei Province, 1954

故宫宁寿宫花园禊赏亭旭晖亭正立面图 0 1.5 3m

Front elevation of Xishang (Purification Ceremony) Pavilion and Xuhui (Morning Sunshine) Pavilion, Garden of Ningshou (Tranquil Longevity) Palace at the Palace Museum

北京 1955

Beijing, 1955

N

0 5 10m

颐和园扬仁风组群平面图

General plan of Yang Ren Feng (Promoting Morality) Pavilion complex at Summer Palace

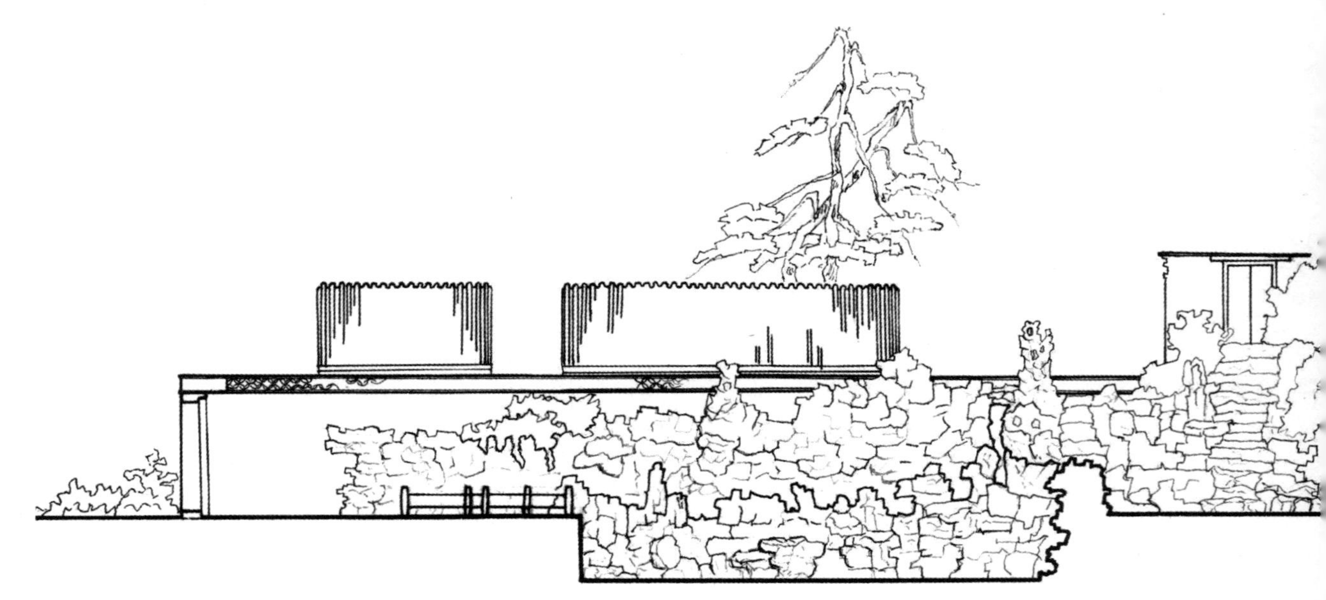

颐和园扬仁风组群立面图

Front elevation of Yang Ren Feng (Promoting Morality) Pavilion complex at Summer Palace

颐和园扬仁风组群剖面图

Section of Yang Ren Feng (Promoting Morality) Pavilion complex at Summer Palace

北京　1956

Beijing, 1956

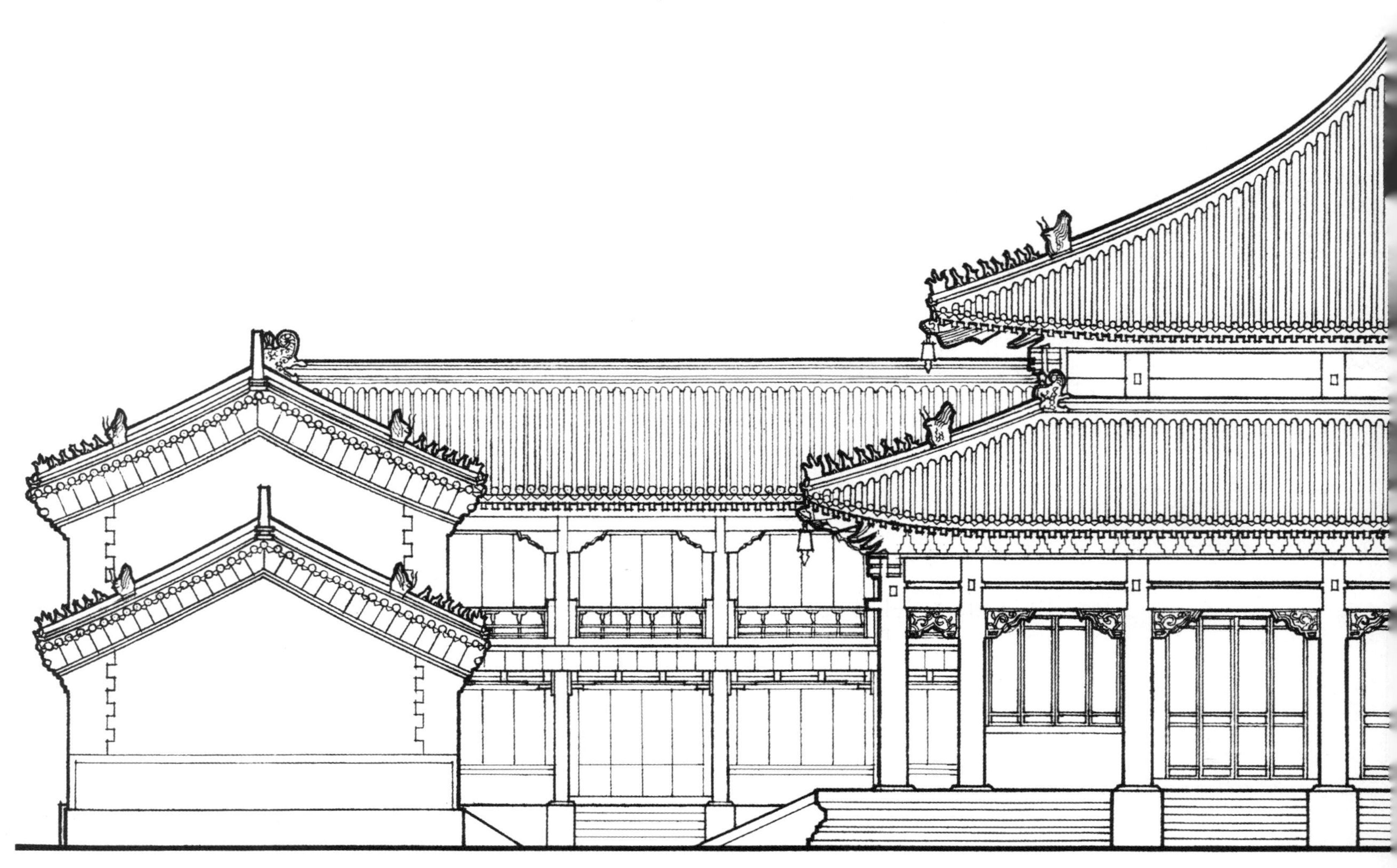

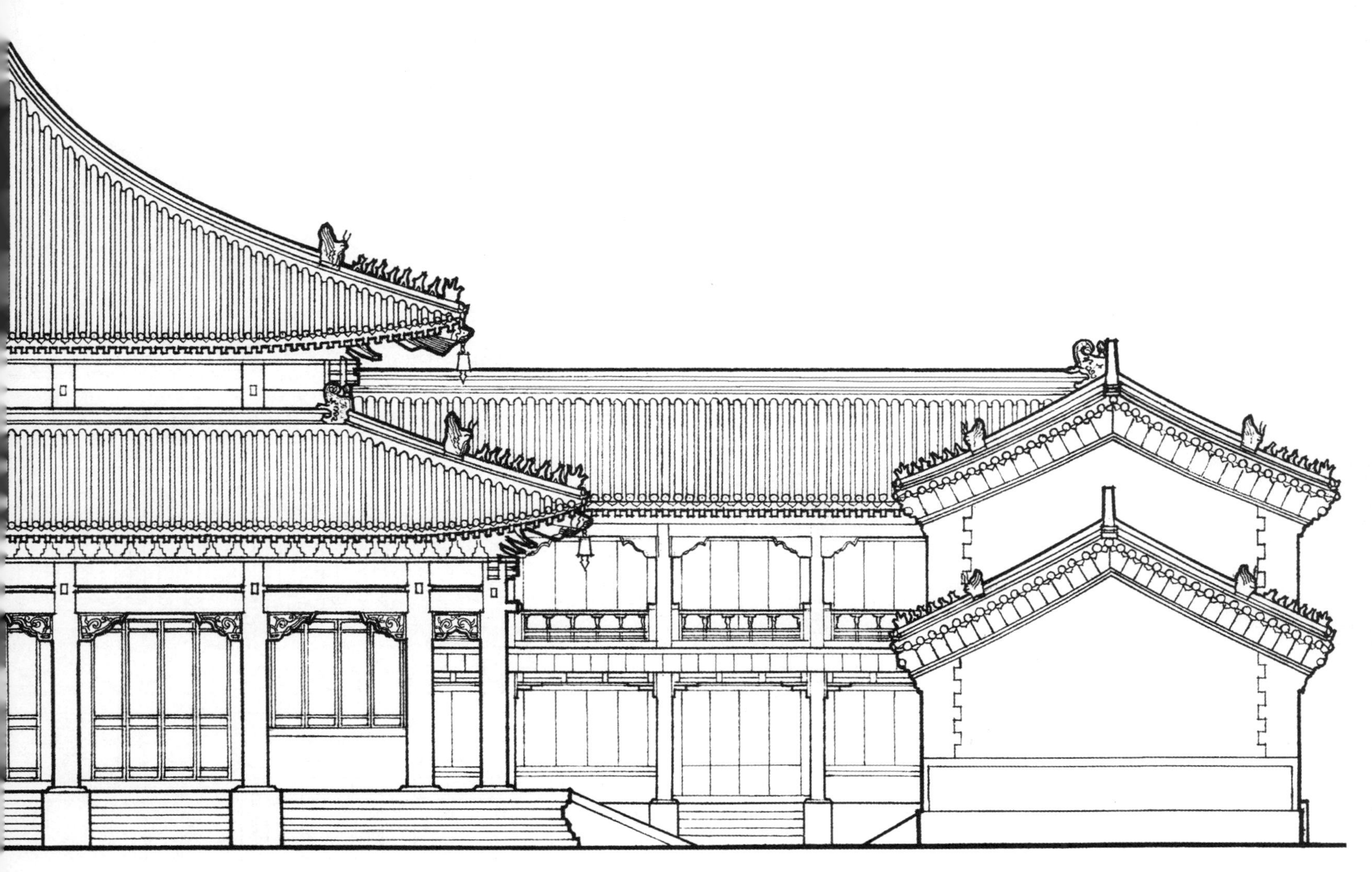

普佑寺法轮殿组群立面图 0 1.5 3m

Elevation of Falun (Dharmacakra) Hall complex at Temple of Puyou (Universal Blessings)

河北承德 1963

Chengde, Hebei Province, 1963

故宫大政殿正立面图 0 1 2m

Front elevation of Dazheng (Great Administration) Hall at Mukden Palace

辽宁沈阳 1964

Shenyang, Liaoning Province, 1964

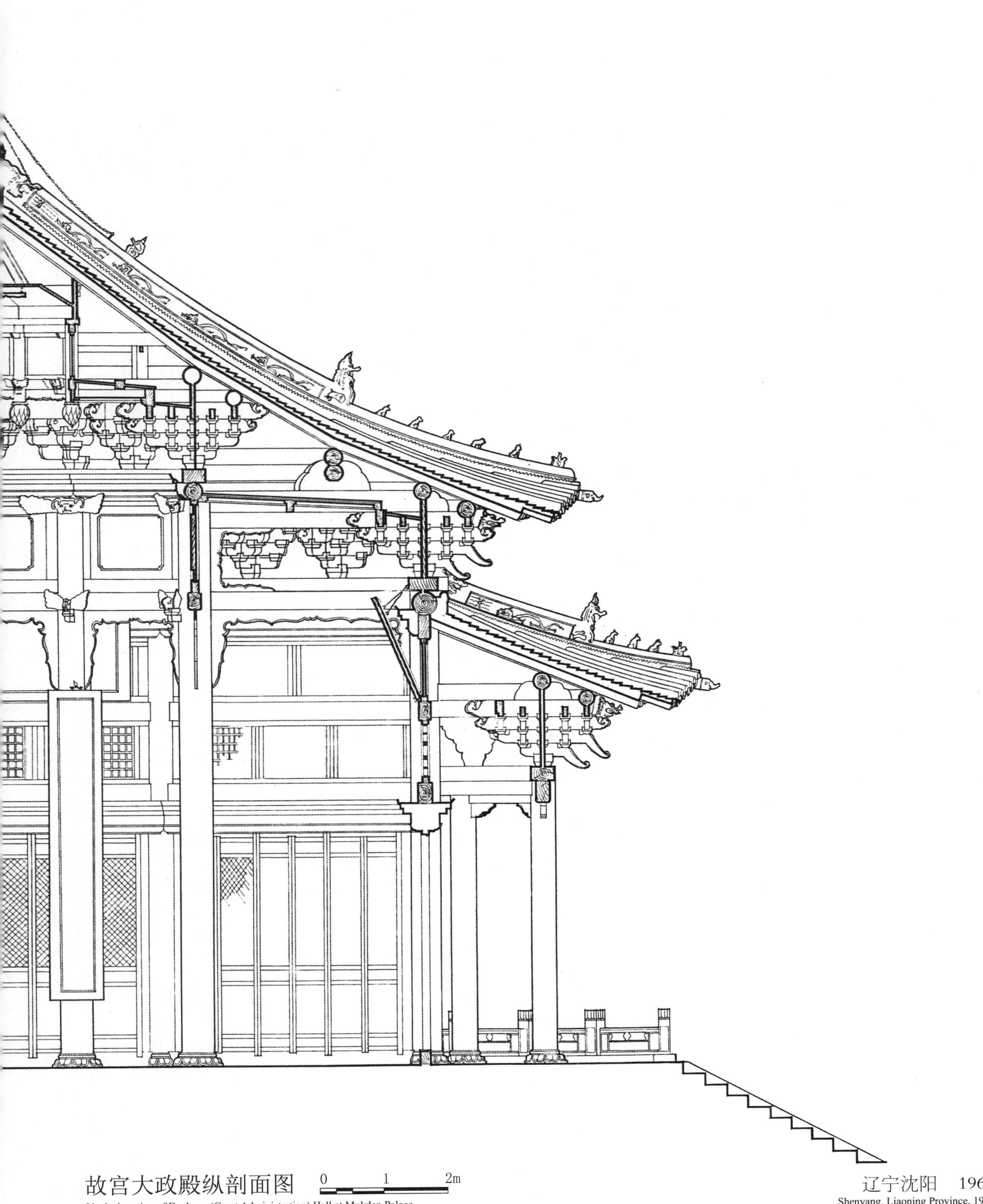

故宫大政殿纵剖面图
Vertical section of Dazheng (Great Administration) Hall at Mukden Palace

辽宁沈阳　1964
Shenyang, Liaoning Province, 1964

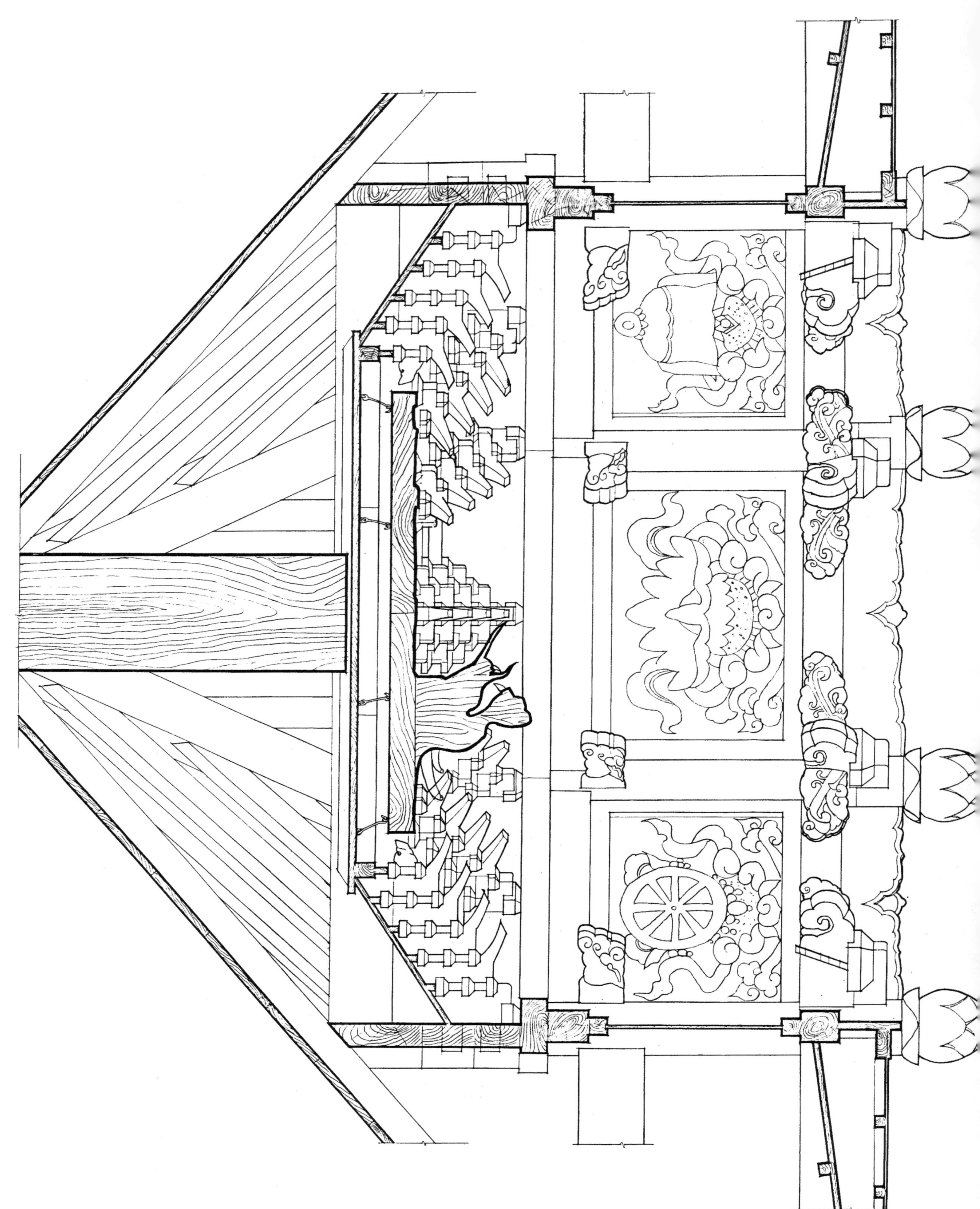

故宫大政殿藻井剖面图

Section of the caisson of Dazheng (Great Administration) Hall at Mukden Palace

故宫大政殿藻井仰视图

Upward view of Dazheng (Great Administration) Hall at Mukden Palace

辽宁沈阳 1964

Shenyang, Liaoning Province, 1964

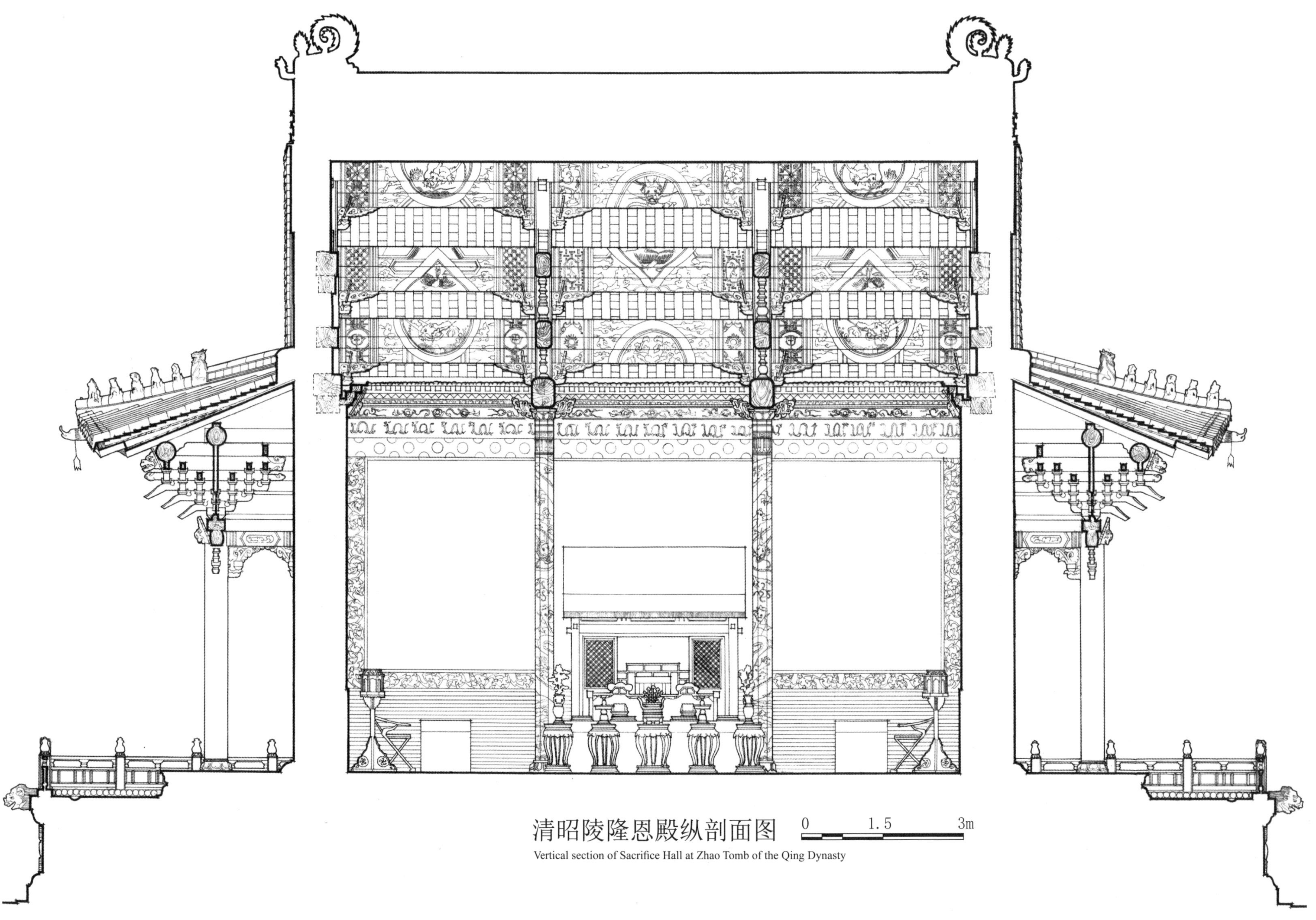

清昭陵隆恩殿纵剖面图
Vertical section of Sacrifice Hall at Zhao Tomb of the Qing Dynasty

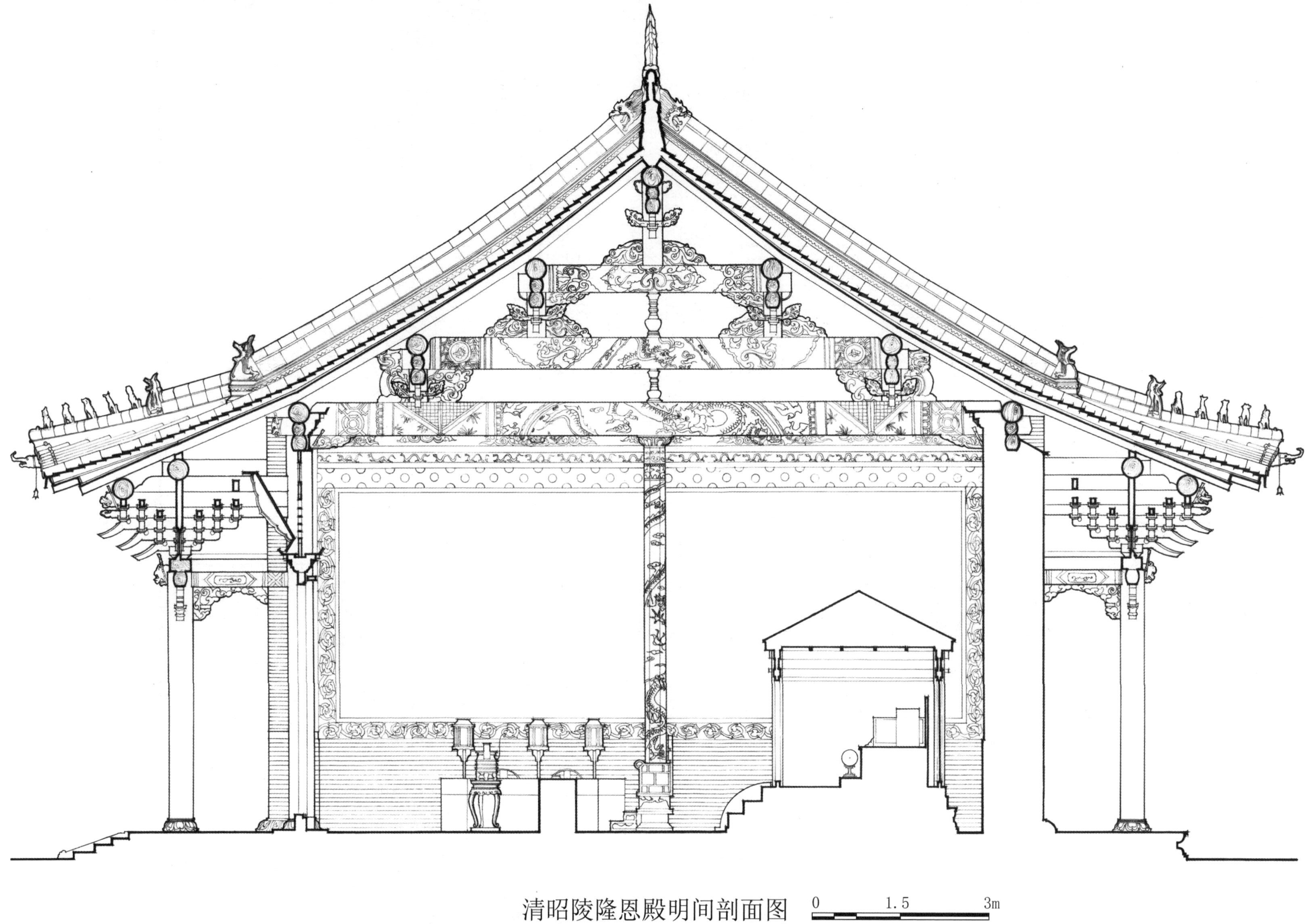

清昭陵隆恩殿明间剖面图
Central bay section of Sacrifice Hall at Zhao Tomb of the Qing Dynasty

辽宁沈阳　1965
Shenyang, Liaoning Province, 1965

清昭陵角楼南立面图 0 0.75 1.5m
South elevation of the Corner Tower at Zhao Tomb of the Qing Dynasty

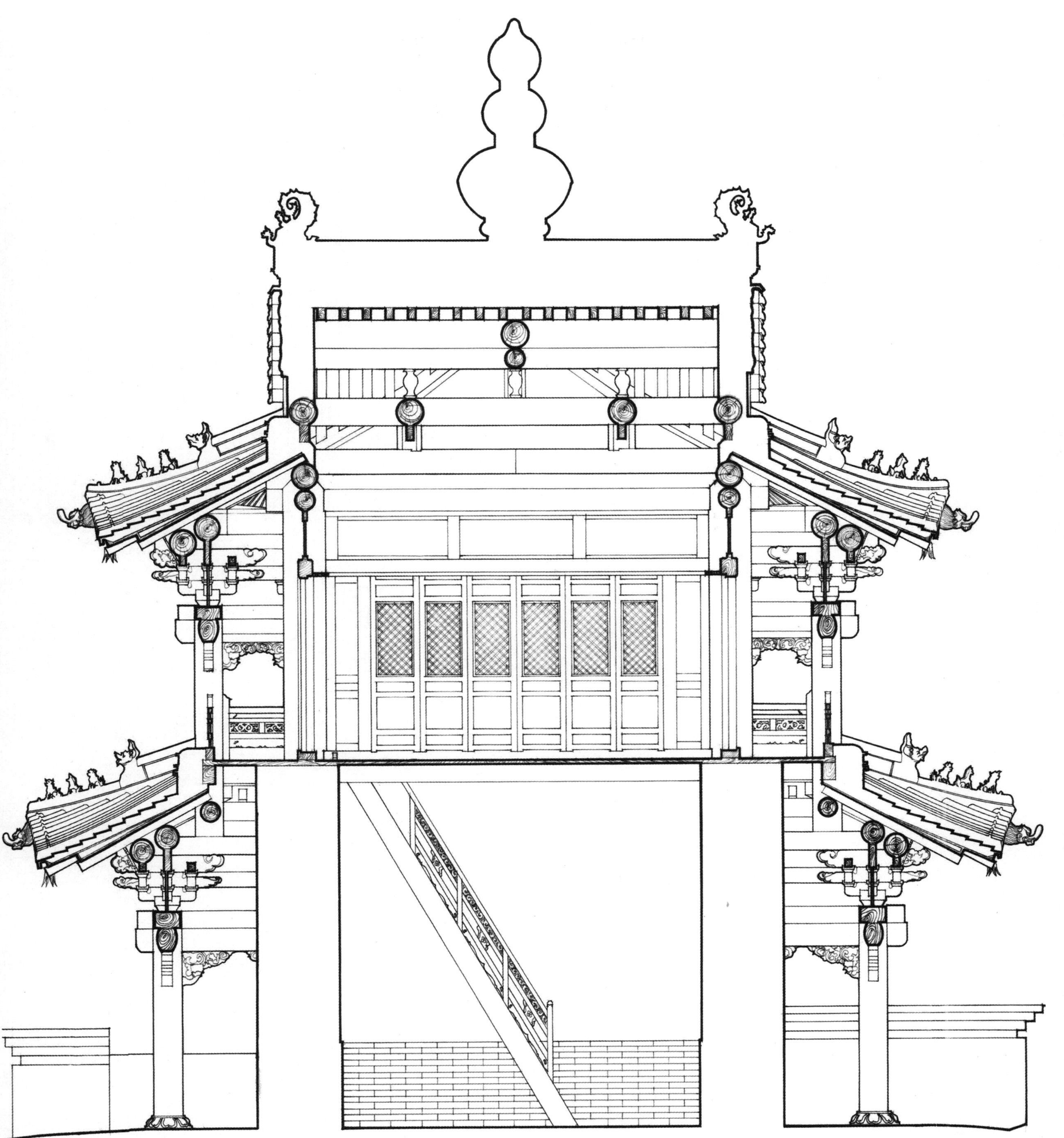

清昭陵角楼纵剖面图

Vertical section of the Corner Tower at Zhao Tomb of the Qing Dynasty

辽宁沈阳　1965

Shenyang, Liaoning Province, 1965

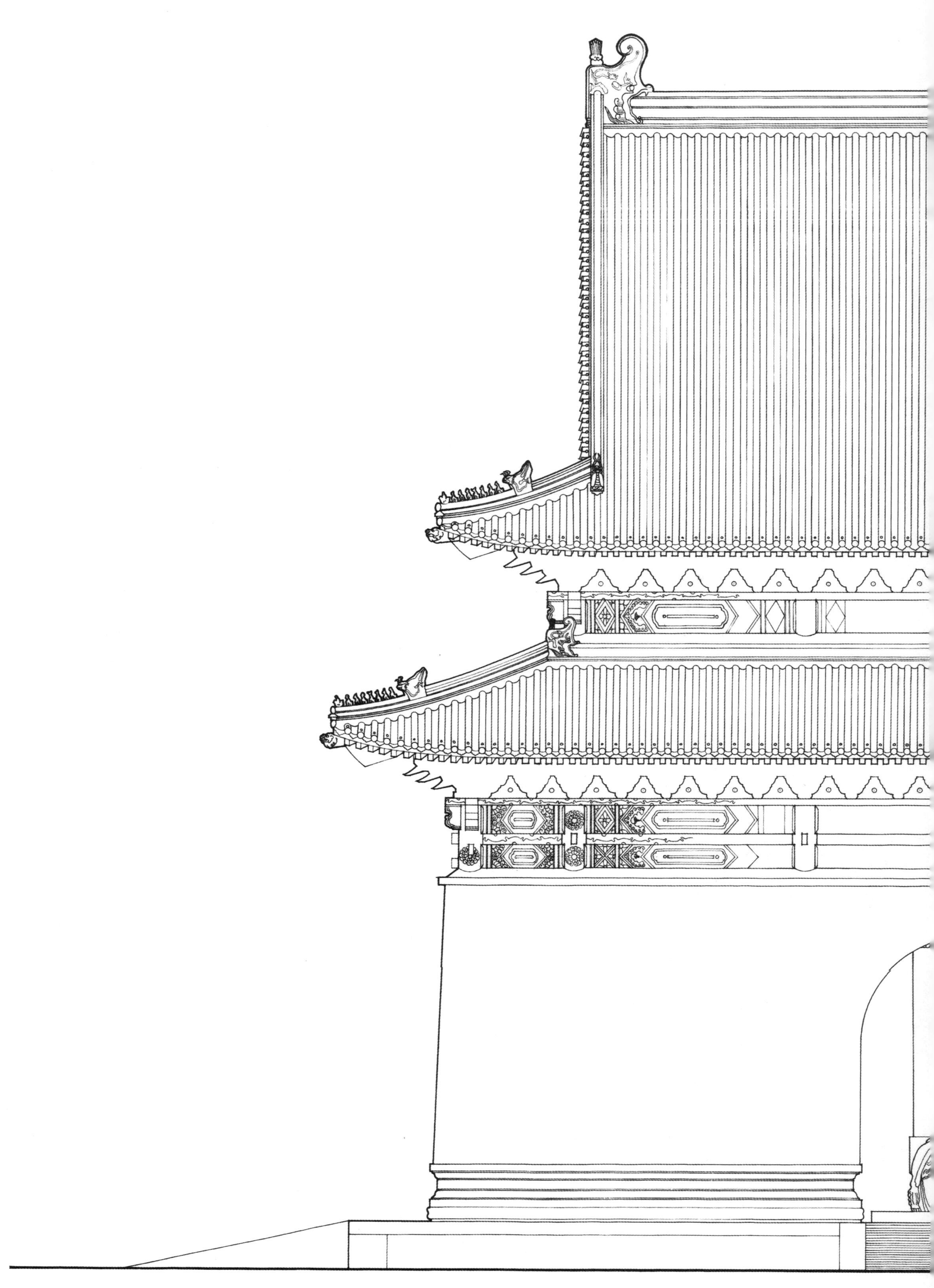

清东陵孝陵神功圣德碑楼正立面图　0　1.5　3m

Front elevation of Magic Holiness Stele Pavilion at Xiao Tomb of Eastern Imperial Tombs of the Qing Dynasty

河北遵化　1980

Zunhua, Hebei Province, 1980

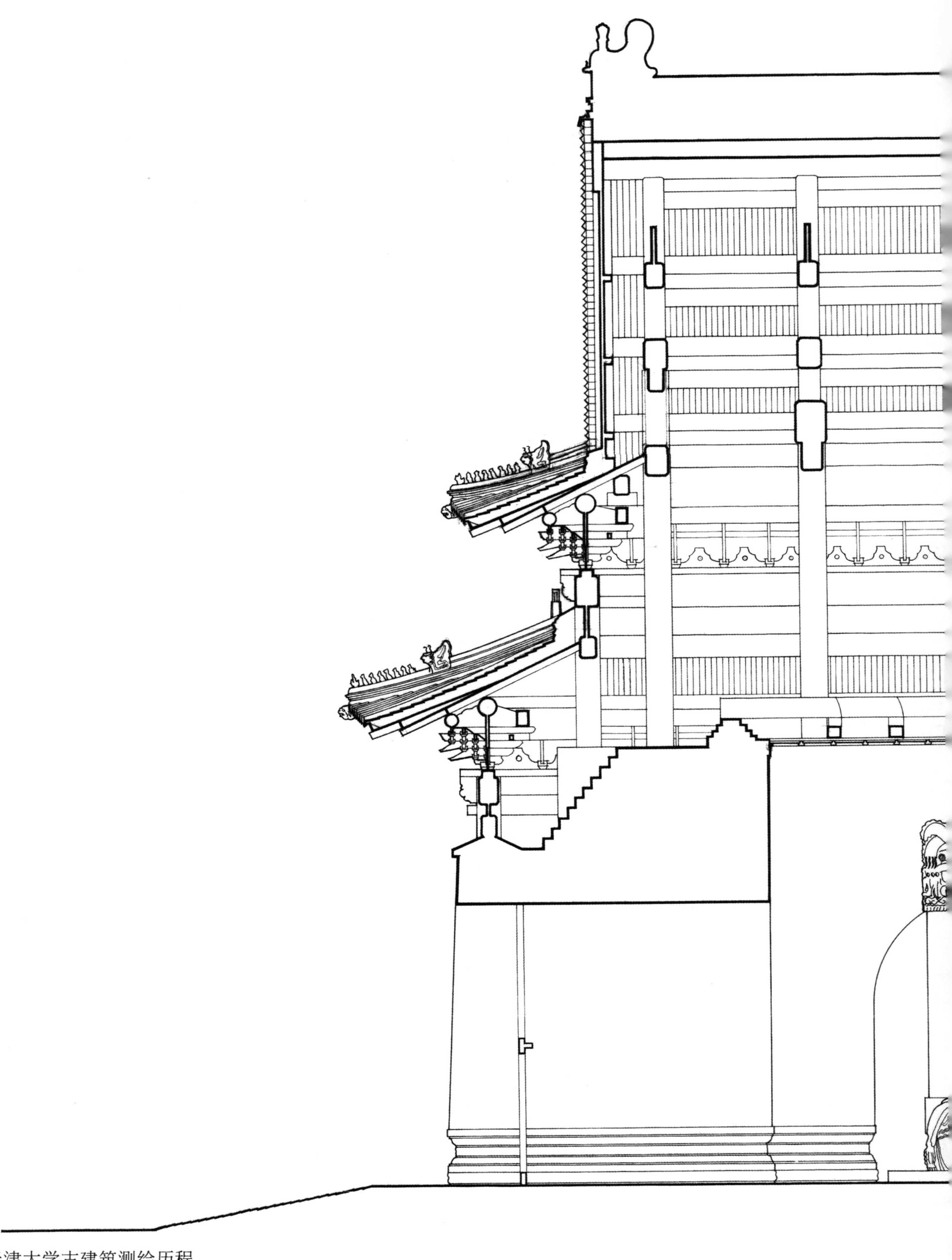

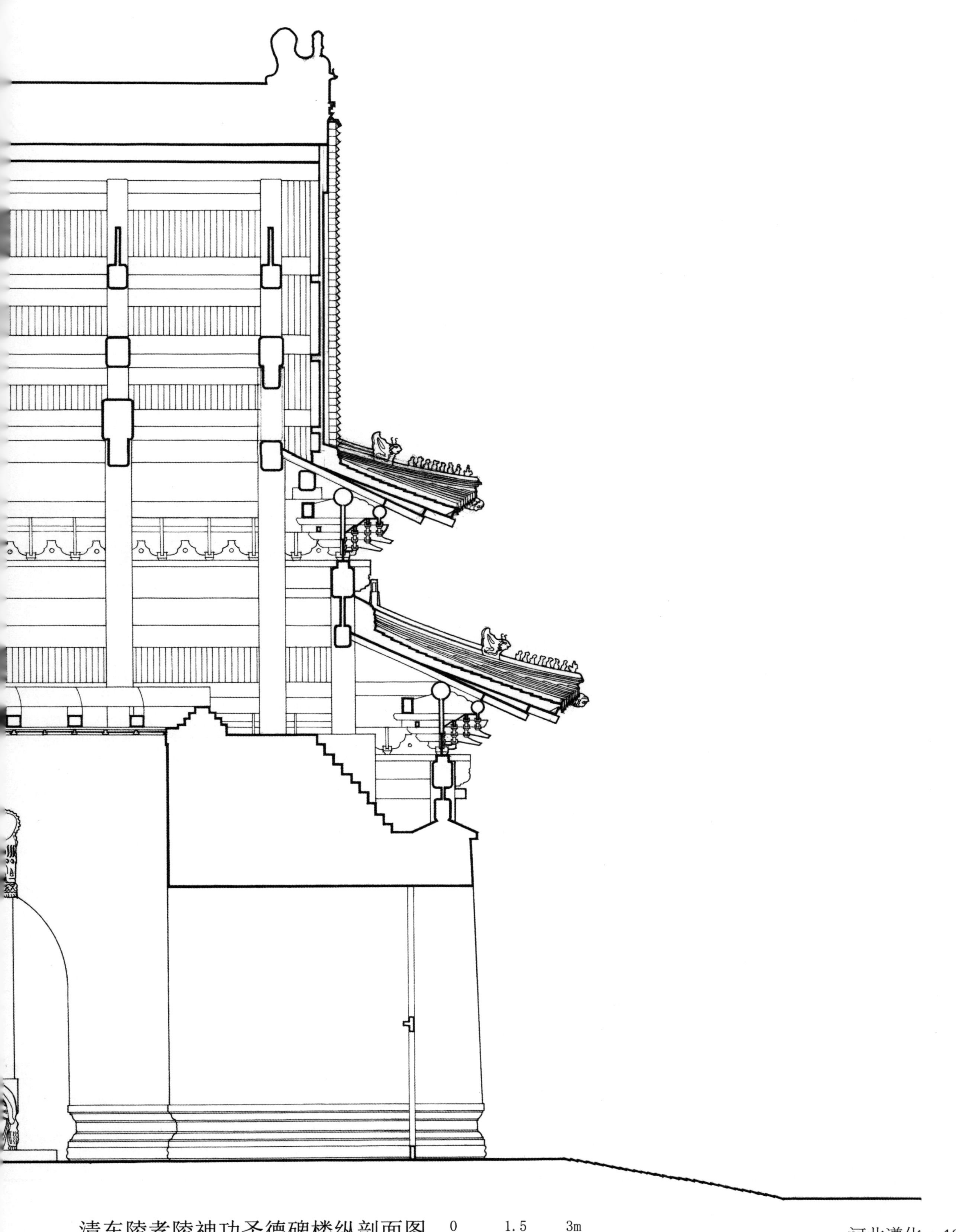

清东陵孝陵神功圣德碑楼纵剖面图

Vertical section of Magic Holiness Stele Pavilion at Xiao Tomb of Eastern Imperial Tombs of the Qing Dynasty

河北遵化　1980

Zunhua, Hebei Province, 1980

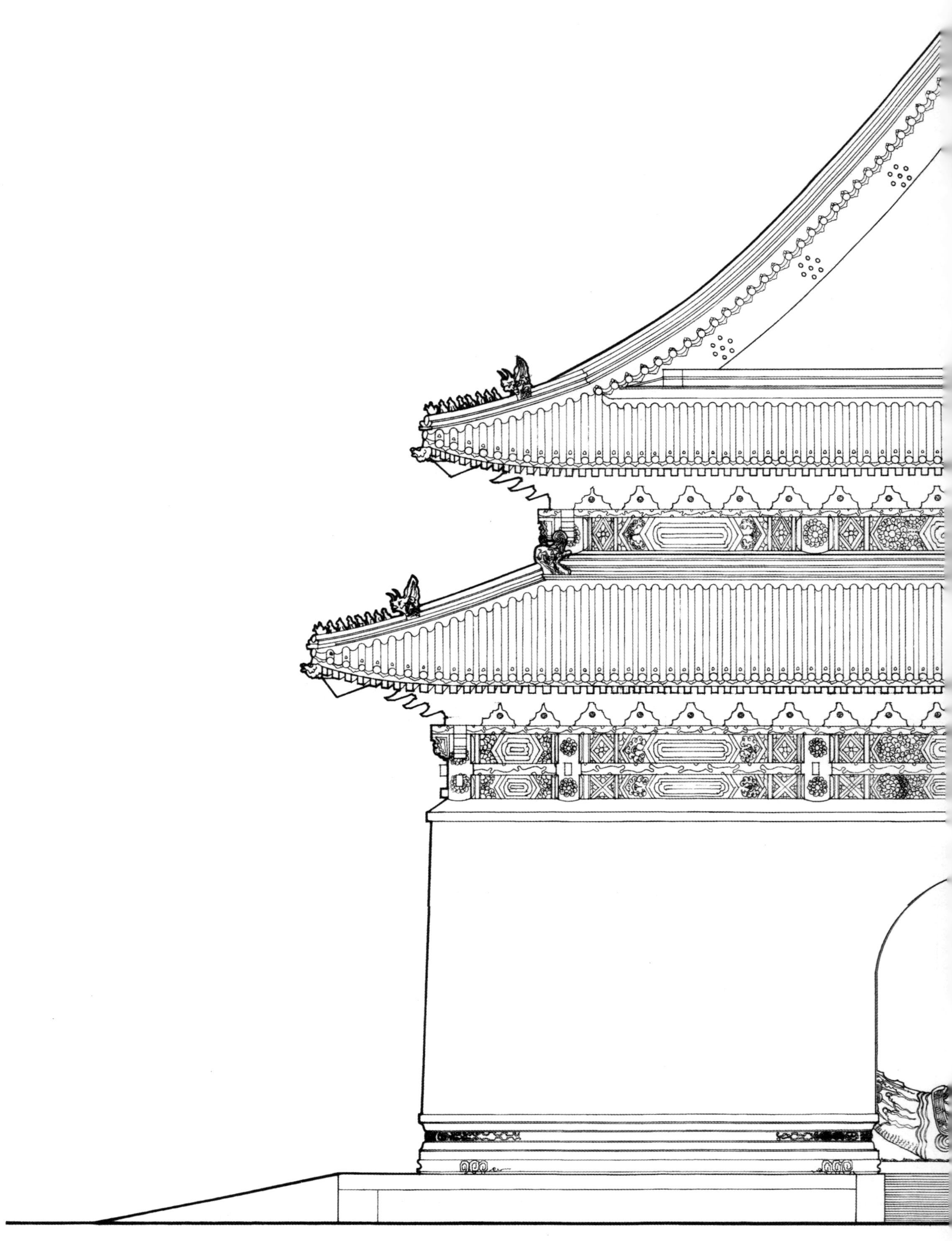

清东陵孝陵神功圣德碑楼侧立面图

Side elevation of Magic Holiness Stele Pavilion at Xiao Tomb of Eastern Imperial Tombs of the Qing Dynasty

河北遵化 1980

Zunhua, Hebei Province, 1980

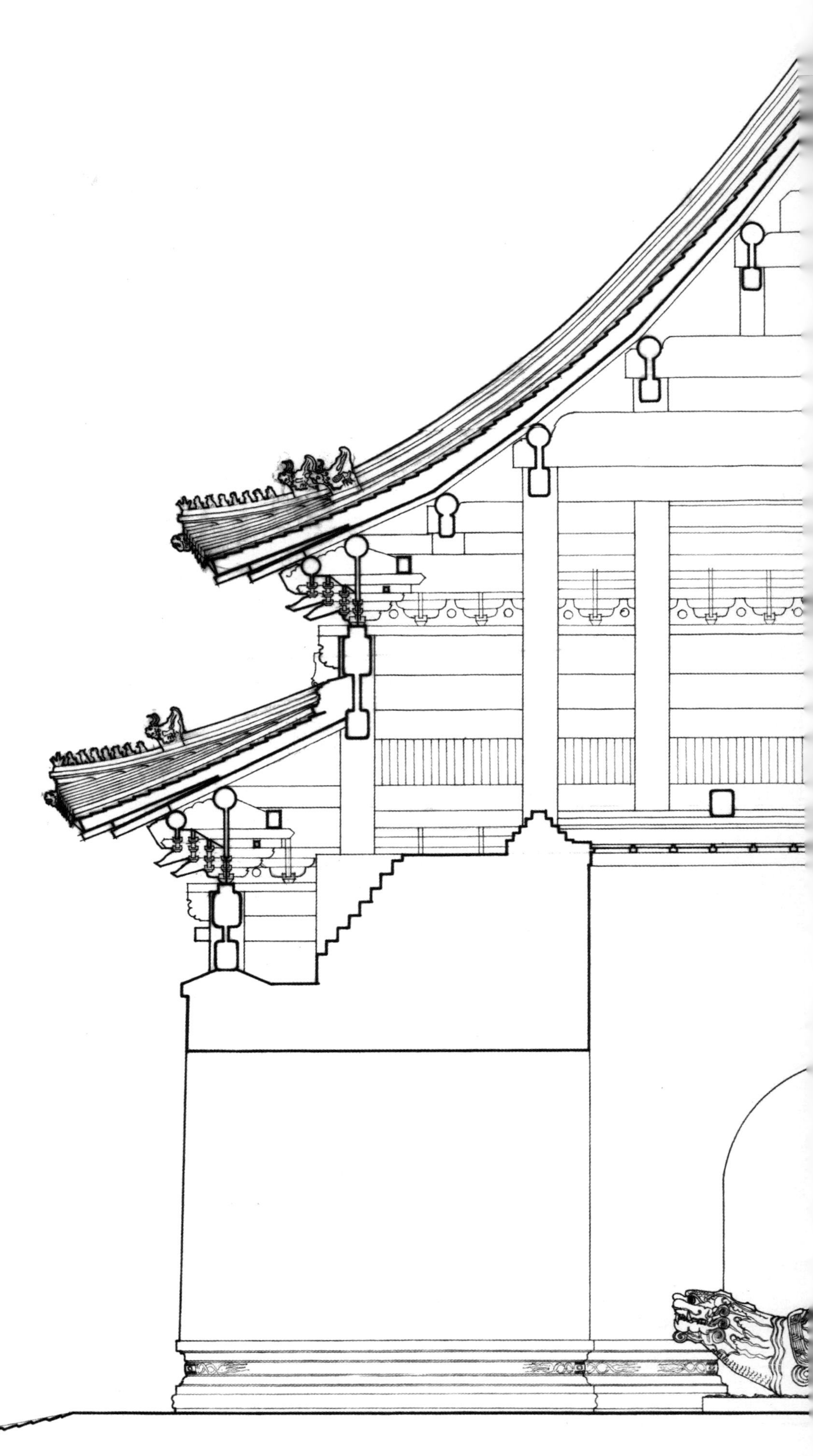

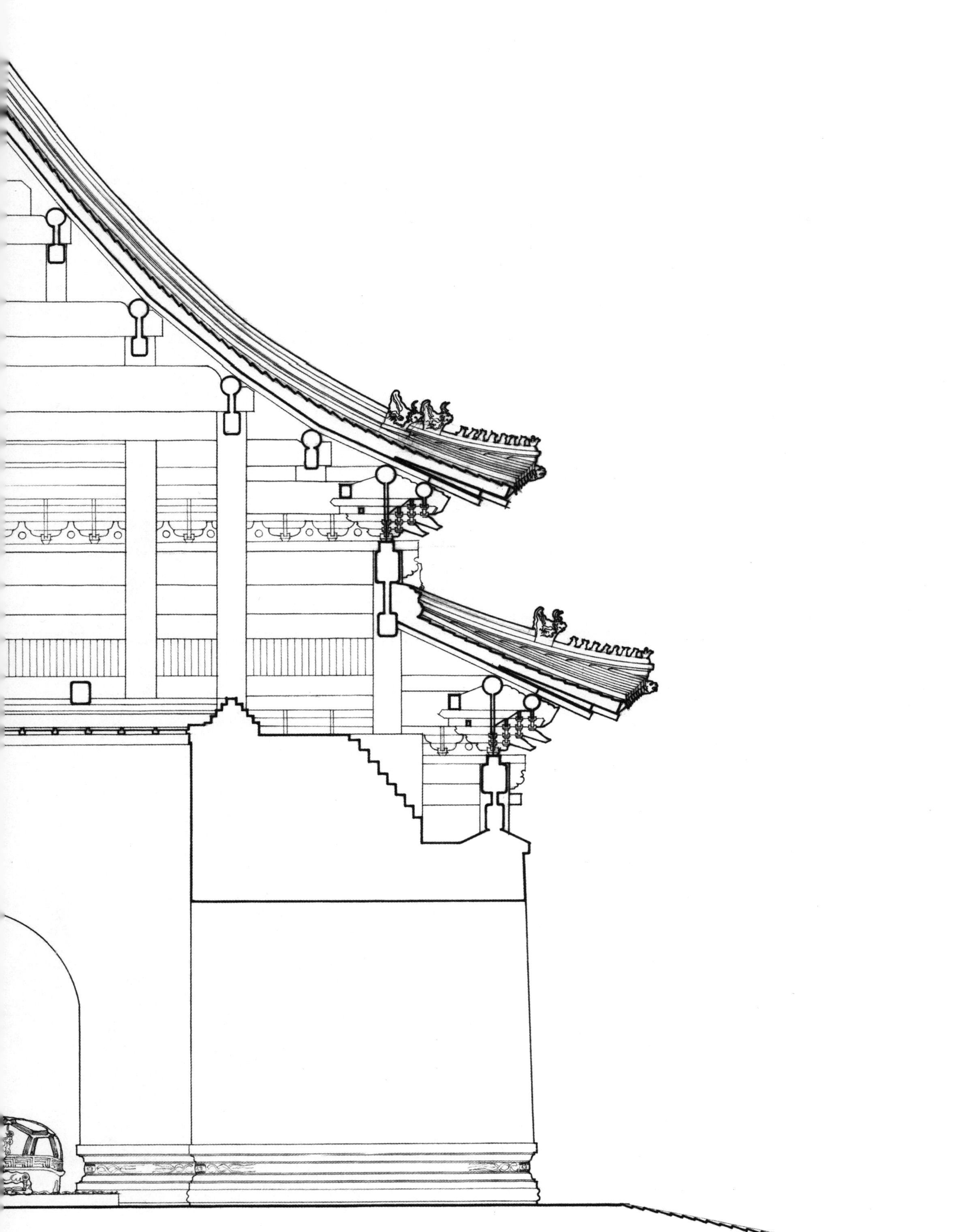

清东陵孝陵神功圣德碑楼明间剖面图 0 1.5 3m

Central bay section of Magic Holiness Stele Pavilion at Xiao Tomb of Eastern Imperial Tombs of the Qing Dynasty

河北遵化 1980

Zunhua, Hebei Province, 1980

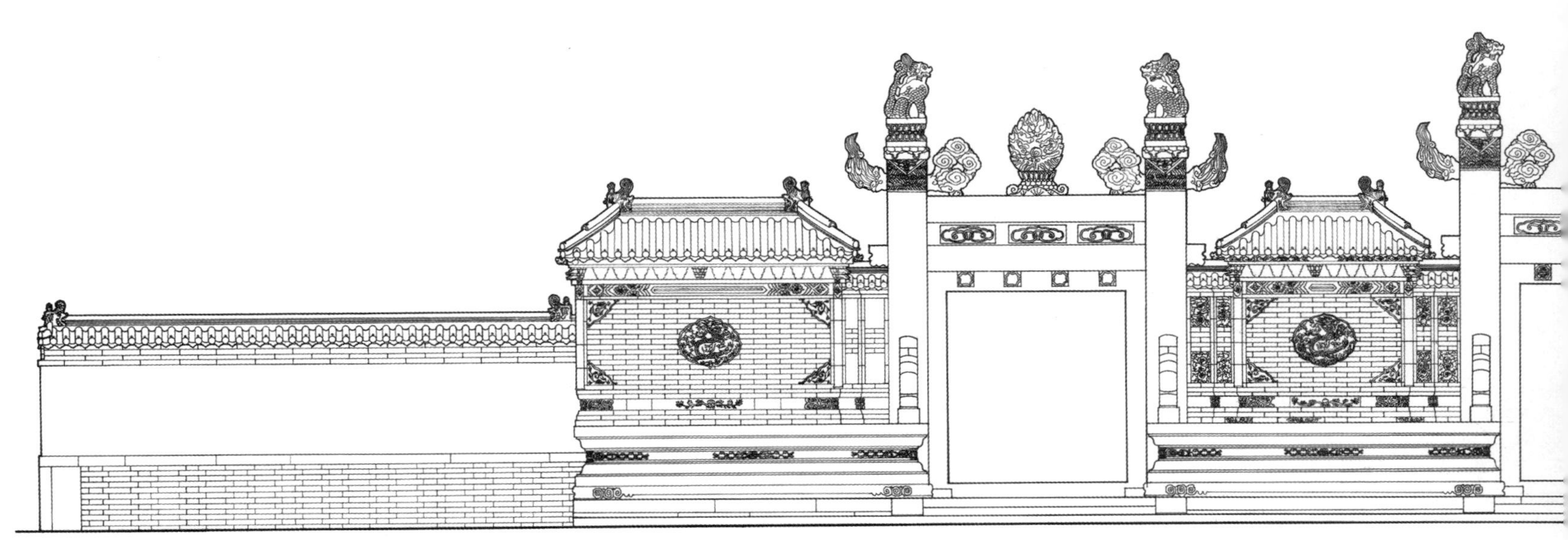

清西陵泰陵石牌坊正立面图 0 1.5 3m

Front elevation of the White Marble Archway at Tai Tomb of Western Imperial Tombs of the Qing Dynasty

清西陵泰陵龙凤门正立面图 0 2 4m

Front elevation of the Dragon-Phoenix Gate at Tai Tomb of Western Imperial Tombs of the Qing Dynasty

河北易县 1983

Yi County, Hebei Province, 1983

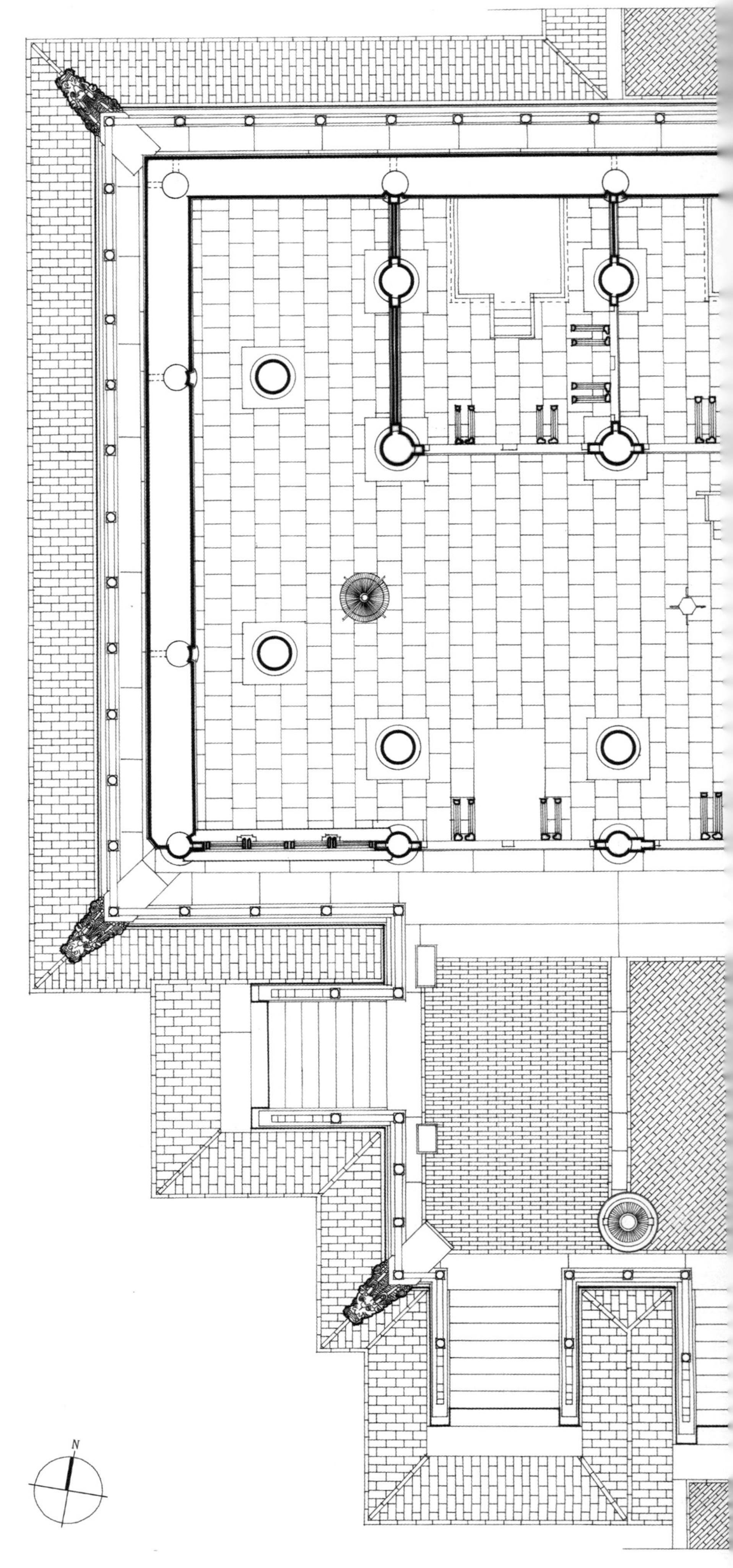
N

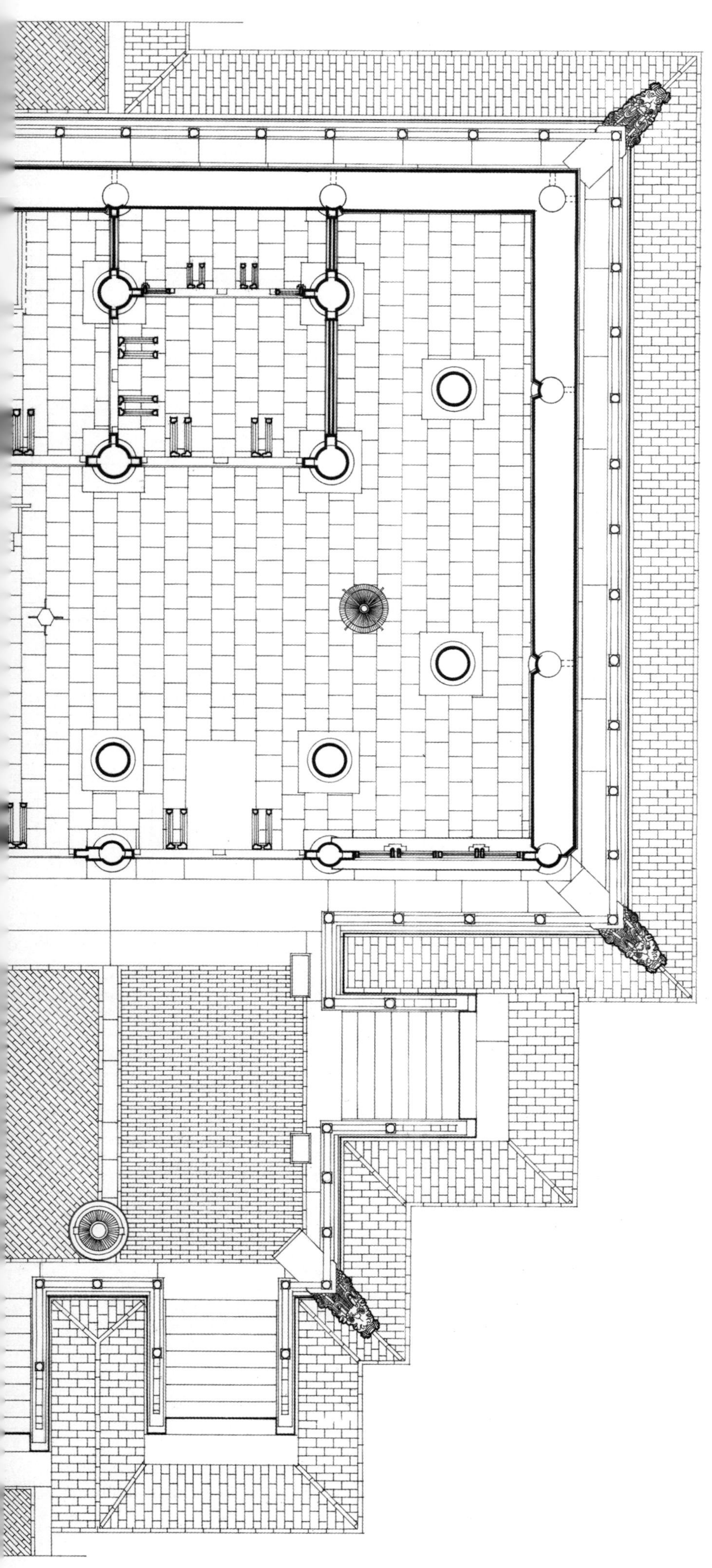

清西陵昌陵隆恩殿平面图 0 1.25 2.5m

Plan of Sacrifice Hall at Chang Tomb of Western Imperial Tombs of the Qing Dynasty

河北易县 1983

Yi County, Hebei Province, 1983

清西陵昌陵隆恩殿正立面图 0 0.75 1.5m

Front elevation of Sacrifice Hall at Chang Tomb of Western Imperial Tombs of the Qing Dynasty

河北易县 1983

Yi County, Hebei Province, 1983

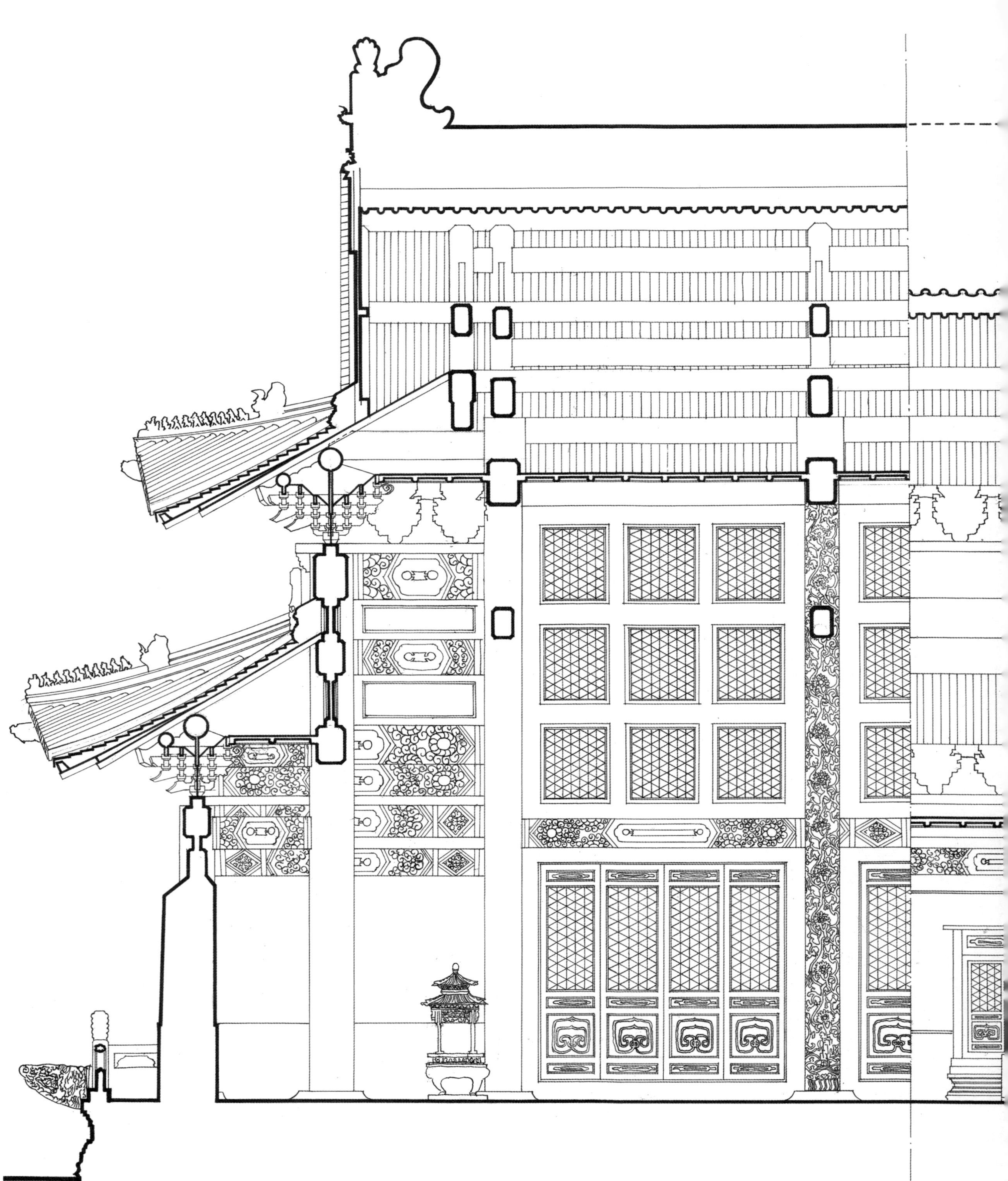

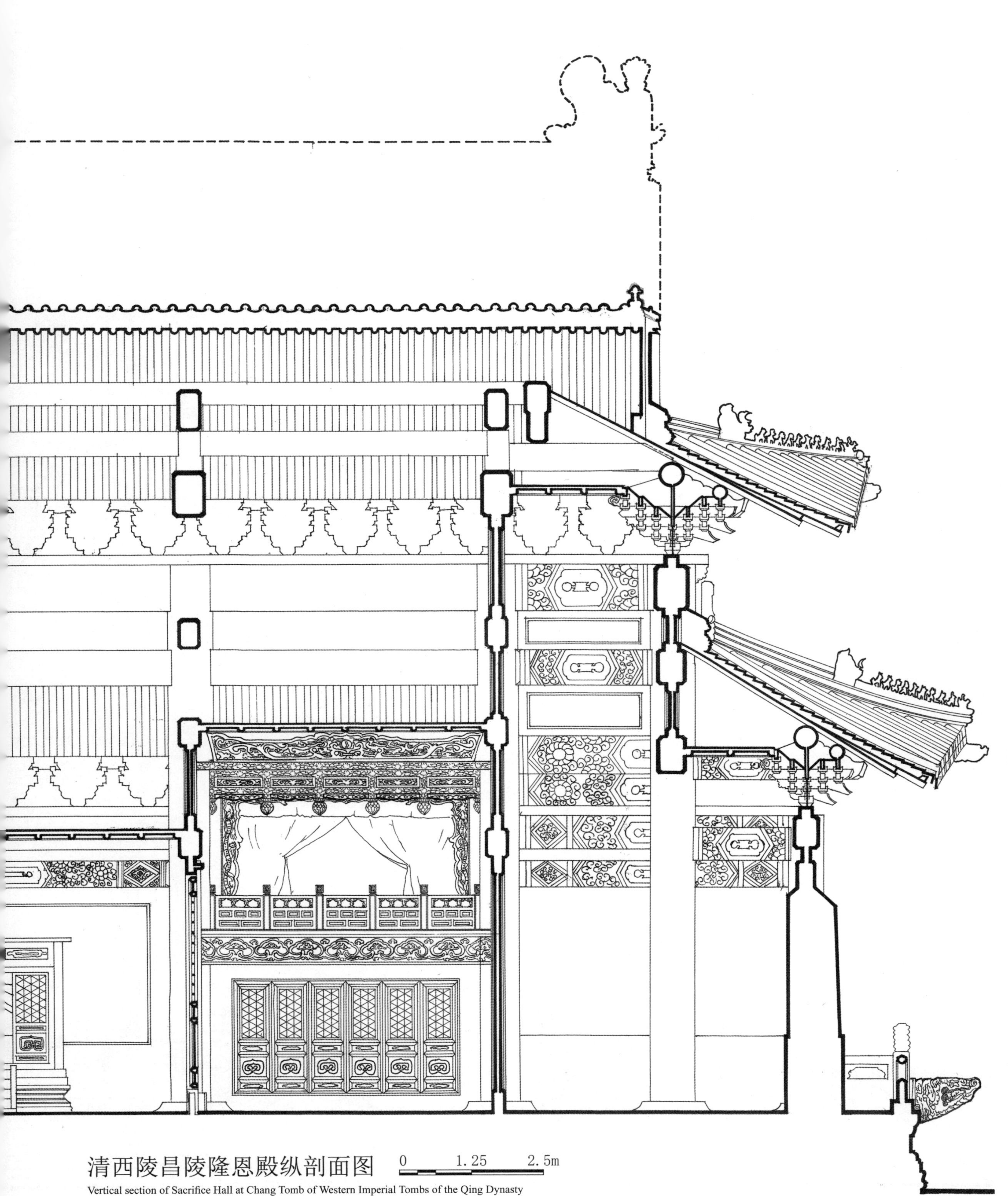

清西陵昌陵隆恩殿纵剖面图

Vertical section of Sacrifice Hall at Chang Tomb of Western Imperial Tombs of the Qing Dynasty

河北易县 1983

Yi County, Hebei Province, 1983

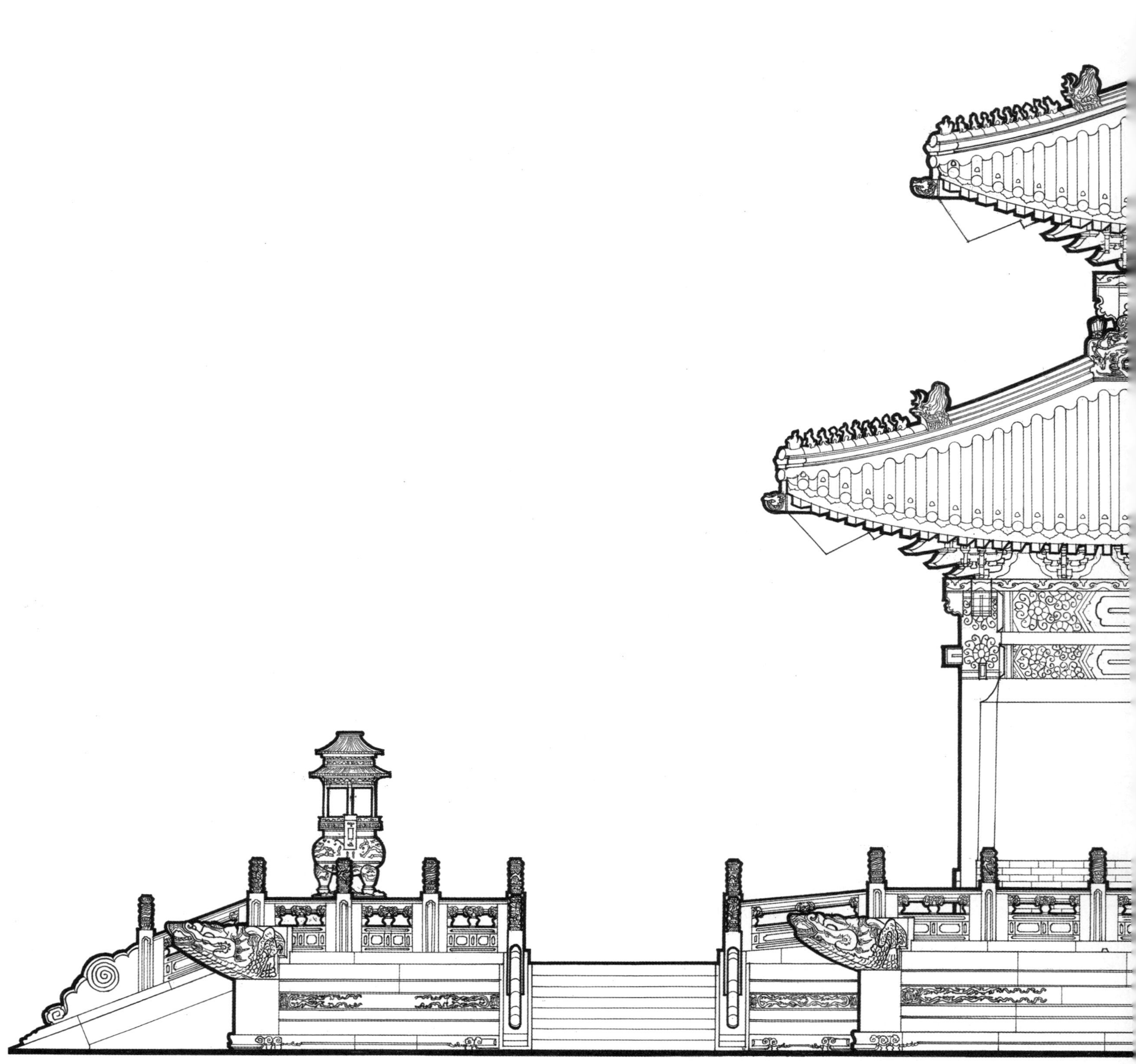

清西陵昌陵隆恩殿侧立面图 0 1.25 2.5m

Side elevation of Sacrifice Hall at Chang Tomb of Western Imperial Tombs of the Qing Dynasty

河北易县 1983

Yi County, Hebei Province, 1983

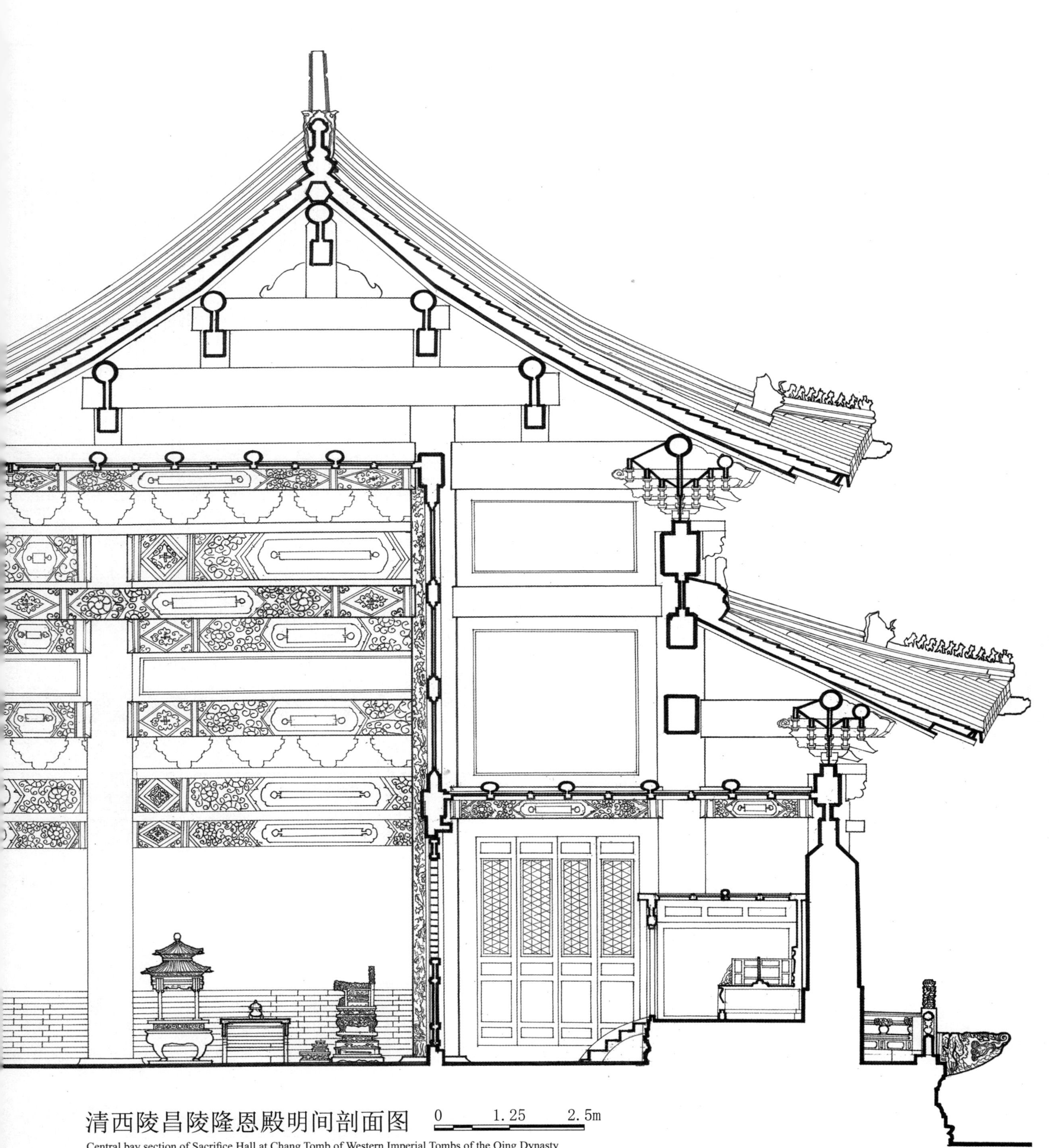

清西陵昌陵隆恩殿明间剖面图

Central bay section of Sacrifice Hall at Chang Tomb of Western Imperial Tombs of the Qing Dynasty

河北易县 1983

Yi County, Hebei Province, 1983

清西陵昌陵神功圣德碑亭正立面图

0　1.5　3m

Front elevation of Magic Holiness Stele Pavilion at Chang Tomb of Western Imperial Tombs of the Qing Dynasty

河北易县　1983

Yi County, Hebei Province, 1983

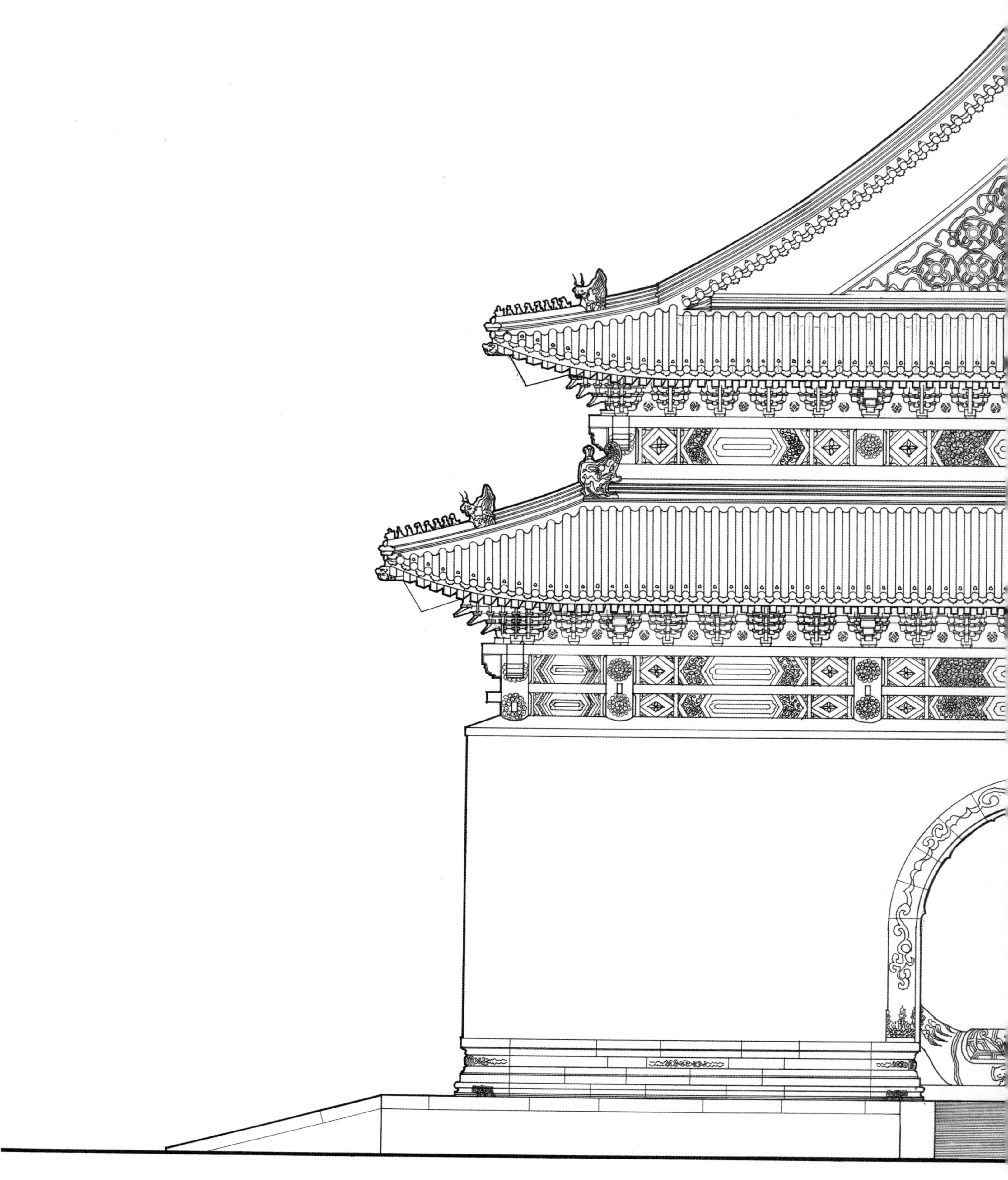

清西陵昌陵神功圣德碑亭侧立面图 0 1.5 3m

Side elevation of Magic Holiness Stele Pavilion at Chang Tomb of Western Imperial Tombs of the Qing Dynasty

河北易县 1983

Yi County, Hebei Province, 1983

北海琼岛永安寺后部组群立面图 0 2 4m

Group Elevation of Yongan (Eternal Peace) Temple on the Jade Flower Island at Beihai Park

北京 1985

Beijing, 1985

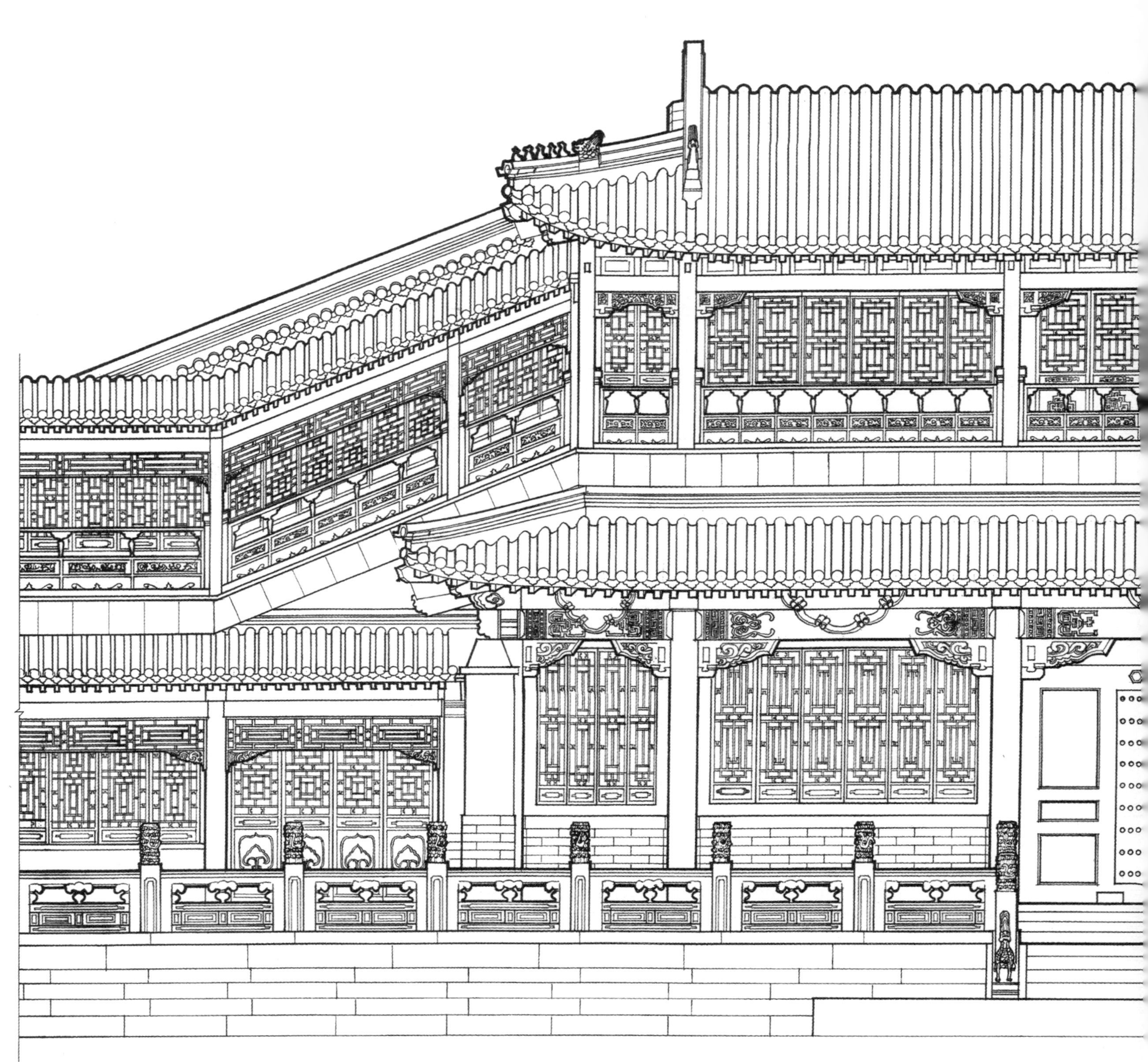

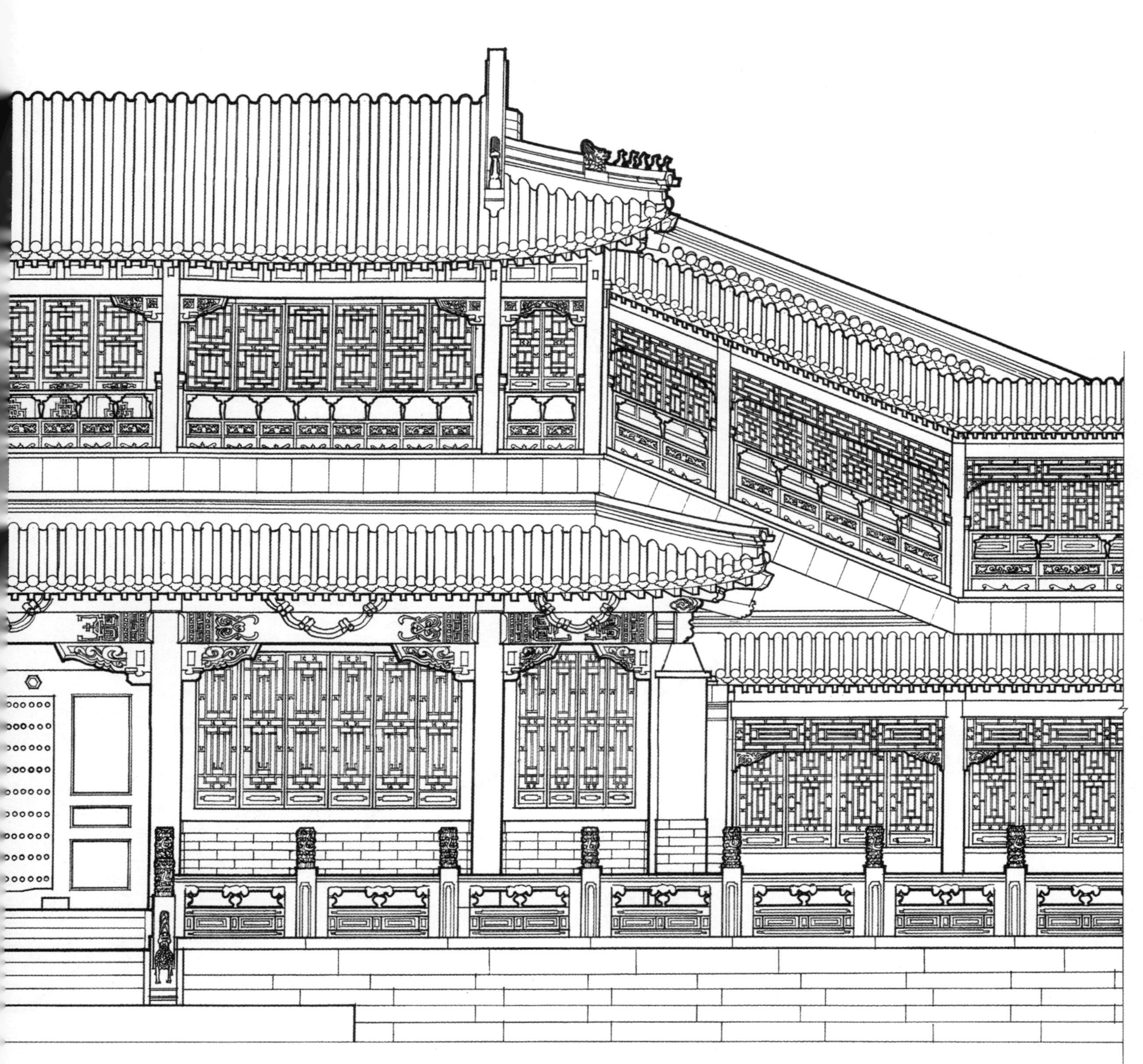

北海琼岛碧照楼北立面图 0 1 2m

North elevation of Bizhao (Shimmering Green Wave) Pavilion on the Jade Flower Island at Beihai Park

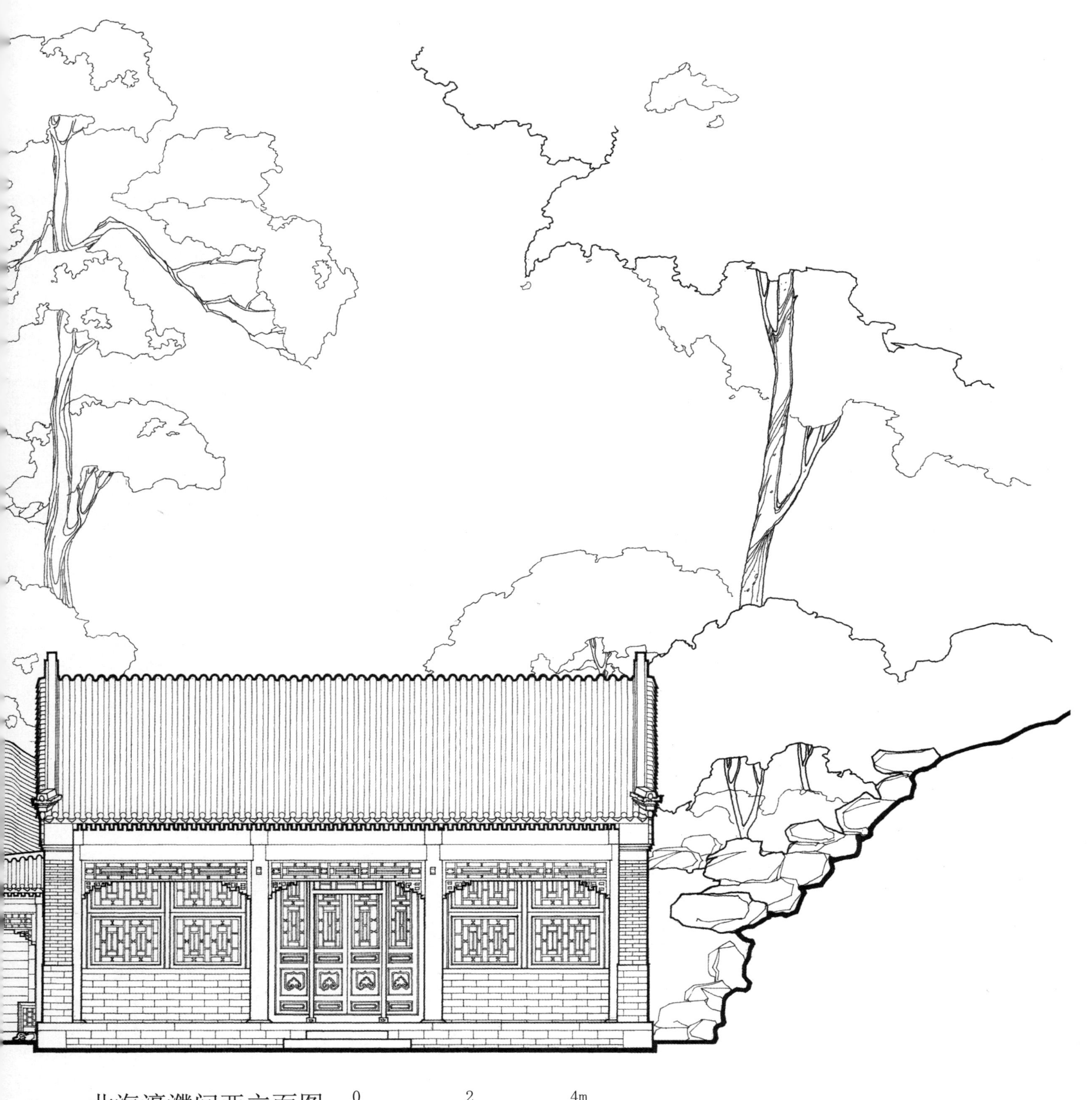

北海濠濮间西立面图 0 2 4m

West elevation of Haopu Jian (Leisure and Inaction) Garden at Beihai Park

北京 1987

Beijing, 1987

北海濠濮间北立面图

North elevation of Haopu Jian (Leisure and Inaction) Garden at Beihai Park

北海濠濮间剖面图　0　2　4m

Section of Haopu Jian (Leisure and Inaction) Garden at Beihai Park

北京　1987

Beijing, 1987

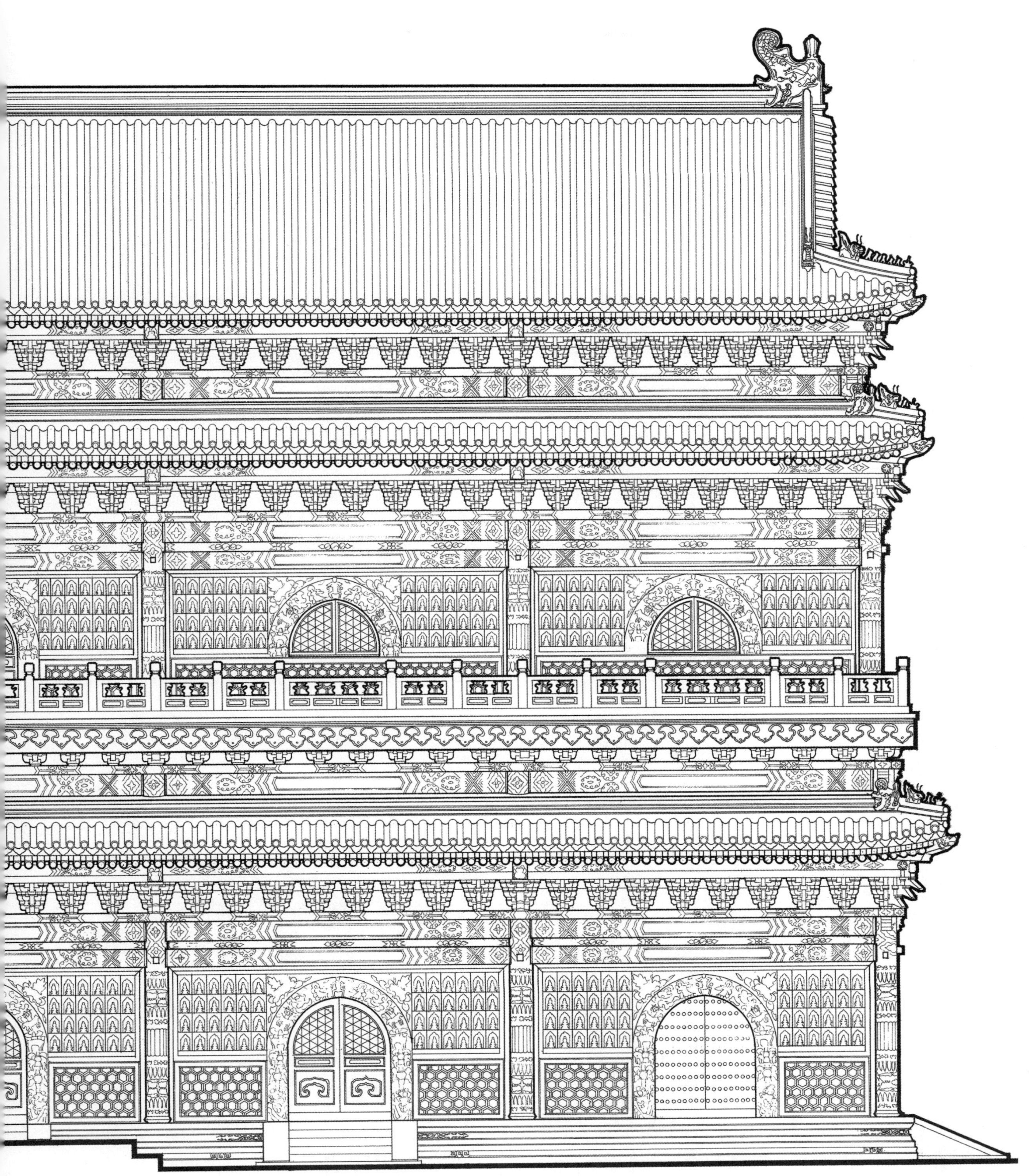

北海西天梵境琉璃阁南立面图

0 1.25 2.5m

South elevation of Glazed Pavilion of Western Paradise at Beihai Park

北京 1987

Beijing, 1987

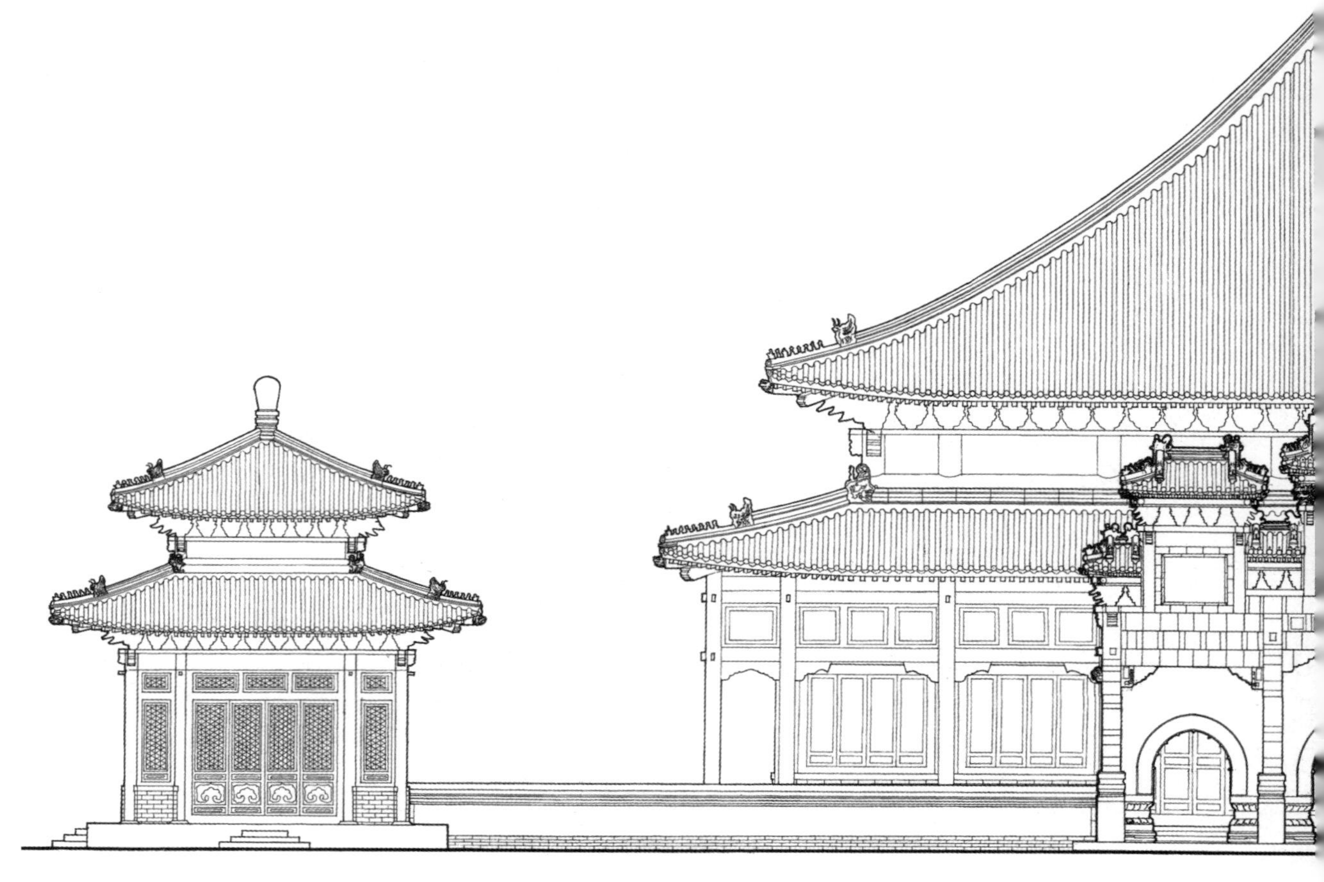

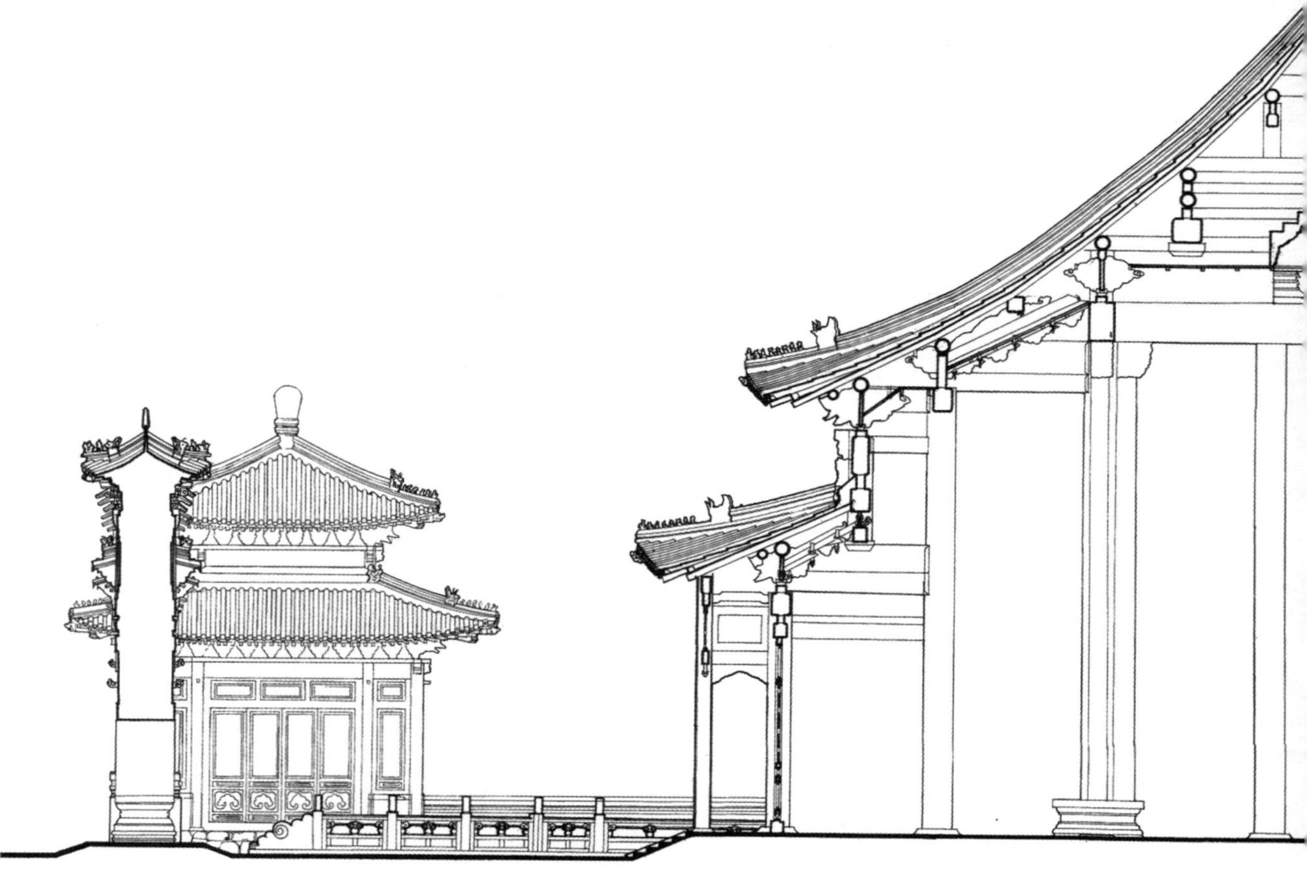

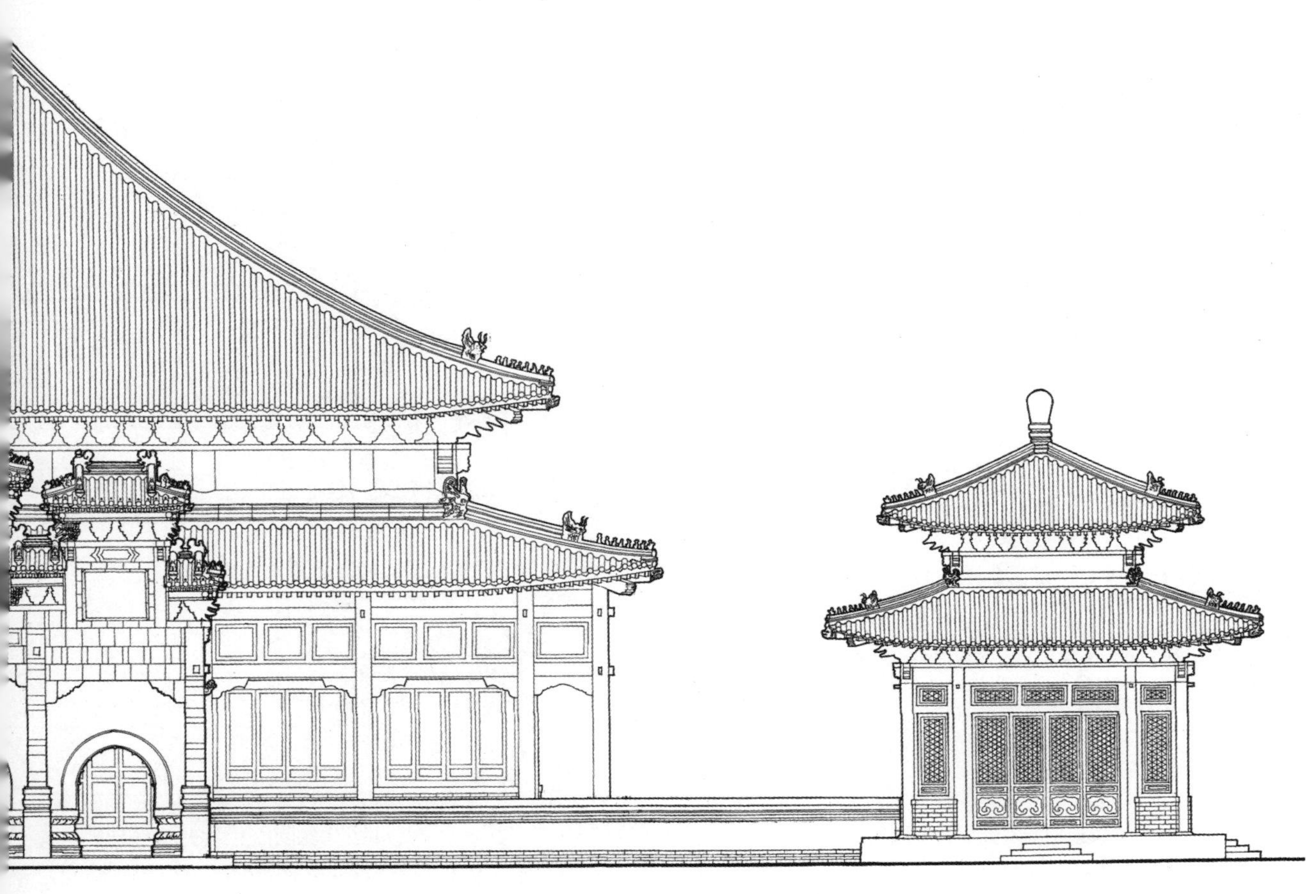

北海极乐世界组群南立面图

South elevation of Temple of Western Paradise complex at Beihai Park

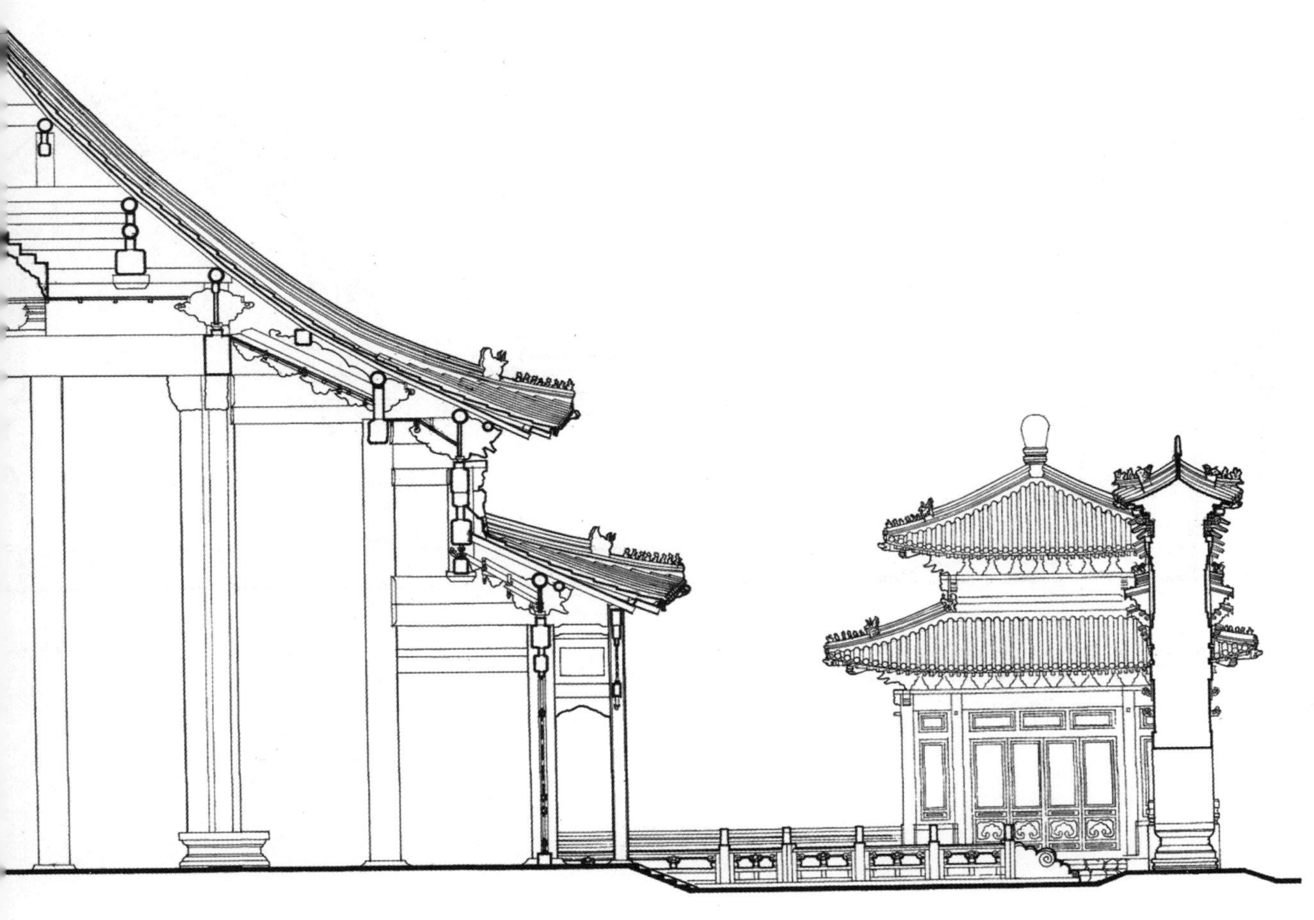

北海极乐世界组群剖面图

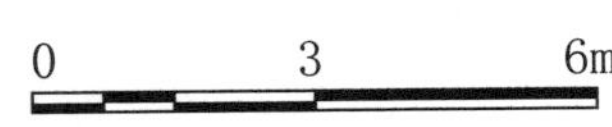

Section of Temple of Western Paradise complex at Beihai Park

北京　1987

Beijing, 1987

北海极乐世界琉璃牌坊东立面图

East elevation of Glazed Archway of the Temple of Western Paradise at Beihai Park

北海极乐世界琉璃牌坊南立面图

South elevation of Glazed Archway of the Temple of Western Paradise at Beihai Park

北京　1987

Beijing, 1987

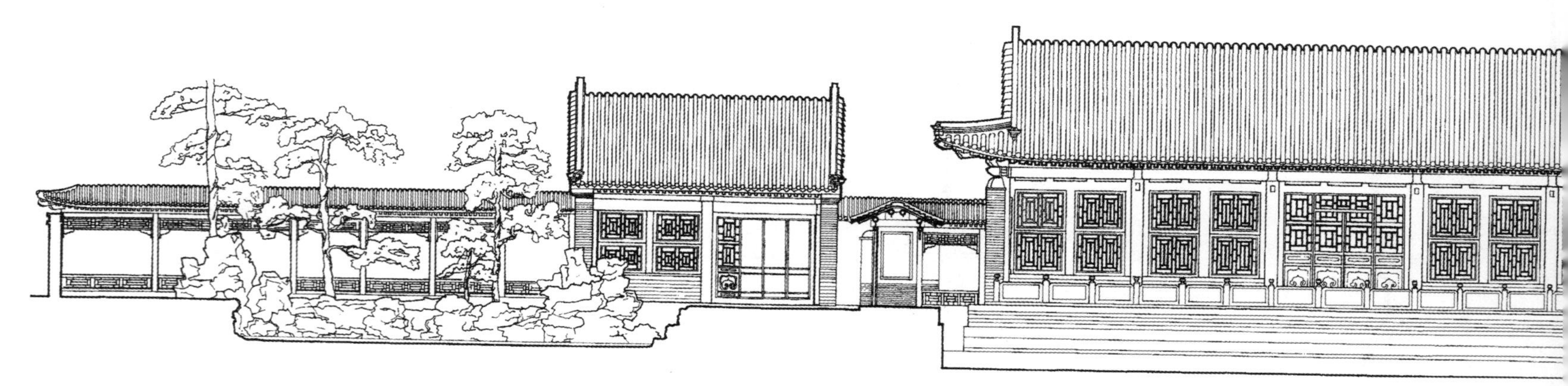

北海静心斋组群剖面图 0 4 8m

Section of Lodge of Quiet Heart complex at Beihai Park

北海静心斋组群剖面图 0 3 6m

Section of Lodge of Quiet Heart complex at Beihai Park

北京 1987

Beijing, 1987

北海快雪堂组群南立面图

South elevation of Kuaixue Hall complex at Beihai Park

北京 1987

Beijing, 1987

北海九龙壁南立面图 0 3 6m

South elevation of Nine-Dragon Wall at Beihai Park

北京　1997

Beijing, 1997

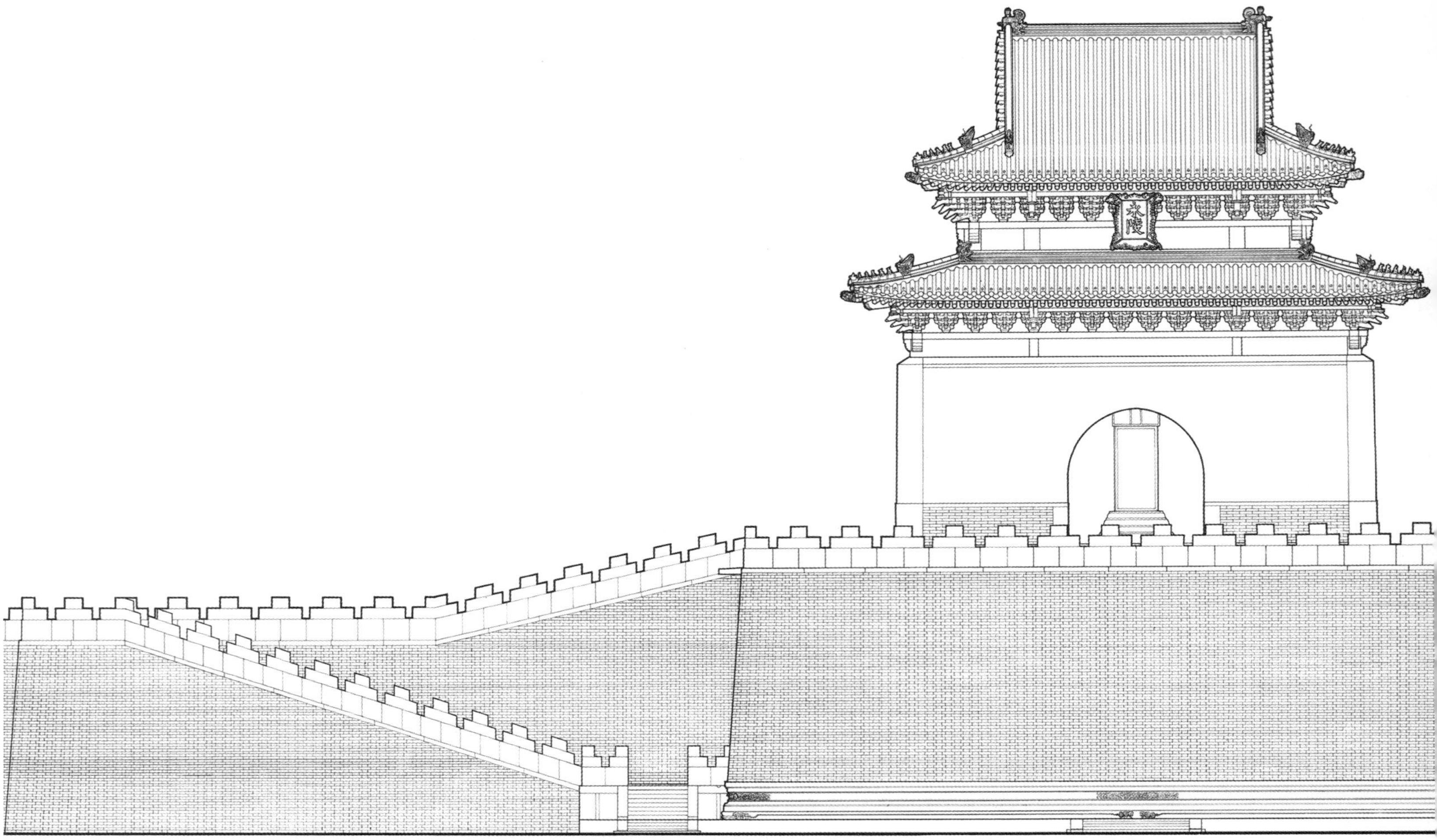

明十三陵永陵方城明楼正立面图 0 2.5 5m

Front elevation of the Gate Tower for the tumulus at Yong Tomb of Imperial Tombs of the Ming Dynasty

明十三陵永陵石五供正立面图 0 0.25 0.5m

Front elevation of the Five Stone Sacrificial Utensils at Yong Tomb of Imperial Tombs of the Ming Dynasty

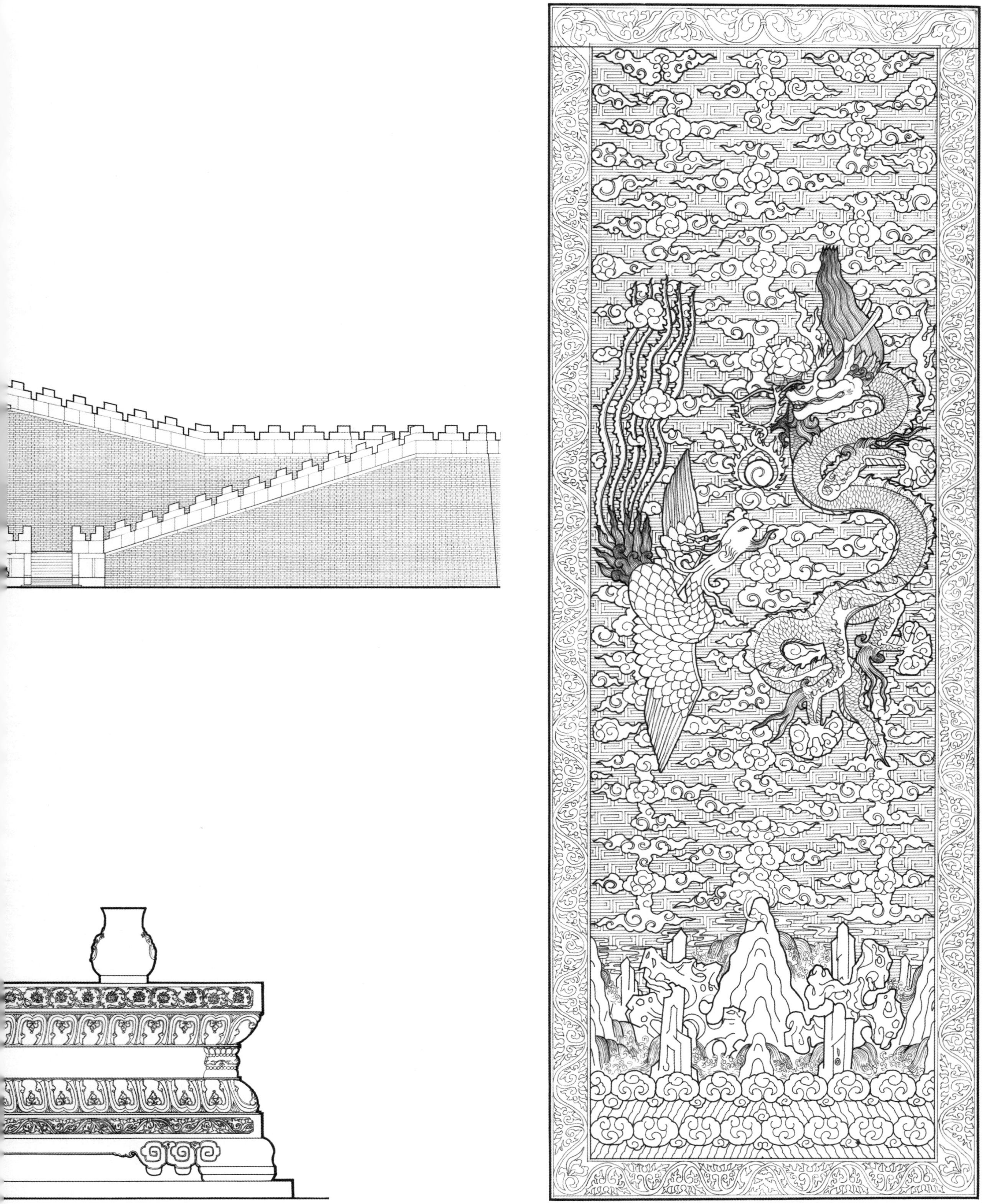

明十三陵永陵祾恩殿丹陛大样图 0 0.25 0.5m 北京 1987

Detail drawing of danby of Sacrifice Hall at Yong Tomb of Imperial Tombs of the Ming Dynasty Beijing, 1987

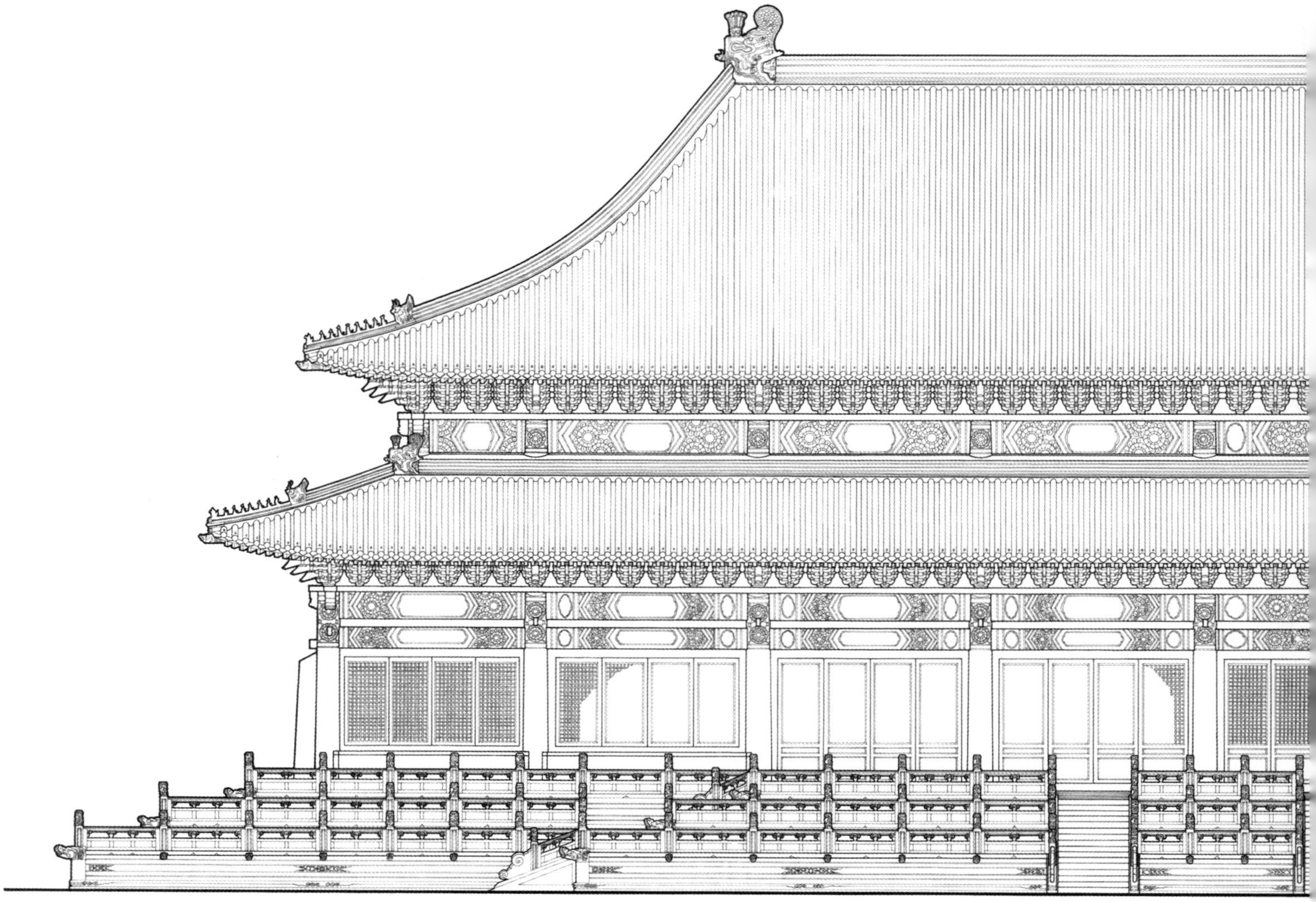

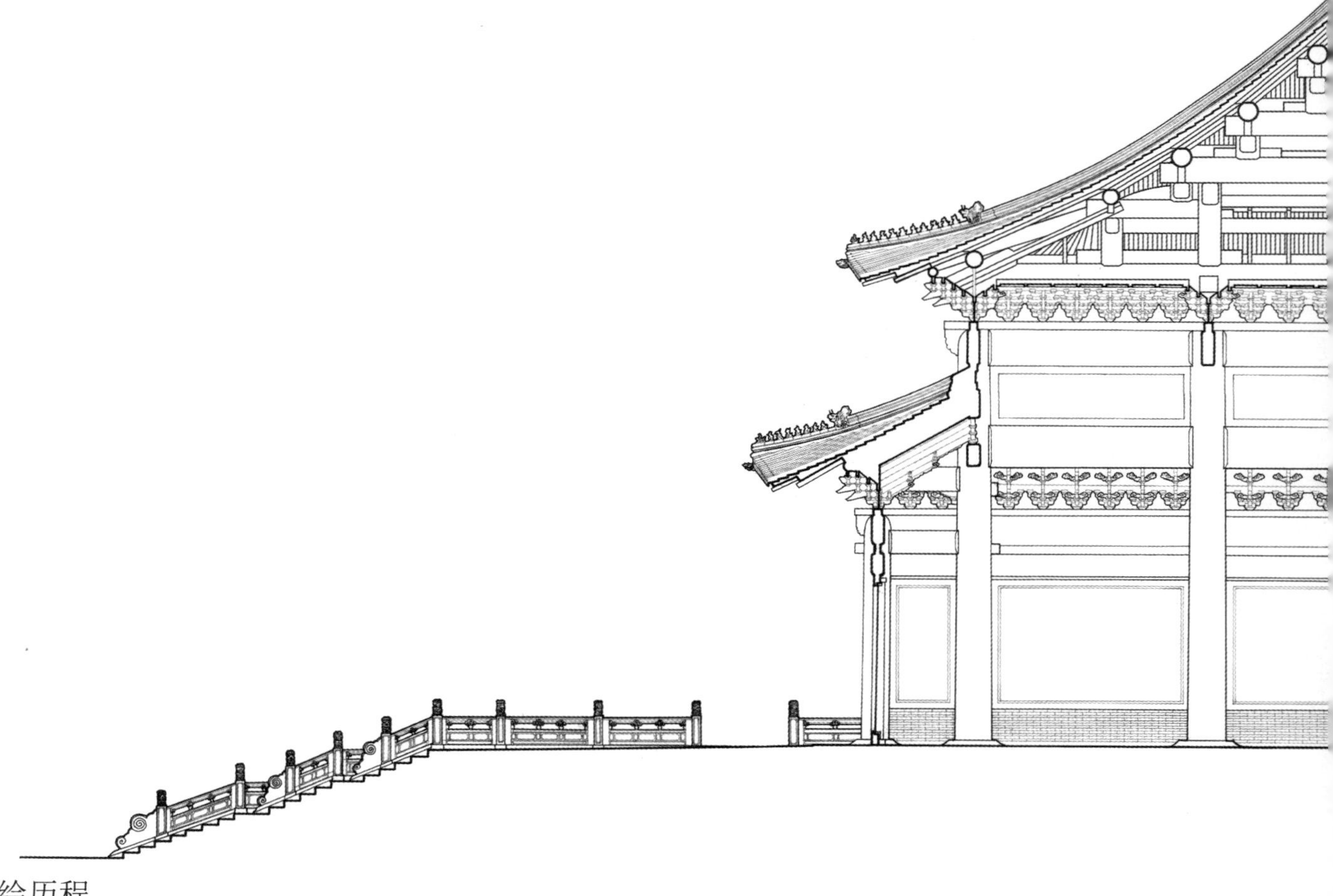

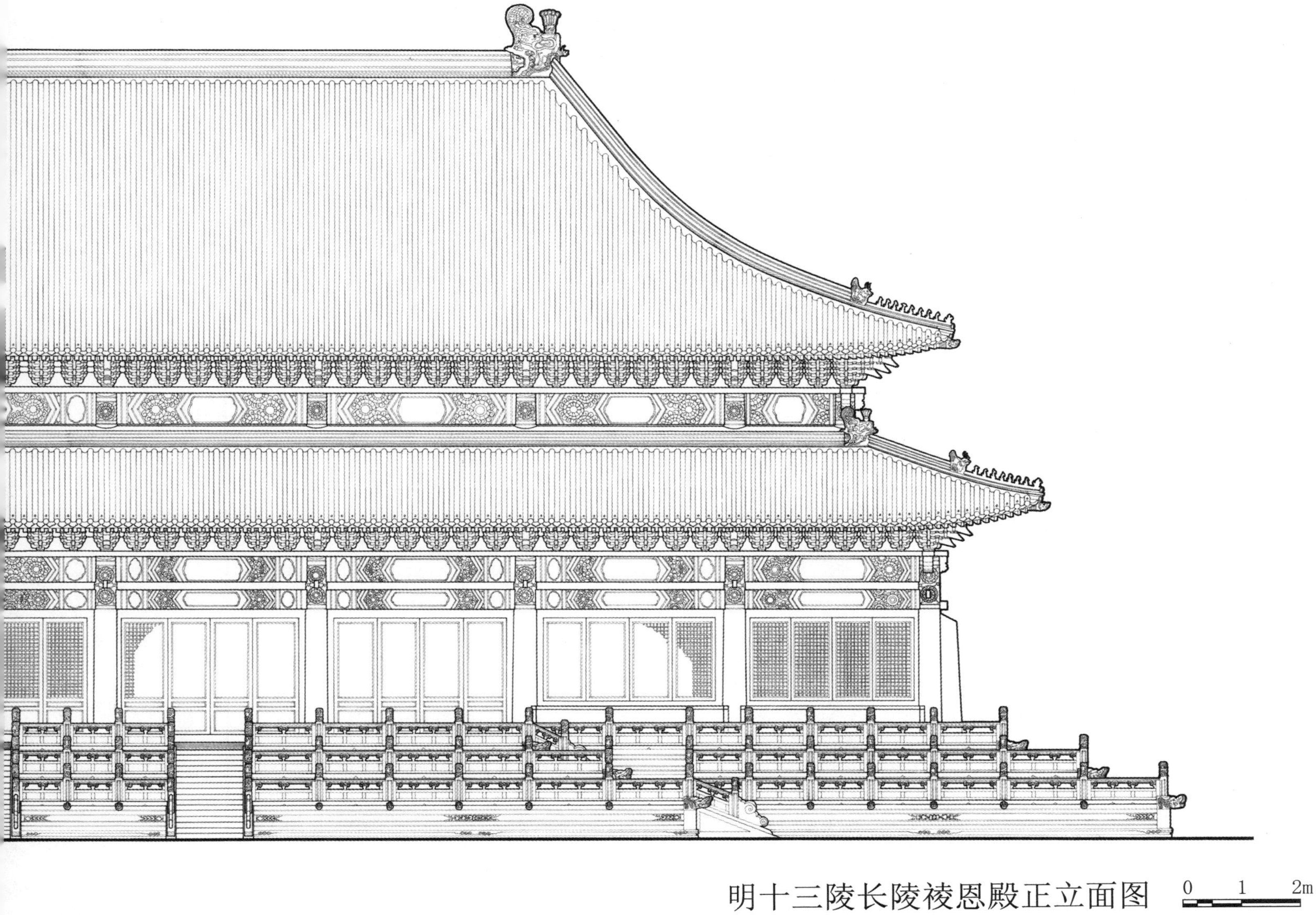

明十三陵长陵祾恩殿正立面图 0 1 2m

Front elevation of Sacrifice Hall at Chang Tomb of Imperial Tombs of the Ming Dynasty

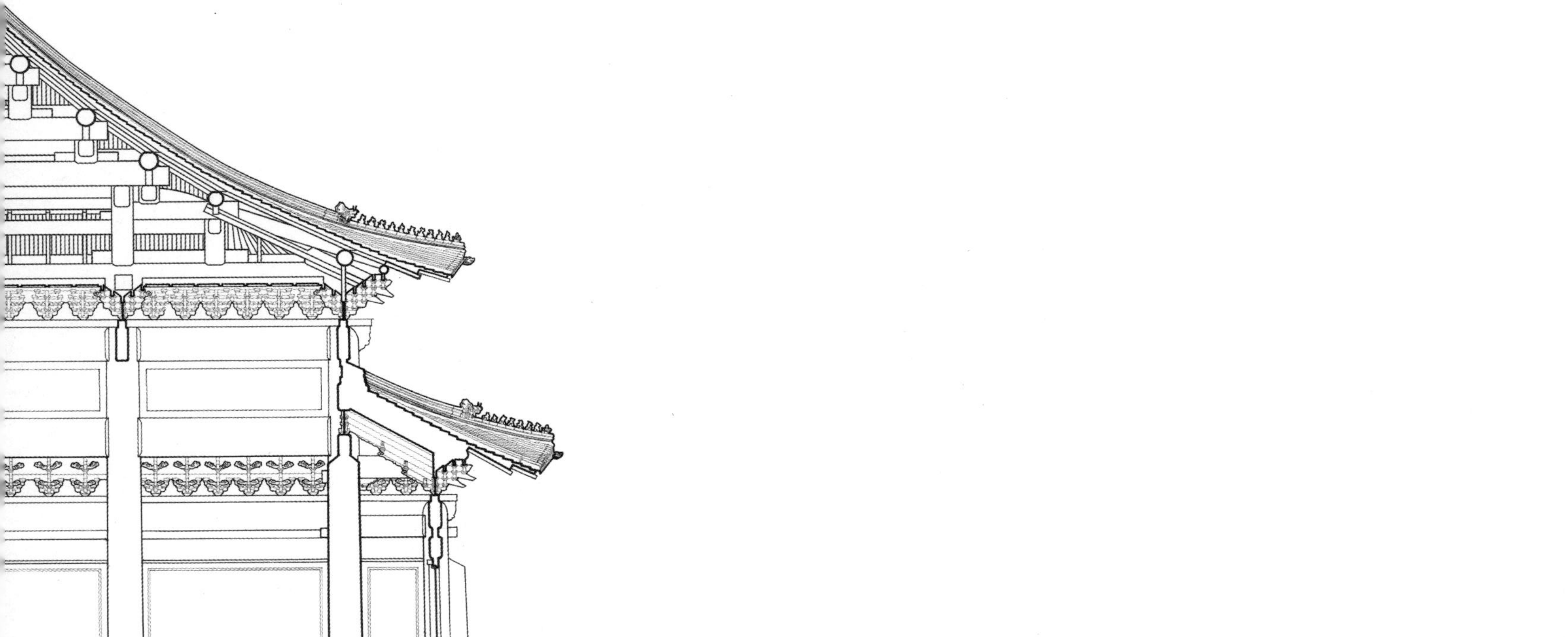

明十三陵长陵祾恩殿明间剖面图 0 2.5 5m

Central bay section of Sacrifice Hall at Chang Tomb of Imperial Tombs of the Ming Dynasty

北京 1988

Beijing, 1988

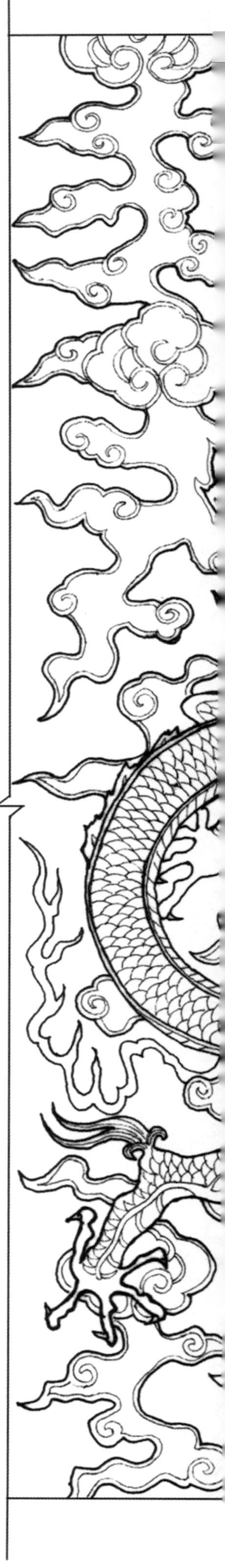

明十三陵长陵祾恩殿丹陛大样图

Detail drawing of danby of Sacrifice Hall at Chang Tomb of Imperial Tombs of the Ming Dynasty

北京 1988

Beijing, 1988

明十三陵长陵方城明楼正立面图 0 2 4m

Front elevation of the Gate Tower for the tumulus at Chang Tomb of Imperial Tombs of the Ming Dynasty

北京 1988

Beijing, 1988

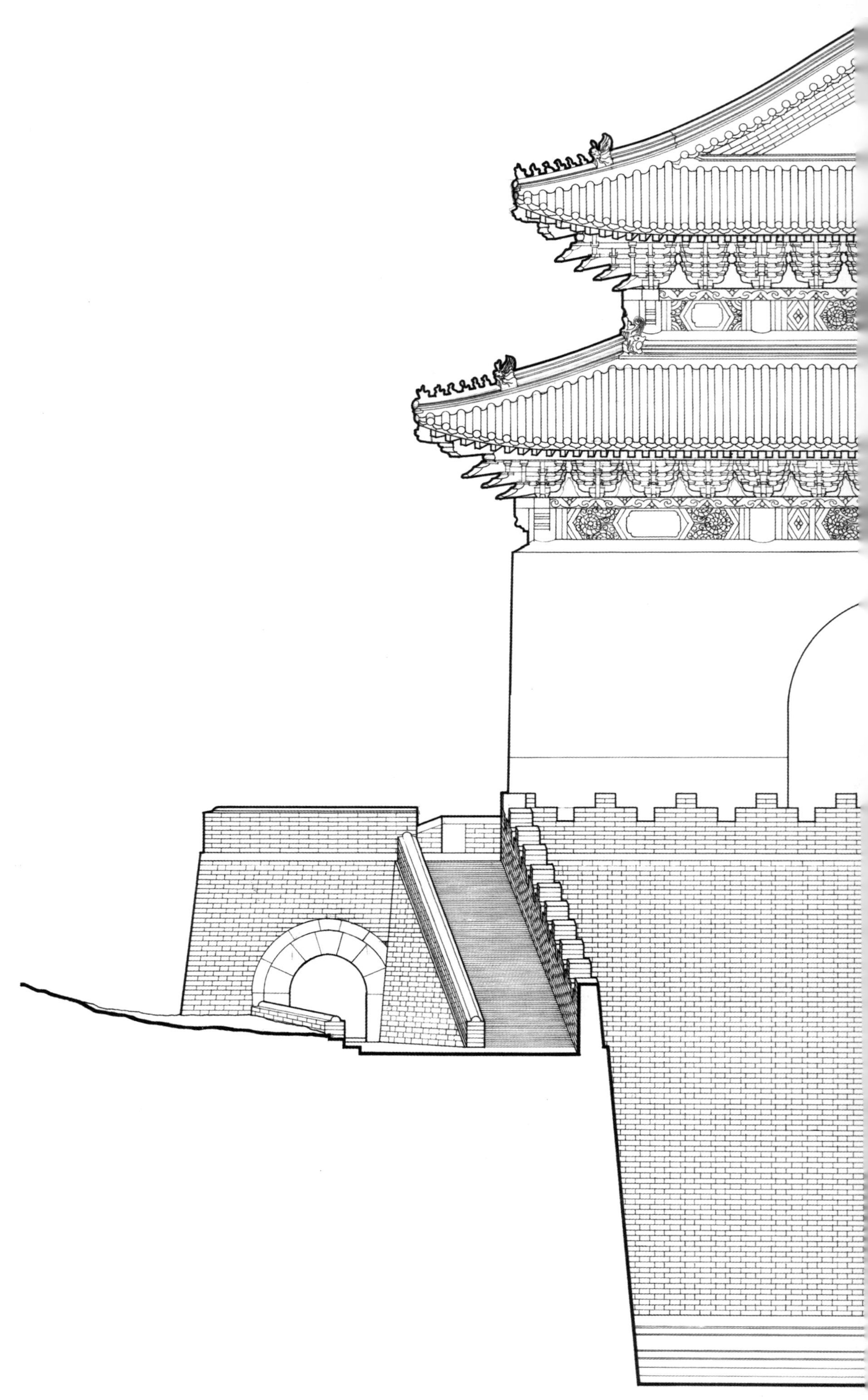

明十三陵长陵方城明楼侧立面图 0 2 4m

Side elevation of the Gate Tower for the tumulus at Chang Tomb of Imperial Tombs of the Ming Dynasty

北京 1988

Beijing, 1988

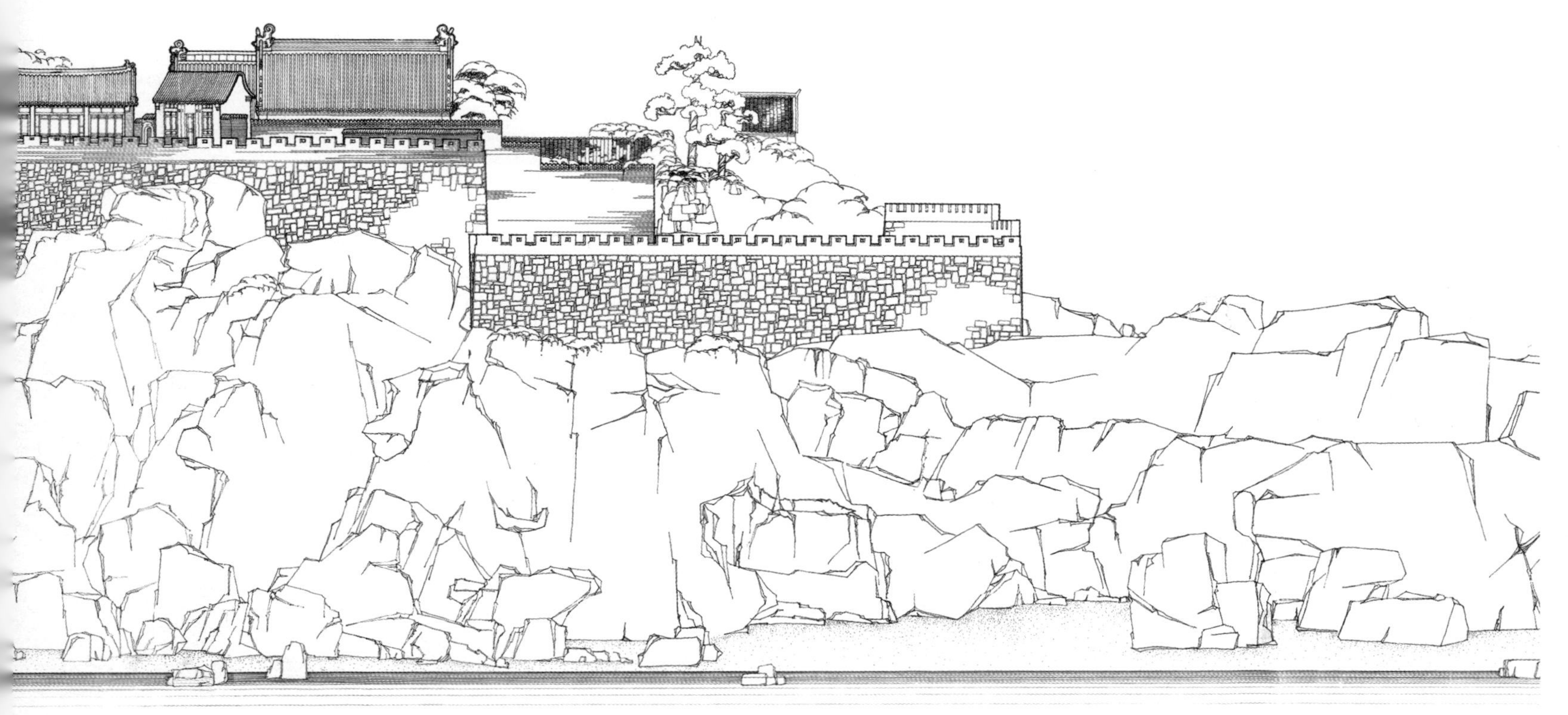

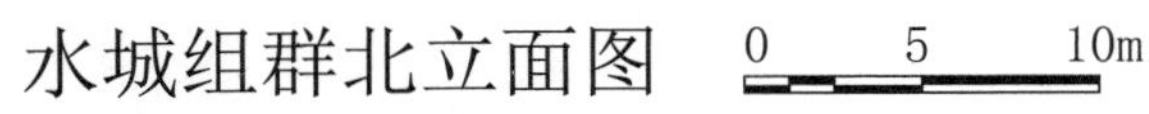

水城组群北立面图 0 5 10m

North elevation of Water Castle complex

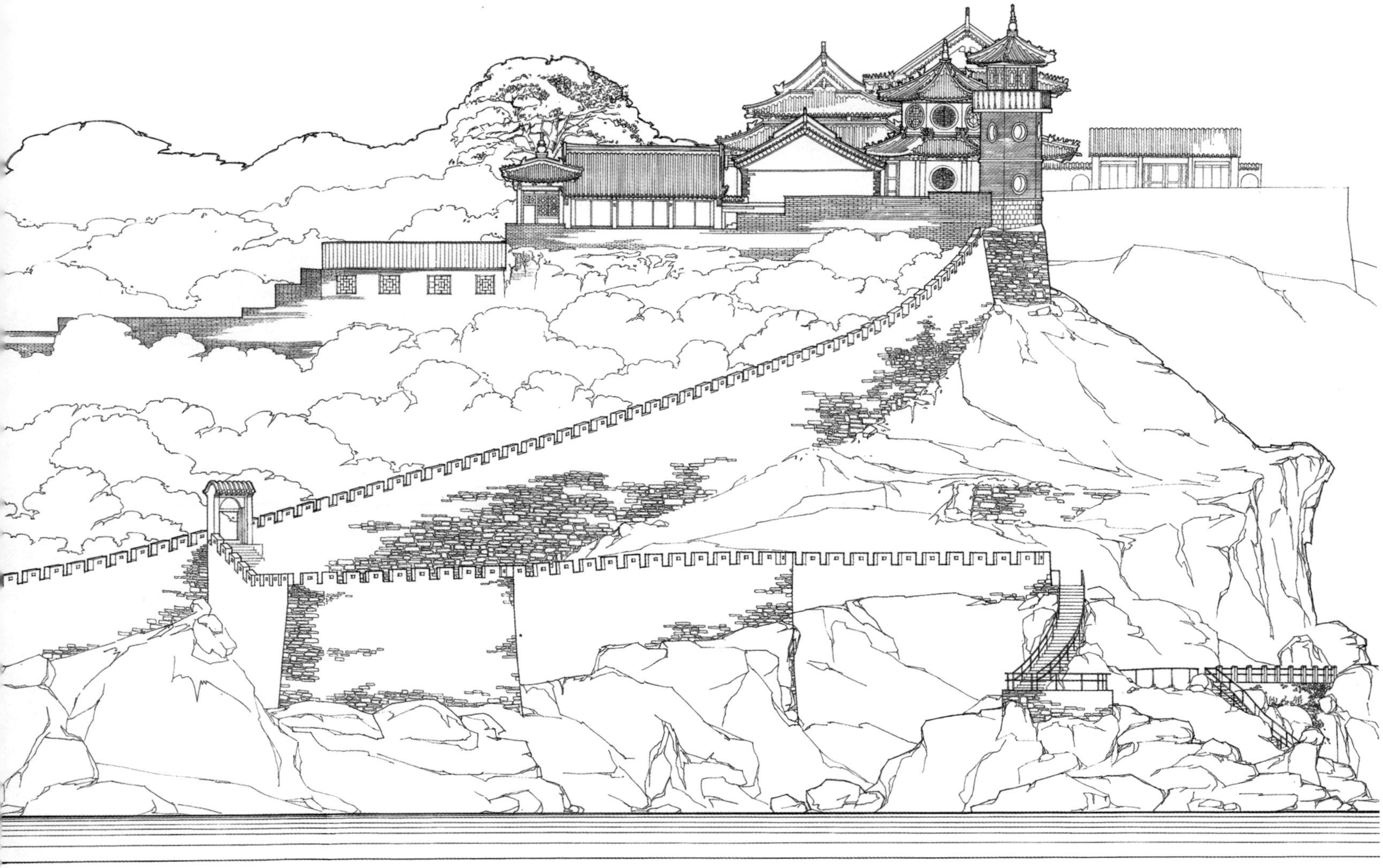

水城组群东立面图 0 5 10m

East elevation of Water Castle complex

山东蓬莱 1989

Penglai, Shandong Province, 1989

清东陵孝陵石牌坊正立面图 0 1 2m

Front elevation of the White Marble Archway Xiao Tomb of Eastern Imperial Tombs of the Qing Dynasty

河北遵化 1990

Zunhua, Hebei Province, 1990

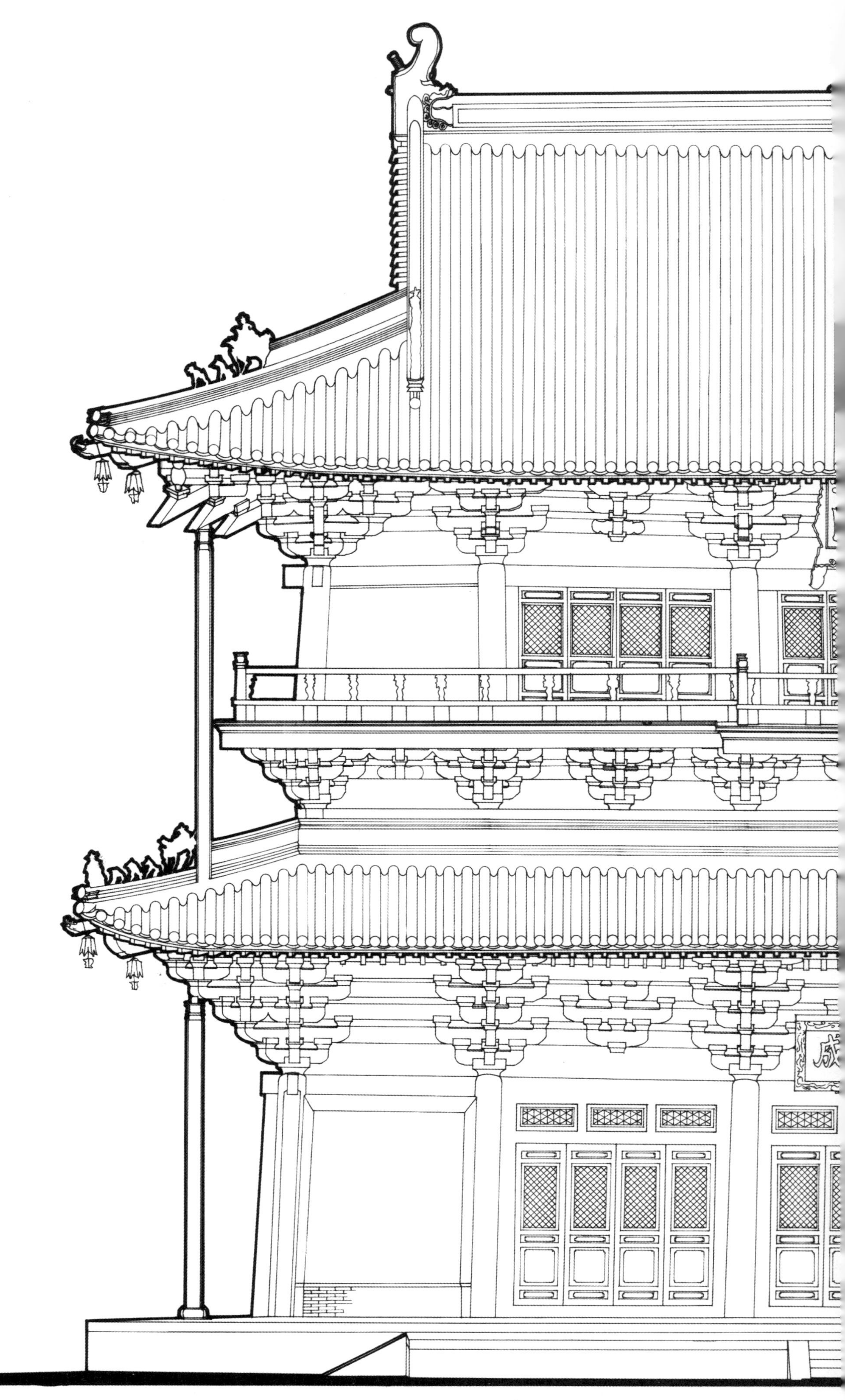

独乐寺观音阁正立面图

Front elevation of Guanyin (Avalokitesvara) Pavilion at Dule (Solitary Joy) Temple

天津蓟县　1990

Ji County, Tianjin, 1990

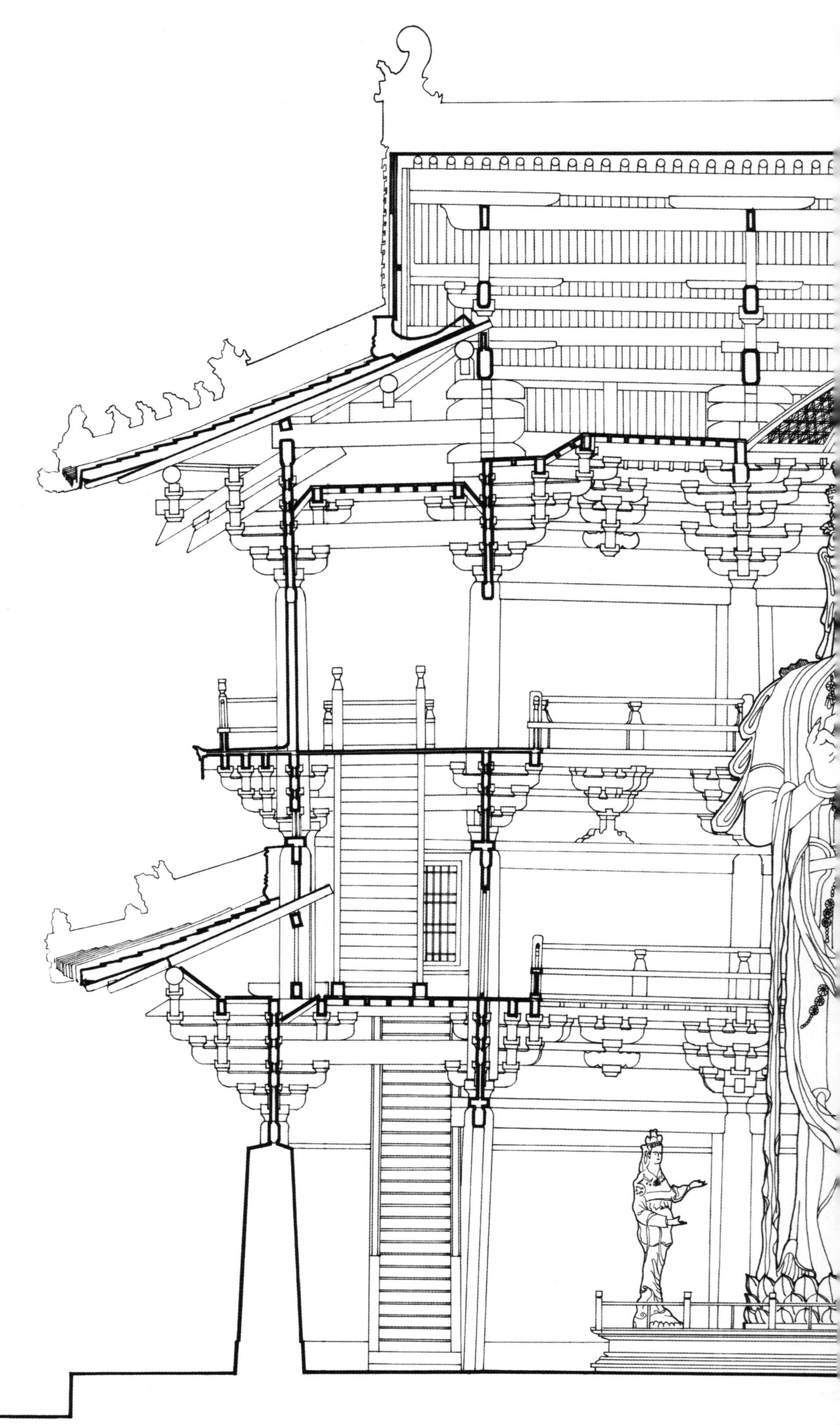

独乐寺观音阁纵剖面图 0 1 2m

Vertical section of Guanyin (Avalokitesvara) Pavilion at Dule (Solitary Joy) Temple

天津蓟县 1990

Ji County, Tianjin, 1990

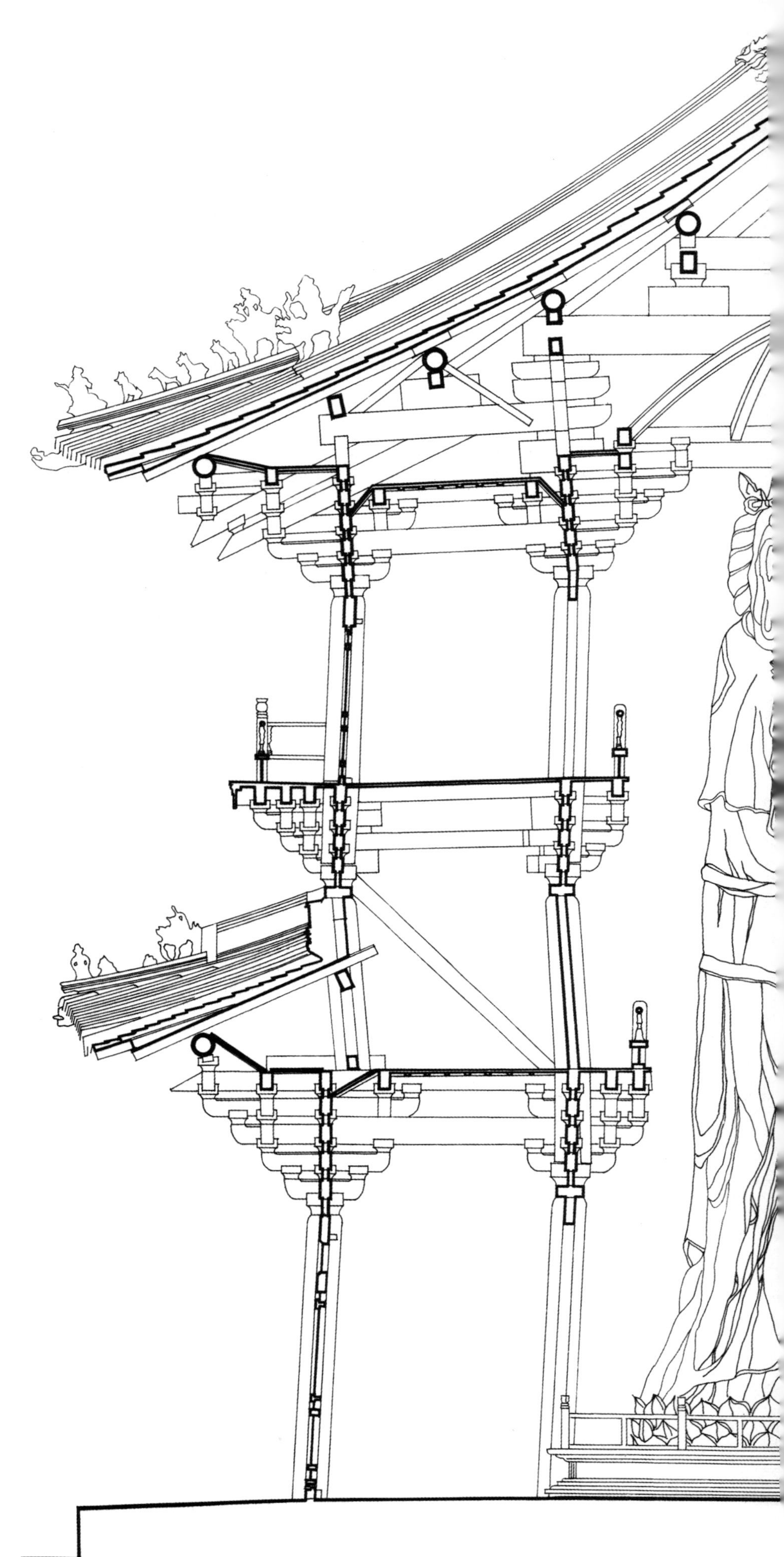

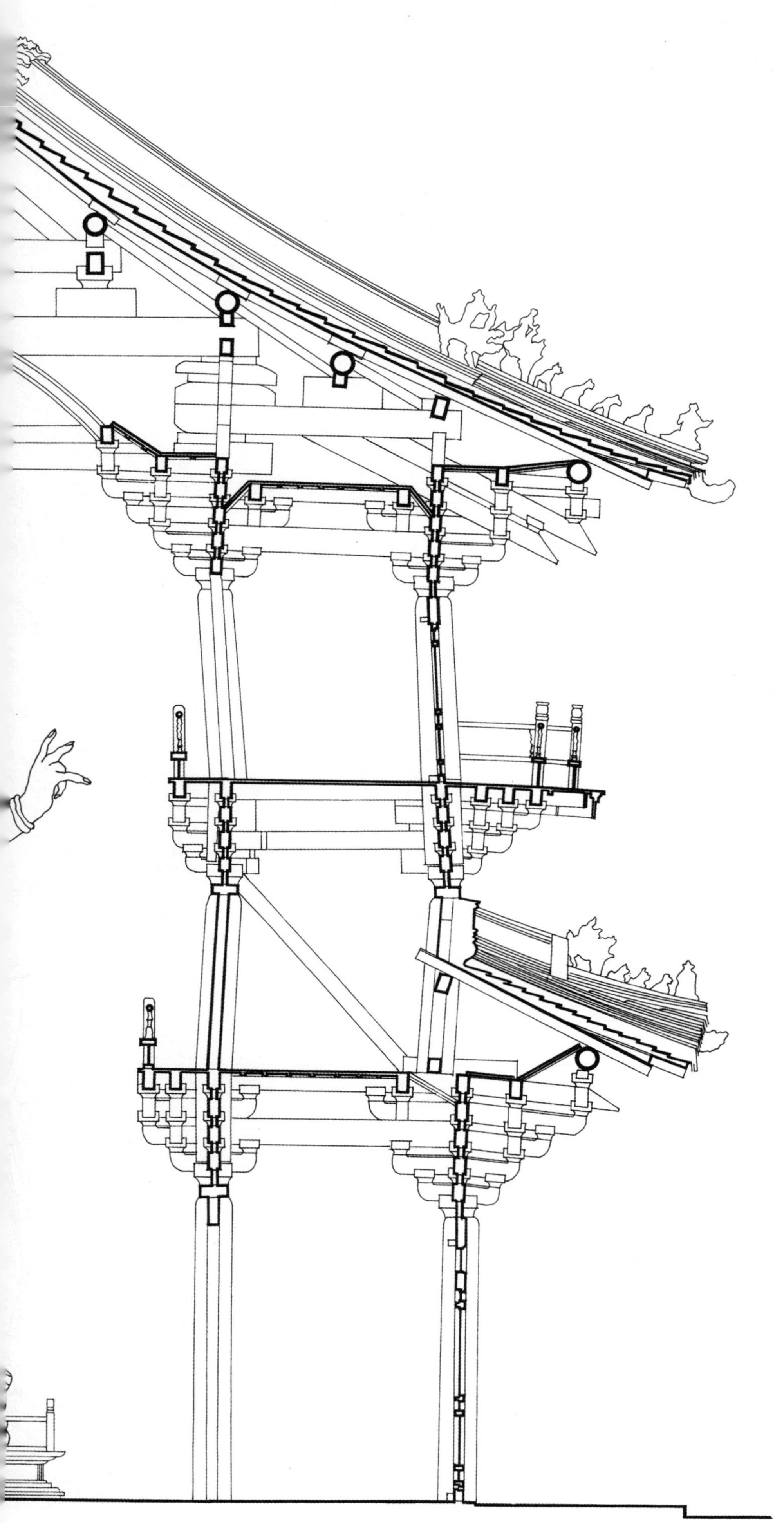

独乐寺观音阁明间剖面图 0 1 2m

Central bay section of Guanyin (Avalokitesvara) Pavilion at Dule (Solitary Joy) Temple

天津蓟县 1990

Ji County, Tianjin, 1990

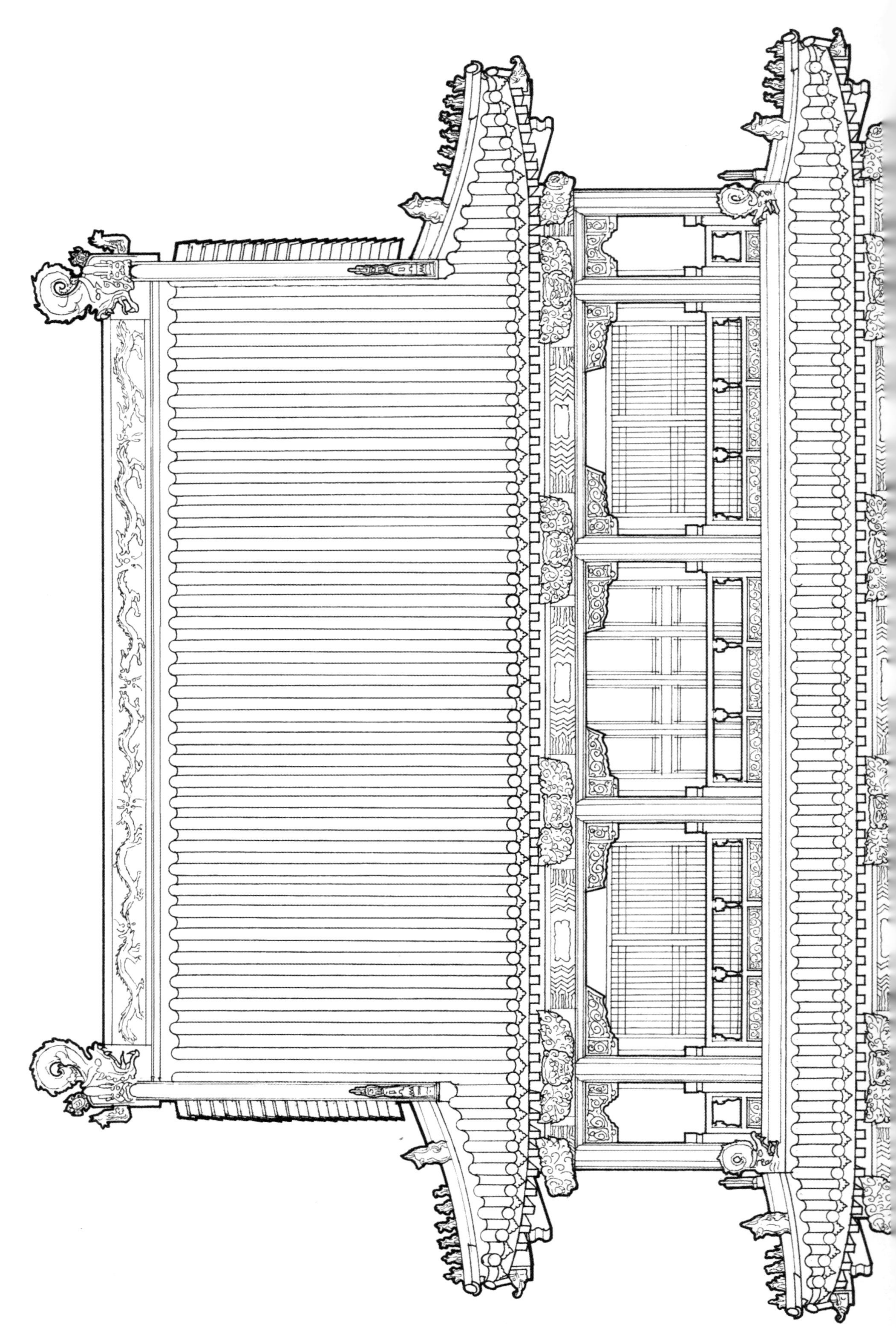

故宫凤凰楼正立面图
Front elevation of Phoenix Pavilion at Mukden Palace

辽宁沈阳　1991
Shenyang, Liaoning Province, 1991

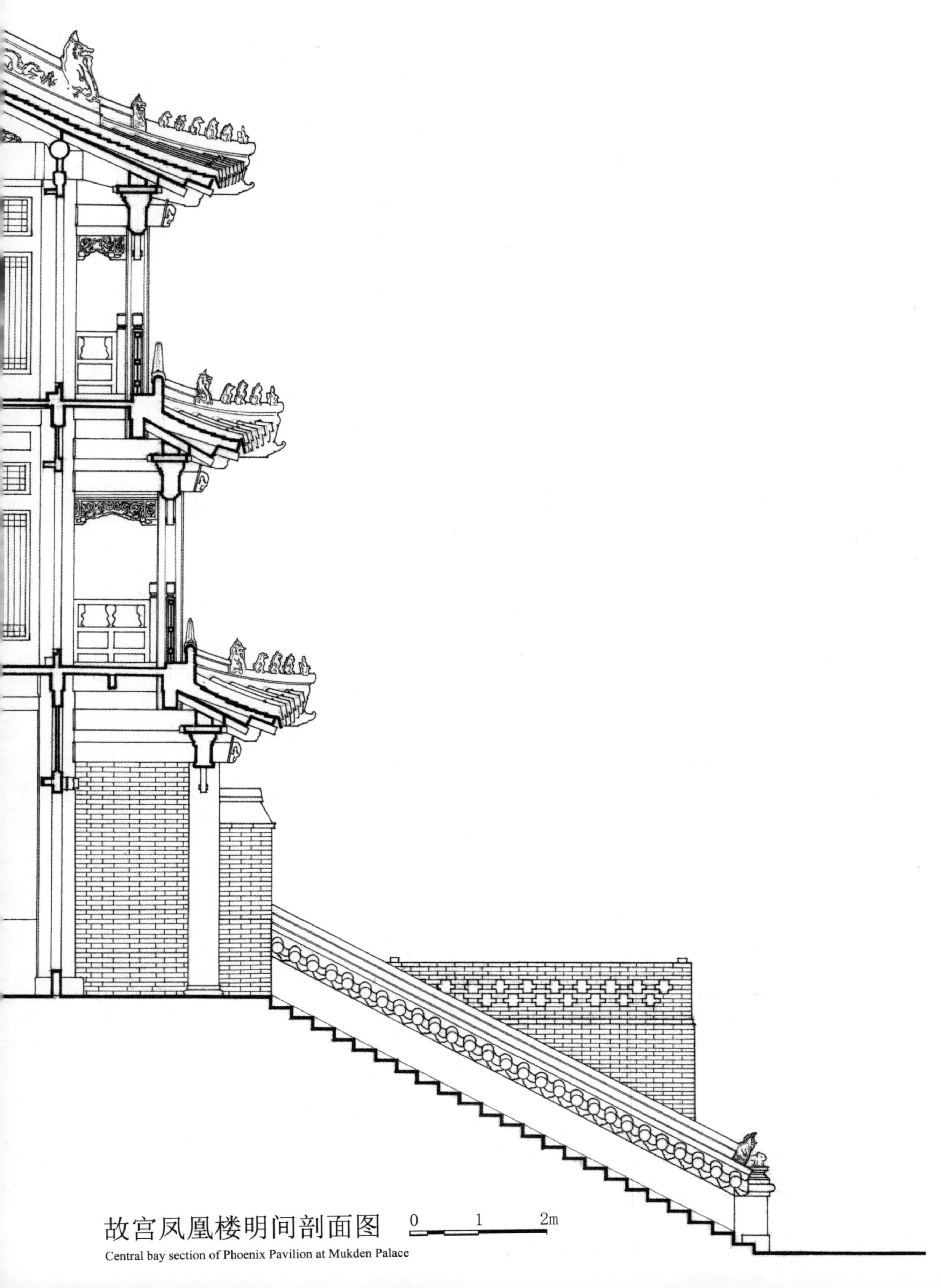

故宫凤凰楼明间剖面图

Central bay section of Phoenix Pavilion at Mukden Palace

辽宁沈阳 1991

Shenyang, Liaoning Province, 1991

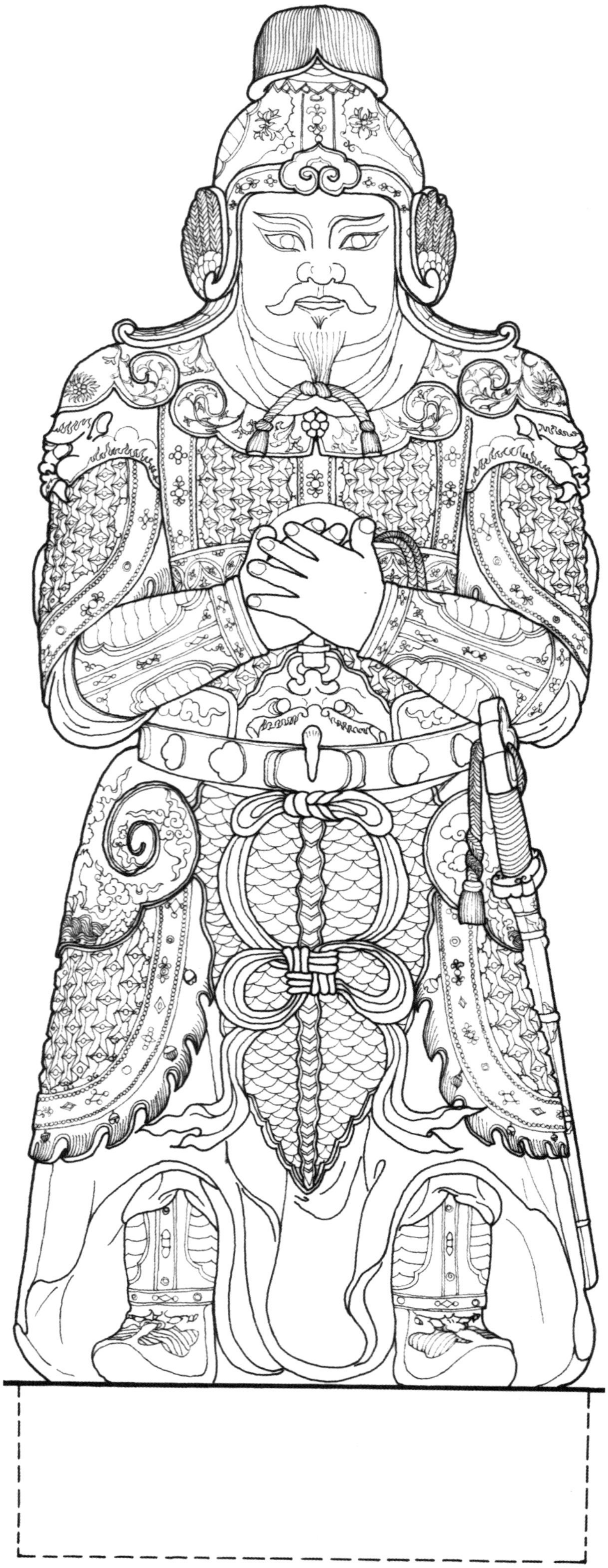

明十三陵神道石像生武将大样图 0 0.25 0.5m

Detail drawing of general of the Stone Sculptures alongside the Holy Road at Imperial Tombs of the Ming Dynasty

北京 1992

Beijing, 1992

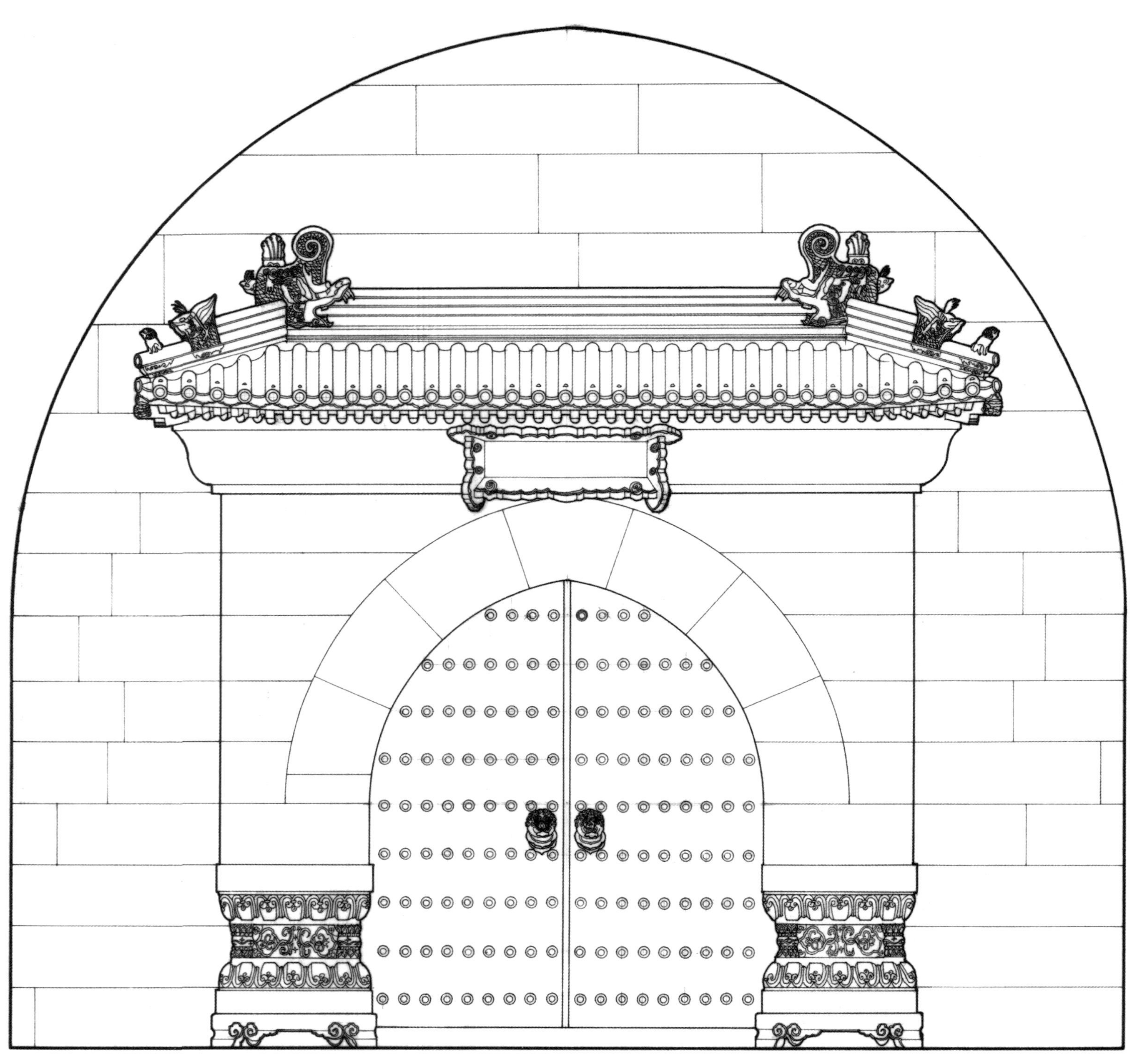

明十三陵定陵地宫石门正立面图 0 0.8 1.6m

Front elevation of tomb chamber's stone gate at Ding Tomb at Imperial Tombs of the Ming Dynasty

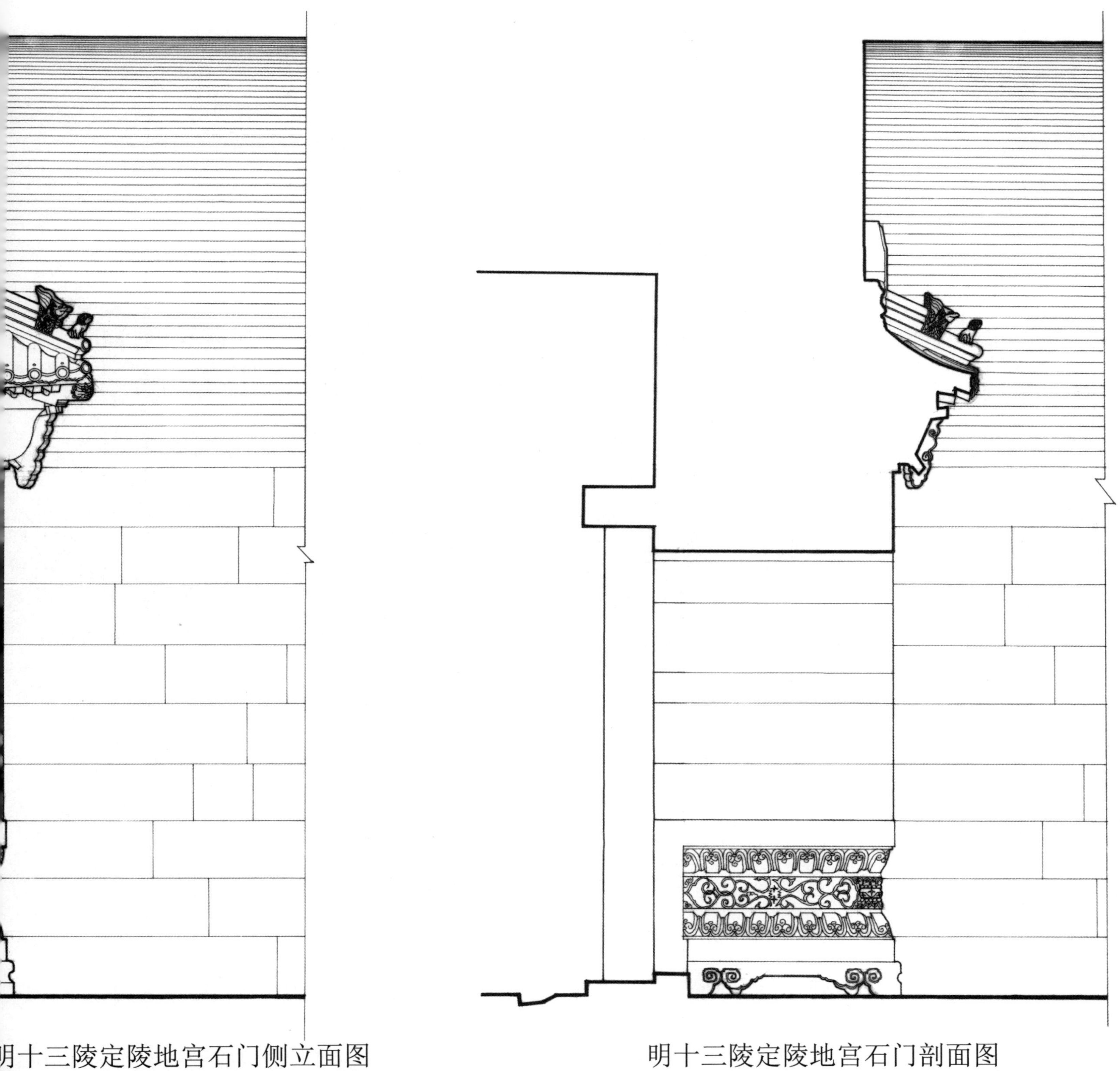

明十三陵定陵地宫石门侧立面图
Side elevation of tomb chamber's stone gate at Ding Tomb at Imperial Tombs of the Ming Dynasty

明十三陵定陵地宫石门剖面图
Section of tomb chamber's stone gate at Ding Tomb at Imperial Tombs of the Ming Dynasty

北京 1992
Beijing, 1992

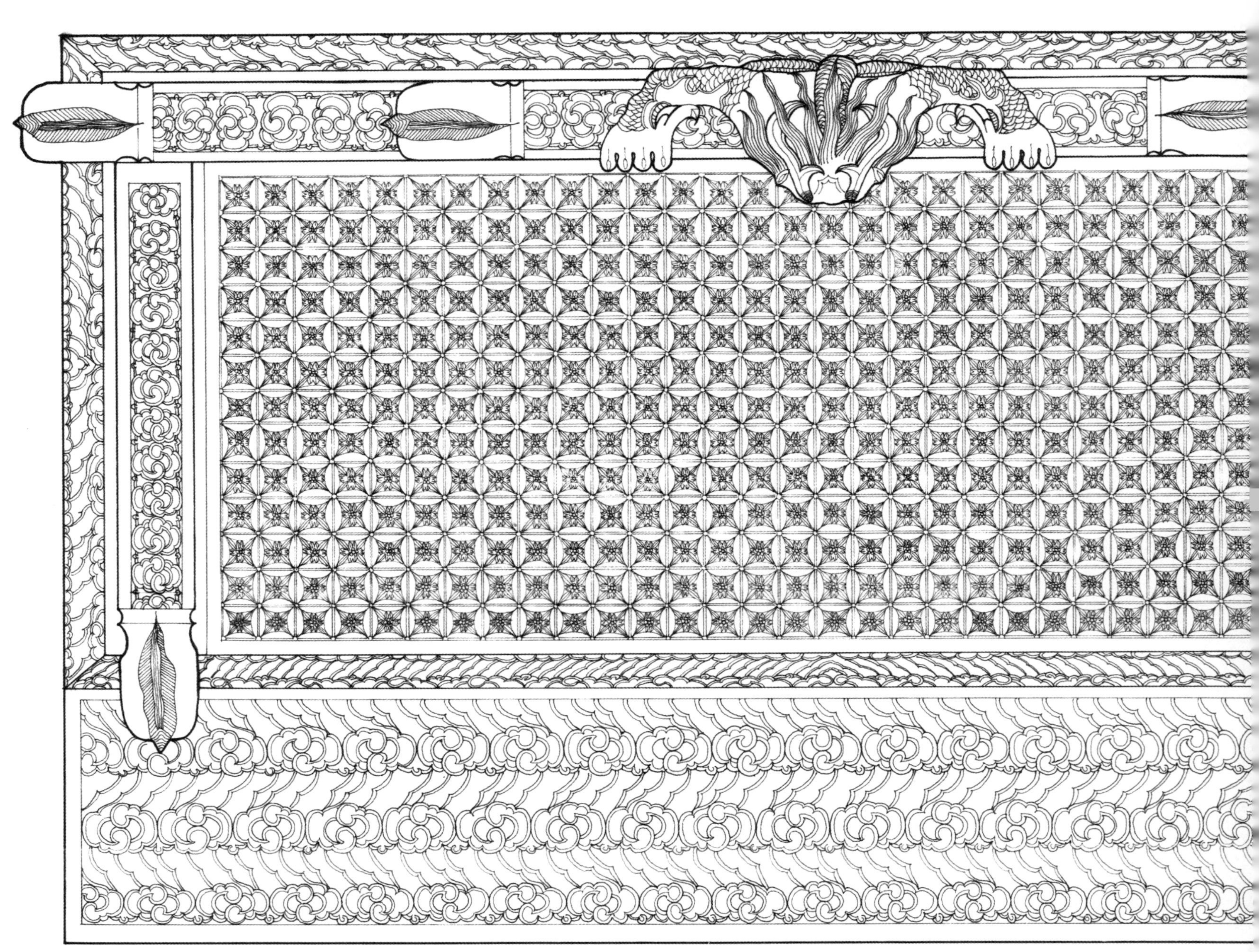

明十三陵定陵地宫凤床平面图 0 0.1 0.2m

Plan of tomb chamber's phoenix bed at Ding Tomb at Imperial Tombs of the Ming Dynasty

明十三陵定陵地宫凤床侧立面图

Side elevation of tomb chamber's phoenix bed at Ding Tomb at Imperial Tombs of the Ming Dynasty

北京 1992

Beijing, 1992

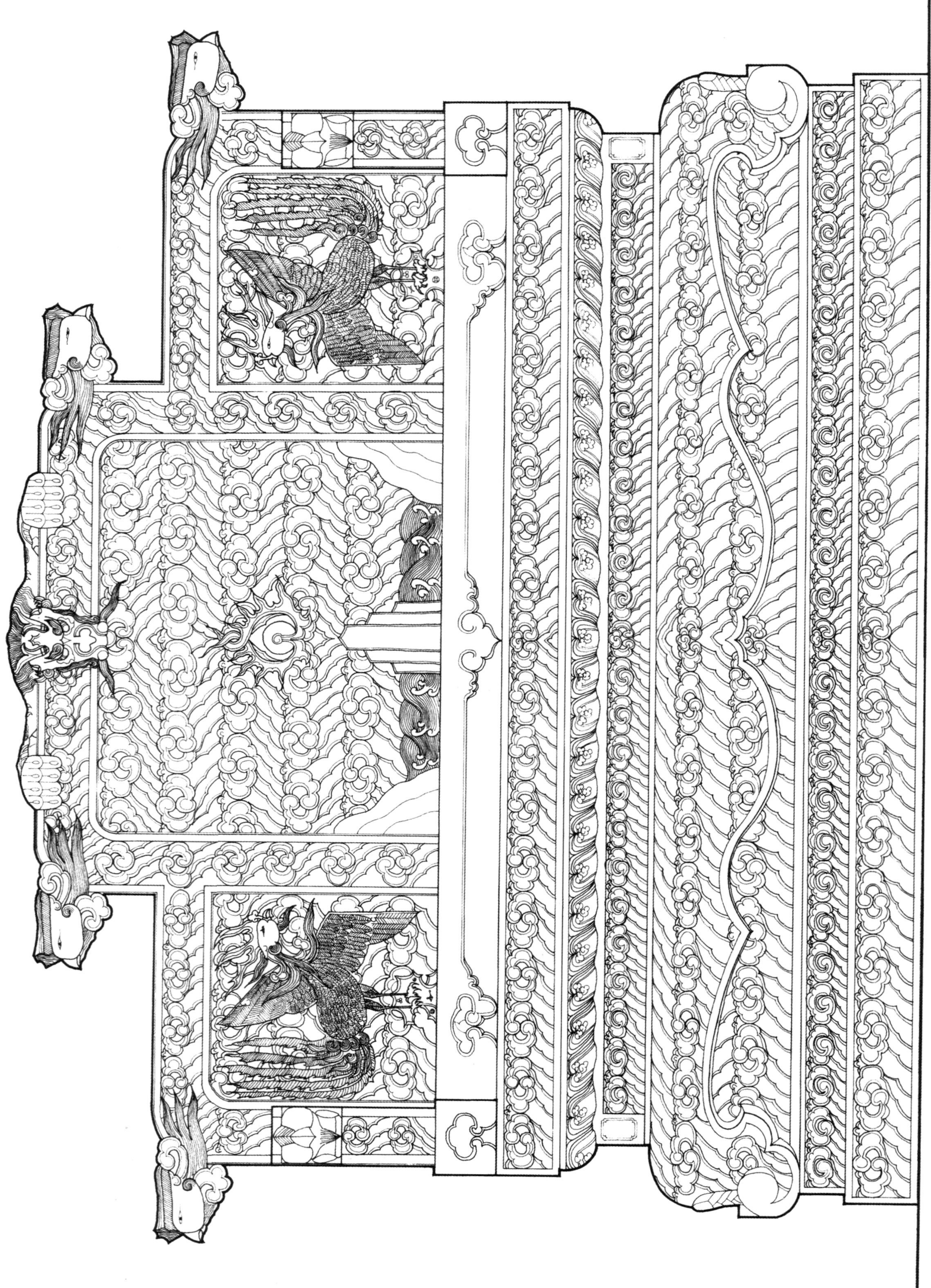

明十三陵定陵地宫凤床正立面图
Front elevation of tomb chamber's phoenix bed at Ding Tomb at Imperial Tombs of the Ming Dynasty

明十三陵定陵地宫凤床背立面图

Rear elevation of tomb chamber's phoenix bed at Ding Tomb at Imperial Tombs of the Ming Dynasty

北京 1992

Beijing, 1992

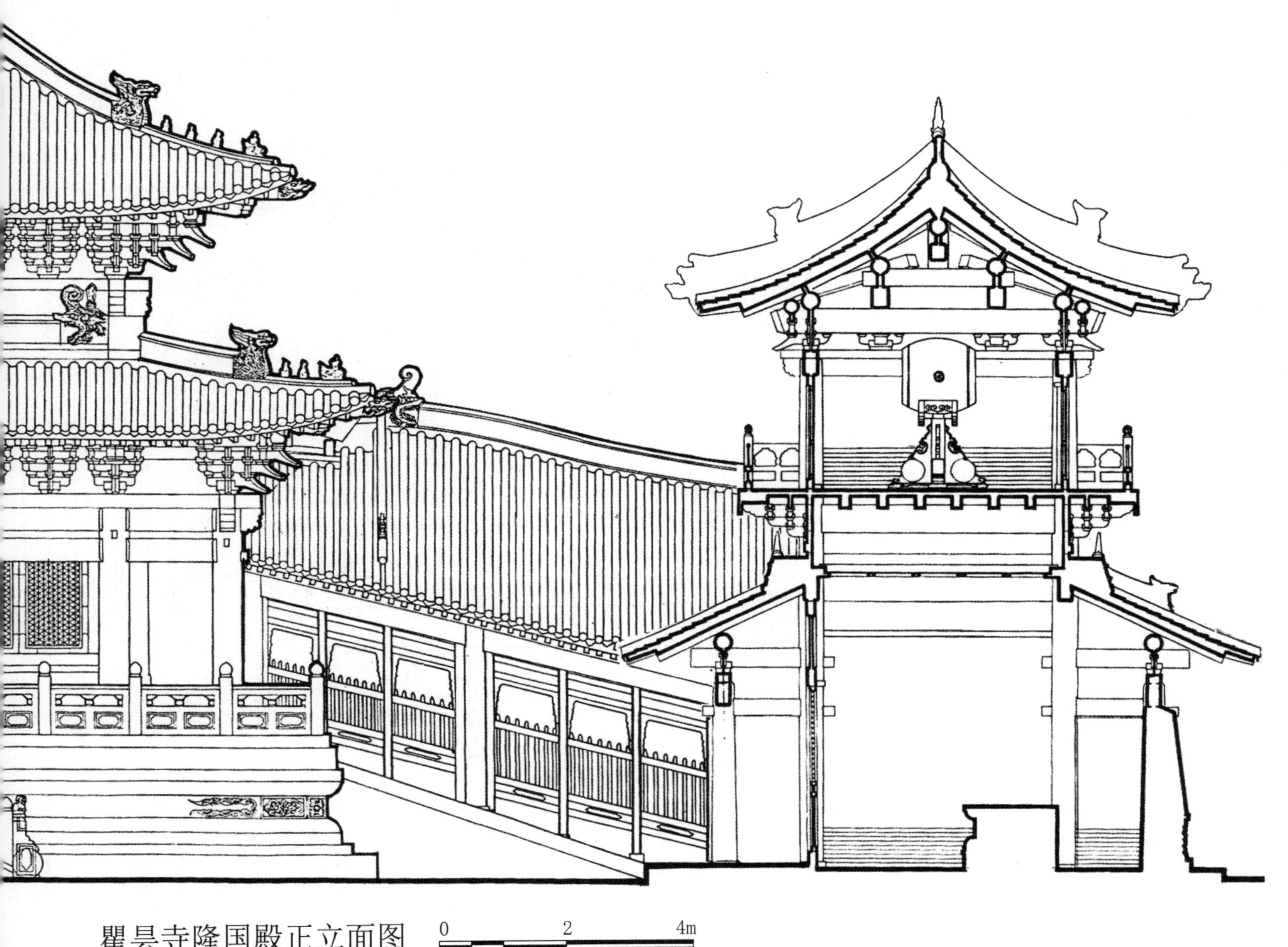

瞿昙寺隆国殿正立面图 0 2 4m

Front elevation of Longguo (Country-booming) Hall at Qutan (Gautama) Temple

青海乐都　1993

Ledu, Qinghai Province, 1993

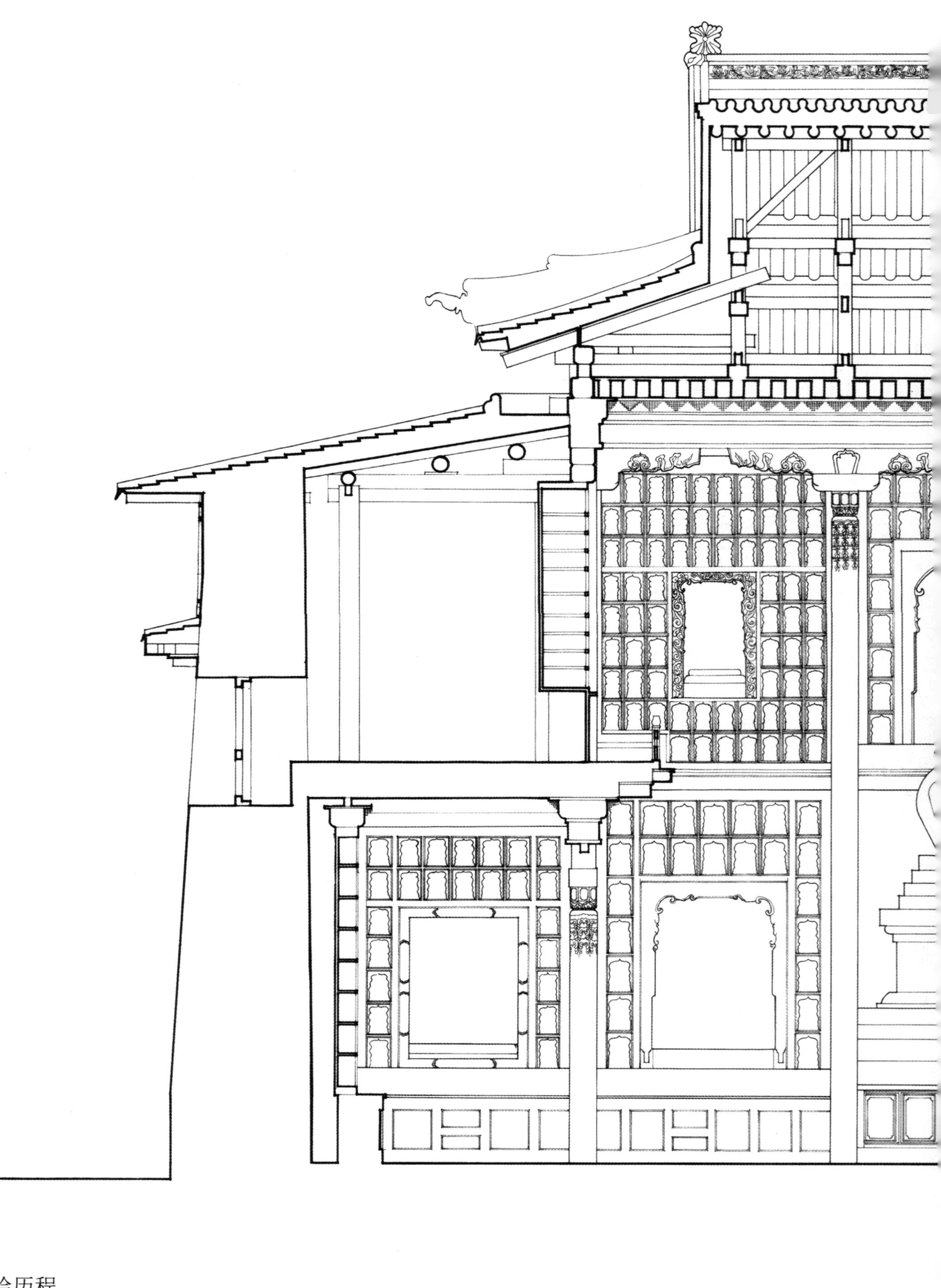

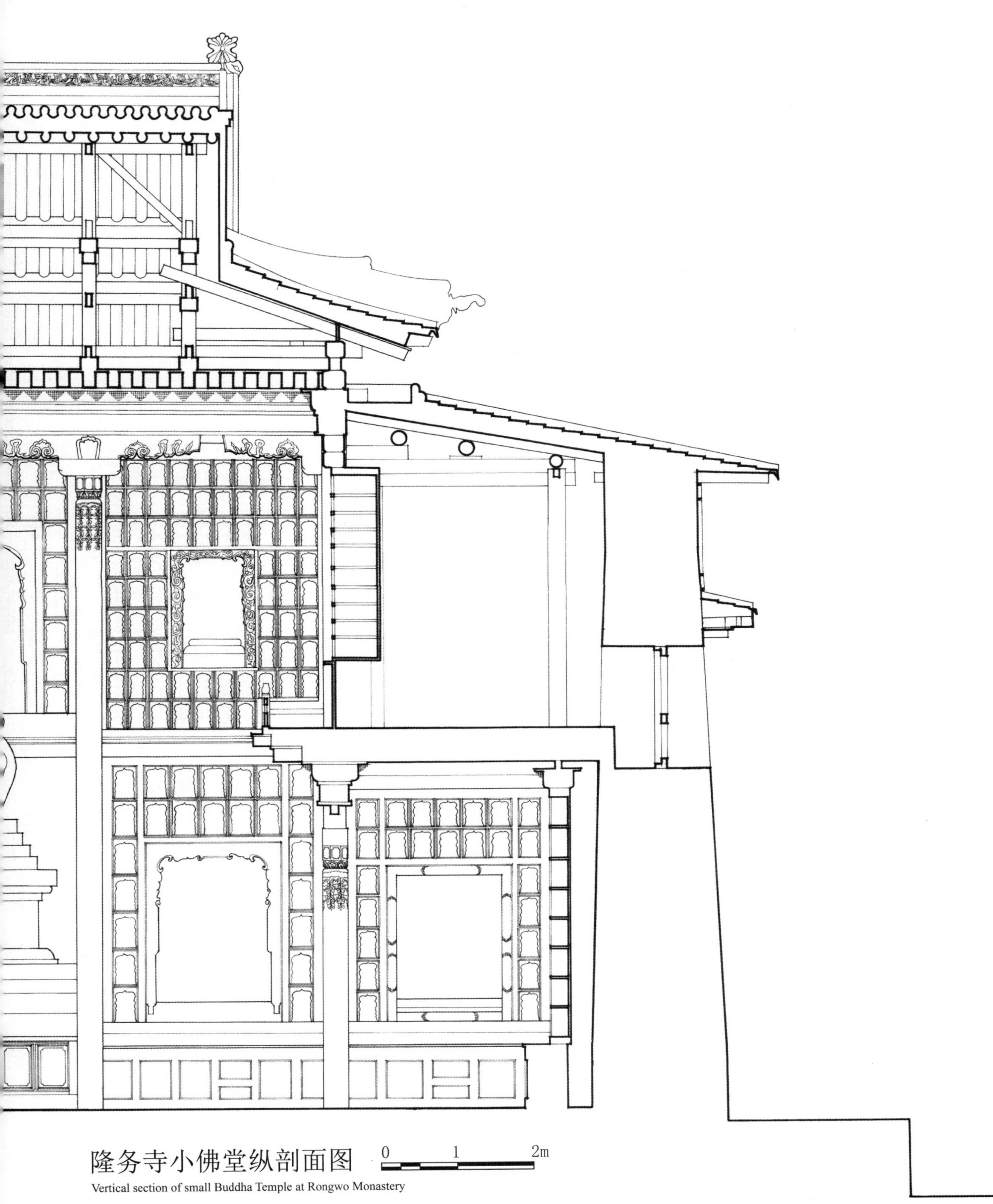

隆务寺小佛堂纵剖面图 0 1 2m

Vertical section of small Buddha Temple at Rongwo Monastery

青海黄南 1993

Huangnan, Qinghai Province, 1993

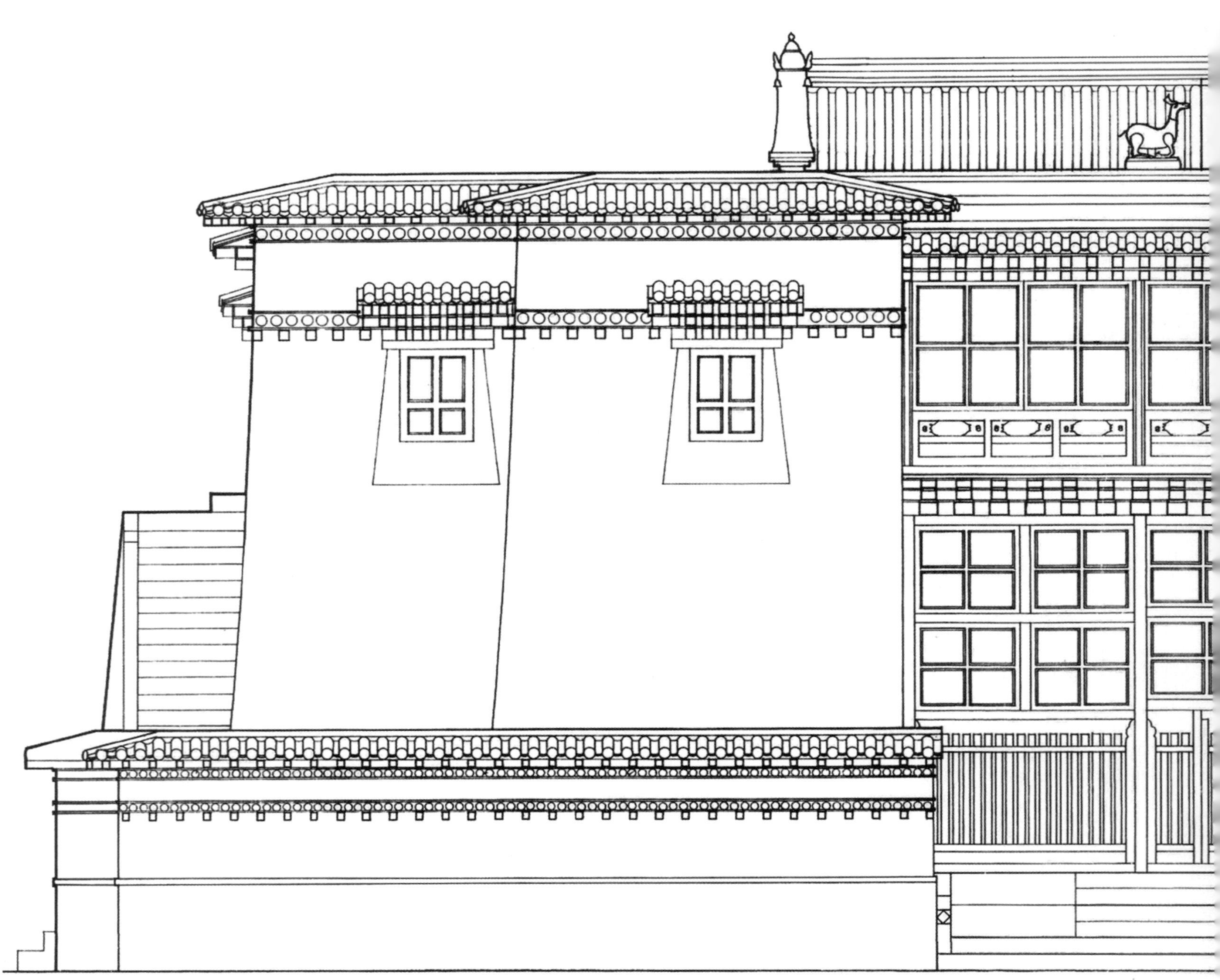

郭麻日寺经堂正立面图

Front elevation of Sutra Hall at Sgomar Temple

青海同仁　1993

Tongren County, Qinghai Province, 1993

郭麻日寺佛堂正立面图
Front elevation of Buddha Temple at Sgomar Temple

青海同仁　1993
Tongren County, Qinghai Province, 1993

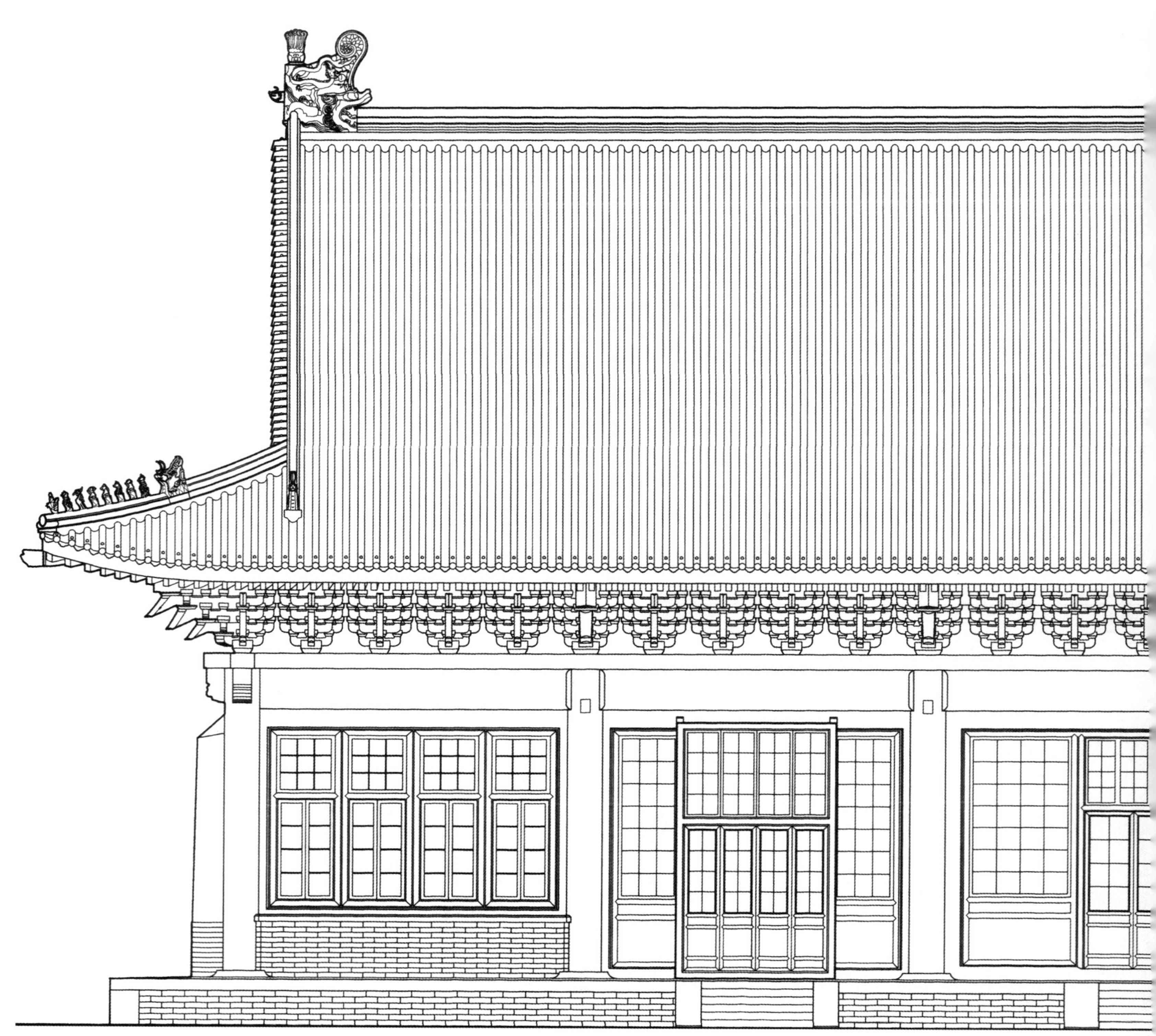

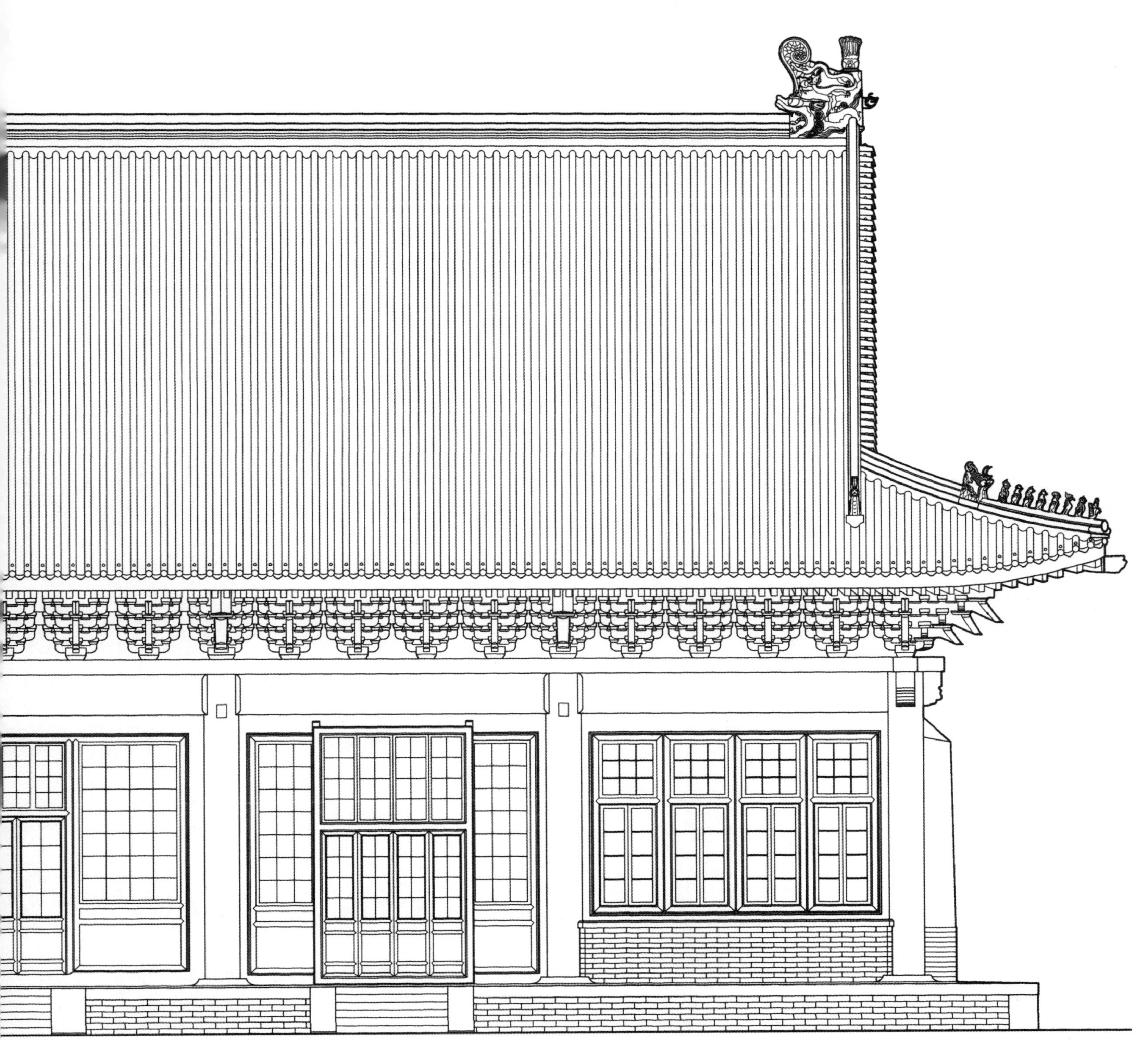

社稷坛大殿正立面图 0 1.5 3m

Front elevation of Main Hall at Altar of Land and Grain

北京 1997

Beijing, 1997

社稷坛大殿侧立面图
Side elevation of Main Hall at Altar of Land and Grain

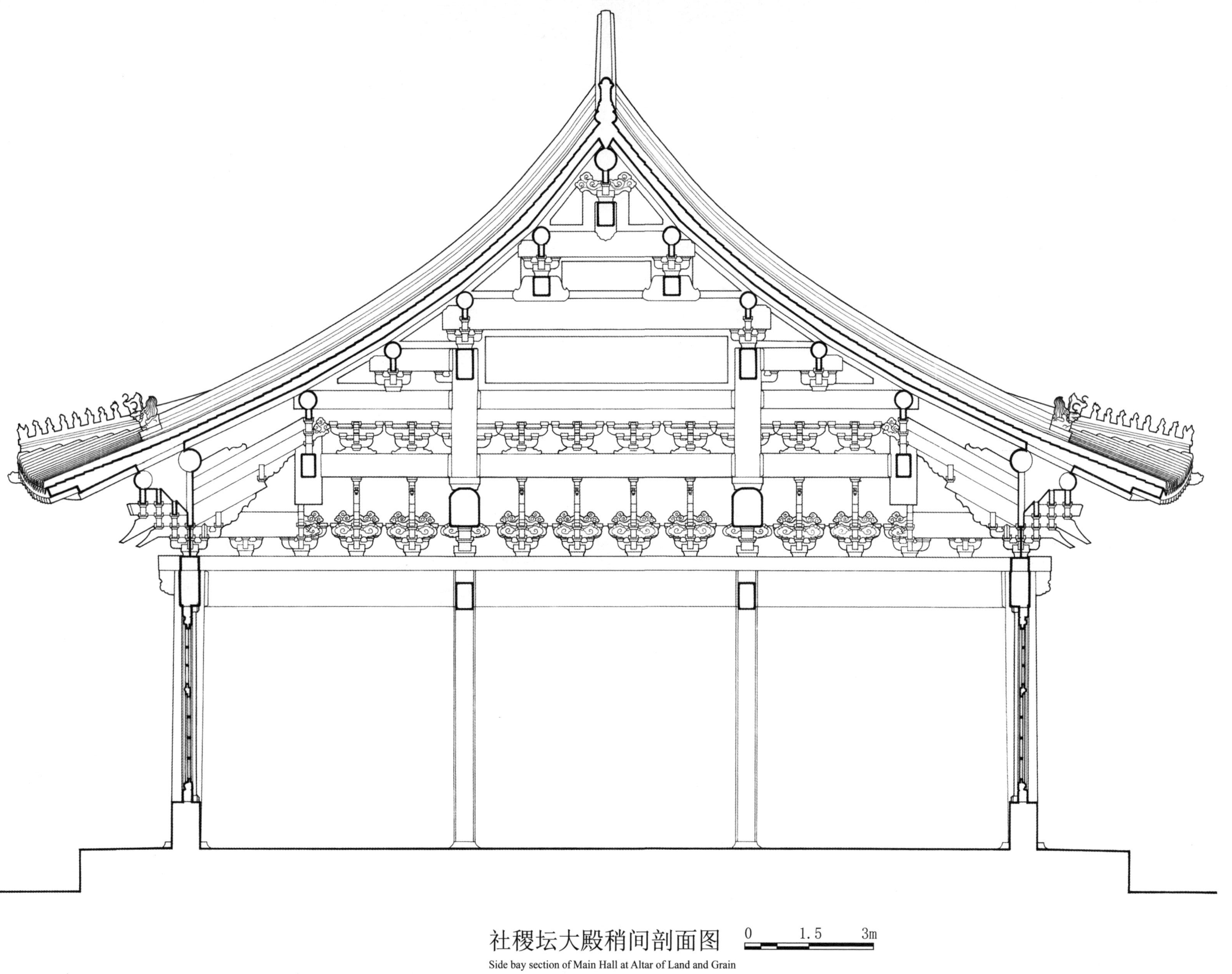

社稷坛大殿稍间剖面图
Side bay section of Main Hall at Altar of Land and Grain

北京　1997
Beijing, 1997

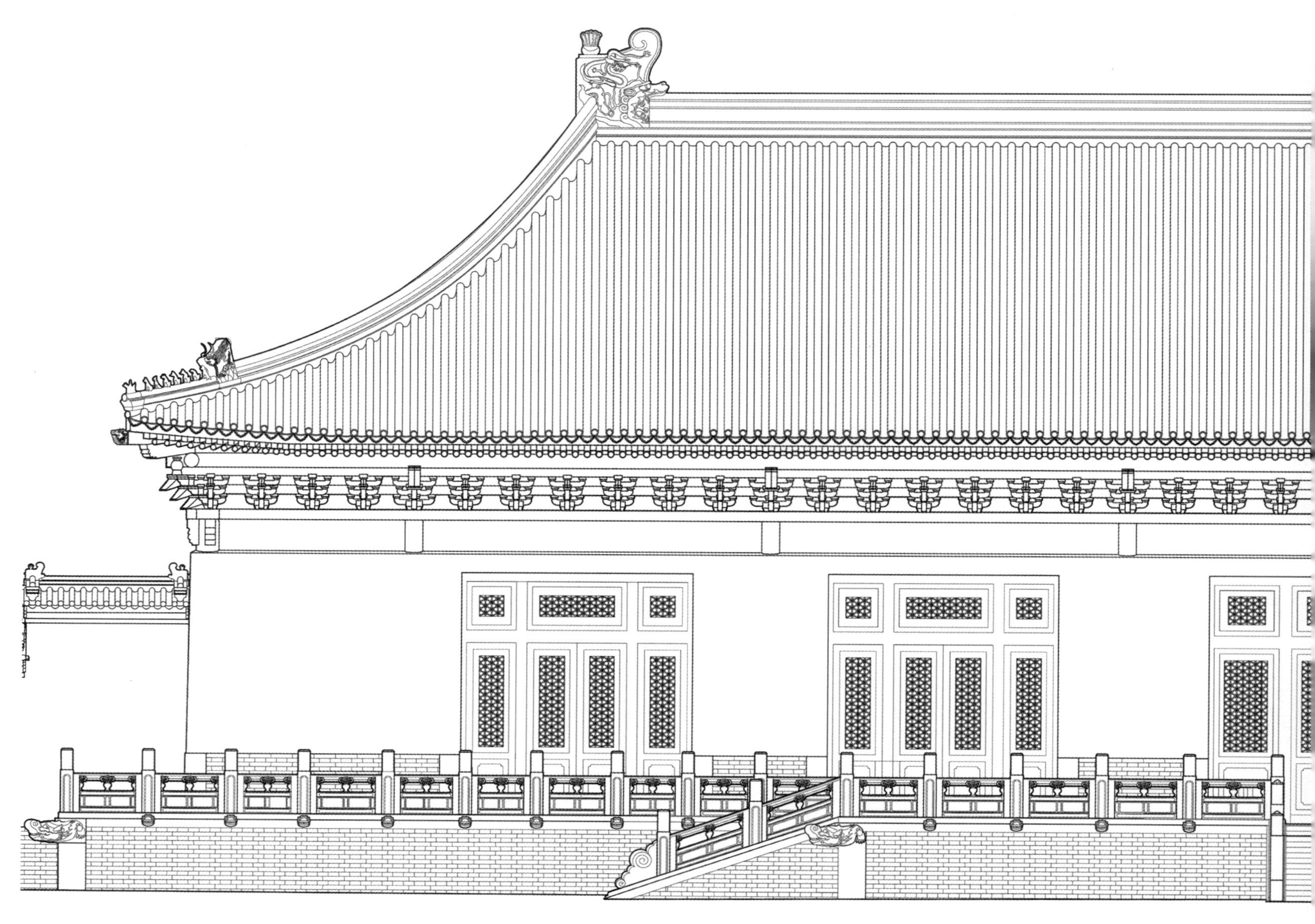

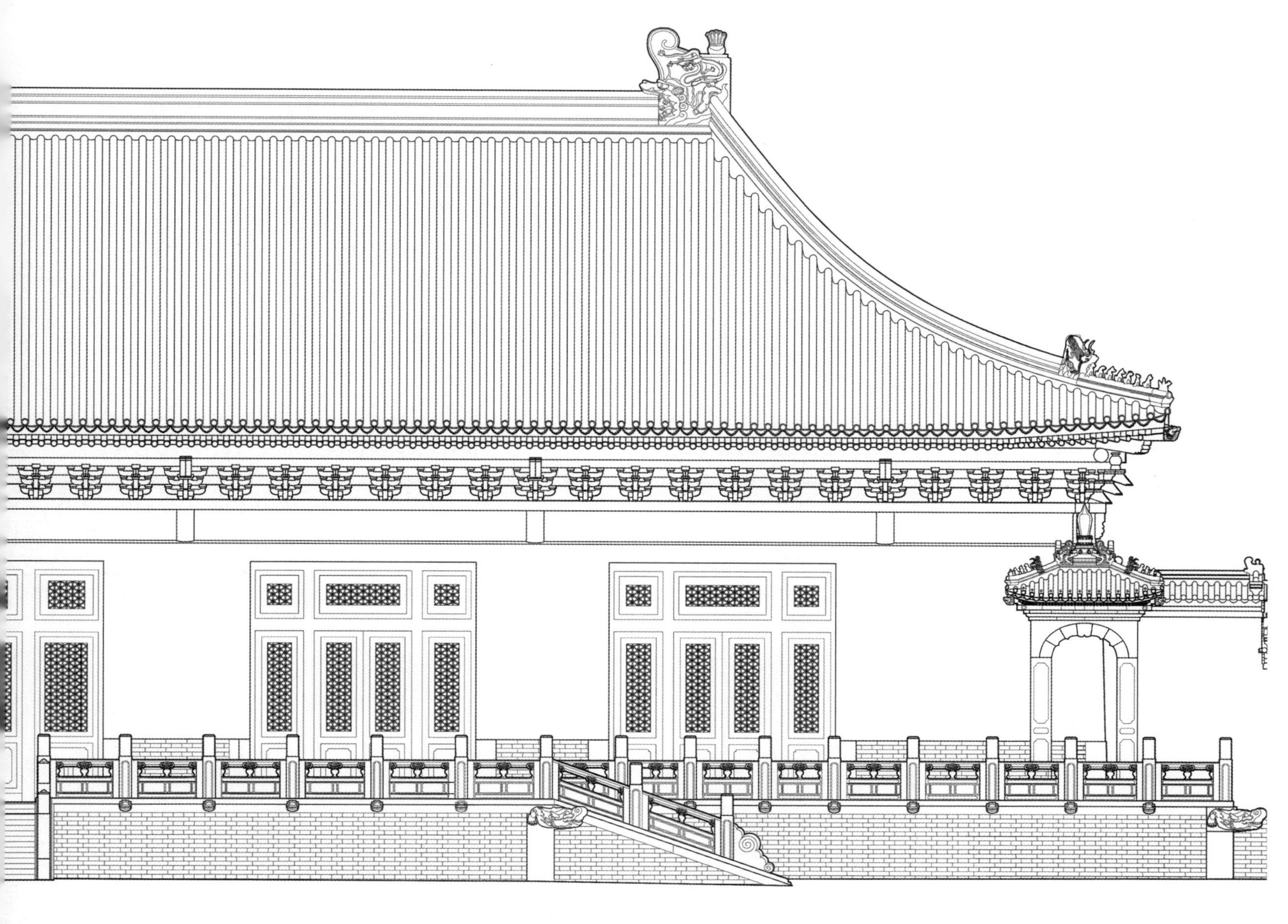

天坛斋宫无梁殿正立面图 0 3 6m

Front elevation of the Beamless Hall at Fasting Palace of Temple of Heaven

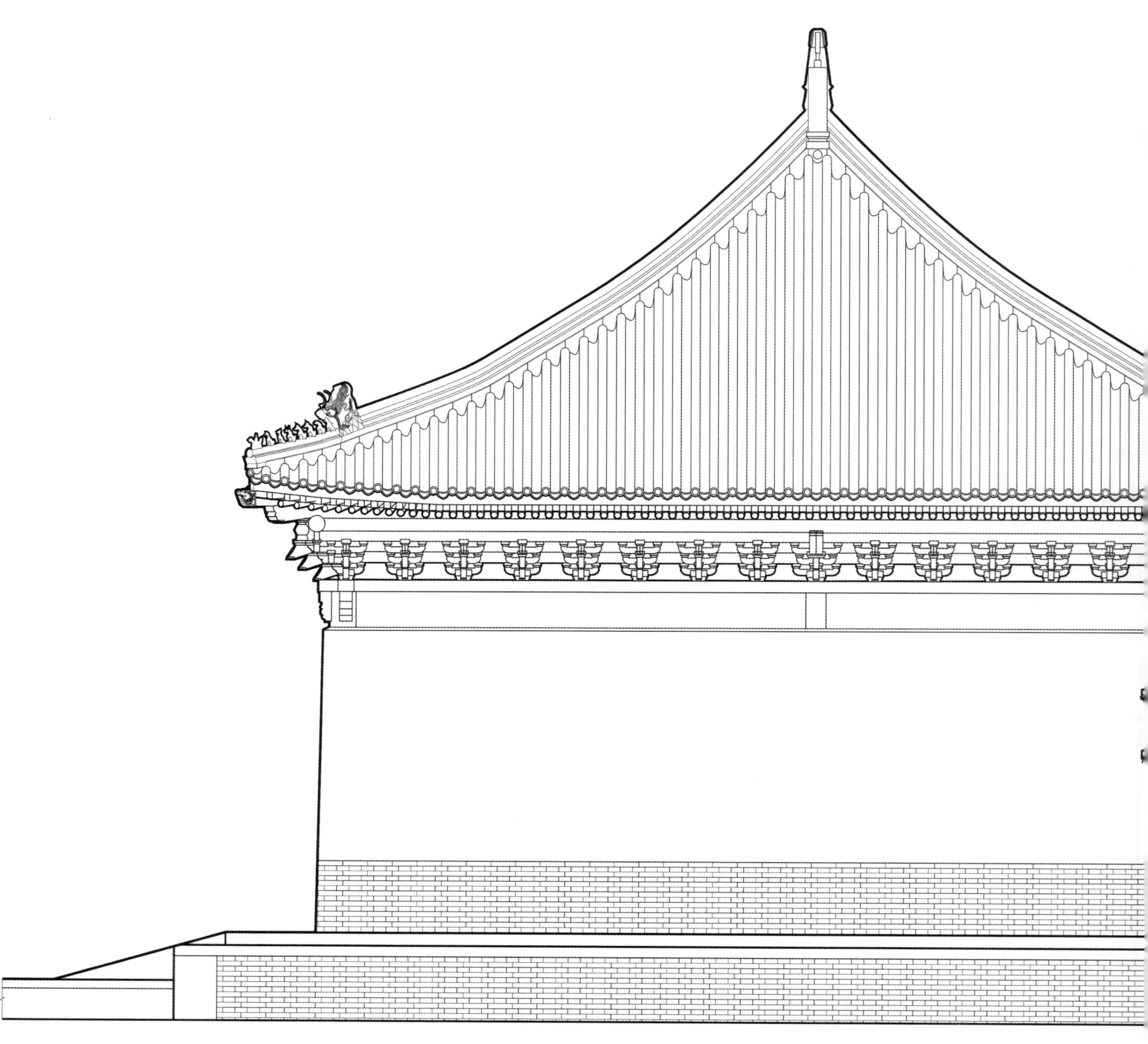

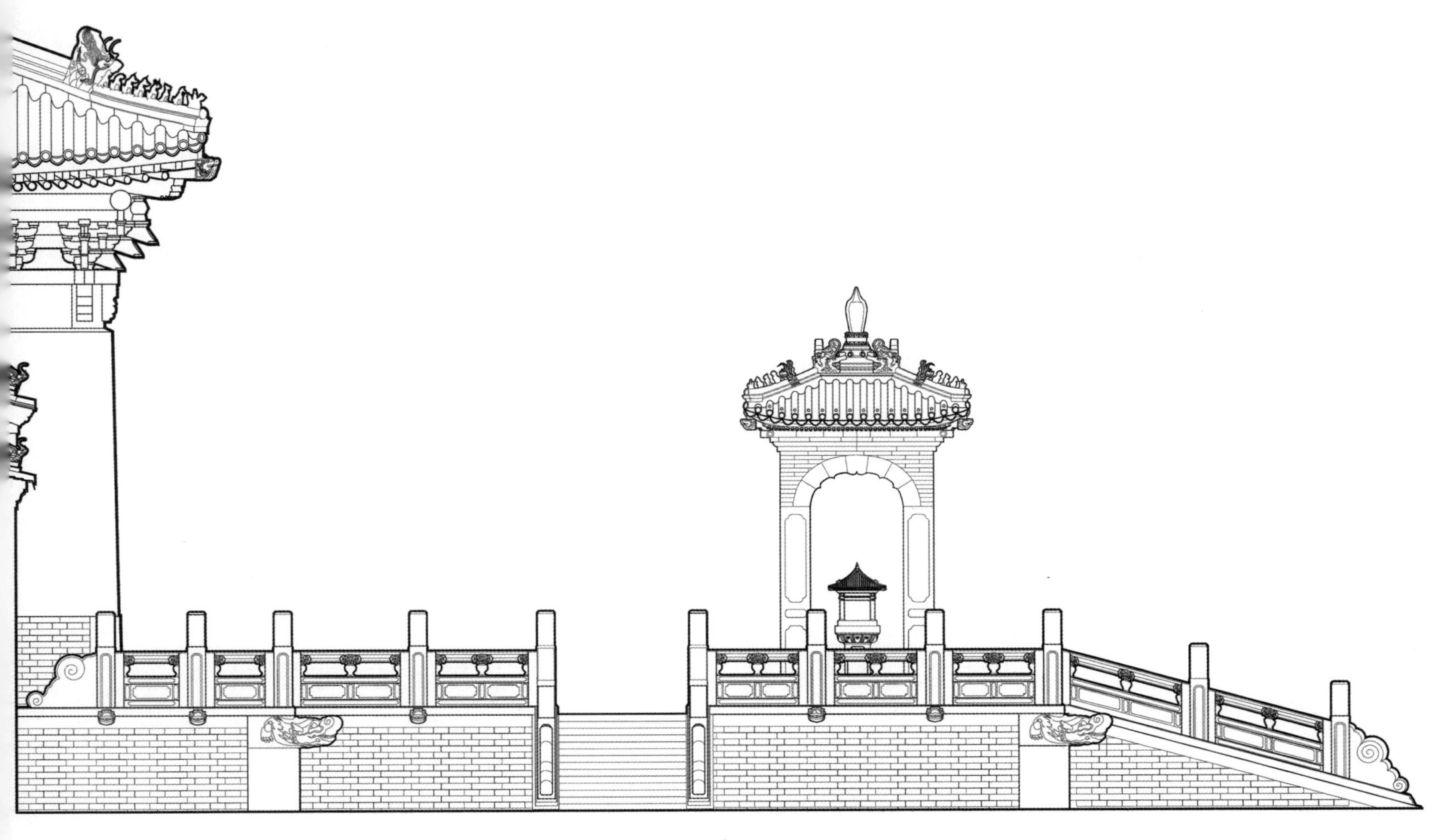

天坛斋宫无梁殿侧立面图 0 1.5 3m

Side elevation of the Beamless Hall at Fasting Palace of Temple of Heaven

北京 1998

Beijing, 1998

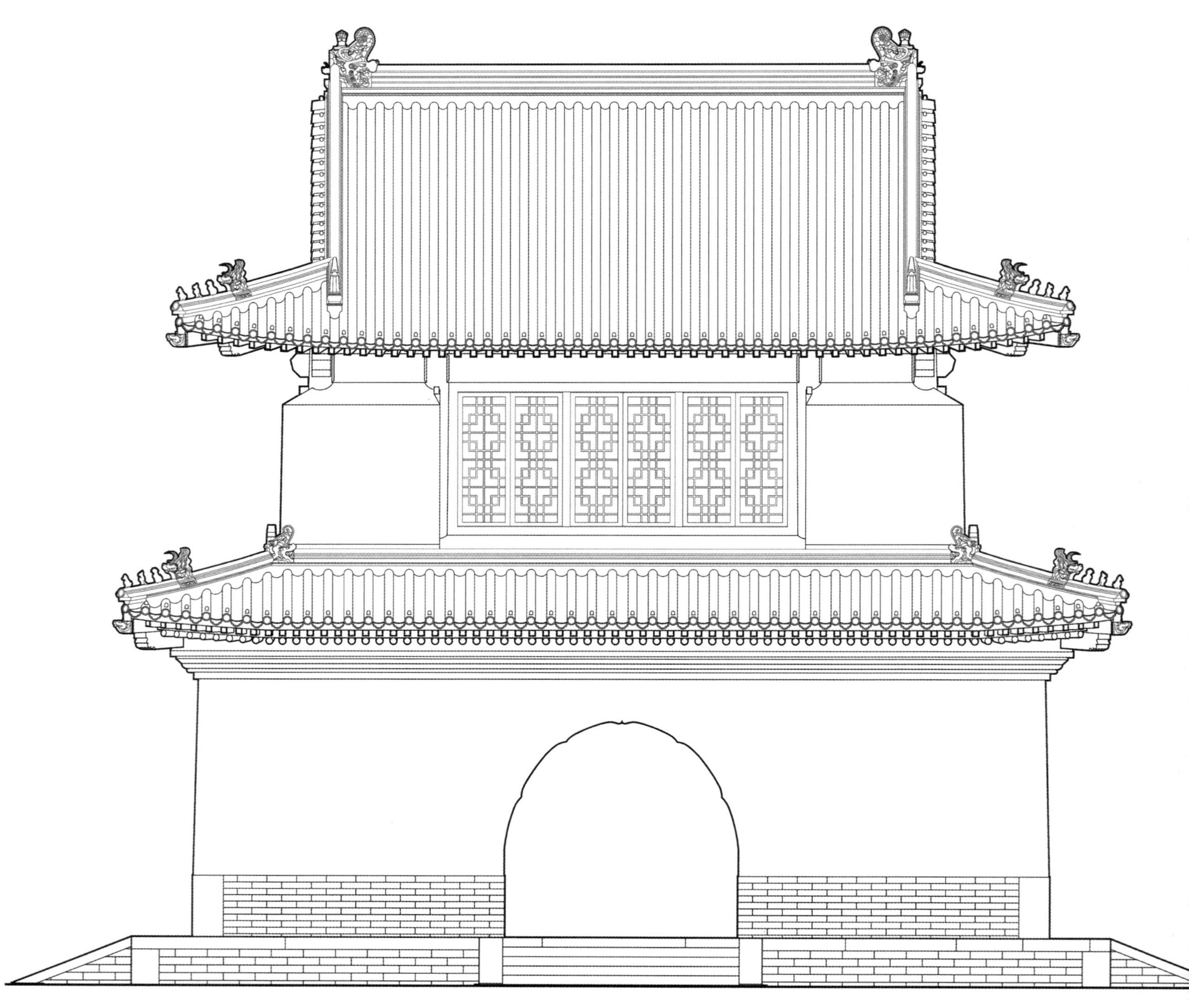

天坛斋宫钟楼正立面图

Front elevation of the Bell Tower at Fasting Palace of Temple of Heaven

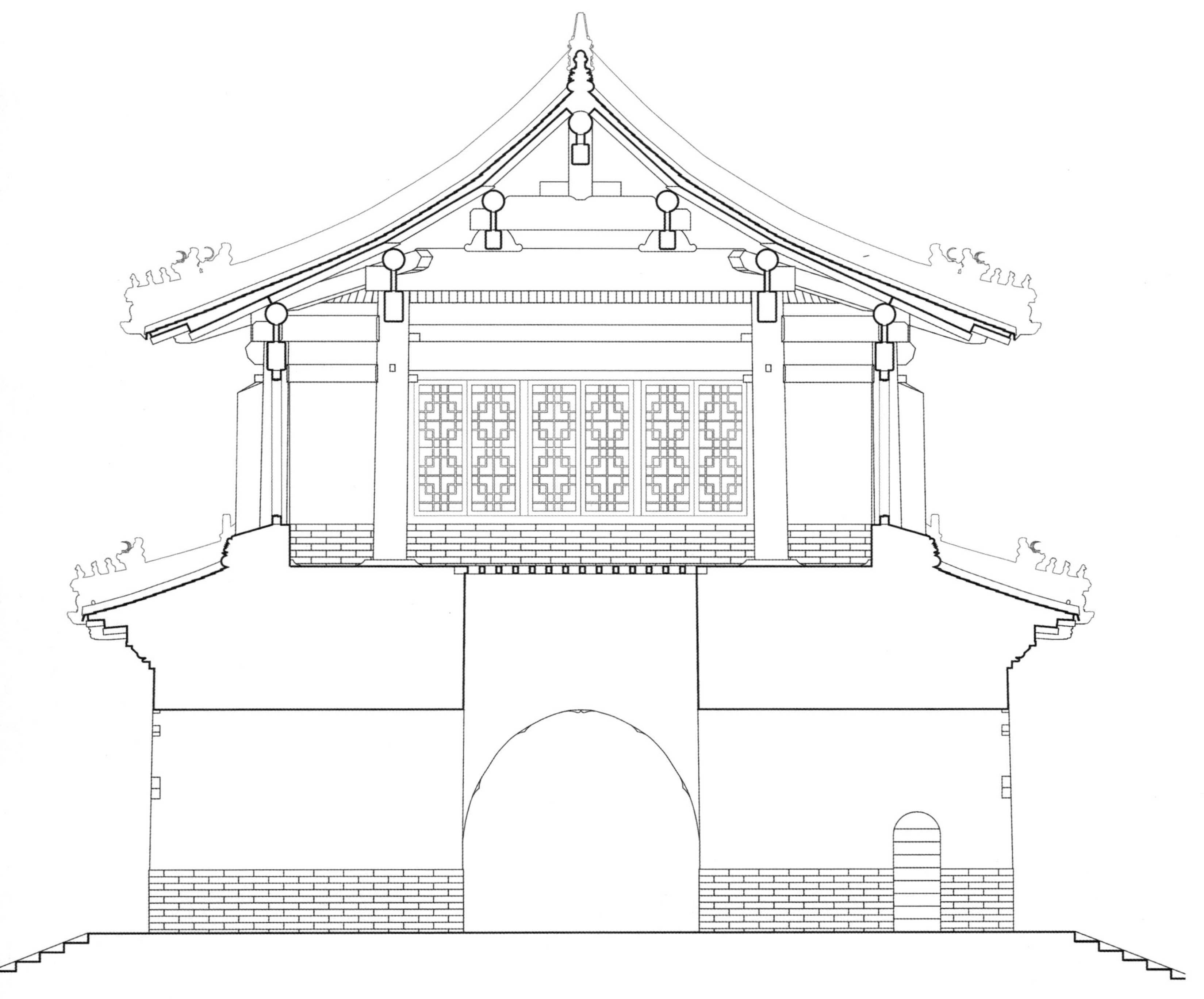

天坛斋宫钟楼明间剖面图

Central bay section of the Bell Tower at Fasting Palace of Temple of Heaven

北京　1998

Beijing, 1998

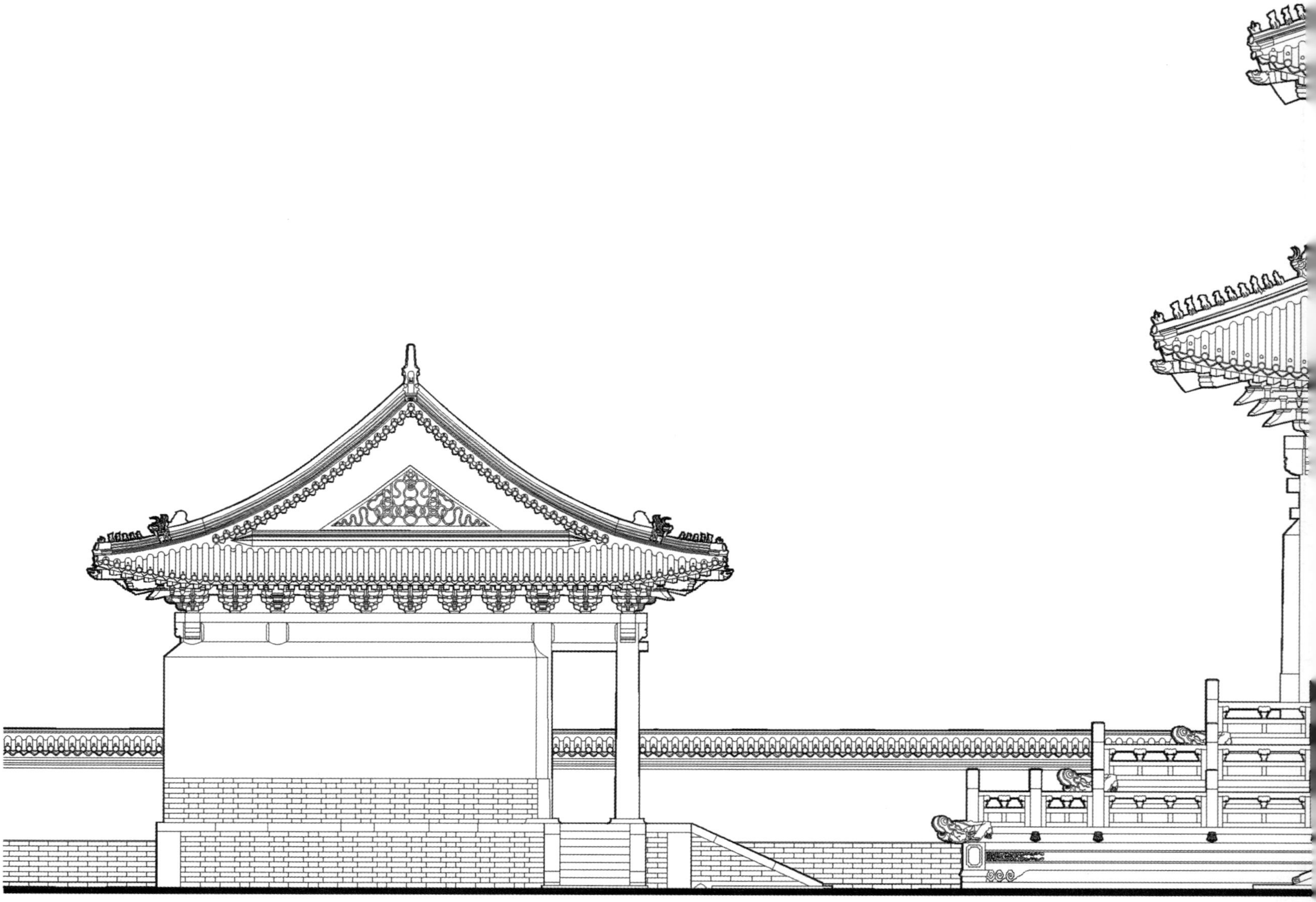

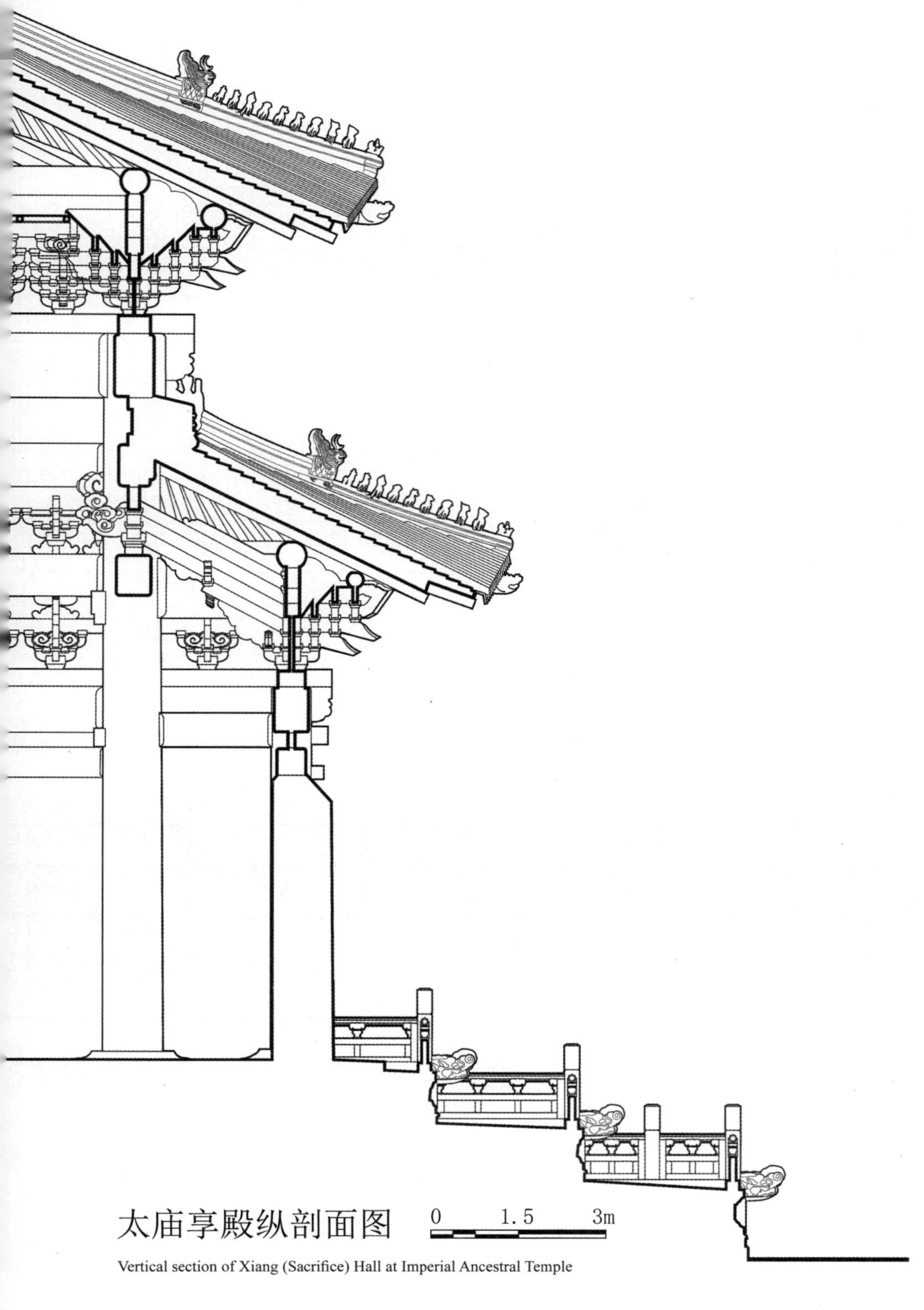

太庙享殿纵剖面图　0　1.5　3m

Vertical section of Xiang (Sacrifice) Hall at Imperial Ancestral Temple

北京　1998

Beijing, 1998

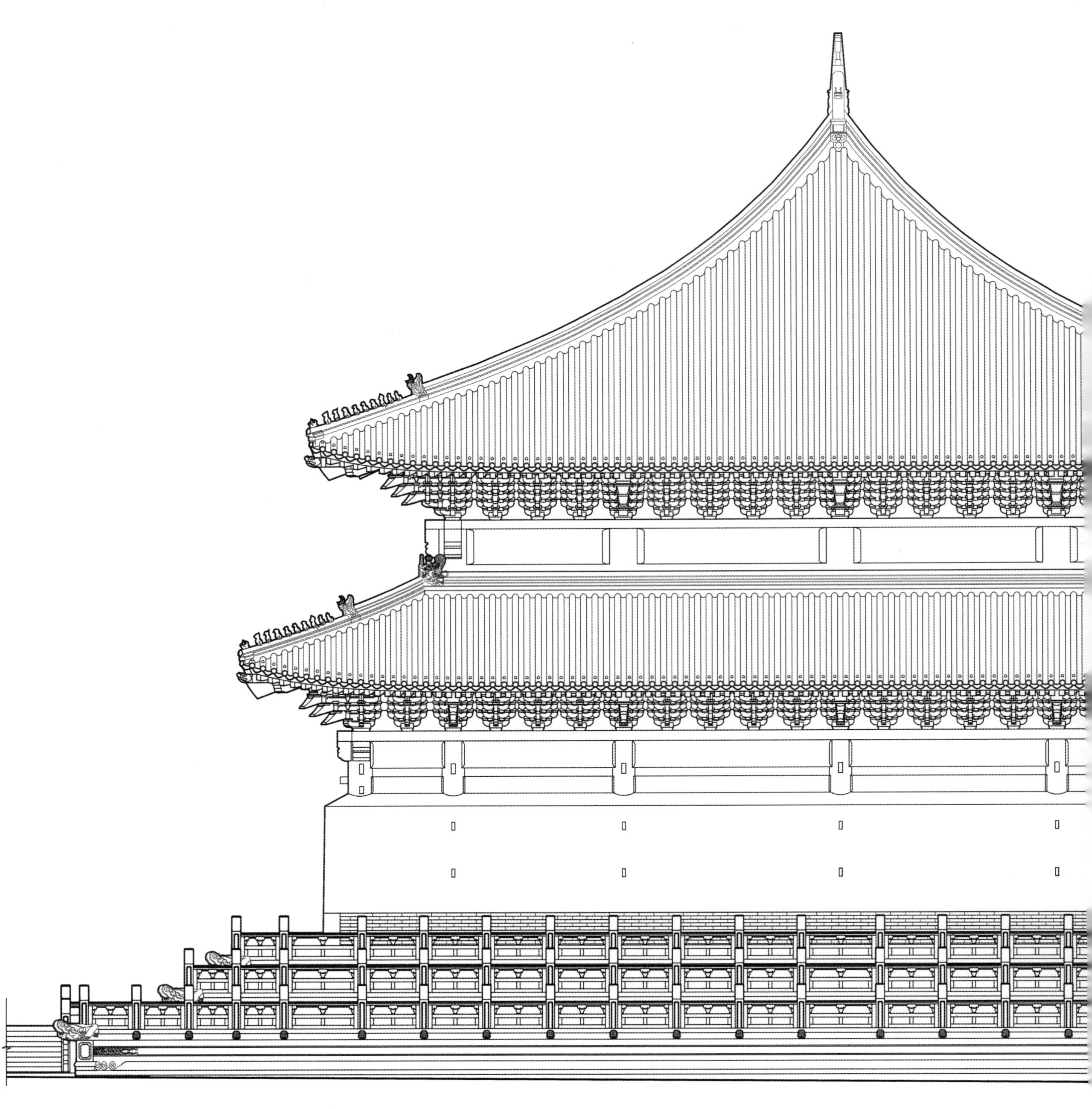

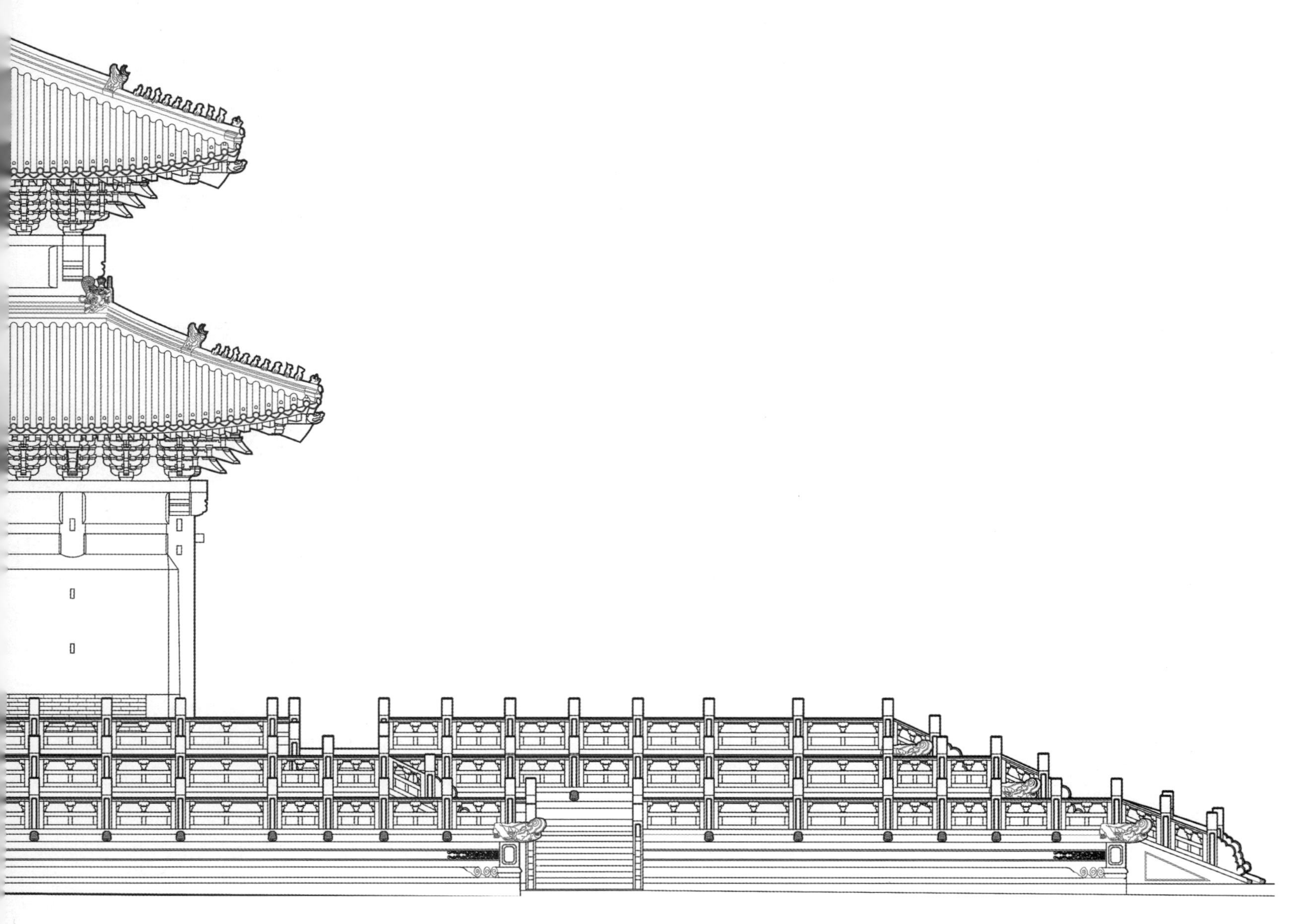

太庙享殿侧立面图 0 3 6m

Side elevation of Xiang (Sacrifice) Hall at Imperial Ancestral Temple

北京 1998

Beijing, 1998

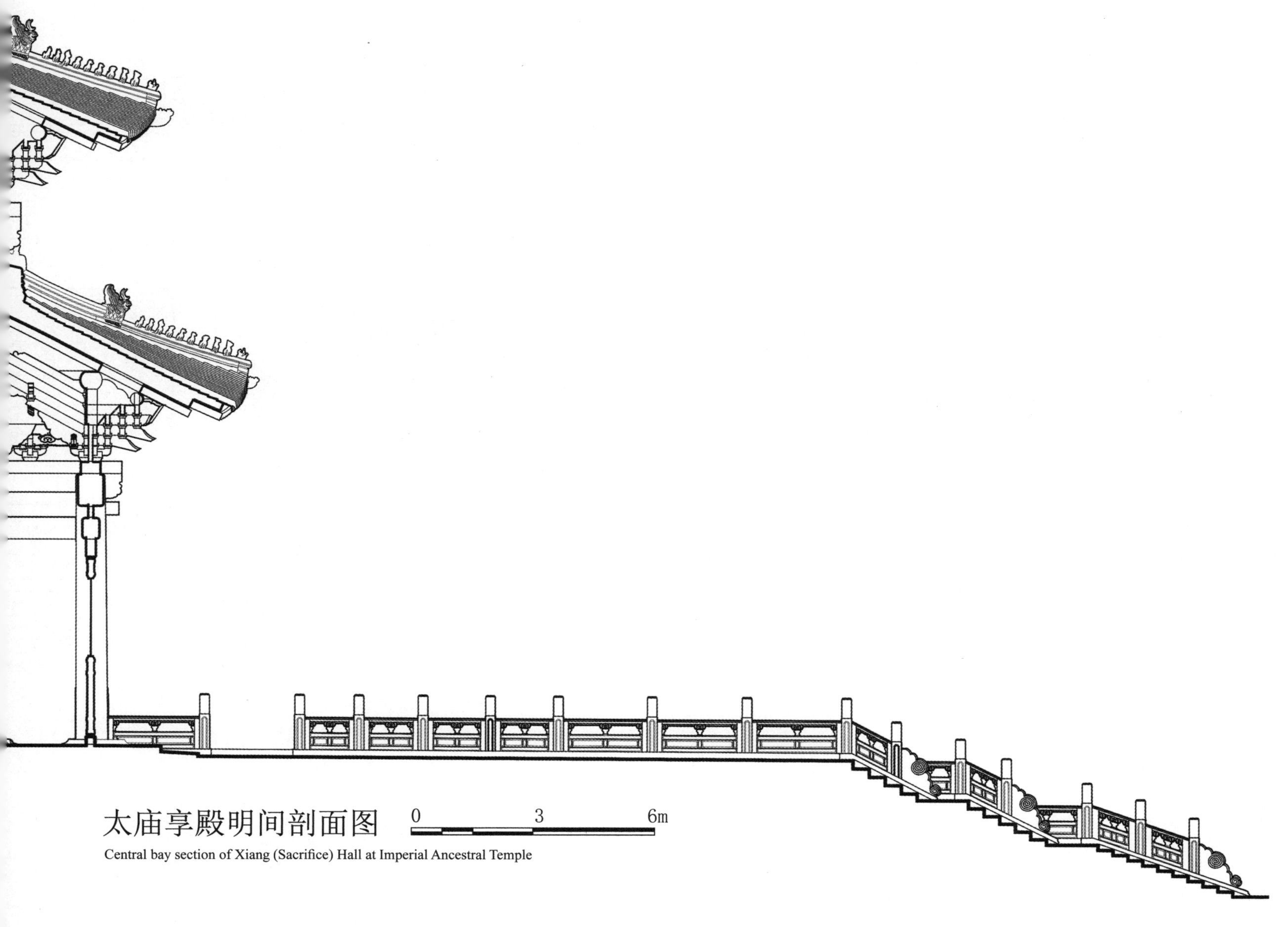

太庙享殿明间剖面图

Central bay section of Xiang (Sacrifice) Hall at Imperial Ancestral Temple

北京　1998

Beijing, 1998

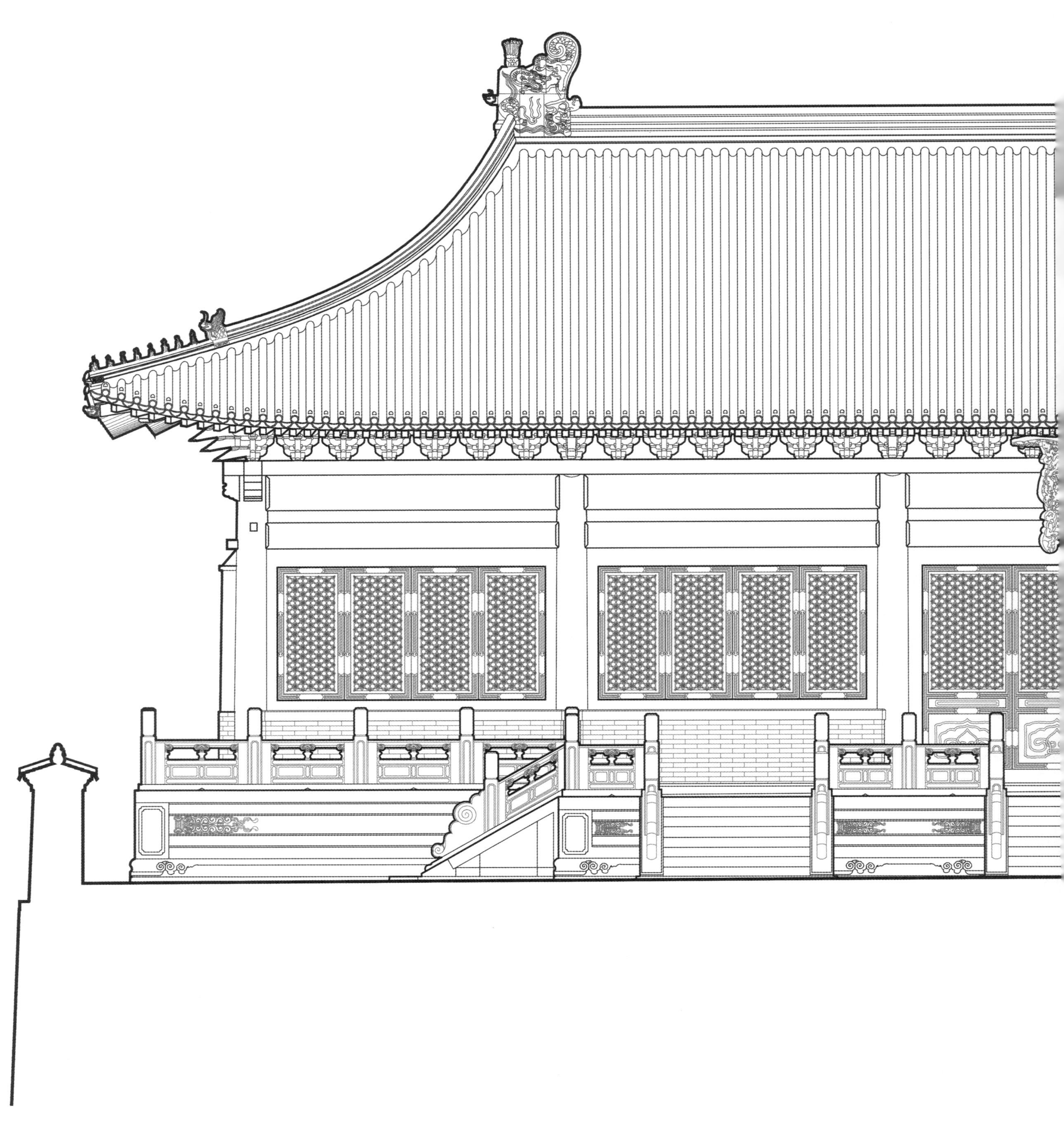

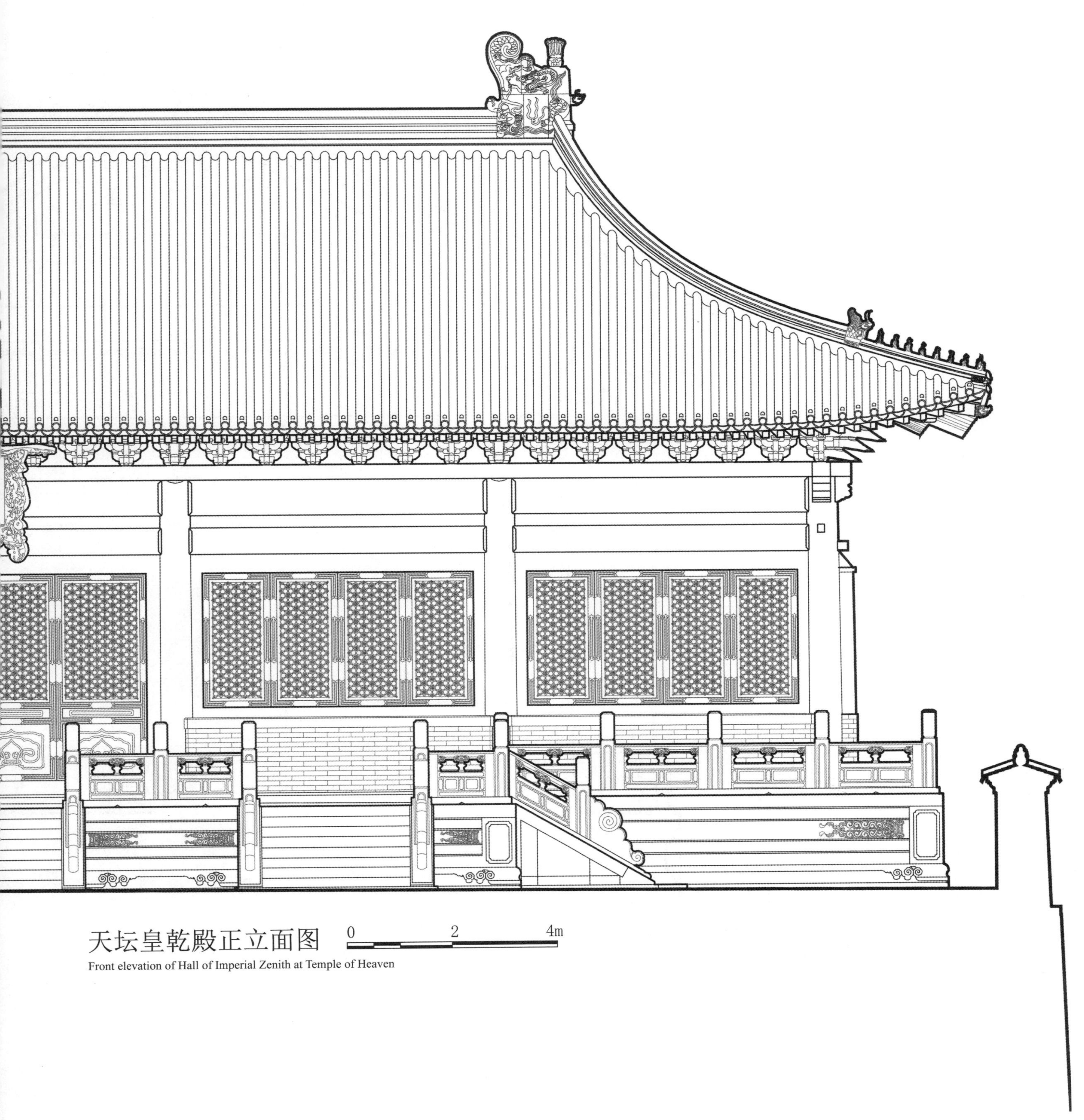

天坛皇乾殿正立面图 0 2 4m

Front elevation of Hall of Imperial Zenith at Temple of Heaven

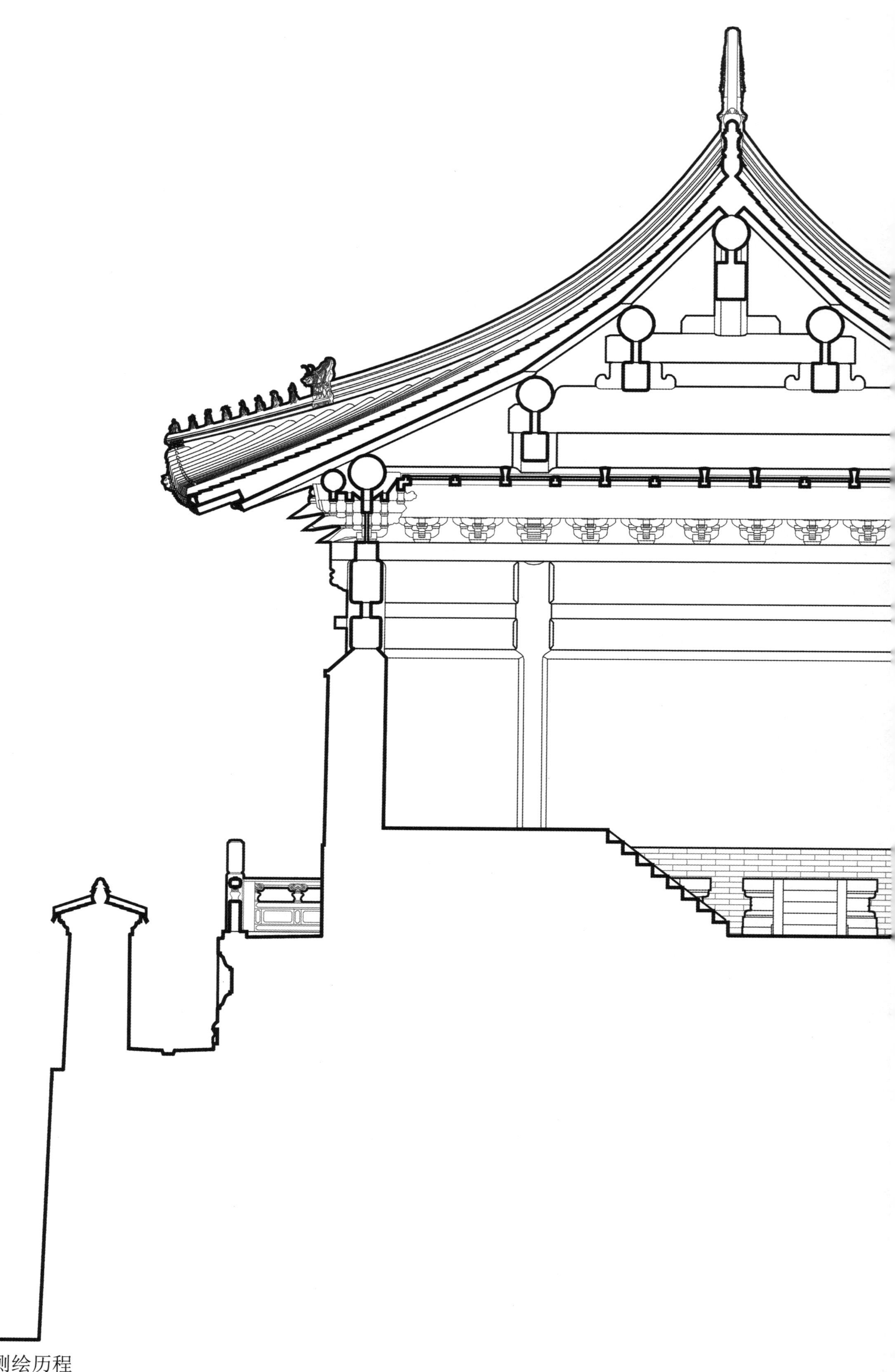

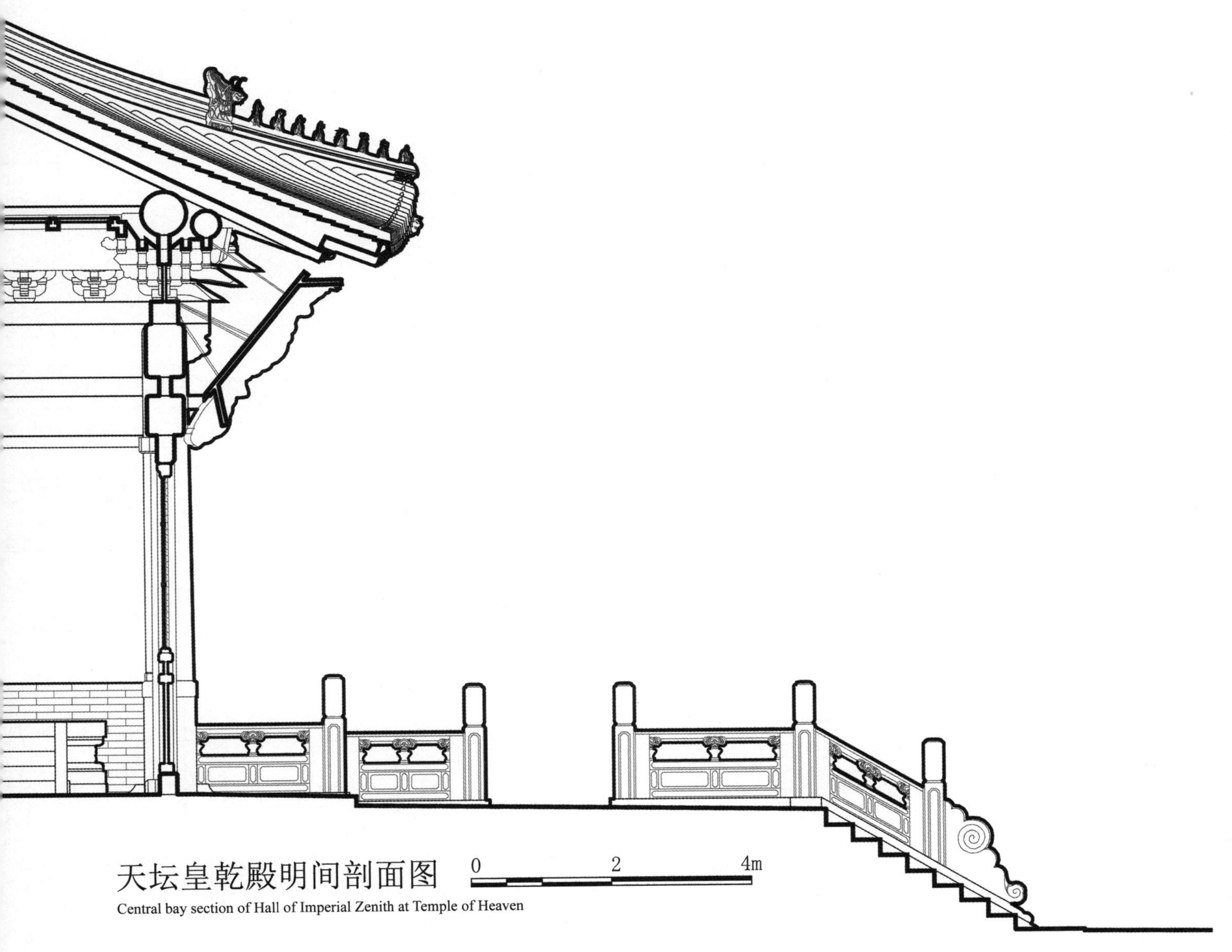

天坛皇乾殿明间剖面图

Central bay section of Hall of Imperial Zenith at Temple of Heaven

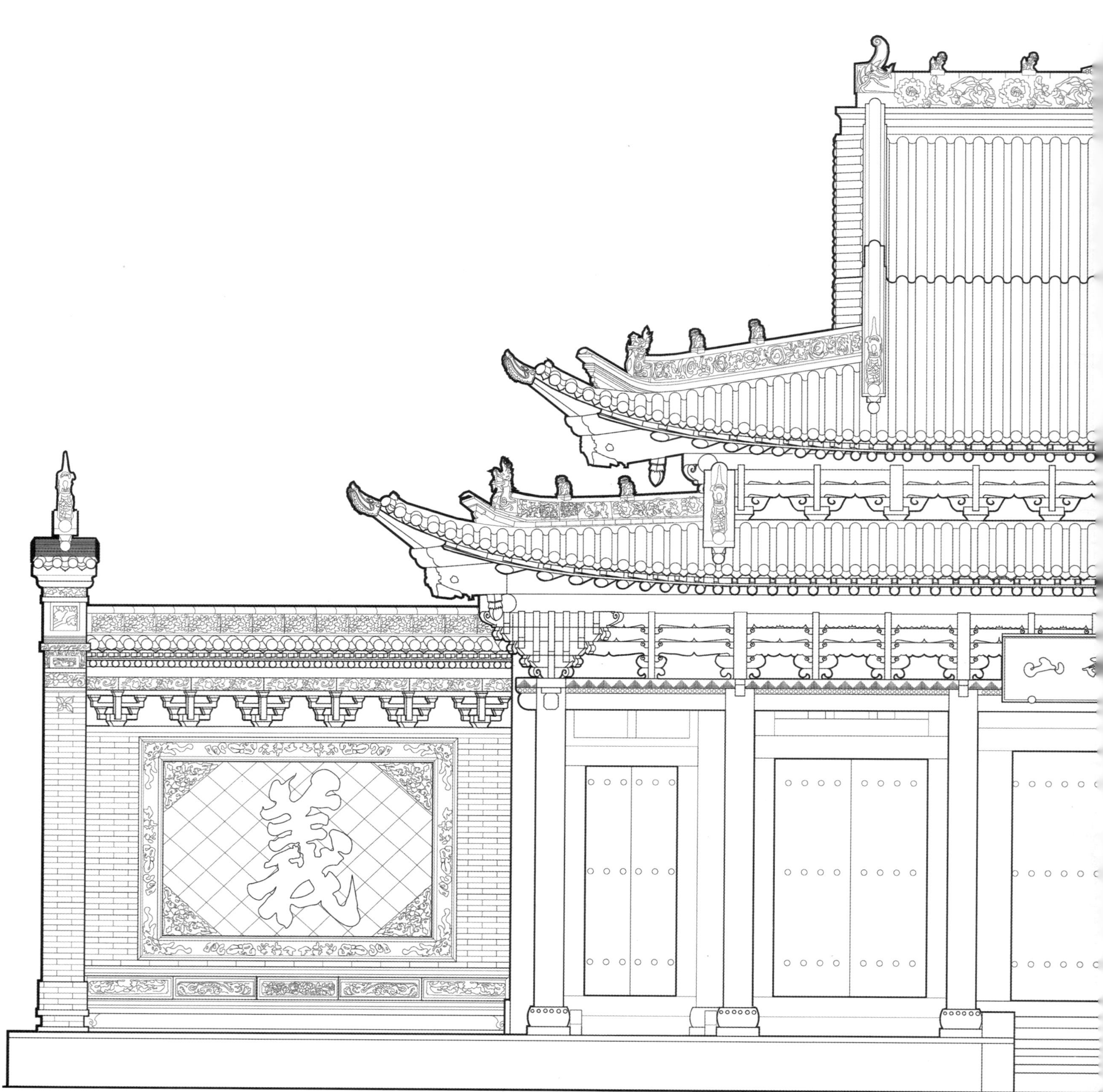
義

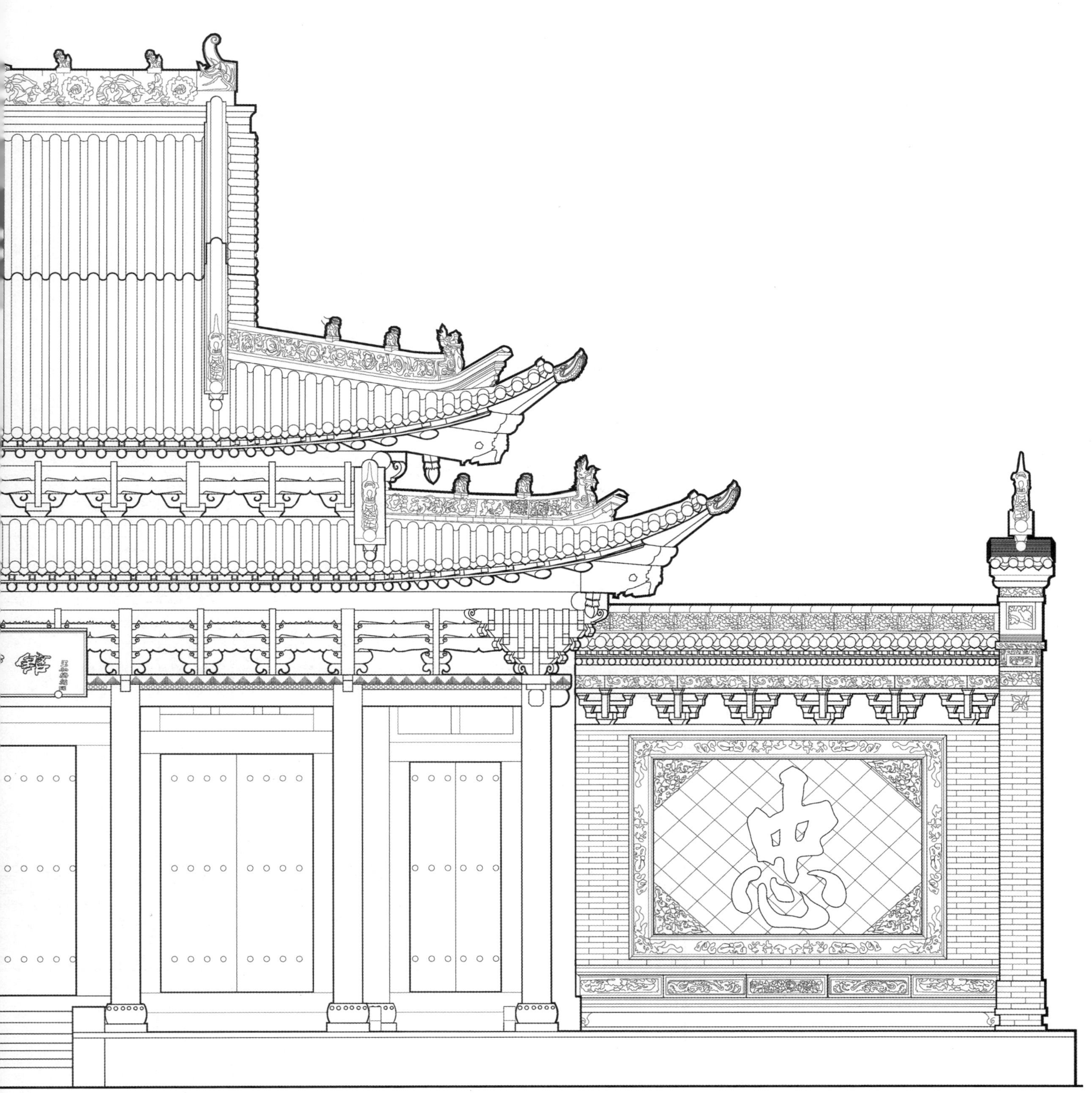

山西会馆戏台正立面图

Front elevation of Stage Building at Shanxi Guild Hall

0 1 2m

甘肃张掖　2000

Zhangye, Gansu Province, 2000

山西会馆戏台背立面图

Rear elevation of Stage Building at Shanxi Guild Hall

0 1 2m

甘肃张掖 2000

Zhangye, Gansu Province, 2000

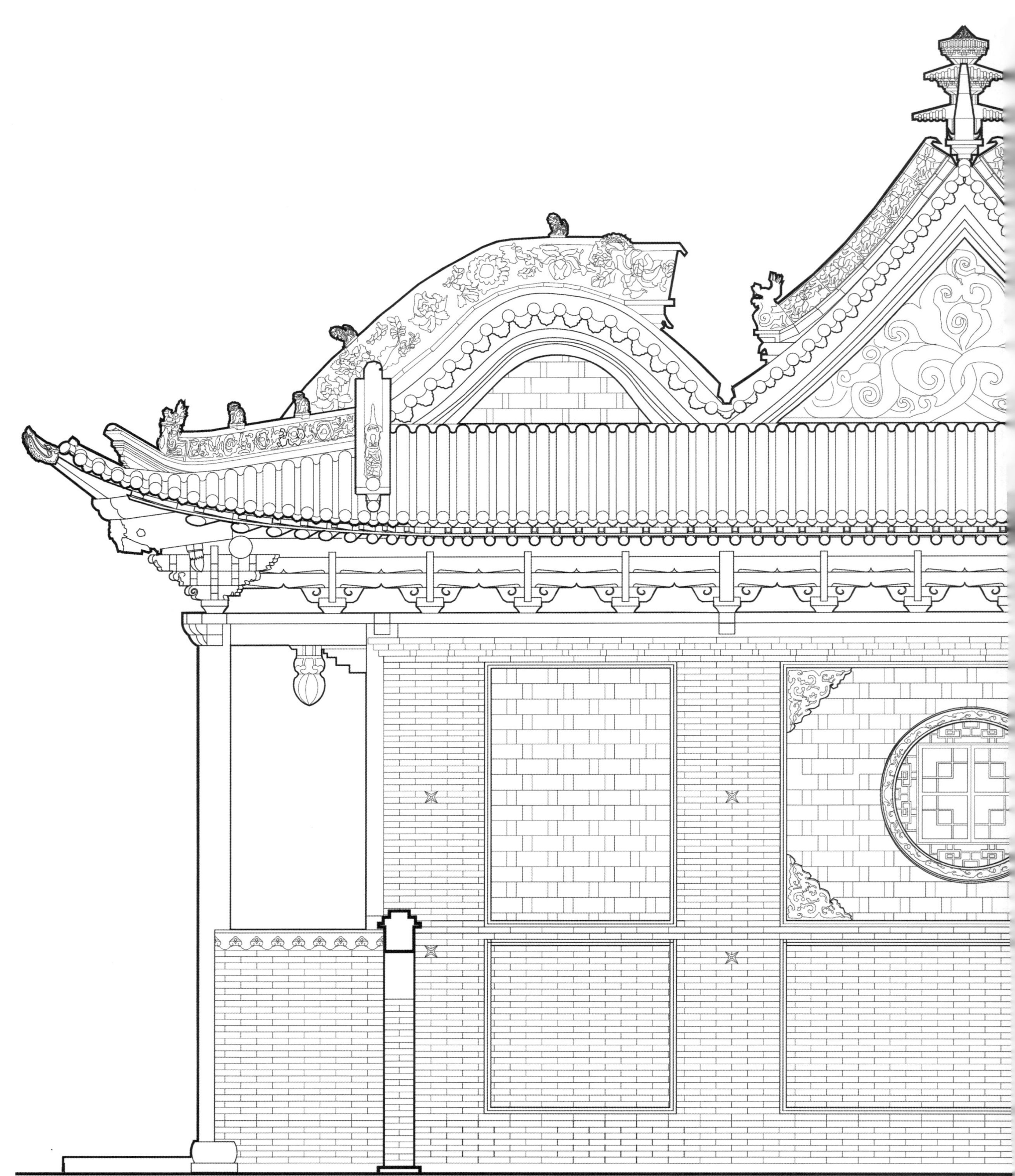

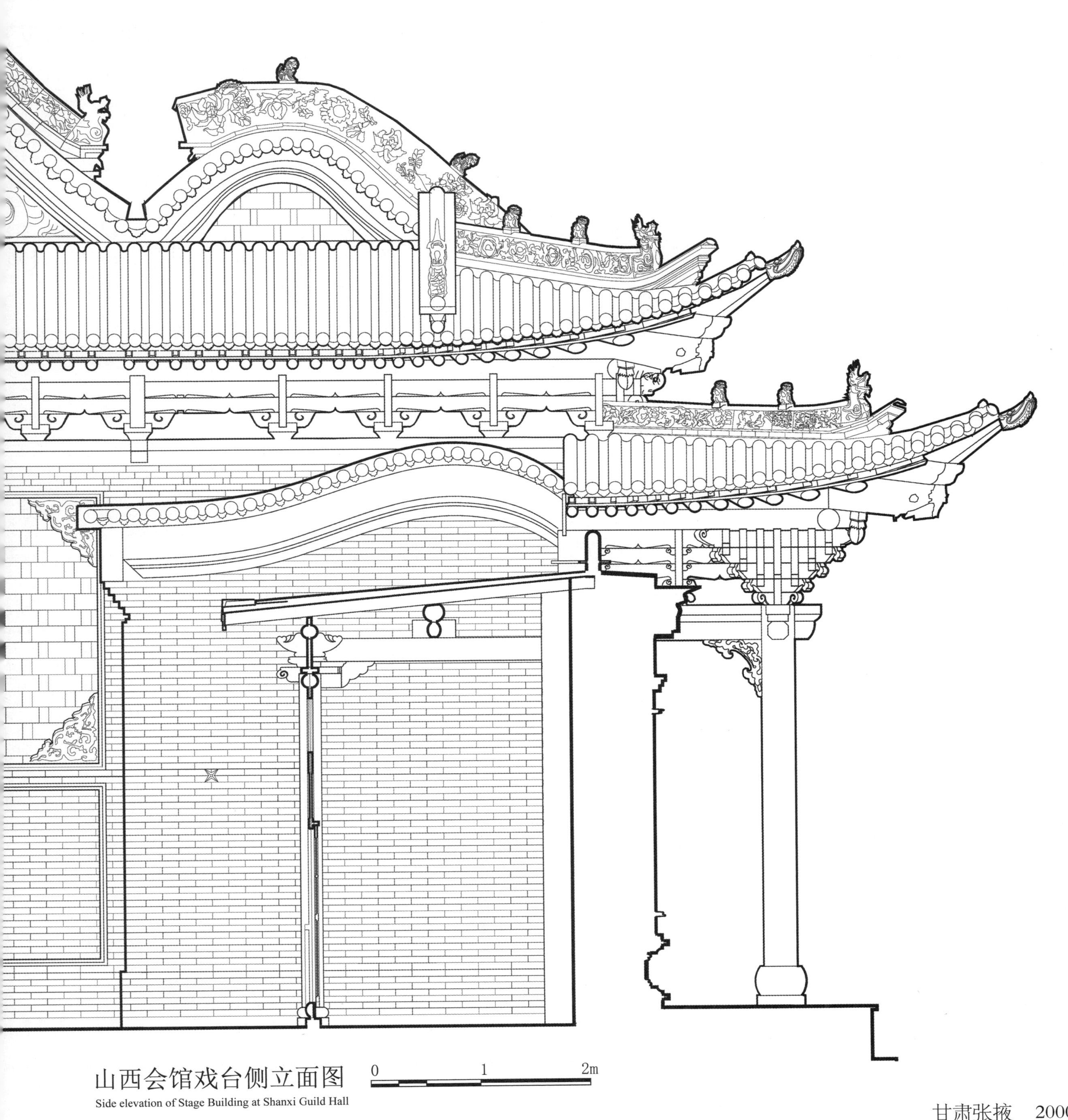

山西会馆戏台侧立面图

Side elevation of Stage Building at Shanxi Guild Hall

甘肃张掖　2000

Zhangye, Gansu Province, 2000

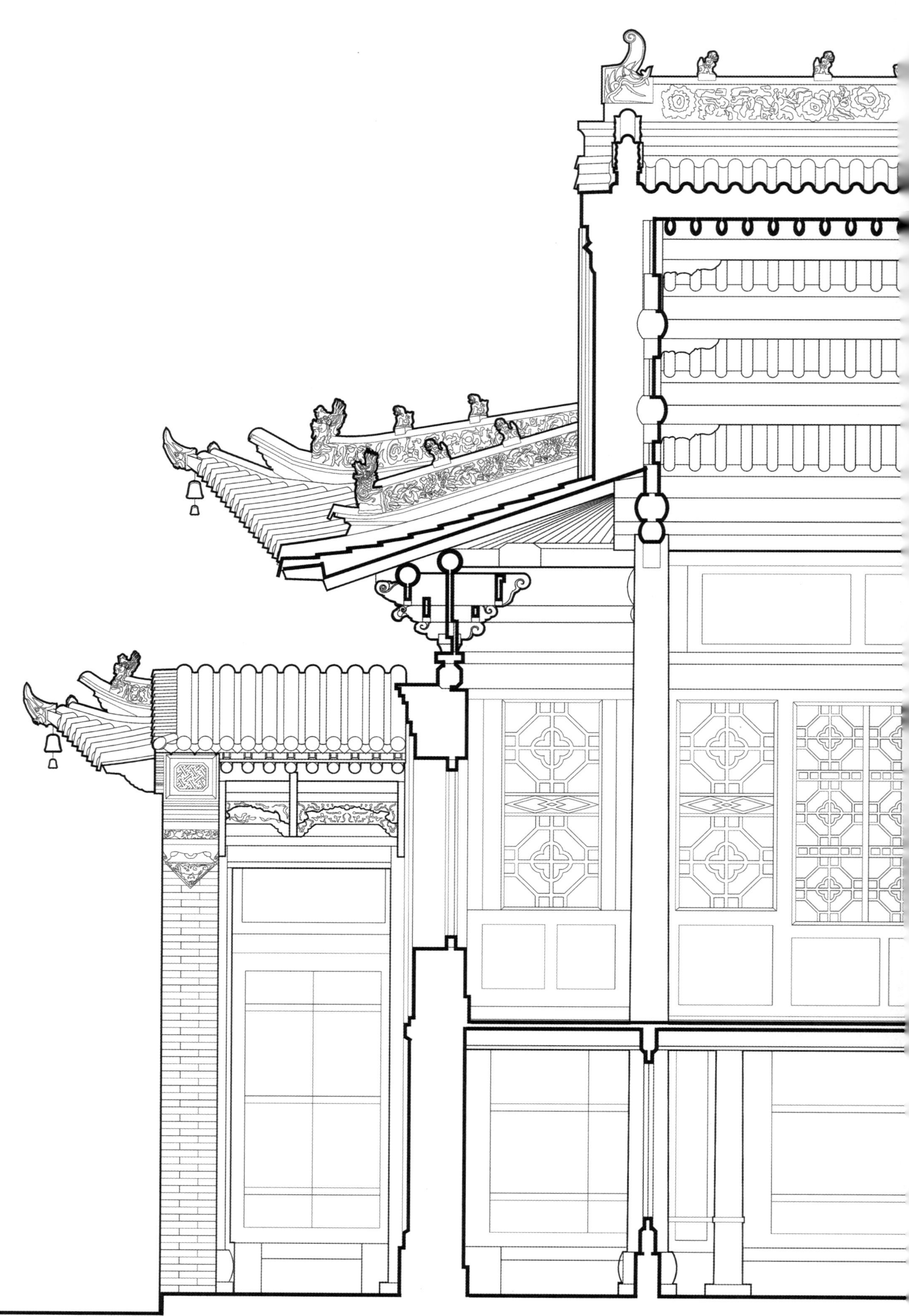

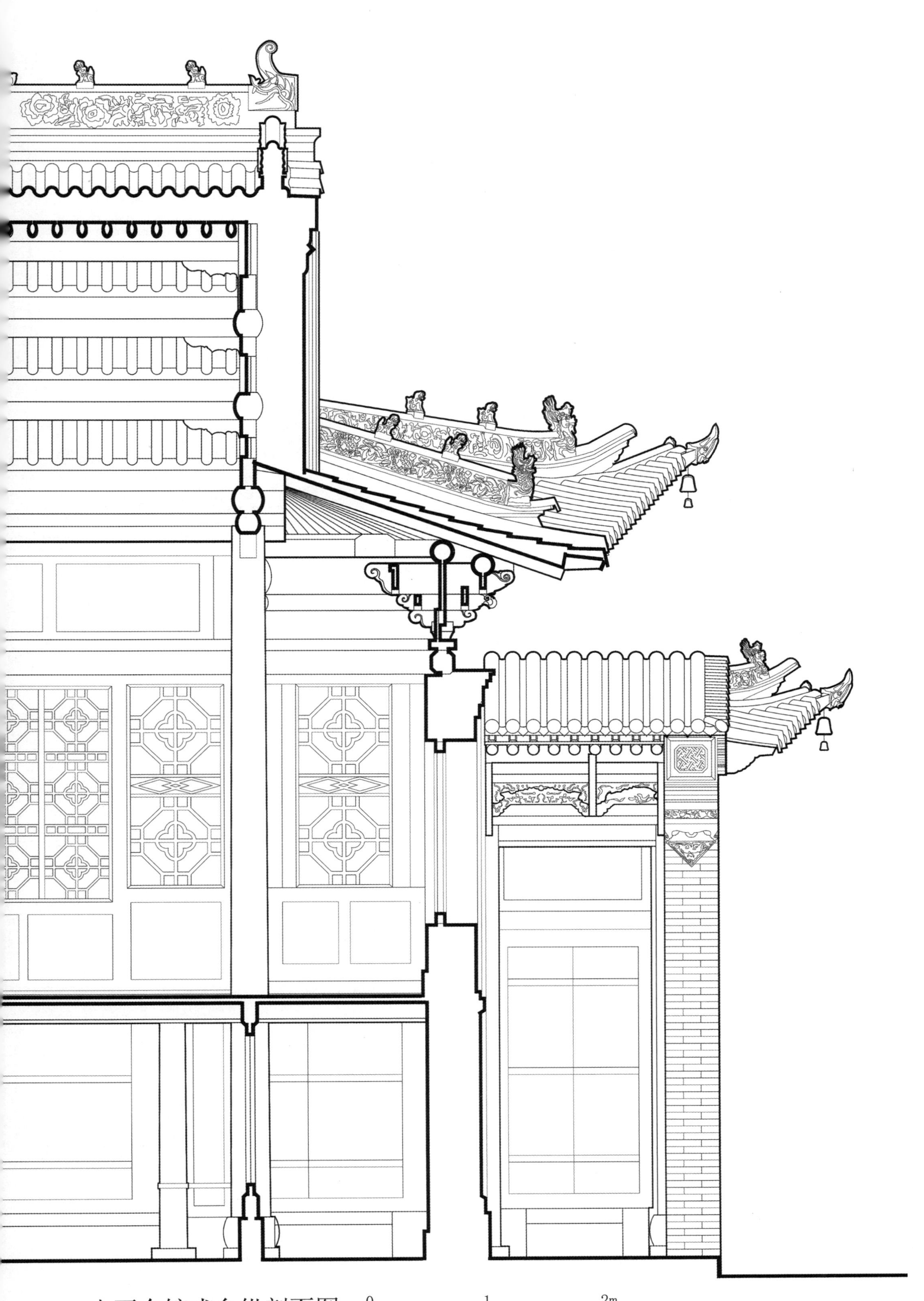

山西会馆戏台纵剖面图

Vertical section of Stage Building at Shanxi Guild Hall

甘肃张掖 2000

Zhangye, Gansu Province, 2000

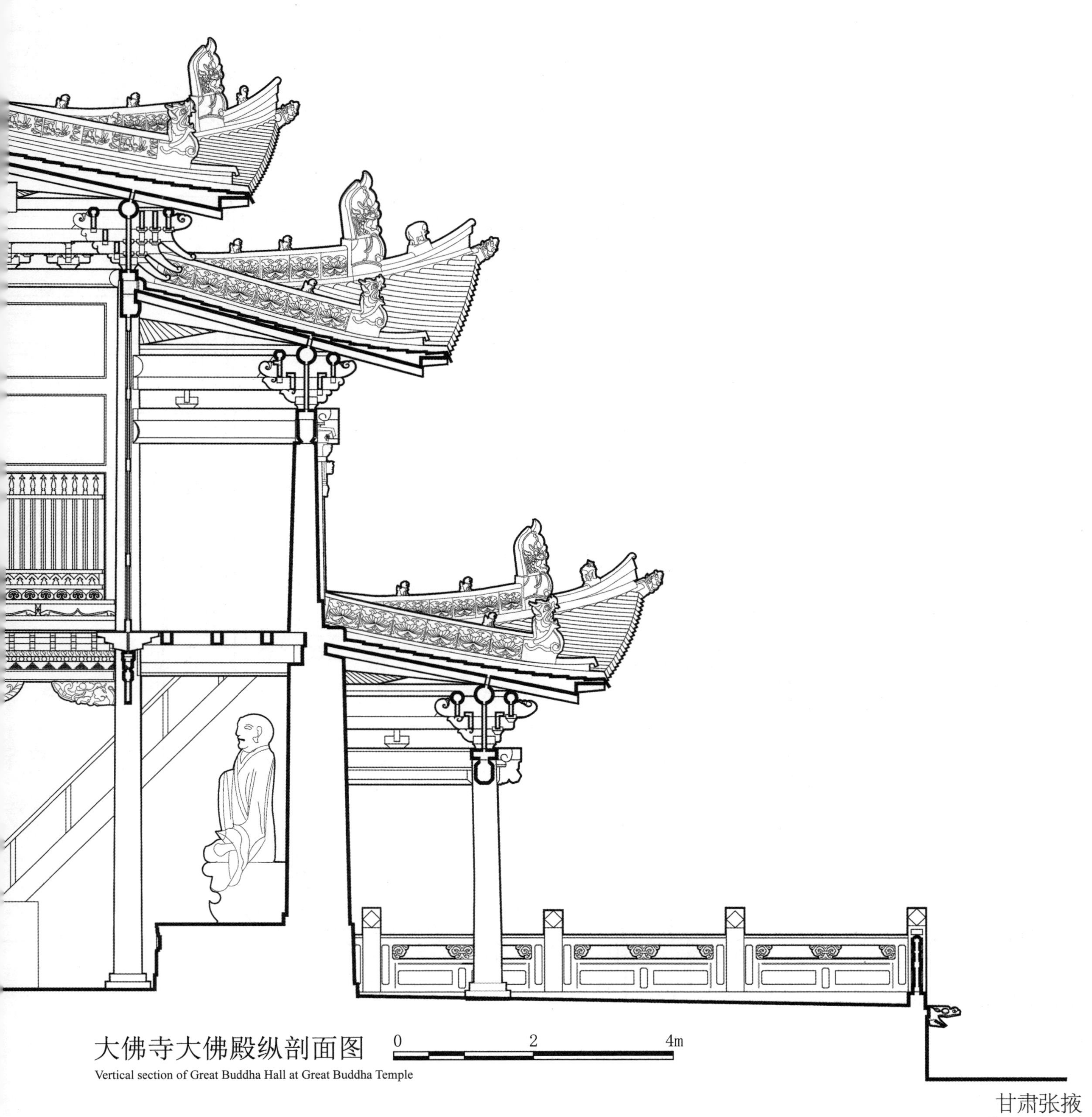

大佛寺大佛殿纵剖面图

Vertical section of Great Buddha Hall at Great Buddha Temple

甘肃张掖　2000

Zhangye, Gansu Province, 2000

大佛寺大佛殿明间剖面图

Central bay section of Great Buddha Hall at Great Buddha Temple

甘肃张掖　2000

Zhangye, Gansu Province, 2000

大佛寺大佛殿廊间剖面图

End bay section of Great Buddha Hall at Great Buddha Temple

甘肃张掖　2000

Zhangye, Gansu Province, 2000

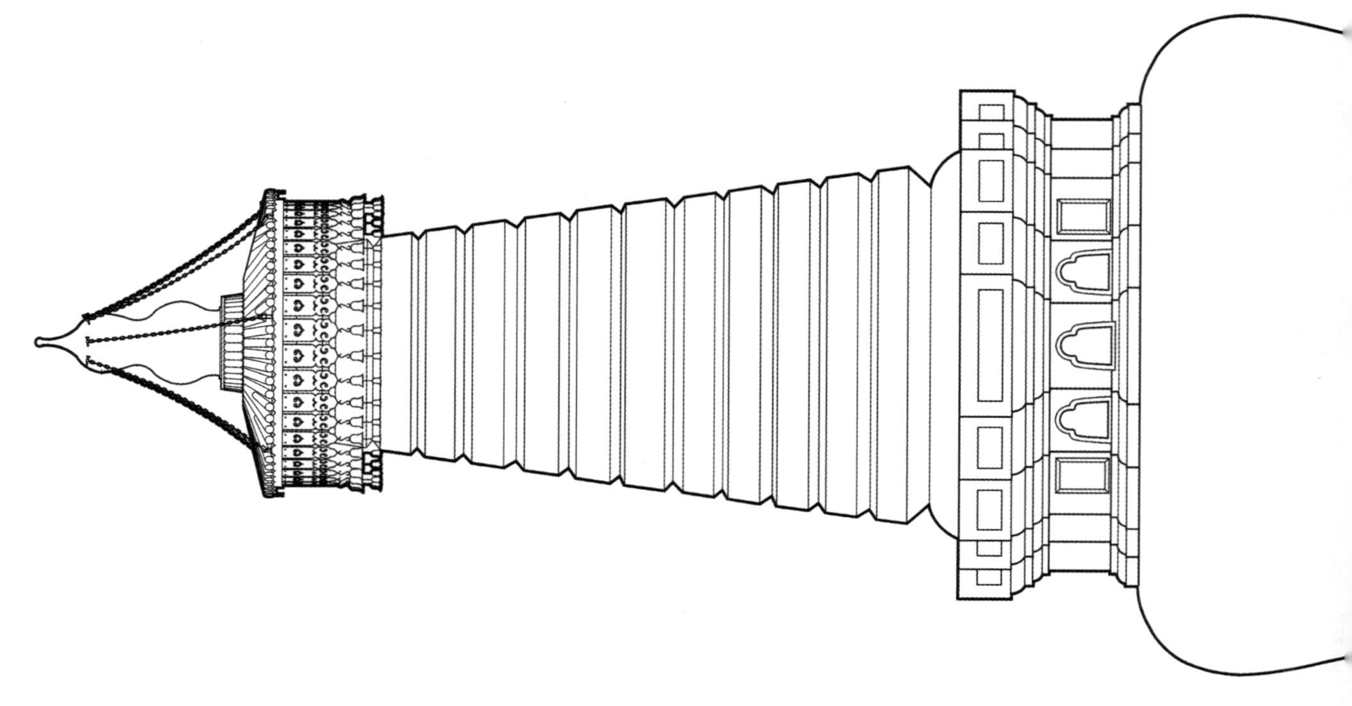

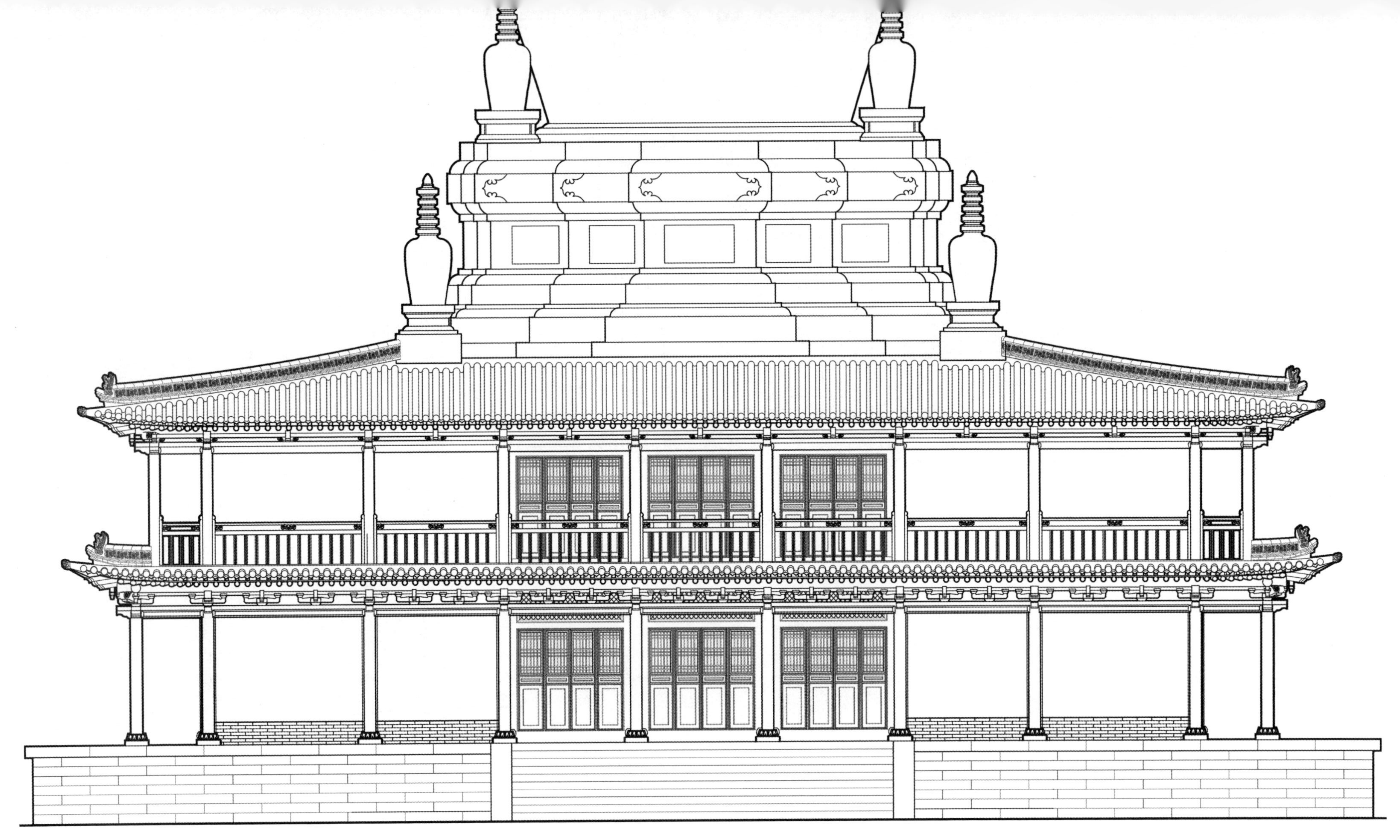

大佛寺弥陀千佛殿东立面图
East elevation of Amitabha Thousand Buddha Stupa at Great Buddha Temple

甘肃张掖　2000
Zhangye, Gansu Province, 2000

鼓楼正立面图 0 1.5 3m

Front elevation of the Drum Tower

甘肃张掖 2001

Zhangye, Gansu Province, 2001

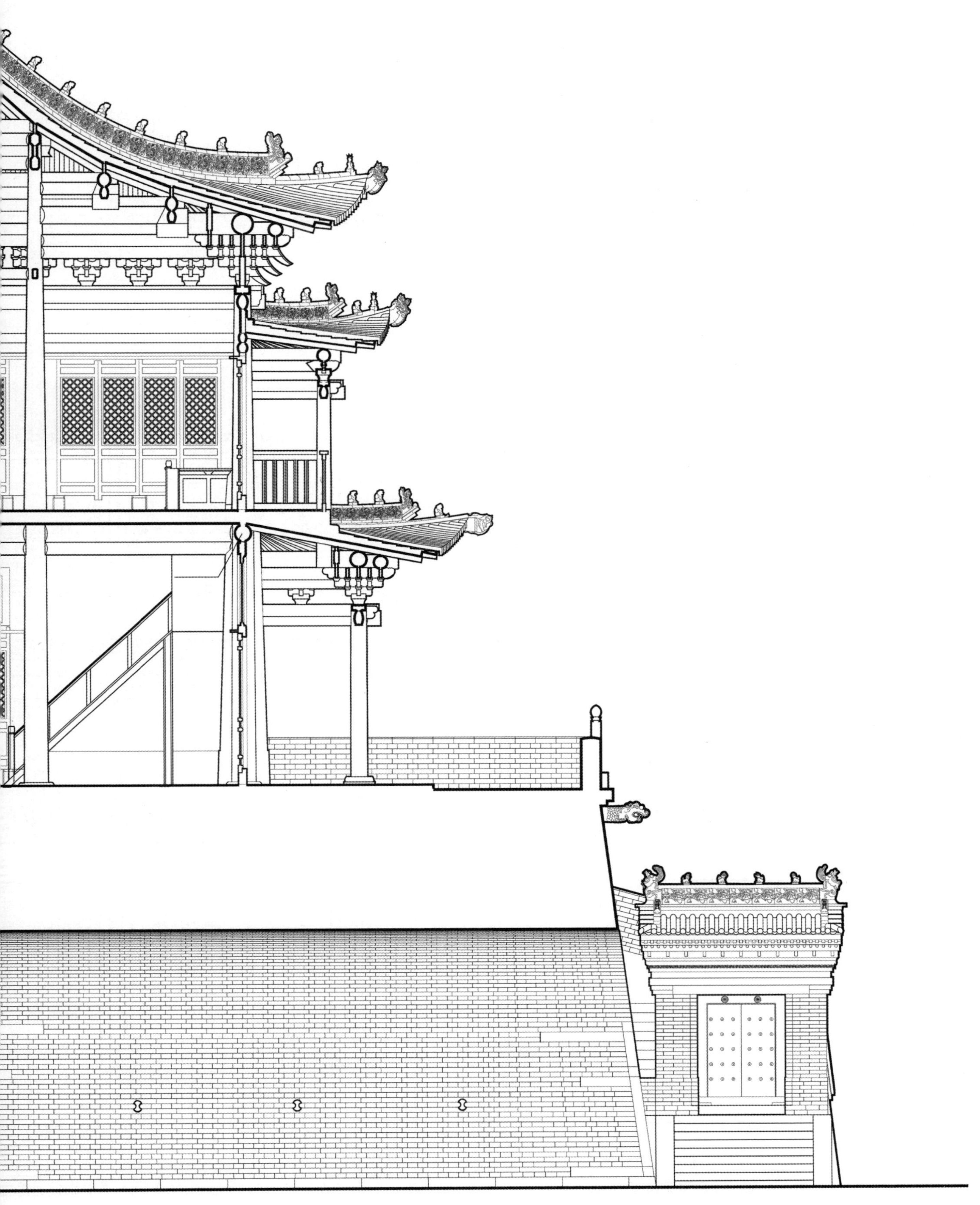

鼓楼纵剖面图 0 2 4m

Vertical section of the Drum Tower

甘肃张掖 2001

Zhangye, Gansu Province, 2001

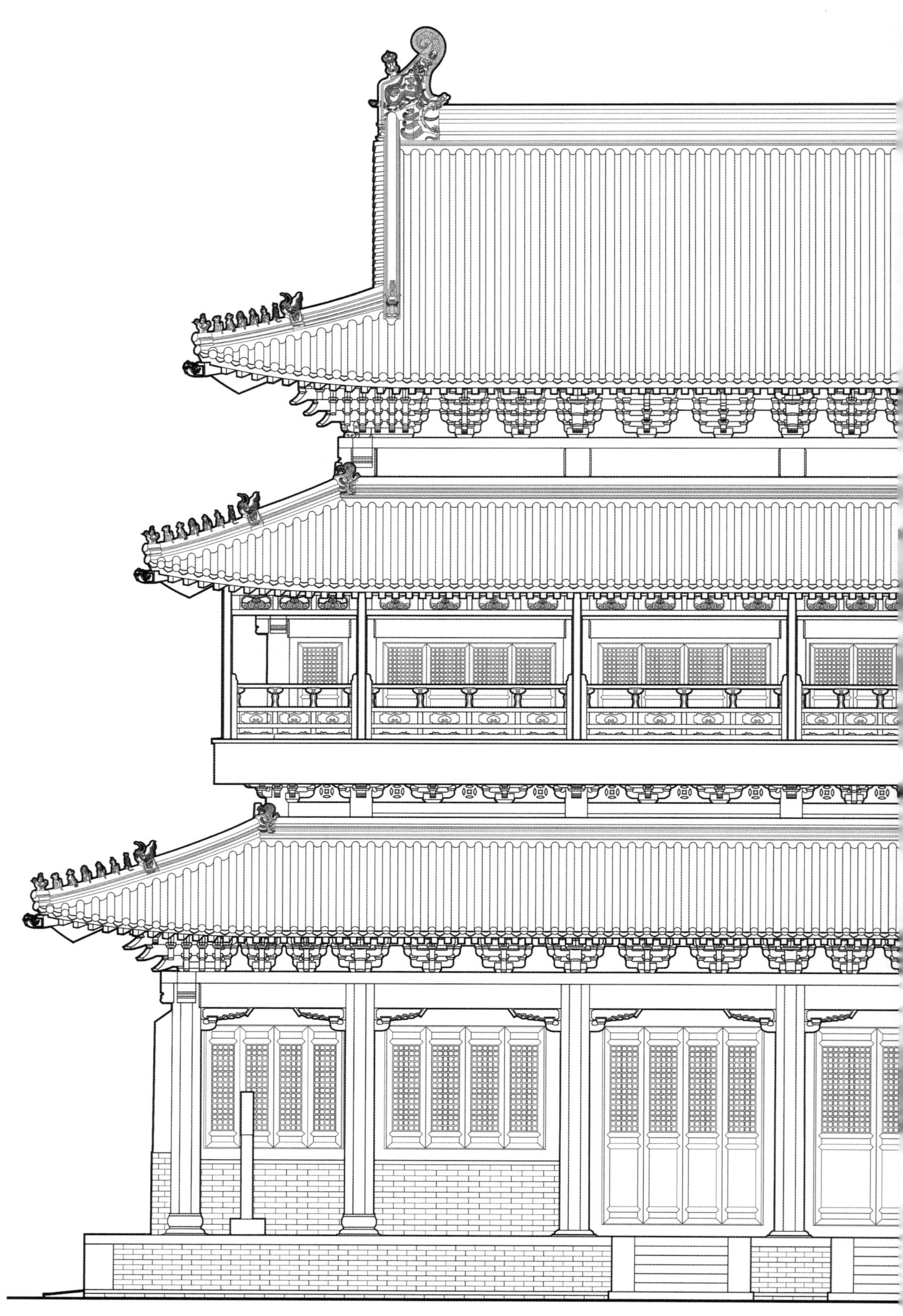

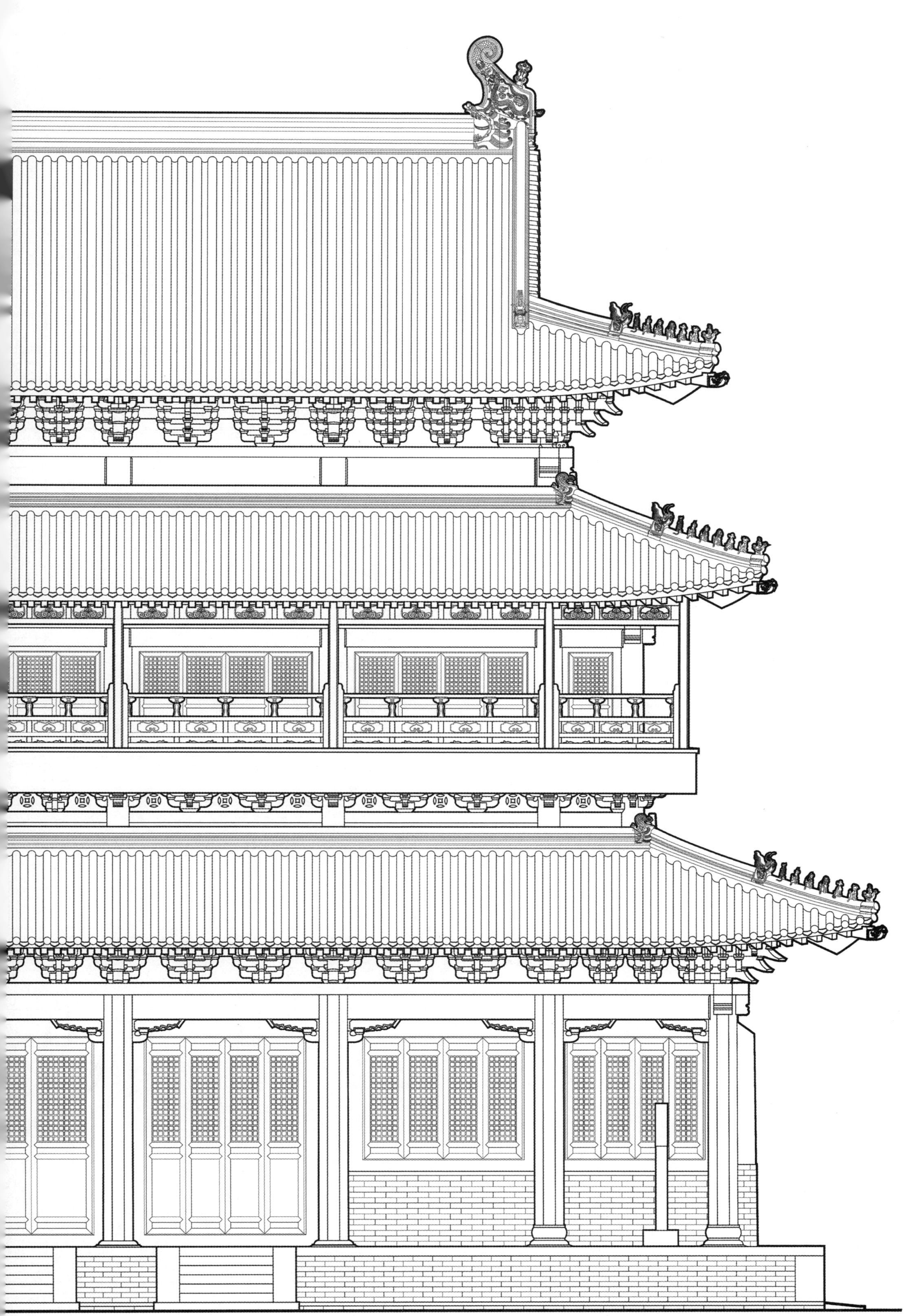

孔庙奎文阁正立面图

Front elevation of Kuiwen Building (Library) at Temple of Confucius

山东曲阜　2001

Qufu, Shandong Province, 2001

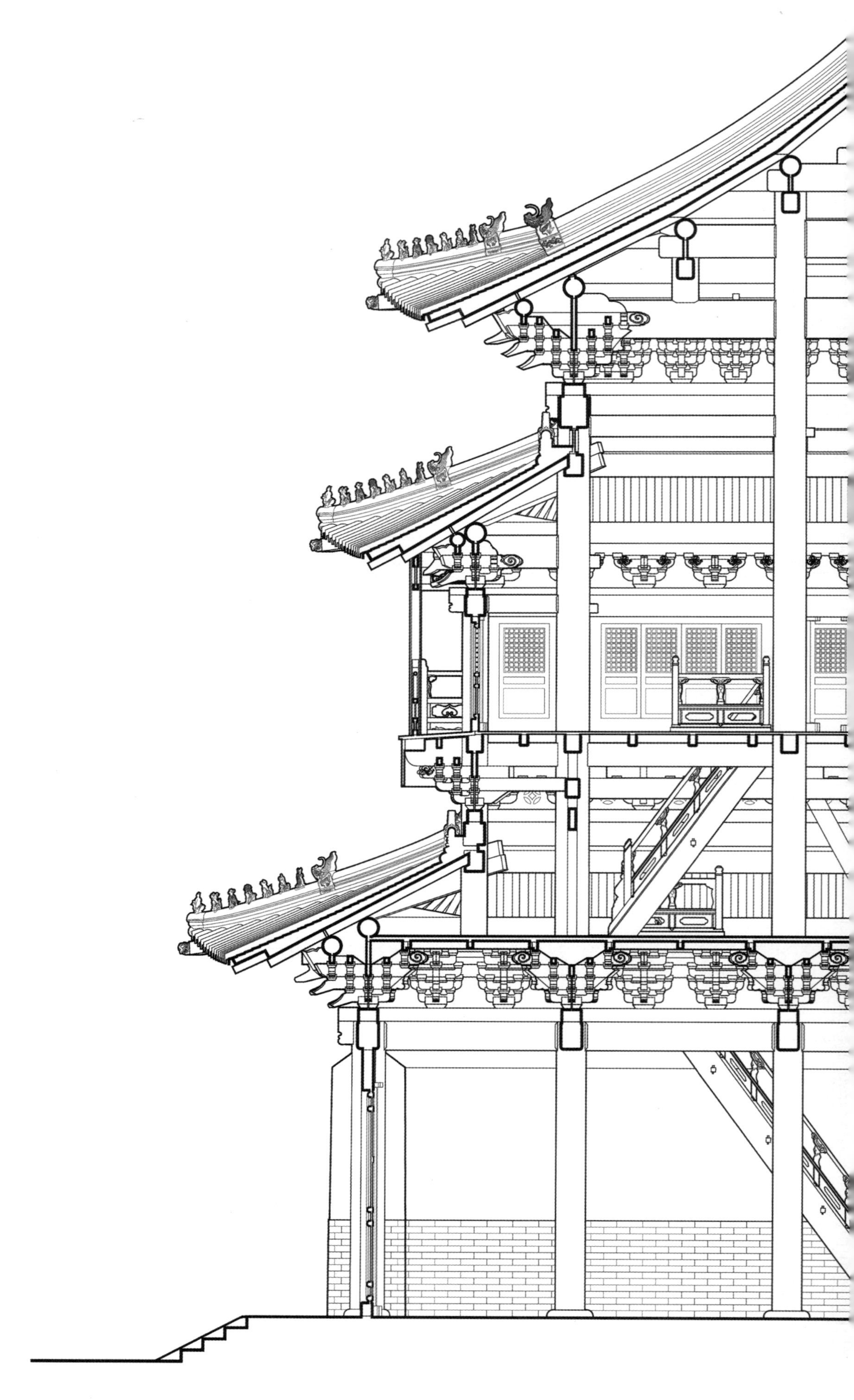

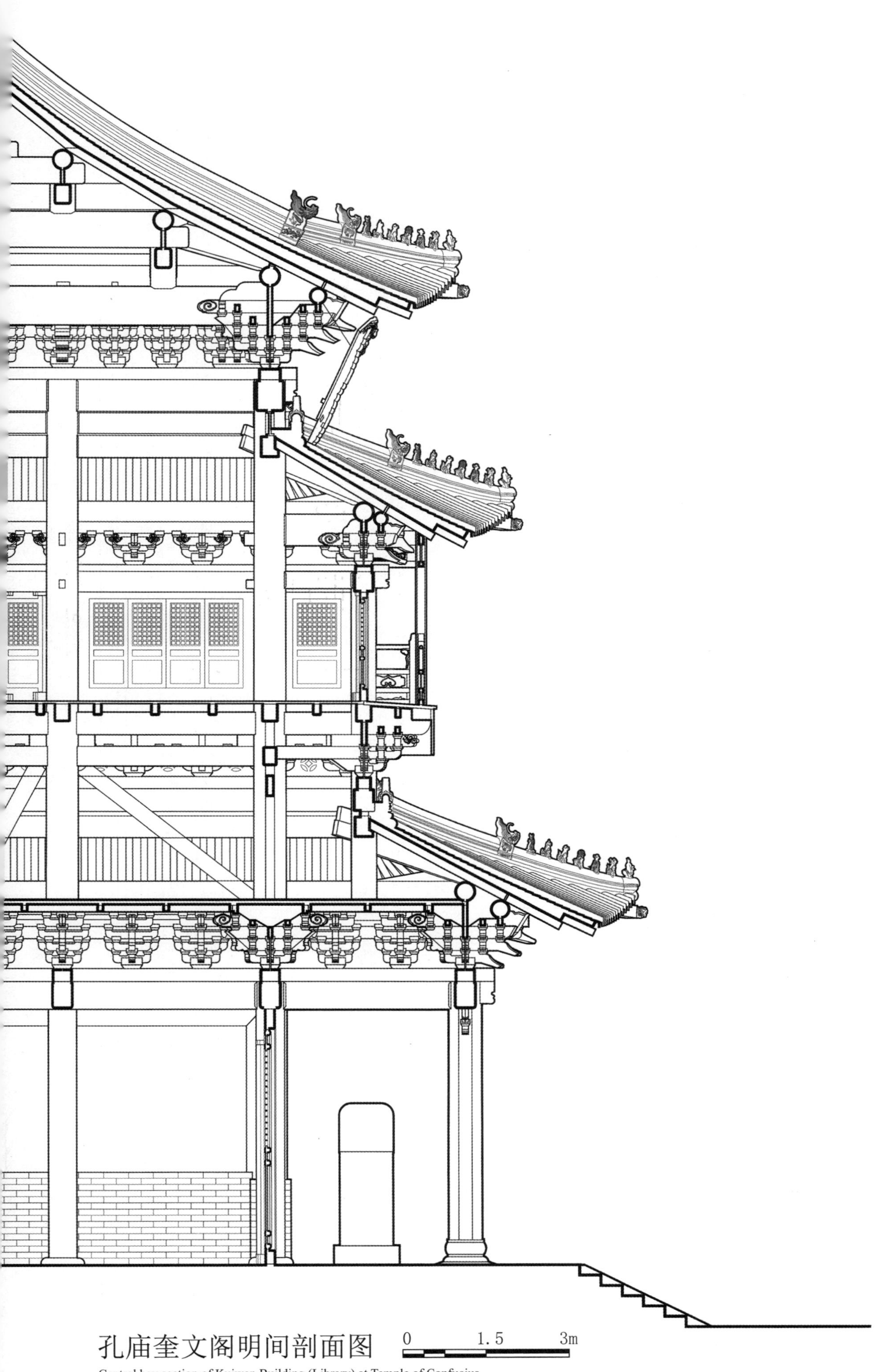

孔庙奎文阁明间剖面图

Central bay section of Kuiwen Building (Library) at Temple of Confucius

山东曲阜　　2001

Qufu, Shandong Province, 2001

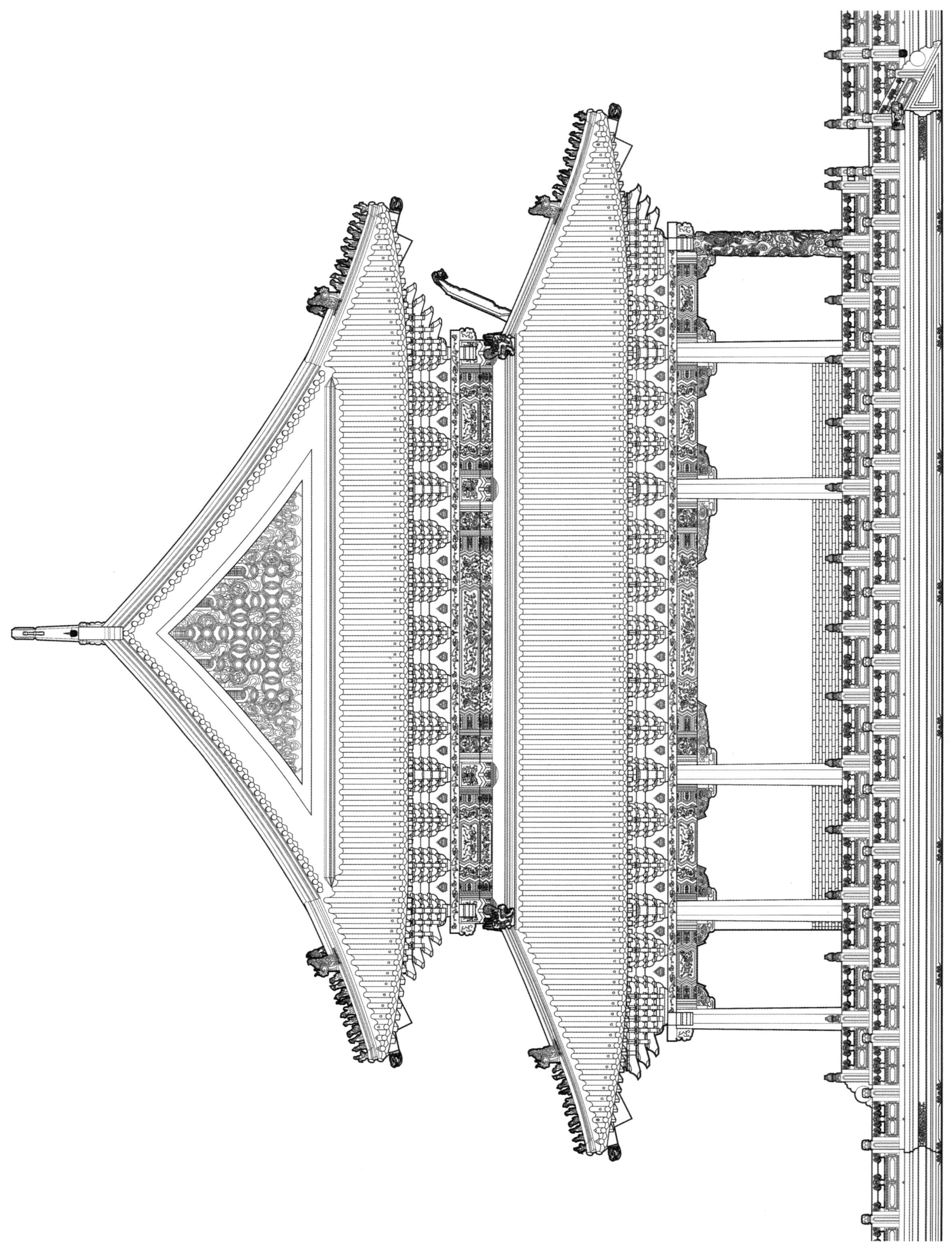

孔庙大成殿侧立面图

Side elevation of Hall of Great Accomplishment at Temple of Confucius

孔庙大成殿明间剖面图　0 3 6m
Central bay section of Hall of Great Accomplishment at Temple of Confucius

山东曲阜　　2001
Qufu, Shandong Province, 2001

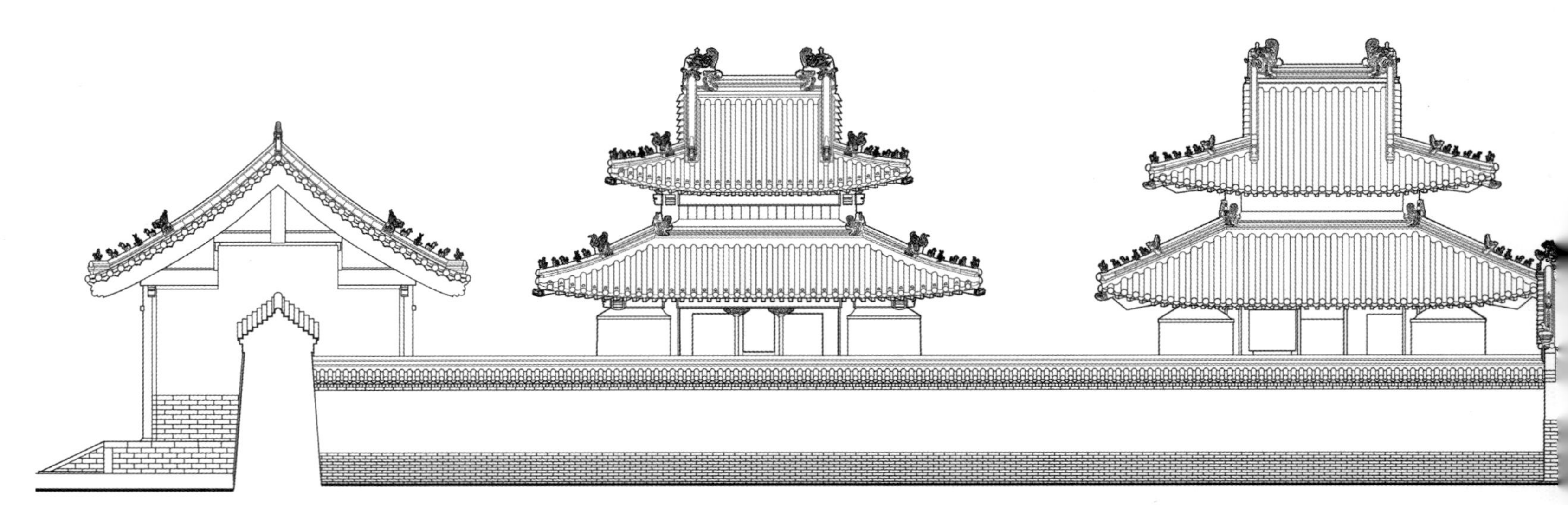

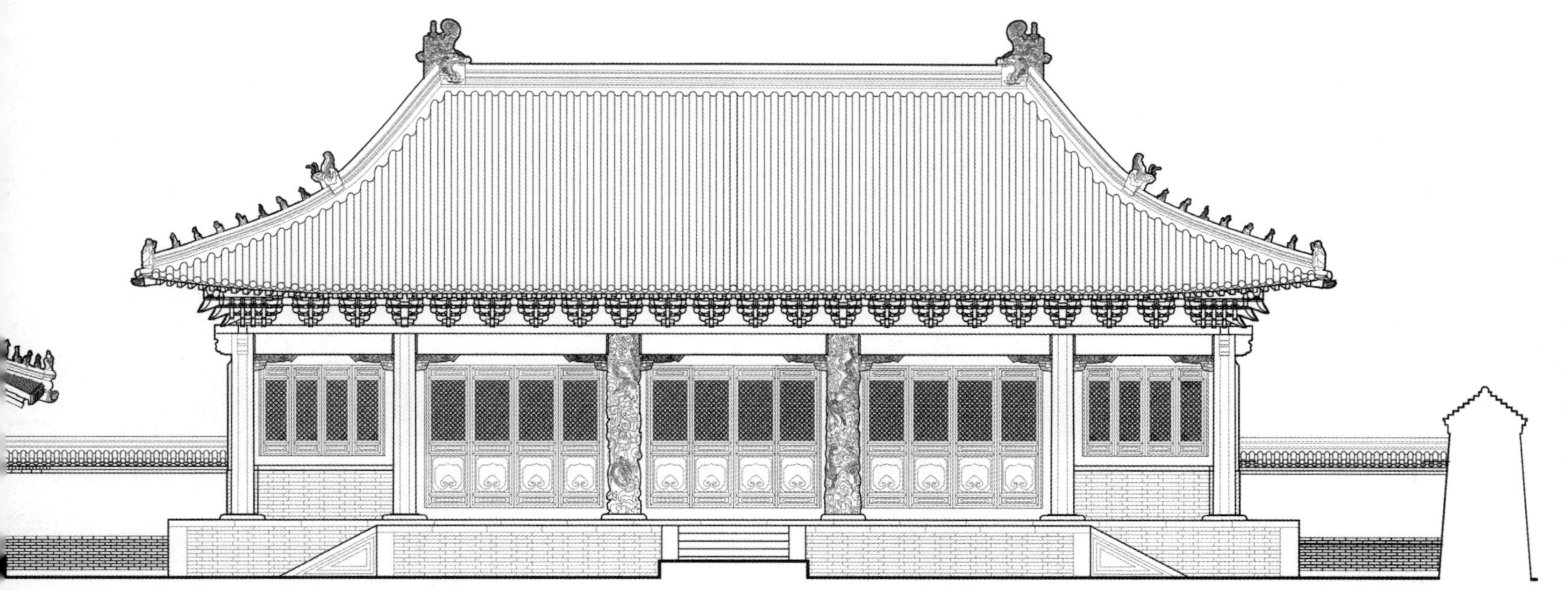

孔庙大成殿组群立面图 0 1.5 3m

Elevation of Hall of Great Accomplishment complex at Temple of Confucius

山东曲阜 2001

Qufu, Shandong Province, 2001

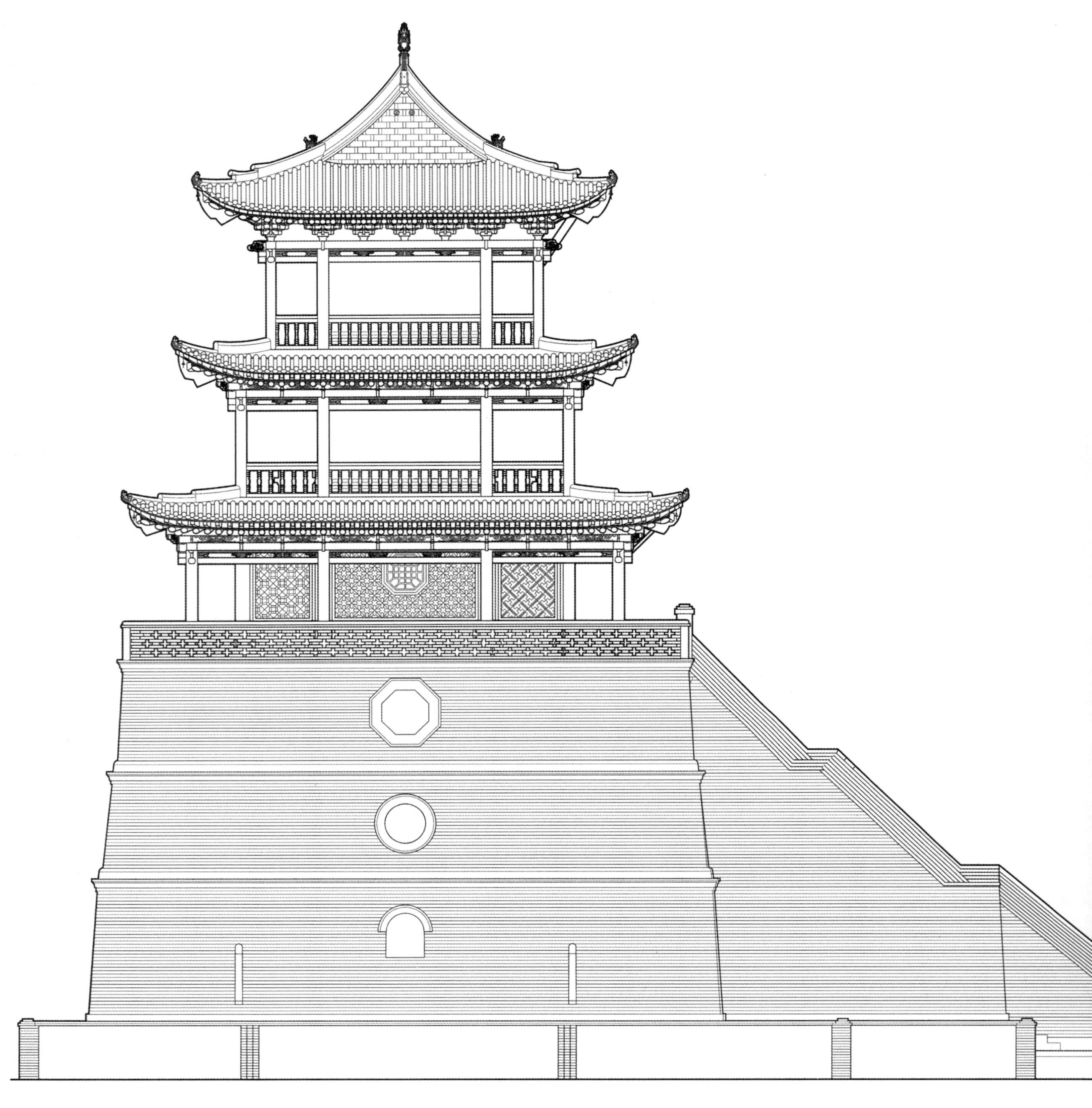

玉皇阁侧立面图 0 1.5 3m

Side elevation of Jade Emperor Pavilion

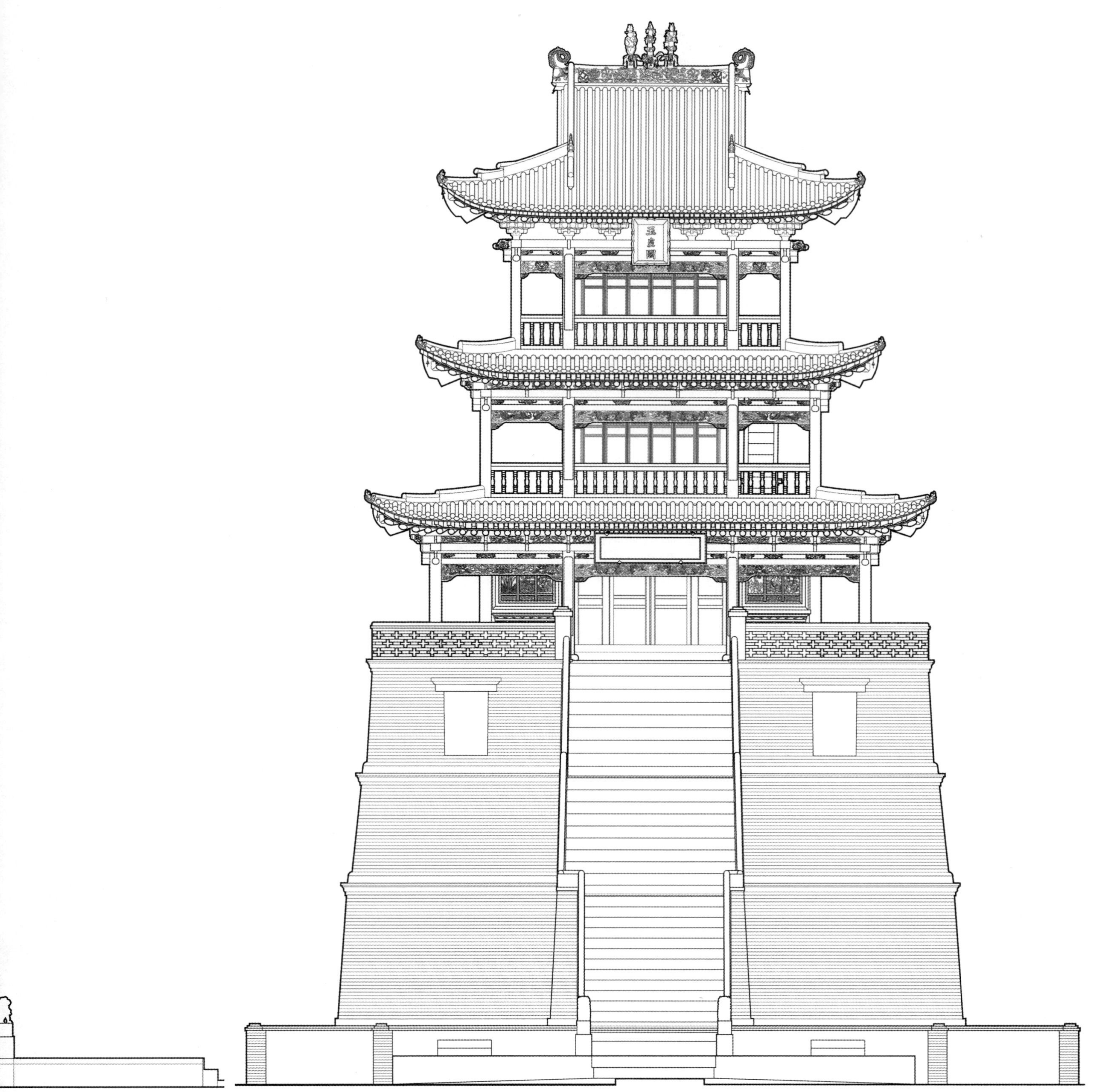

玉皇阁正立面图

Front elevation of Jade Emperor Pavilion

青海贵德　2002

Guide, Qinghai Province, 2002

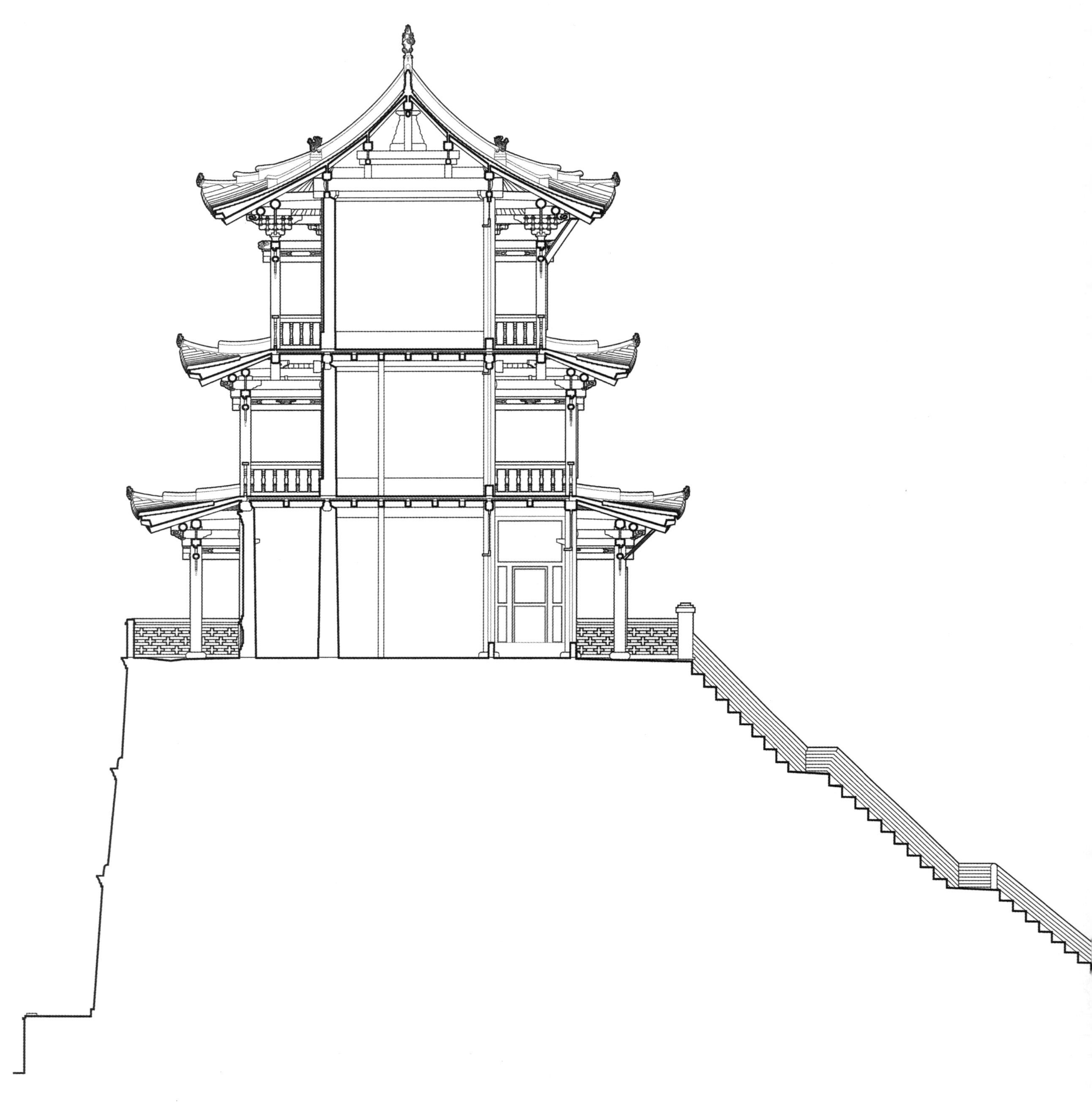

玉皇阁明间剖面图

Central bay section of Jade Emperor Pavilion

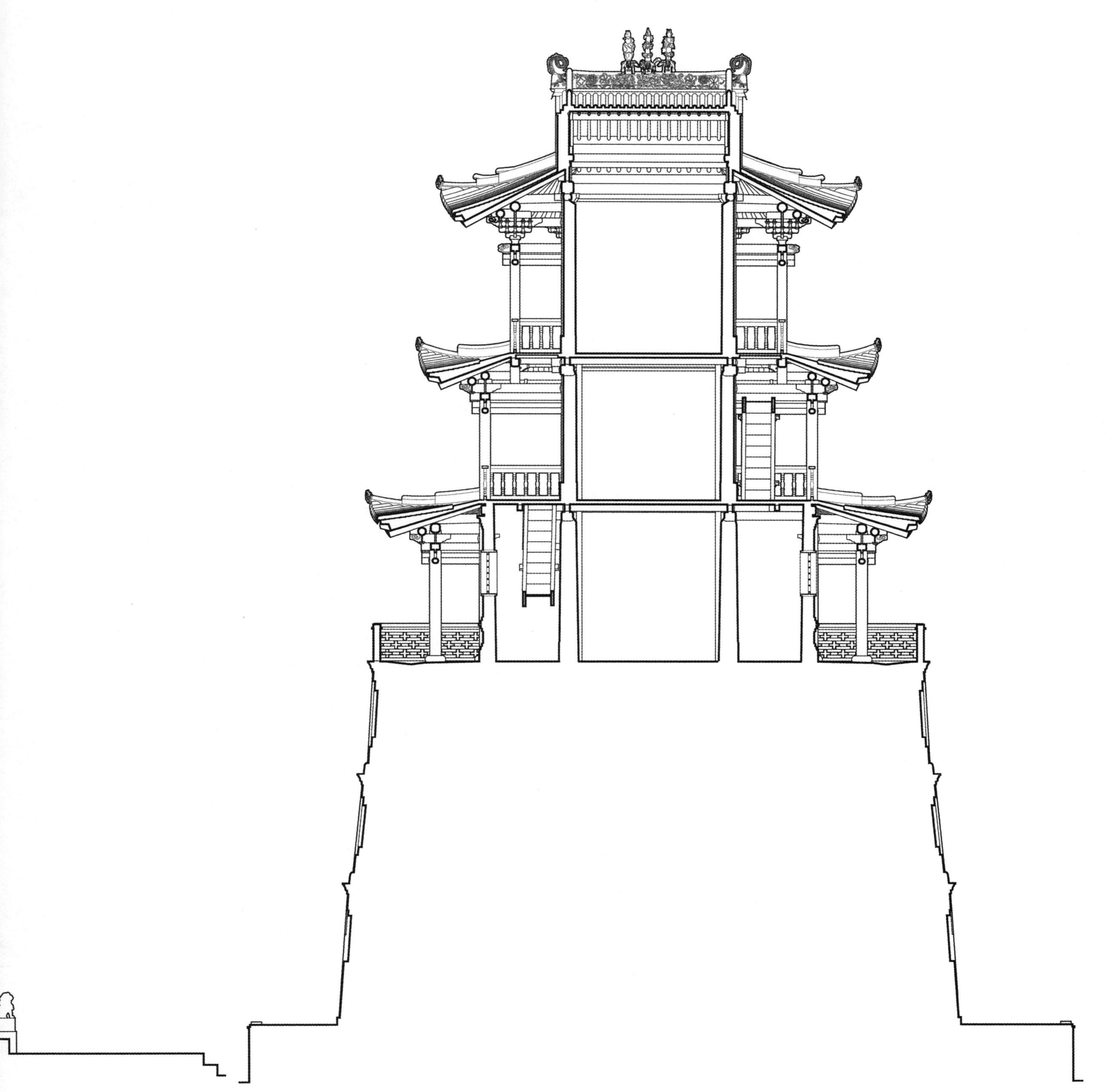

玉皇阁纵剖面图

Vertical section of Jade Emperor Pavilion

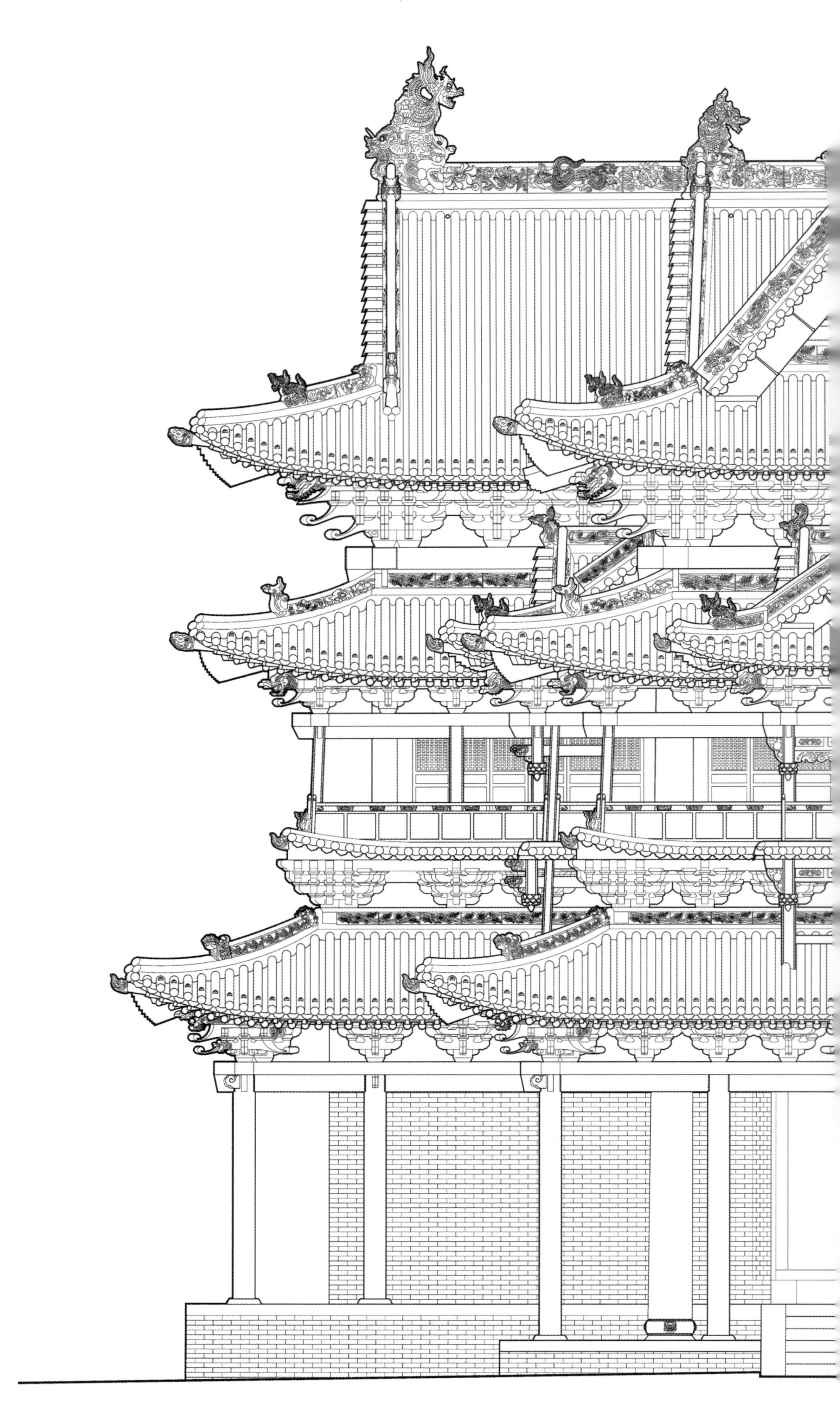

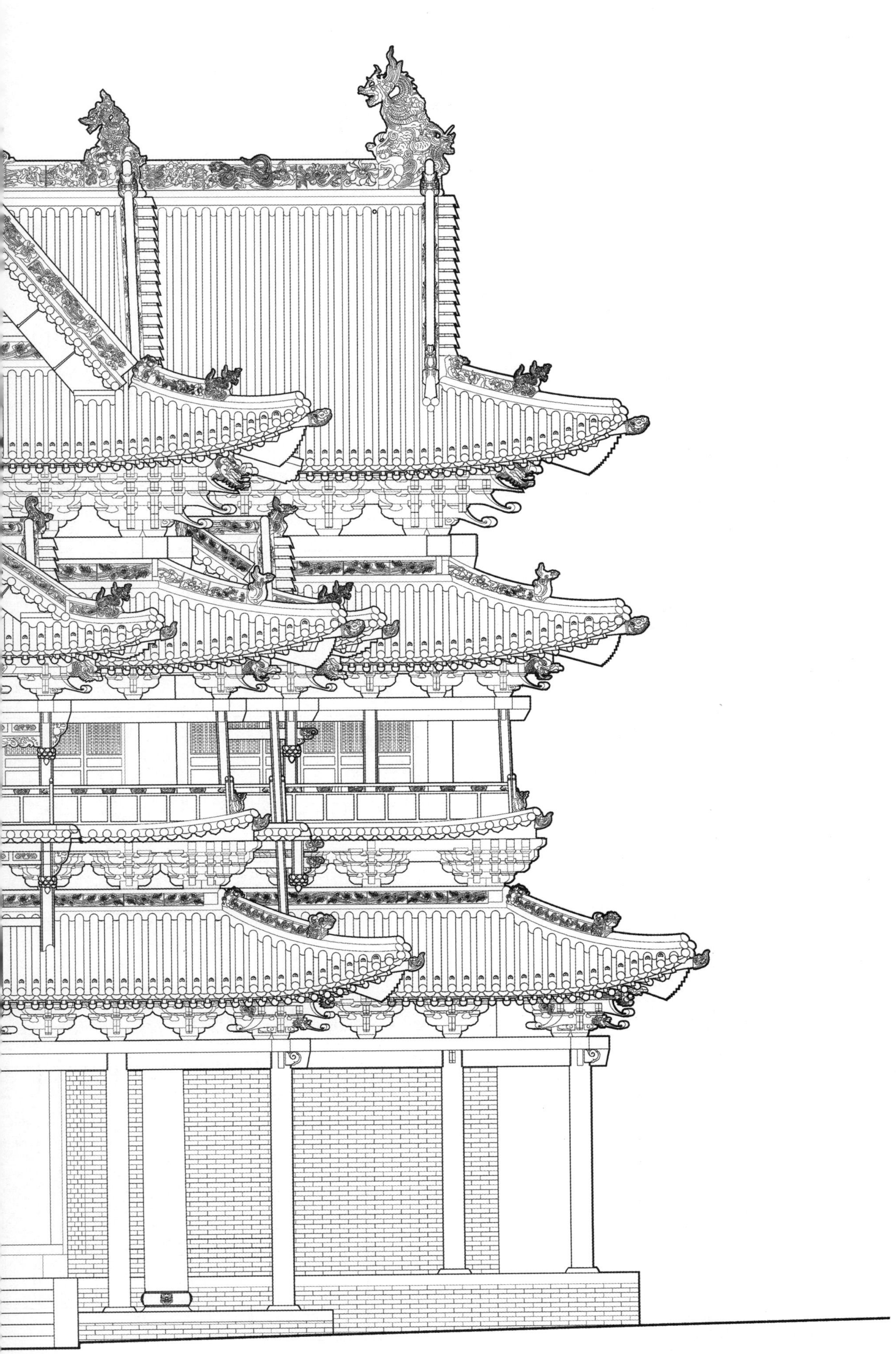

祆神楼正立面图 0 1 2m

Front elevation of Xianshen (Zoroastrianism) Building

山西介休 2004

Jiexiu, Shanxi Province, 2004

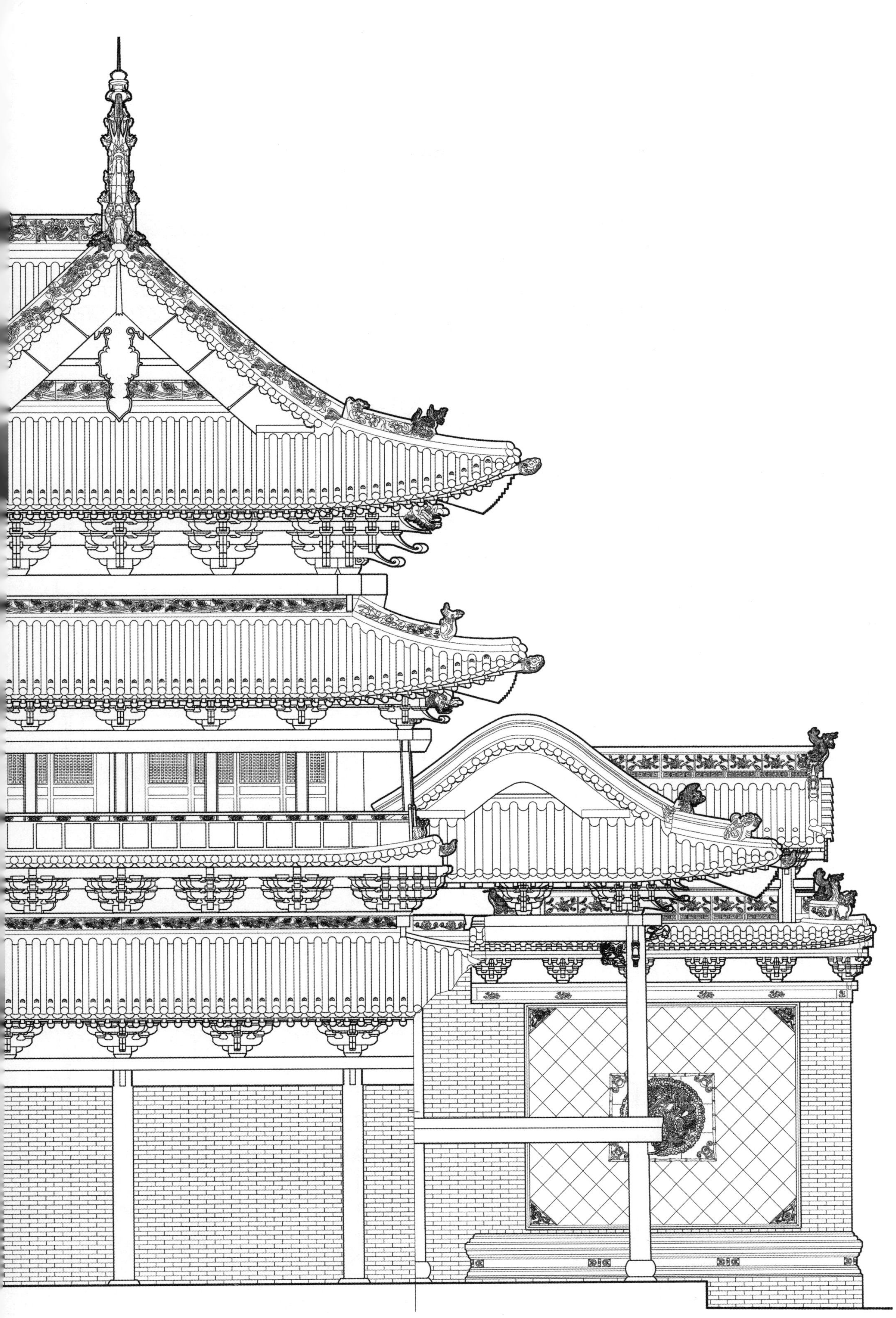

祆神楼侧立面图

Side elevation of Xianshen (Zoroastrianism) Building

山西介休　2004

Jiexiu, Shanxi Province, 2004

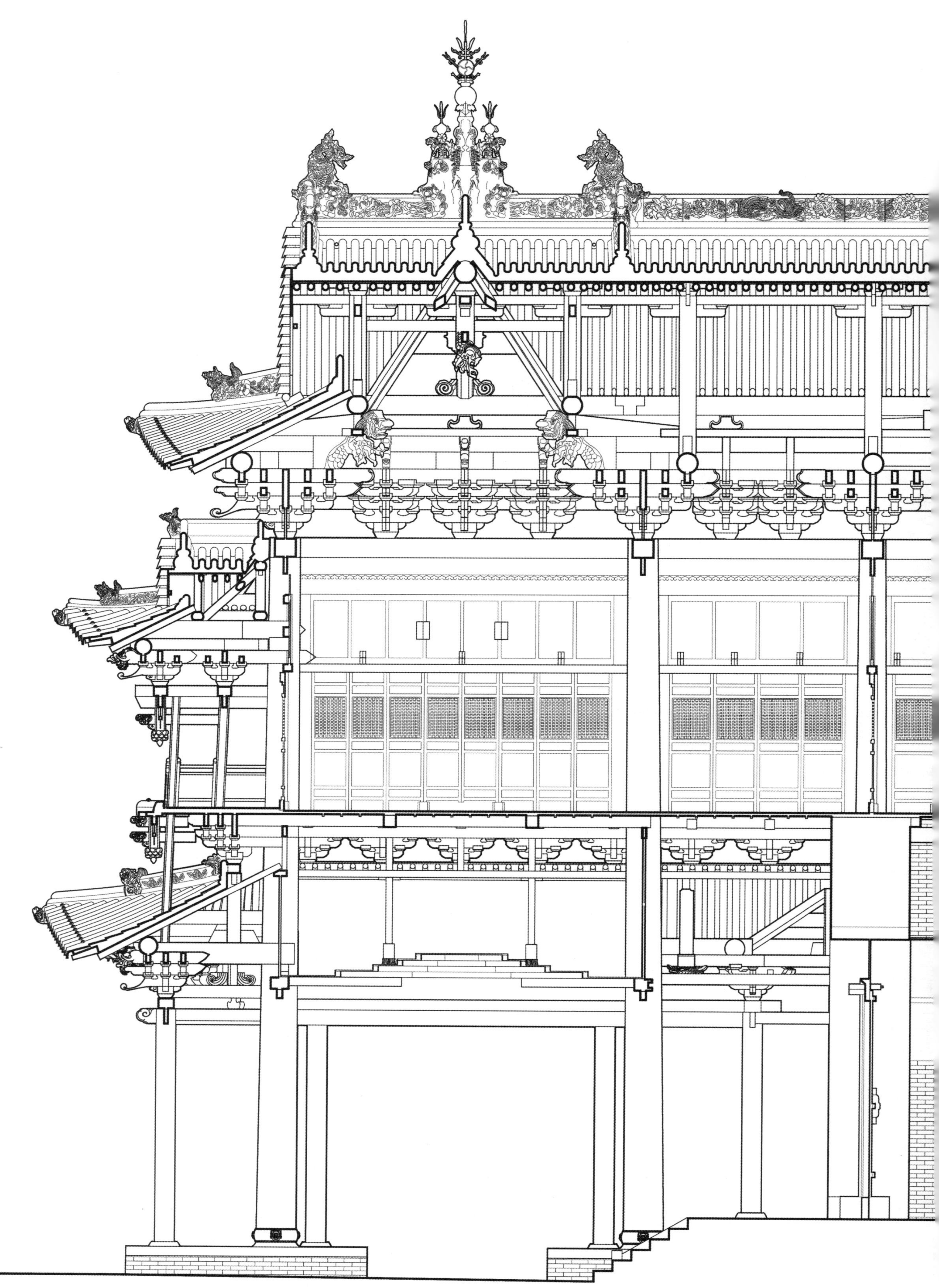

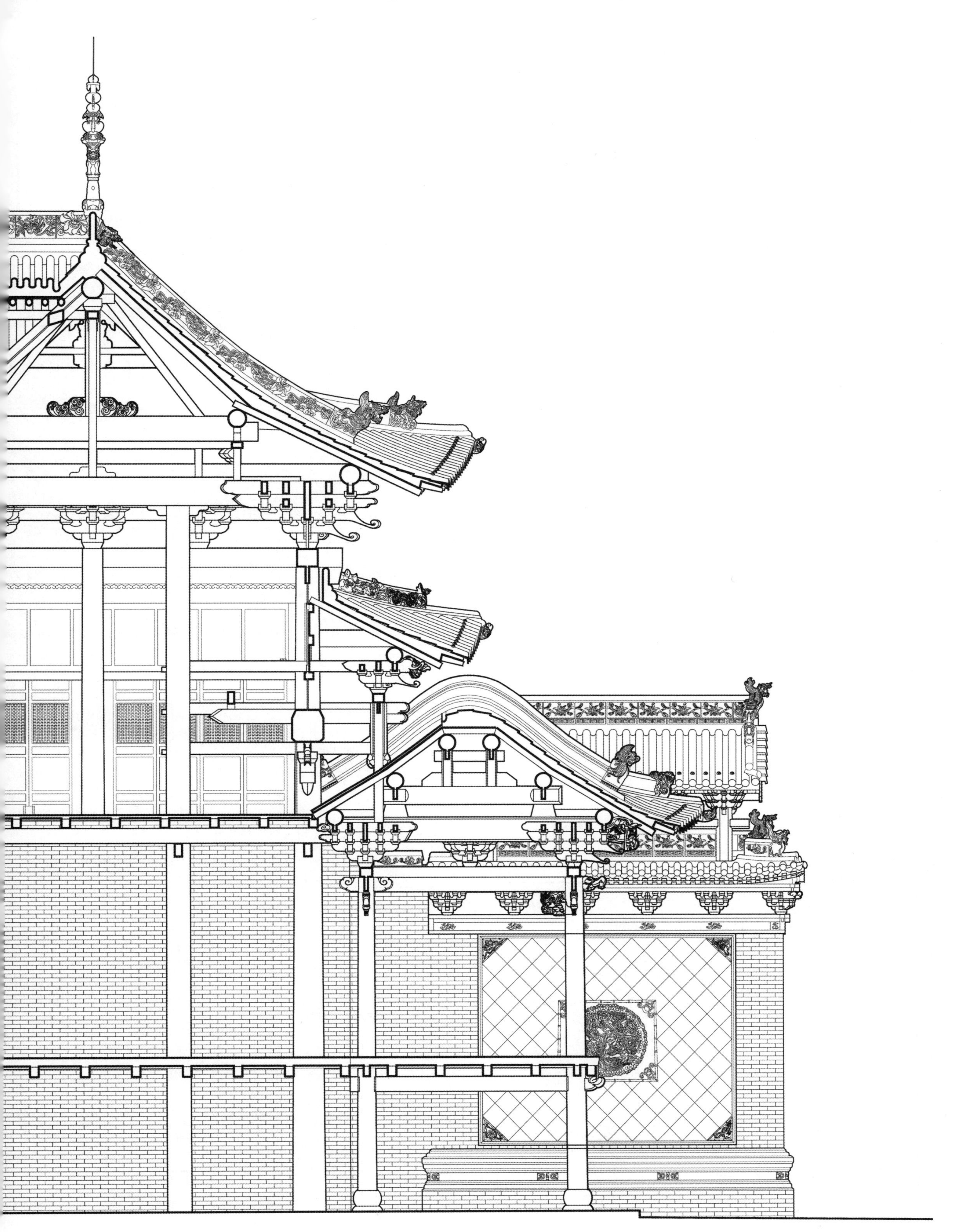

祆神楼明间剖面图 0 1 2m

Central bay section of Xianshen (Zoroastrianism) Building

山西介休 2004

Jiexiu, Shanxi Province, 2004

后土庙三清殿正立面图

Front elevation of Sanqing (Three Gods of Taoism) Hall at Houtu (Earth God) Temple

山西介休　2004

Jiexiu, Shanxi Province, 2004

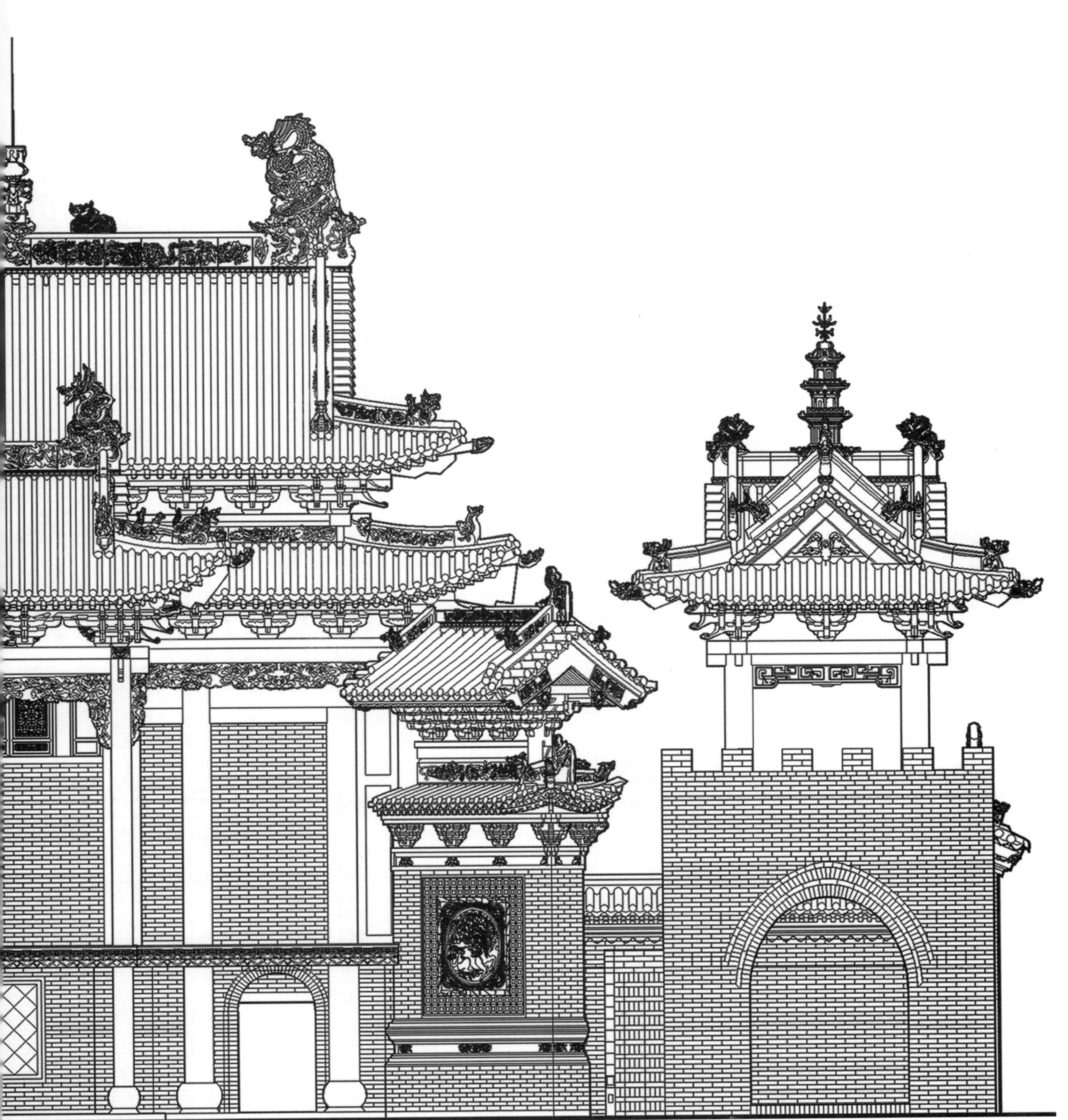

后土庙戏台正立面图

Front elevation of Stage Building at Houtu (Earth God) Temple

山西介休　2004

Jiexiu, Shanxi Province, 2004

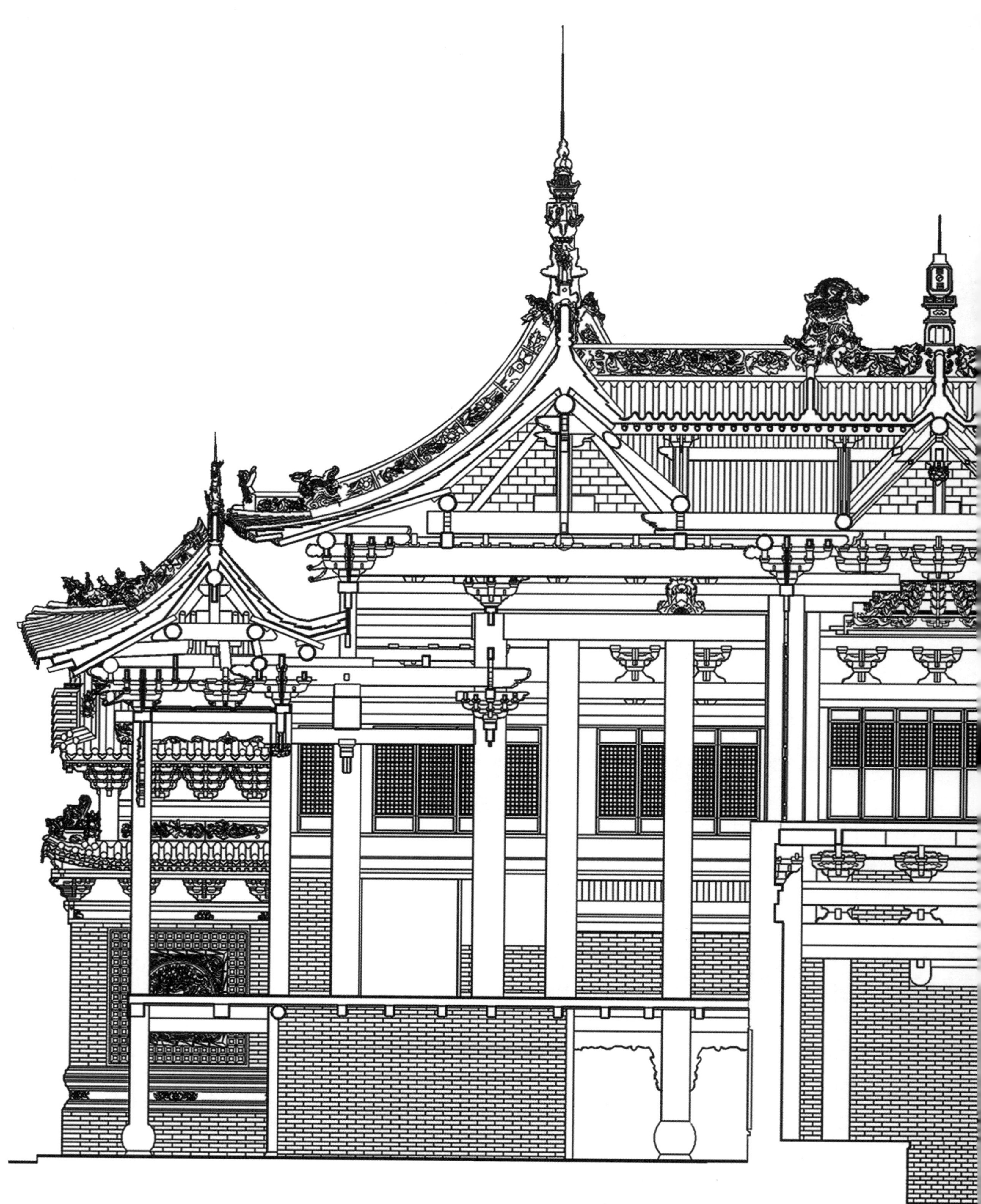

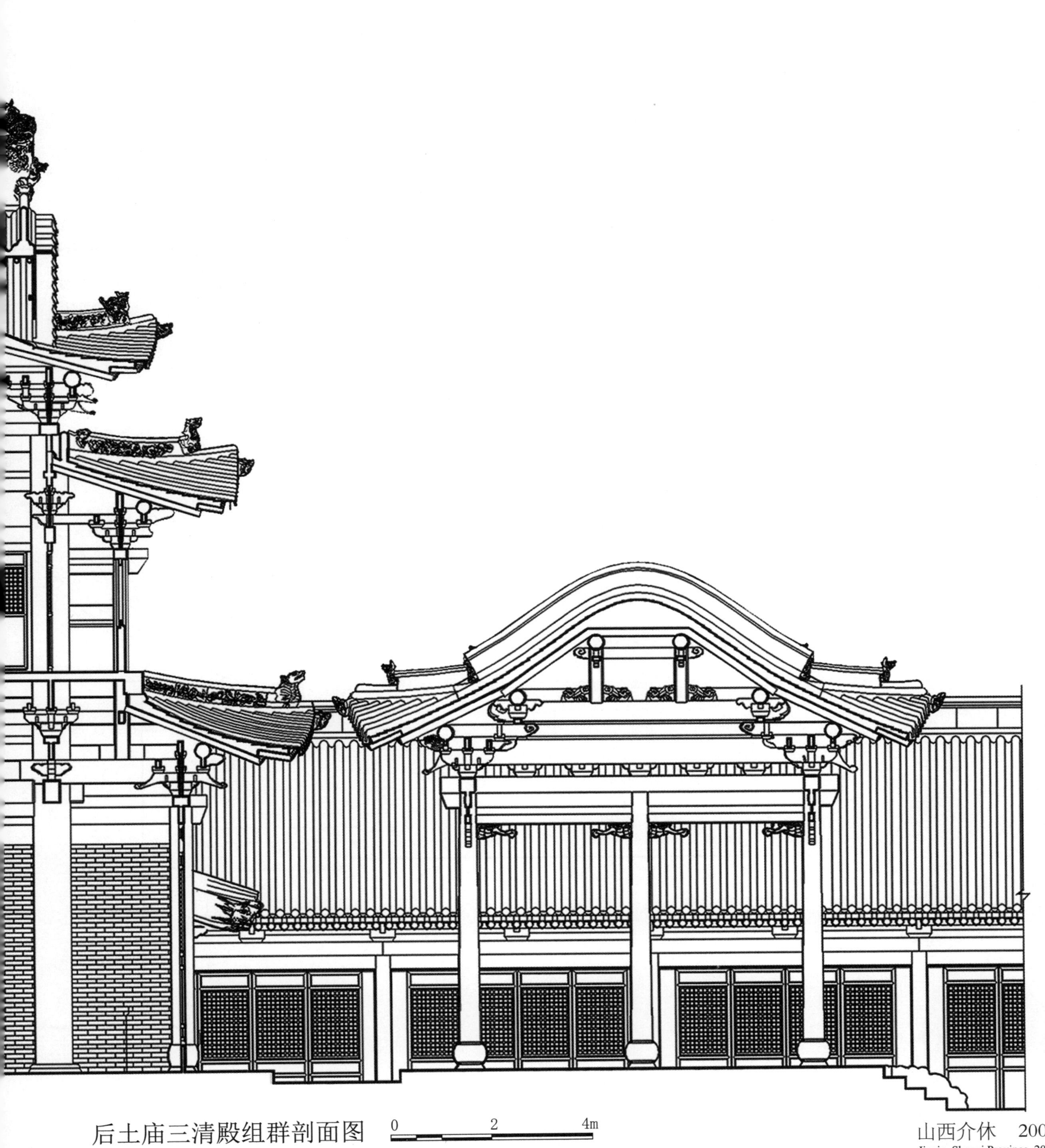

后土庙三清殿组群剖面图

Section of Sanqing (Three Gods of Taoism) Hall complex at Houtu (Earth God) Temple

山西介休　2004

Jiexiu, Shanxi Province, 2004

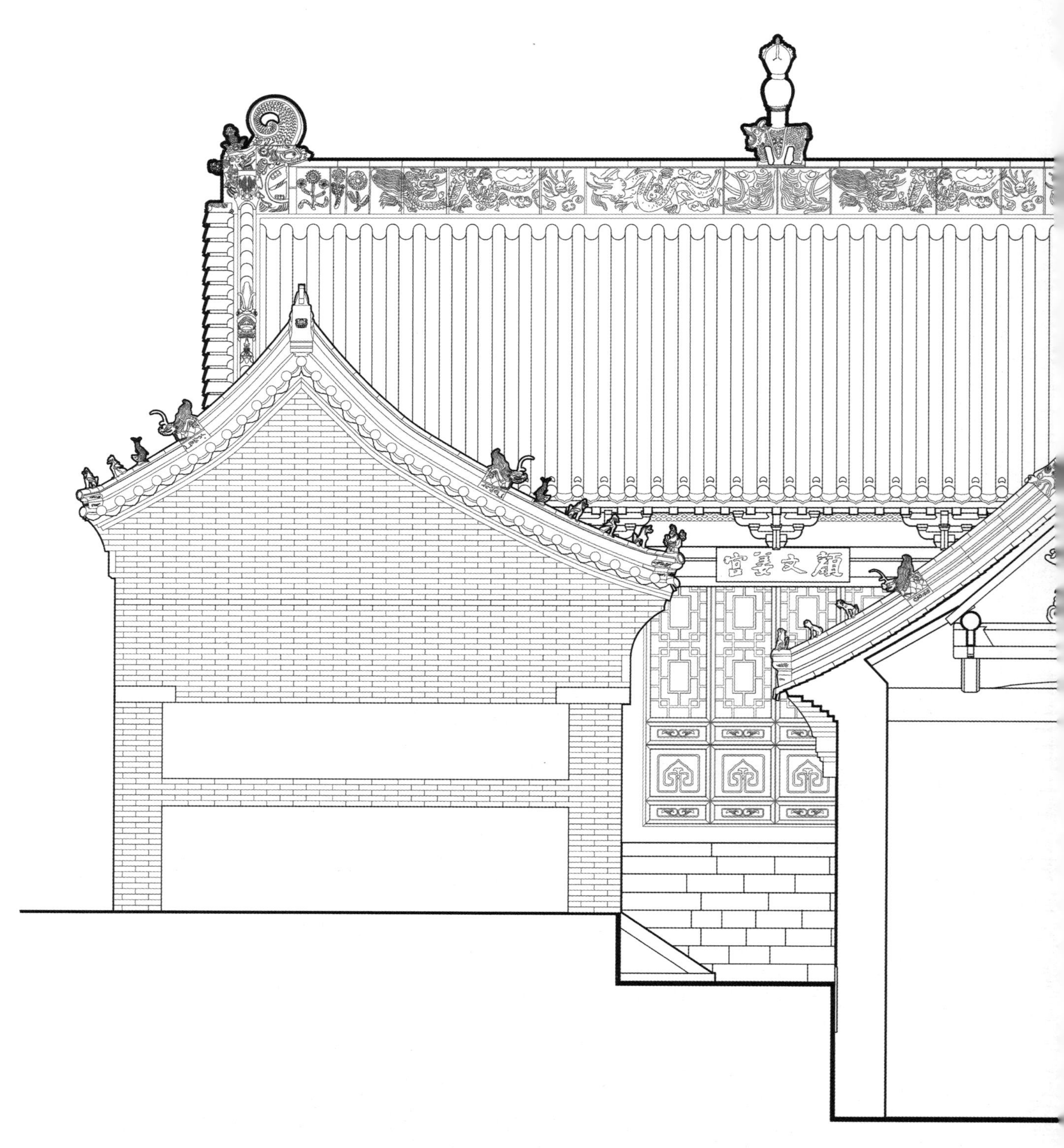

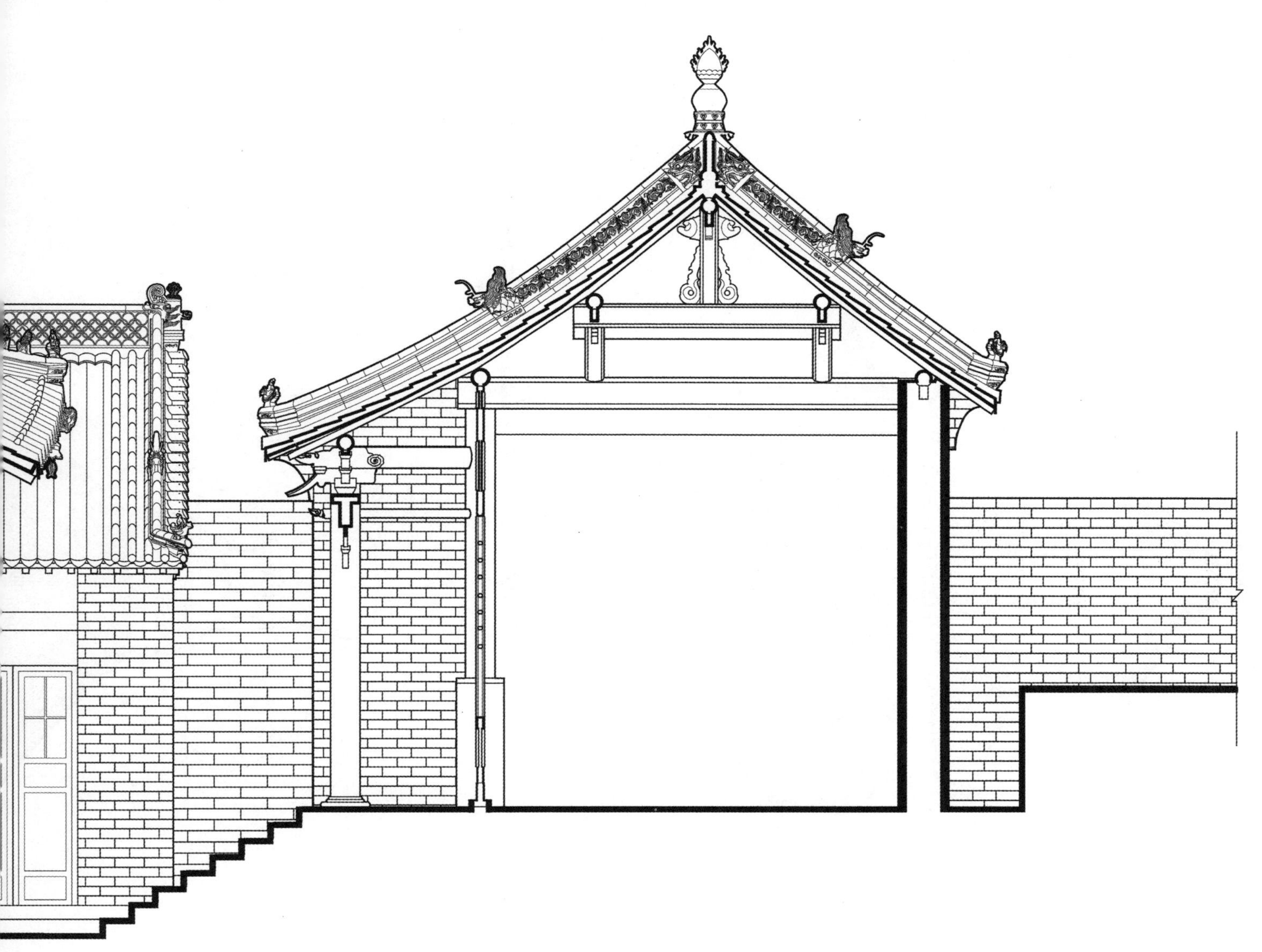

颜文姜祠组群横剖面图 0 1 2m

Section of Yan Wenjiang Temple complex

山东淄博 2004

Zibo, Shandong Province, 2004

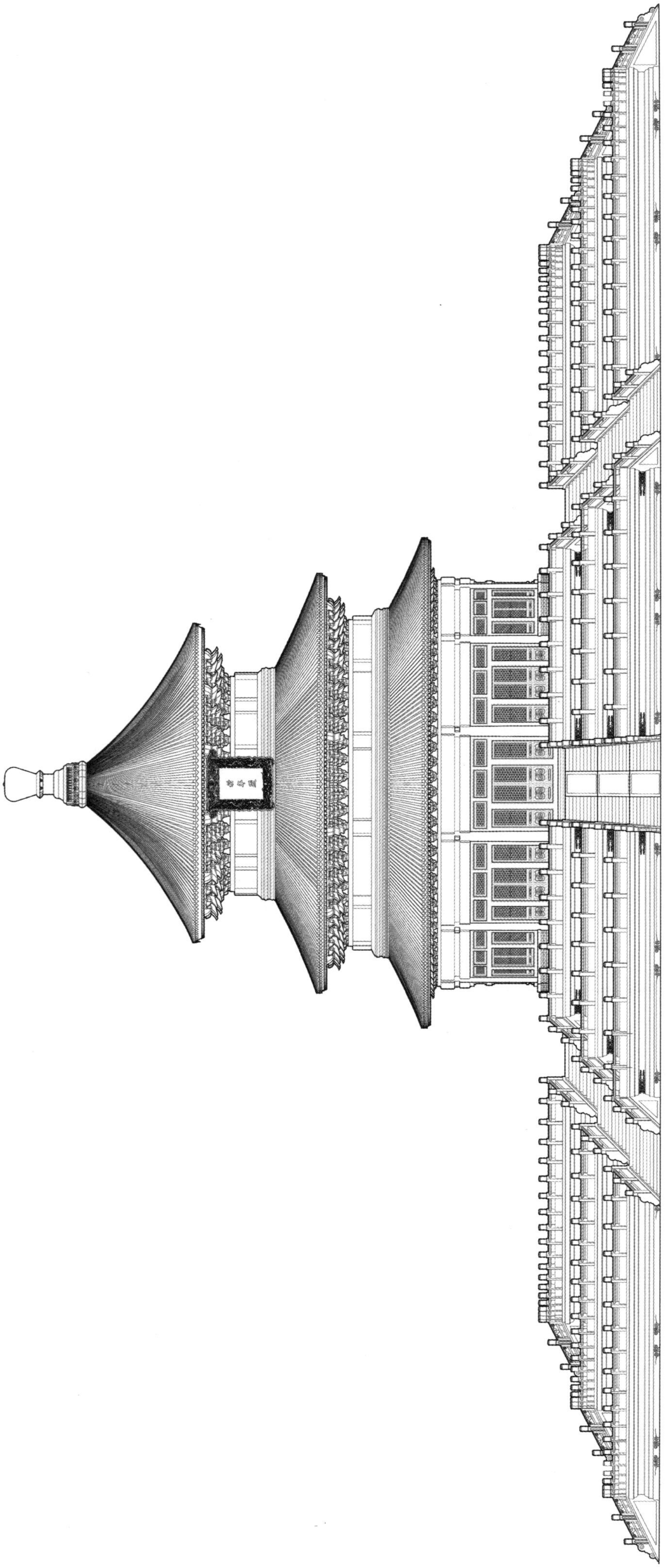

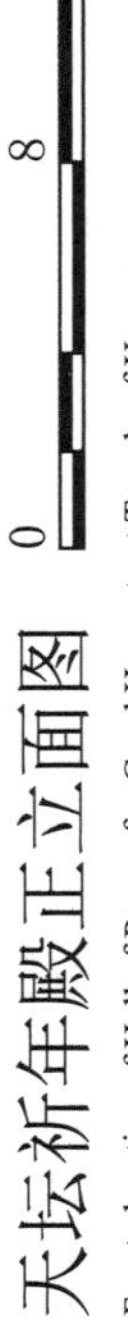

天坛祈年殿正立面图

Front elevation of Hall of Prayer for Good Harvests at Temple of Heaven

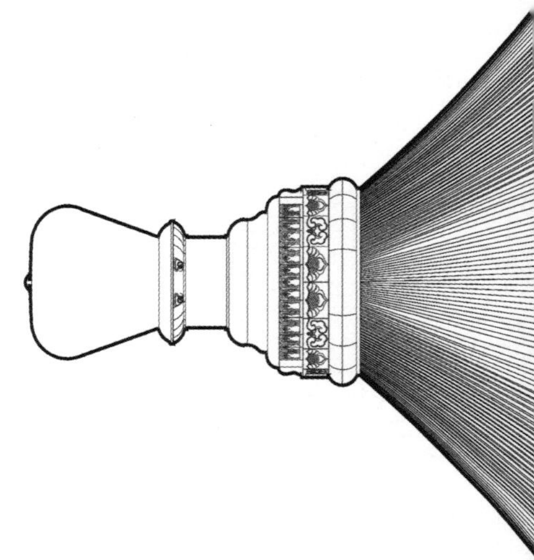

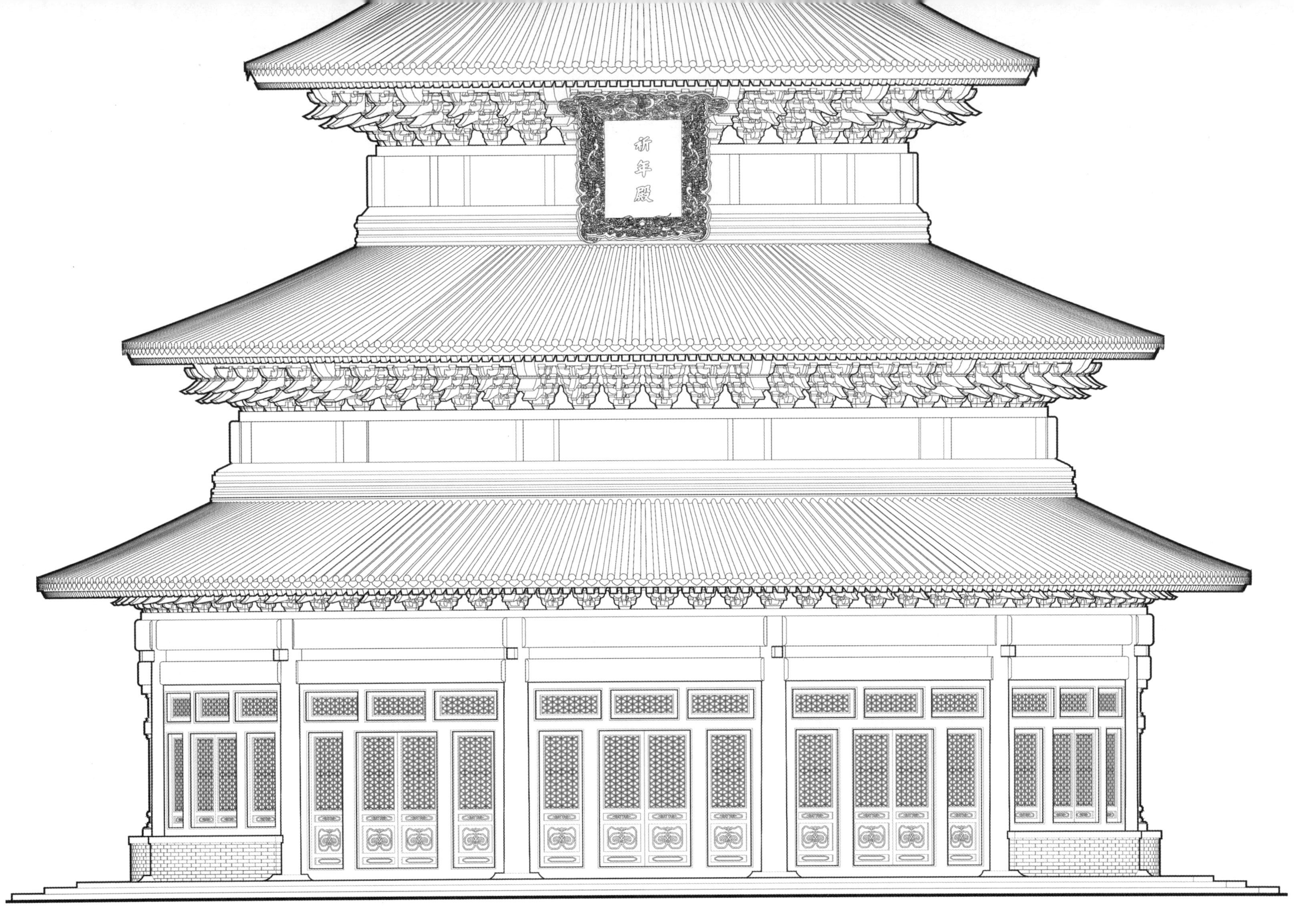

天坛祈年殿正立面图（局部）

Front elevation of Hall of Prayer for Good Harvests at Temple of Heaven (partial)

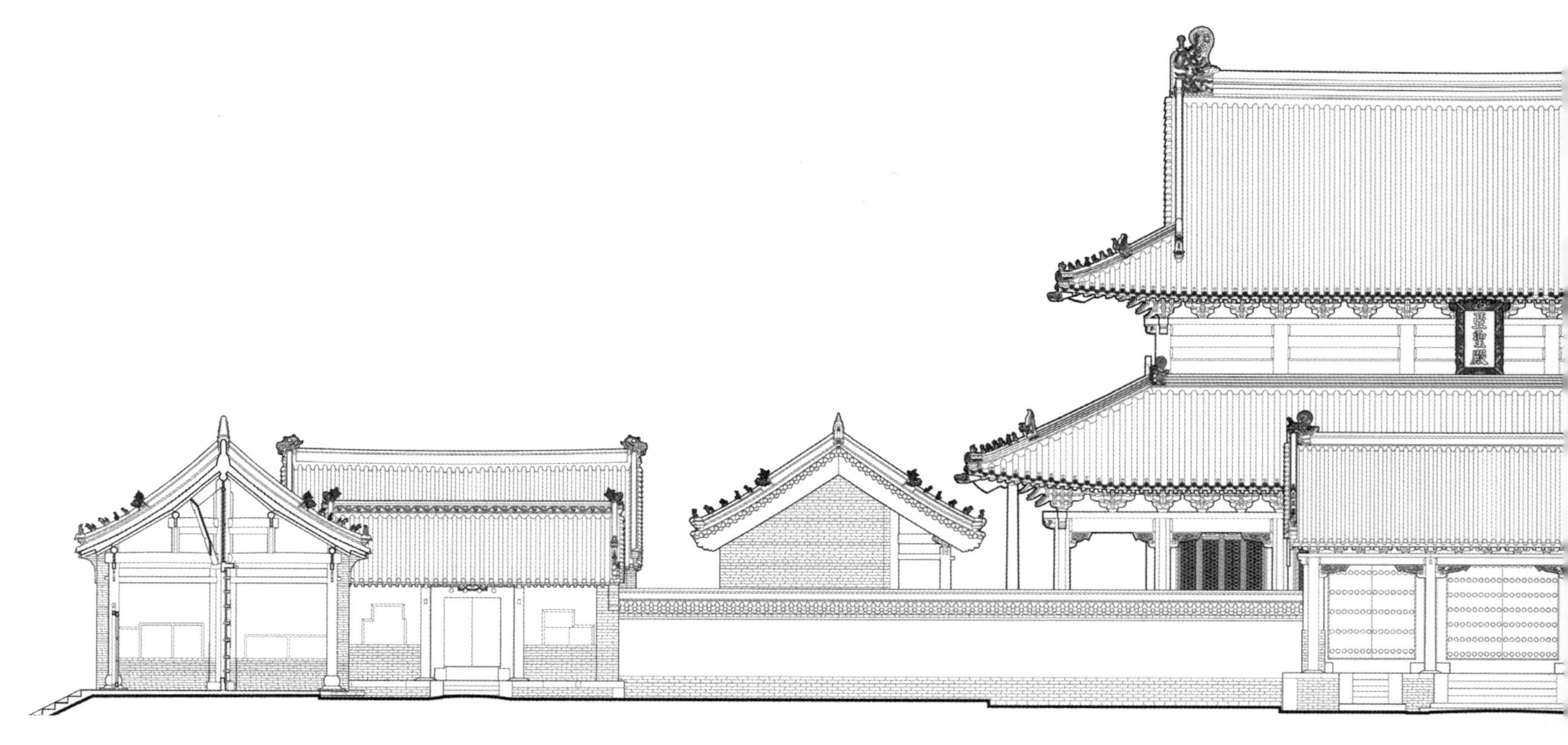

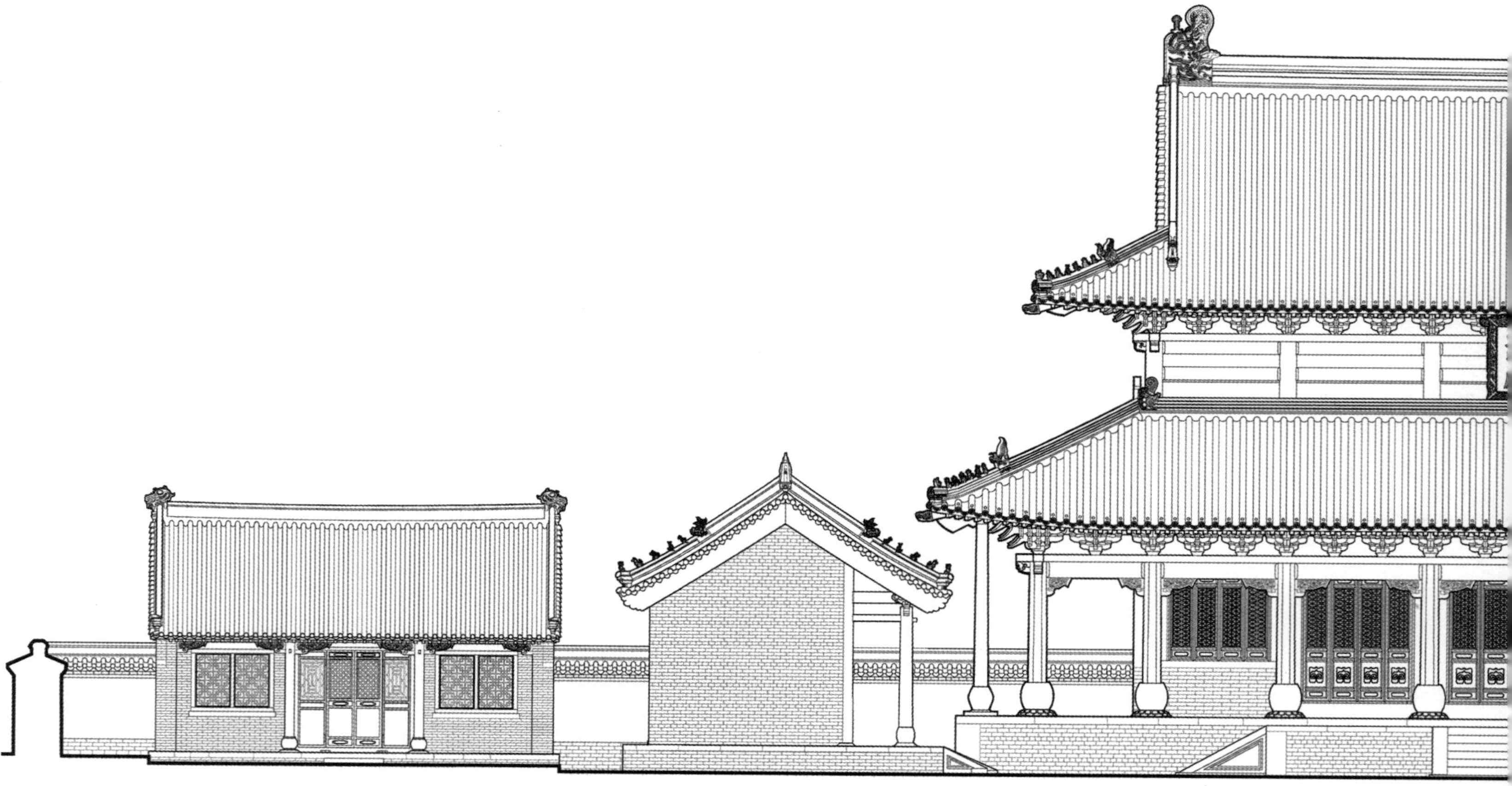

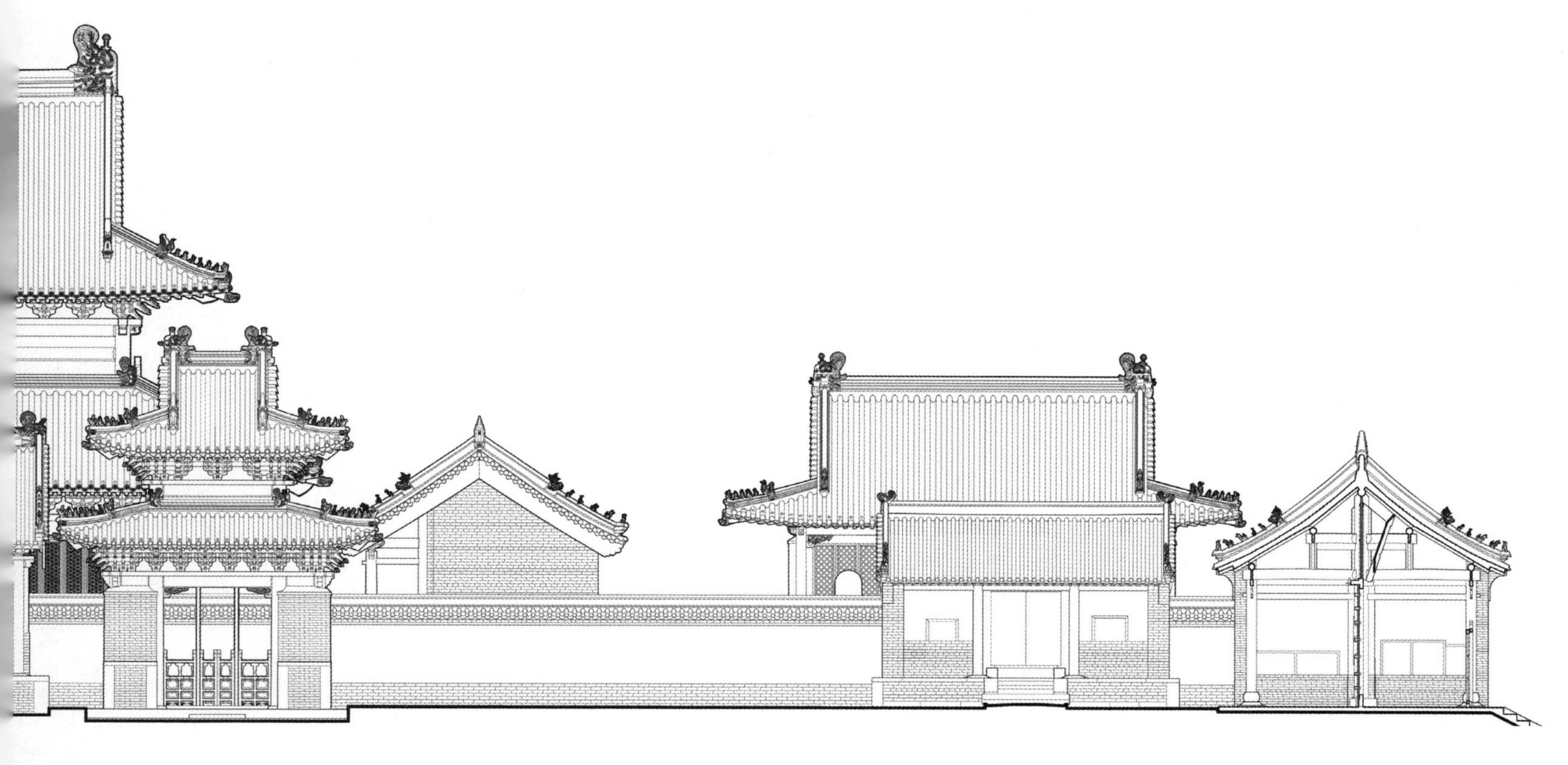

孟庙组群立面图　0　5　10m

Elevation of Temple of Mencius complex

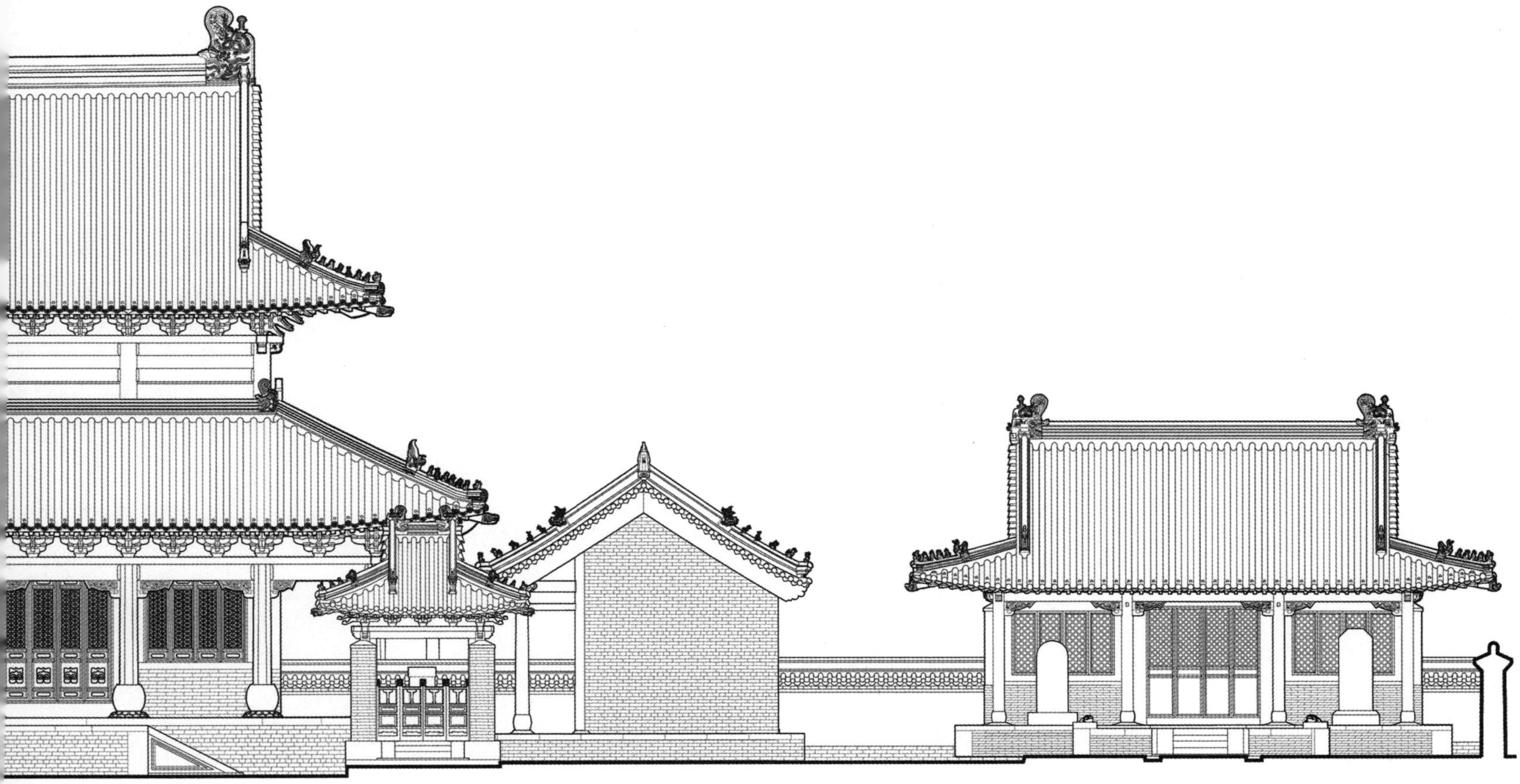

孟庙组群剖面图　0　5　10m

Section of Temple of Mencius complex

山东邹城　2005

Zoucheng, Shandong Province, 2005

颐和园佛香阁组群正立面图 0 5 10m

Front elevation of Tower of Buddha's Fragrance complex at Summer Palace

北京 2005

Beijing, 2005

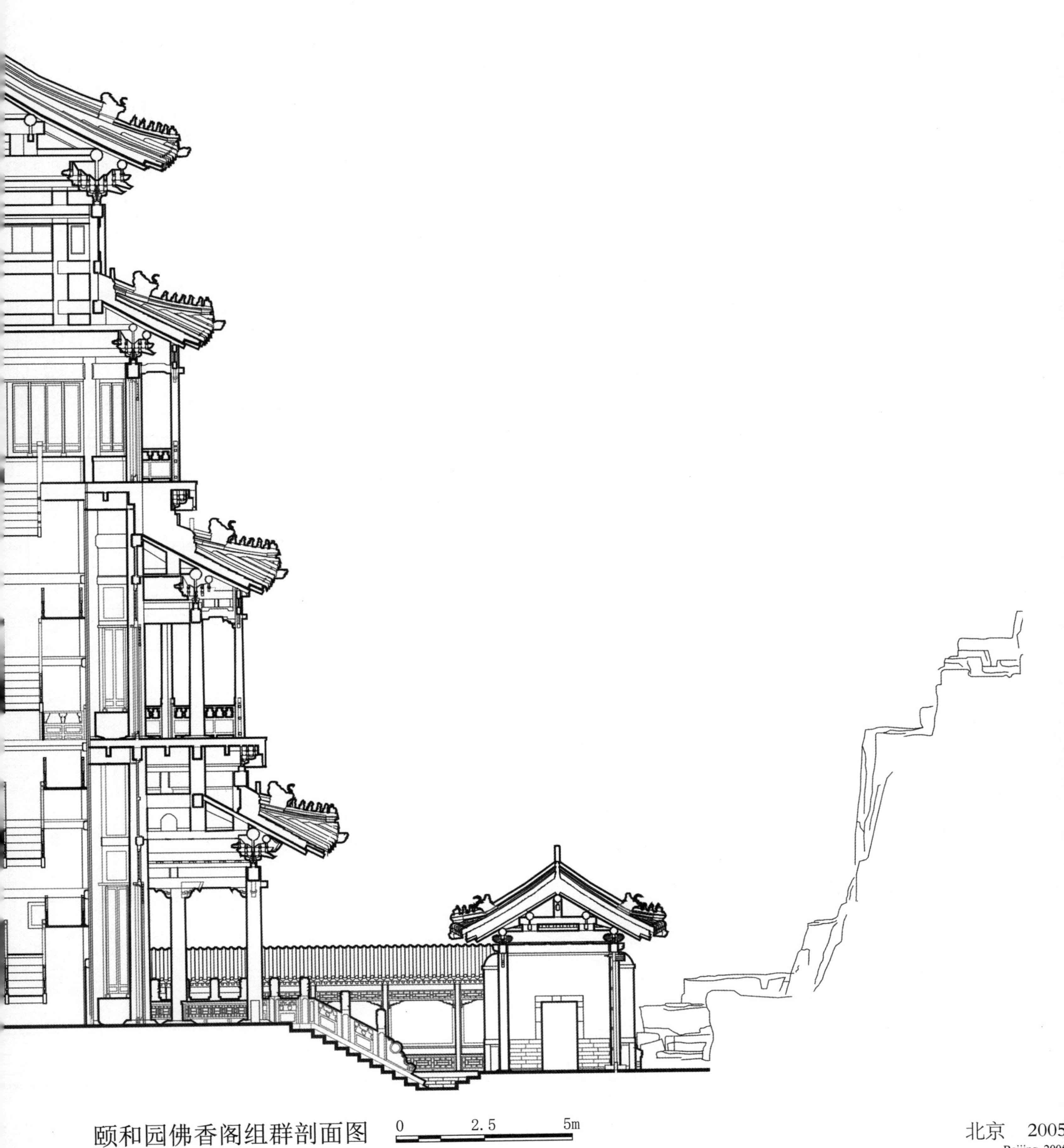

颐和园佛香阁组群剖面图 0 2.5 5m

Section of Tower of Buddha's Fragrance complex at Summer Palace

北京 2005

Beijing, 2005

瀛洲甘雨润五色呈祥

0 1.5 3m

颐和园排云殿正立面图

Front elevation of Hall of Dispelling Clouds at Summer Palace

北京 2005

Beijing, 2005

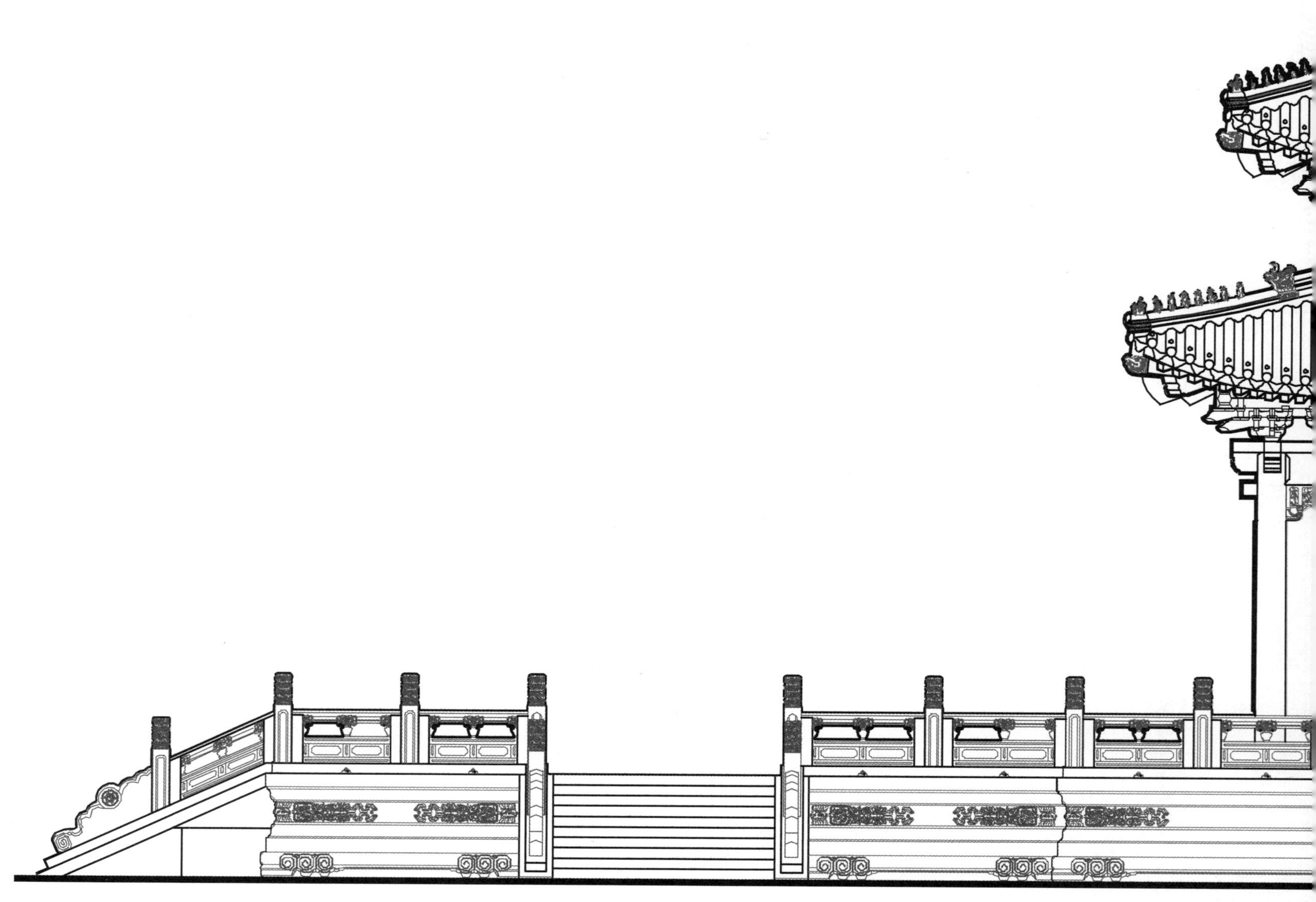

颐和园排云殿侧立面图 0 1.5 3m

Side elevation of Hall of Dispelling Clouds at Summer Palace

北京 2005

Beijing, 2005

界

颐和园众香界正立面图
Front elevation of World of an Abundance of Fragrance at Summer Palace

北京 2006
Beijing, 2006

颐和园转轮藏八角亭正立面图
Front elevation of Octagonal Pavilion of Revolving Sutra Archives at Summer Palace

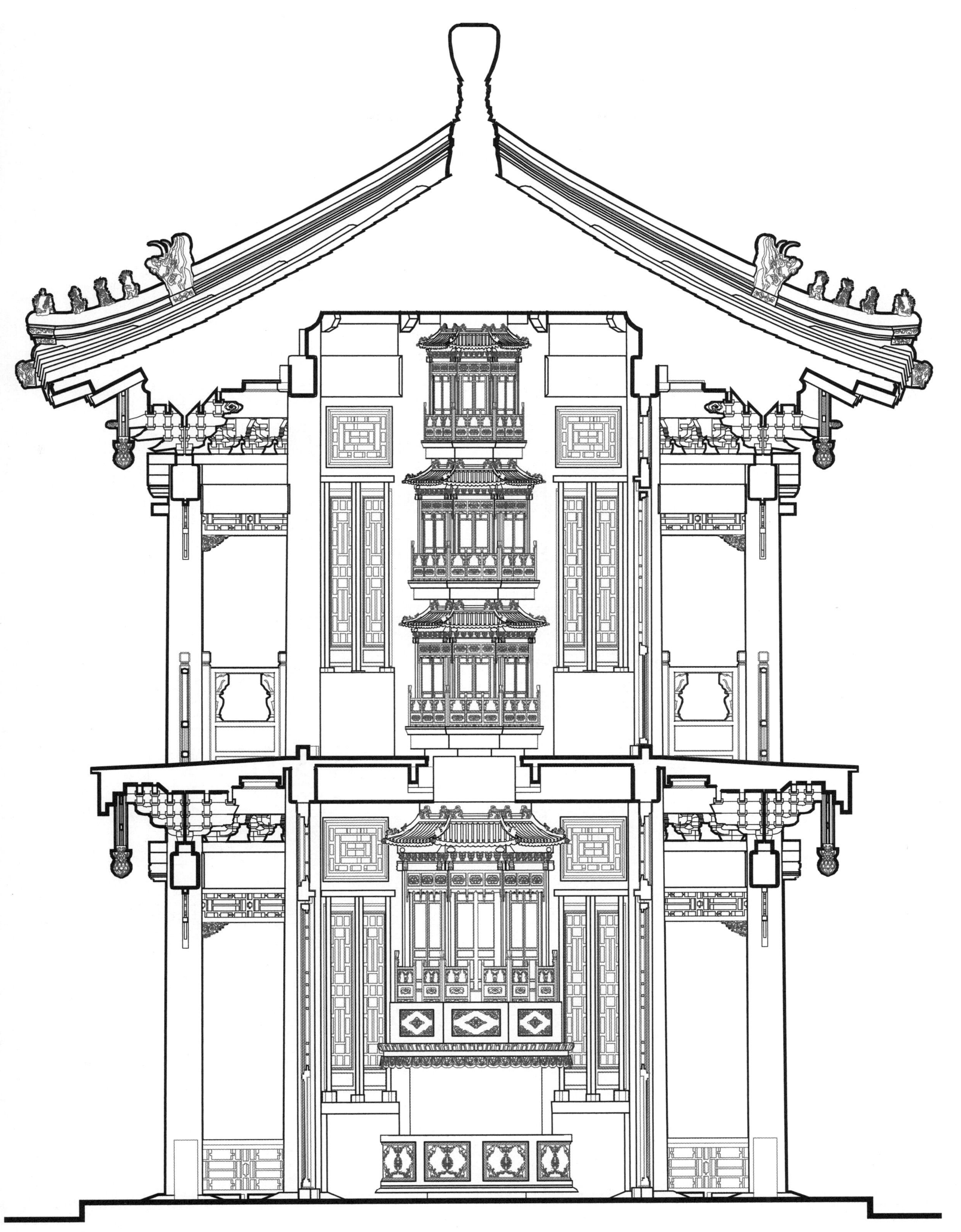

颐和园转轮藏八角亭剖面图

Section of Octagonal Pavilion of Revolving Sutra Archives at Summer Palace

北京　2006

Beijing, 2006

慈潤山河

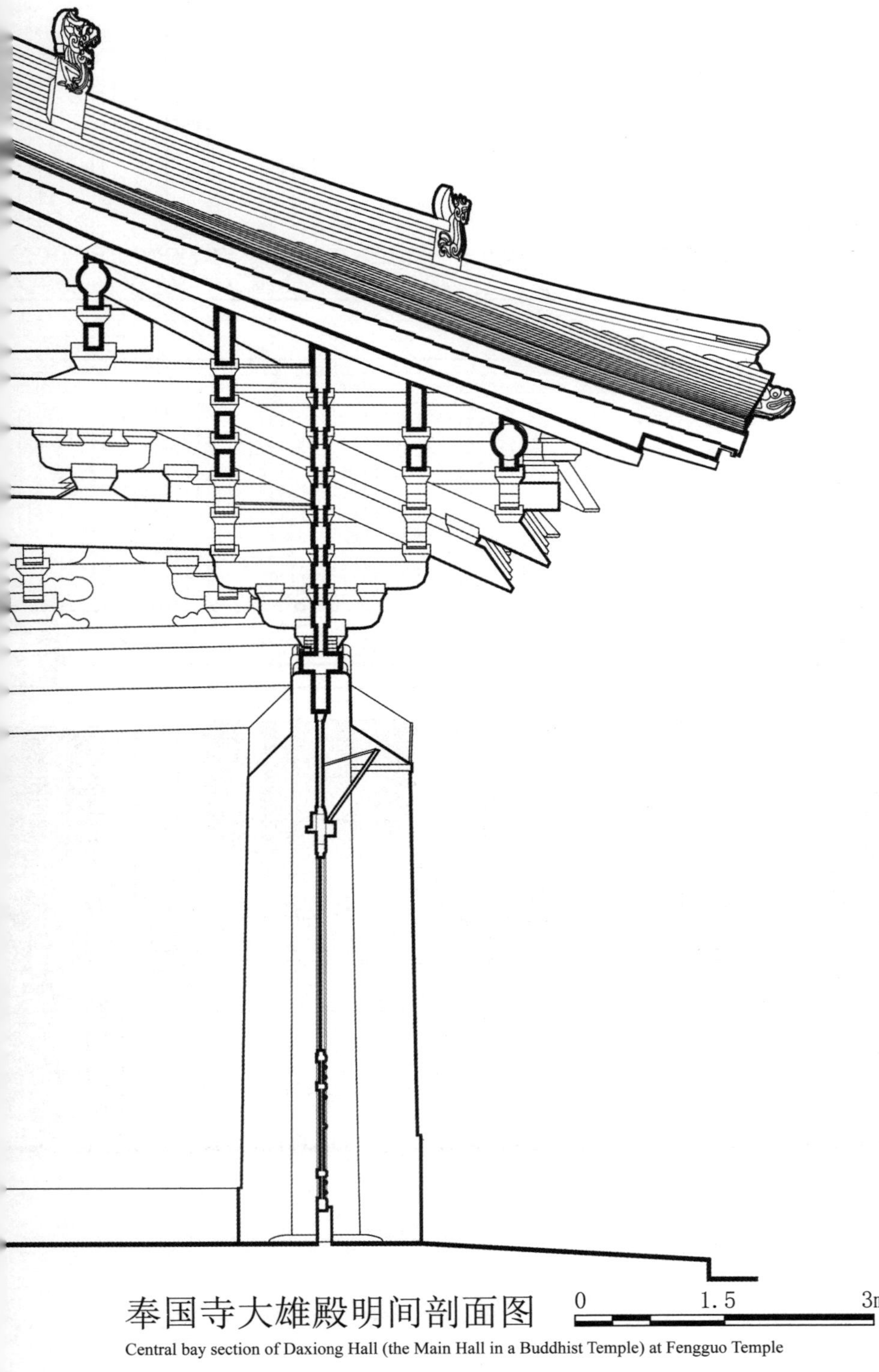

奉国寺大雄殿明间剖面图

Central bay section of Daxiong Hall (the Main Hall in a Buddhist Temple) at Fengguo Temple

0 1.5 3m

辽宁义县 2007

Yi County, Liaoning Province, 2007

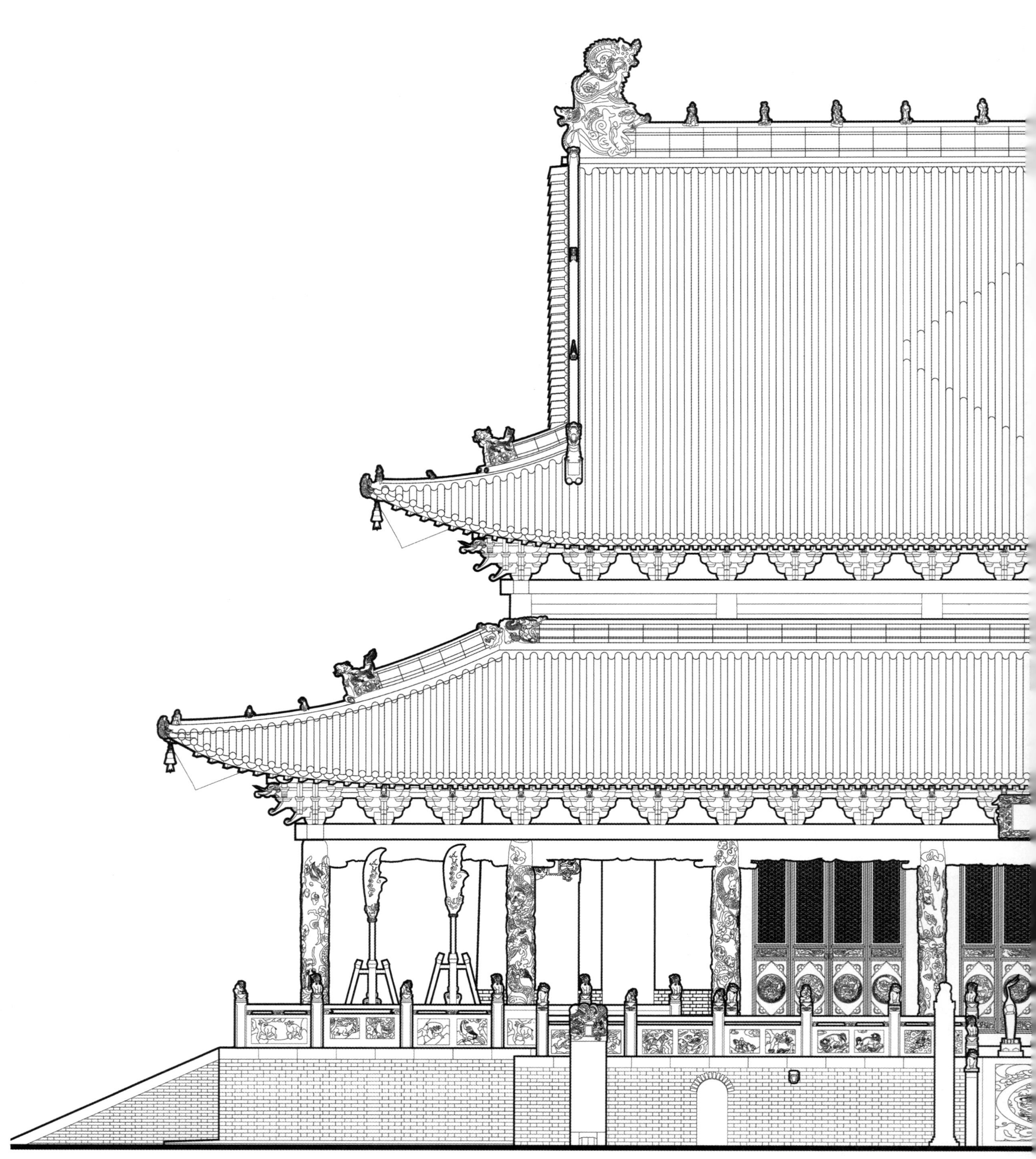

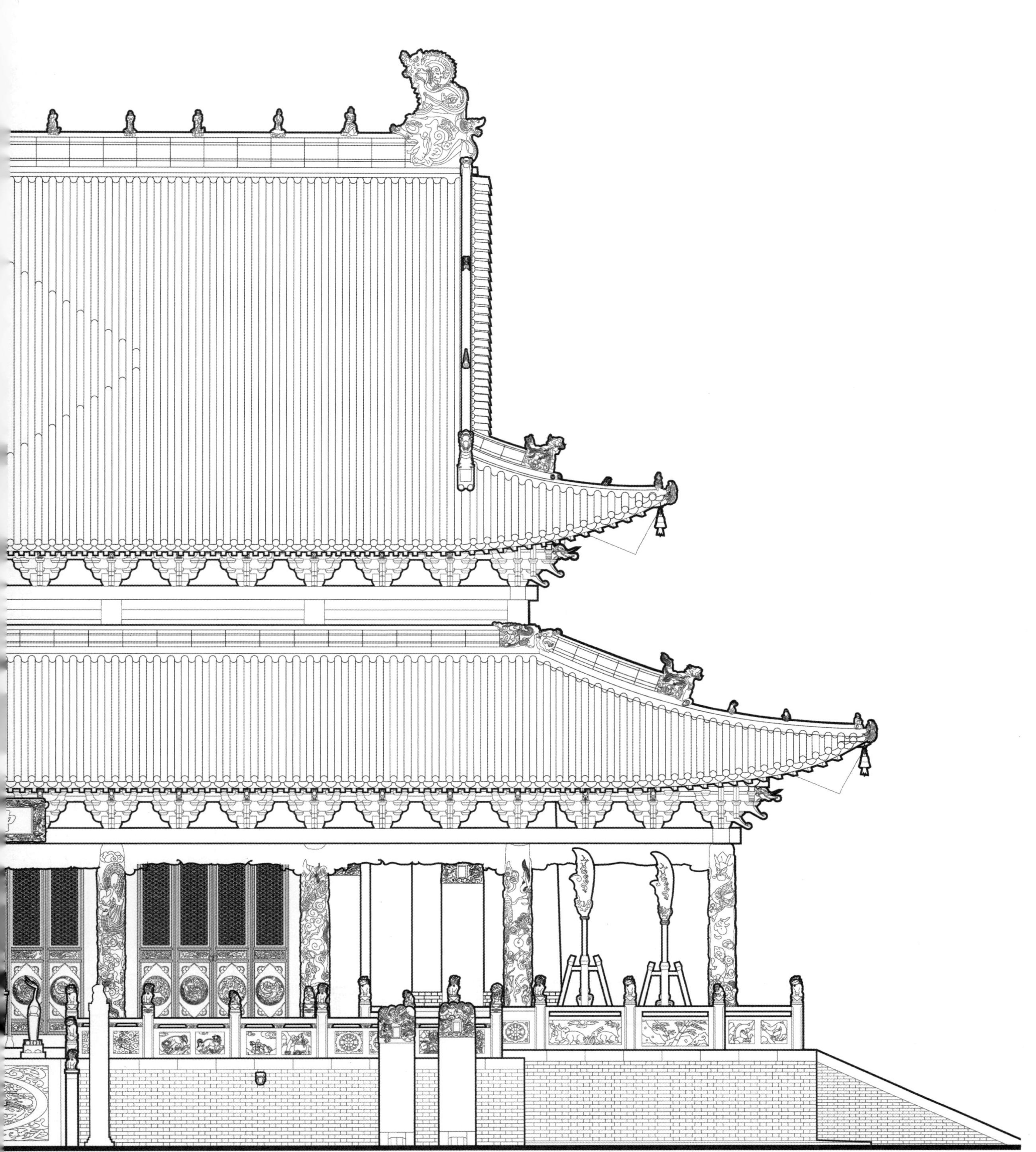

关帝庙崇宁殿正立面图 0 1.5 3m

Front elevation of Chongning Hall (the Main Hall in the Temple of Guan Yu) at the Temple of Guan Yu

山西解州 2008

Haizhou Town, Shanxi Province, 2008

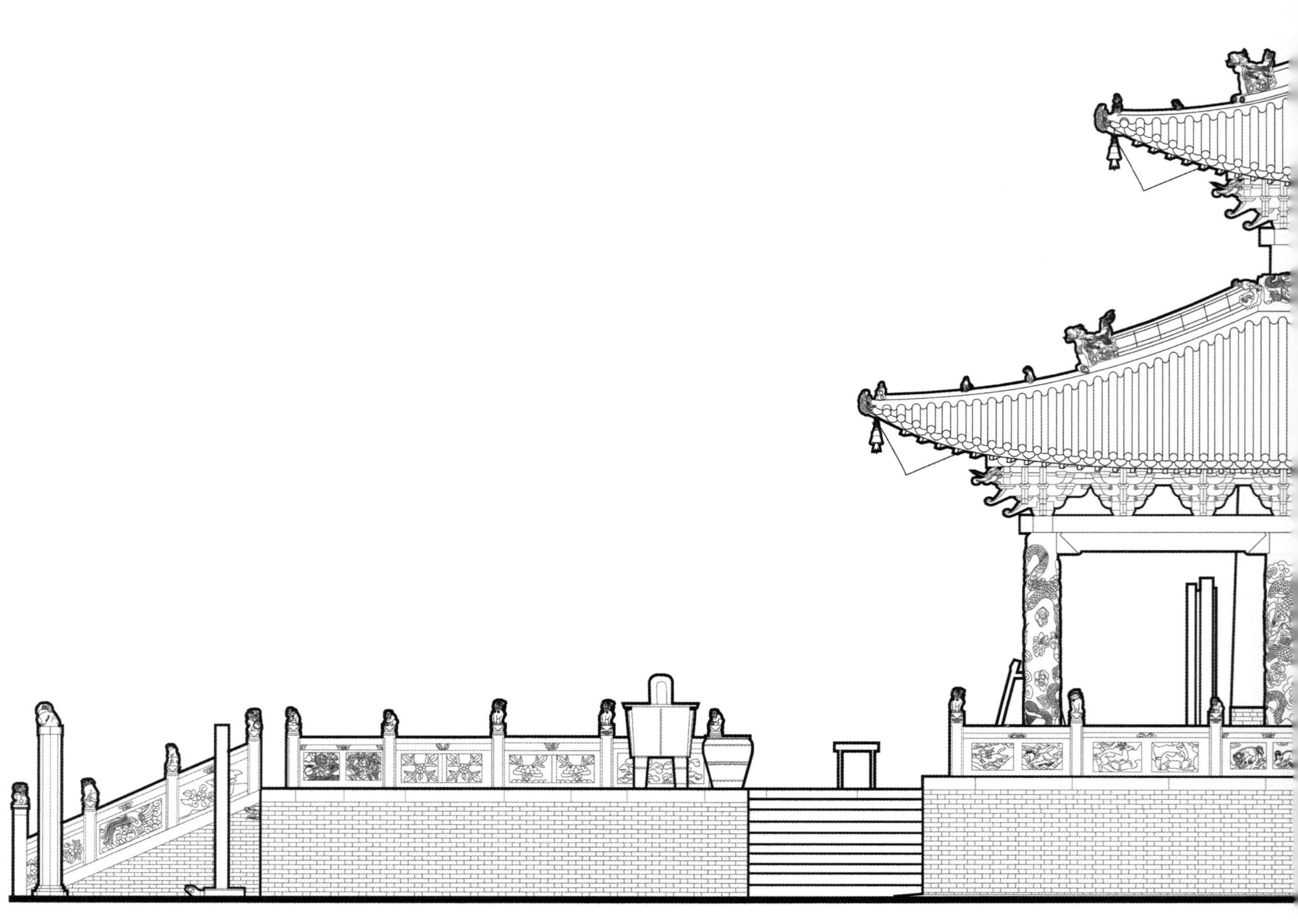

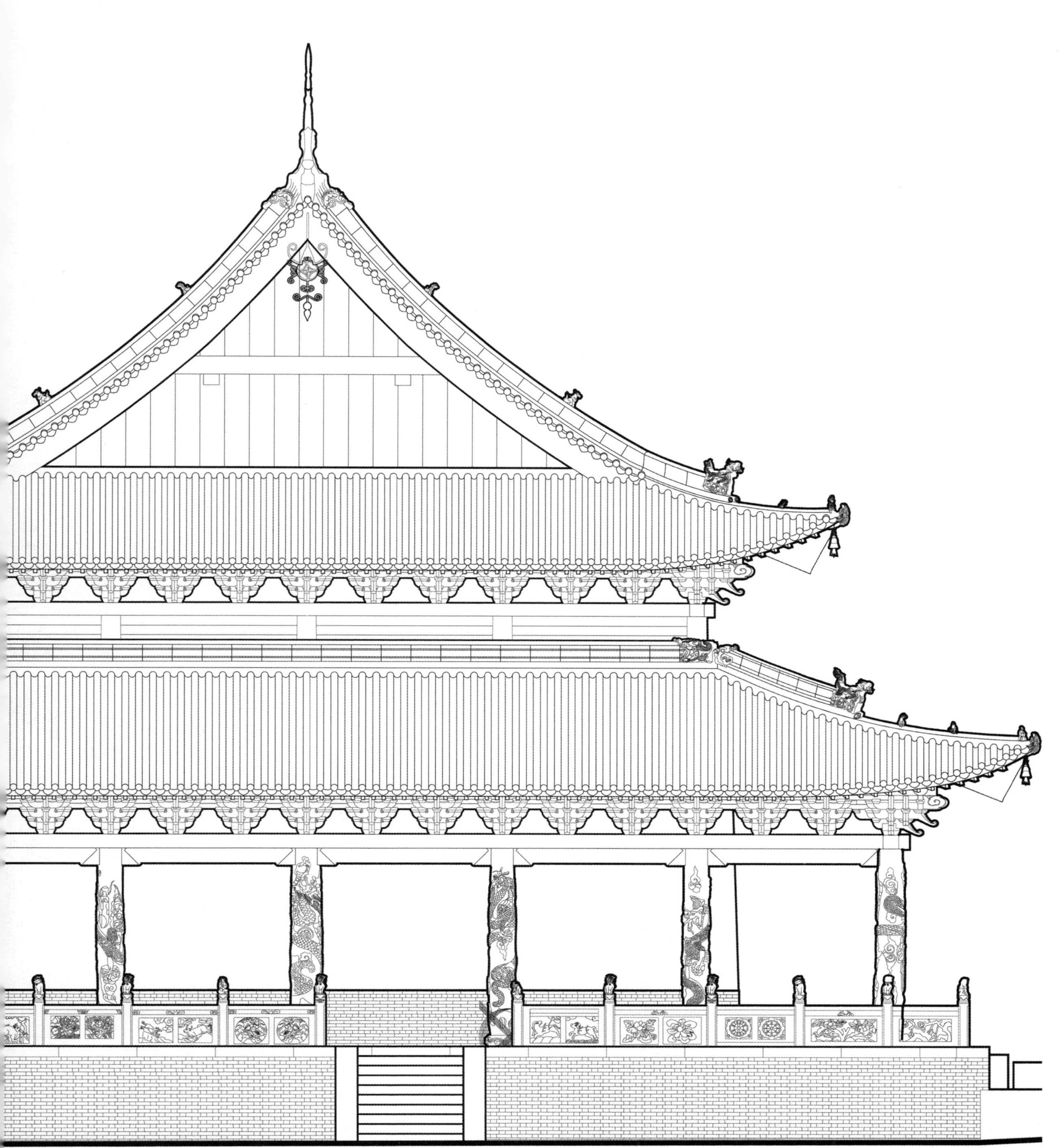

关帝庙崇宁殿侧立面图 0 1.5 3m

Side elevation of Chongning Hall (the Main Hall in the Temple of Guan Yu) at the Temple of Guan Yu

山西解州 2008

Haizhou Town, Shanxi Province, 2008

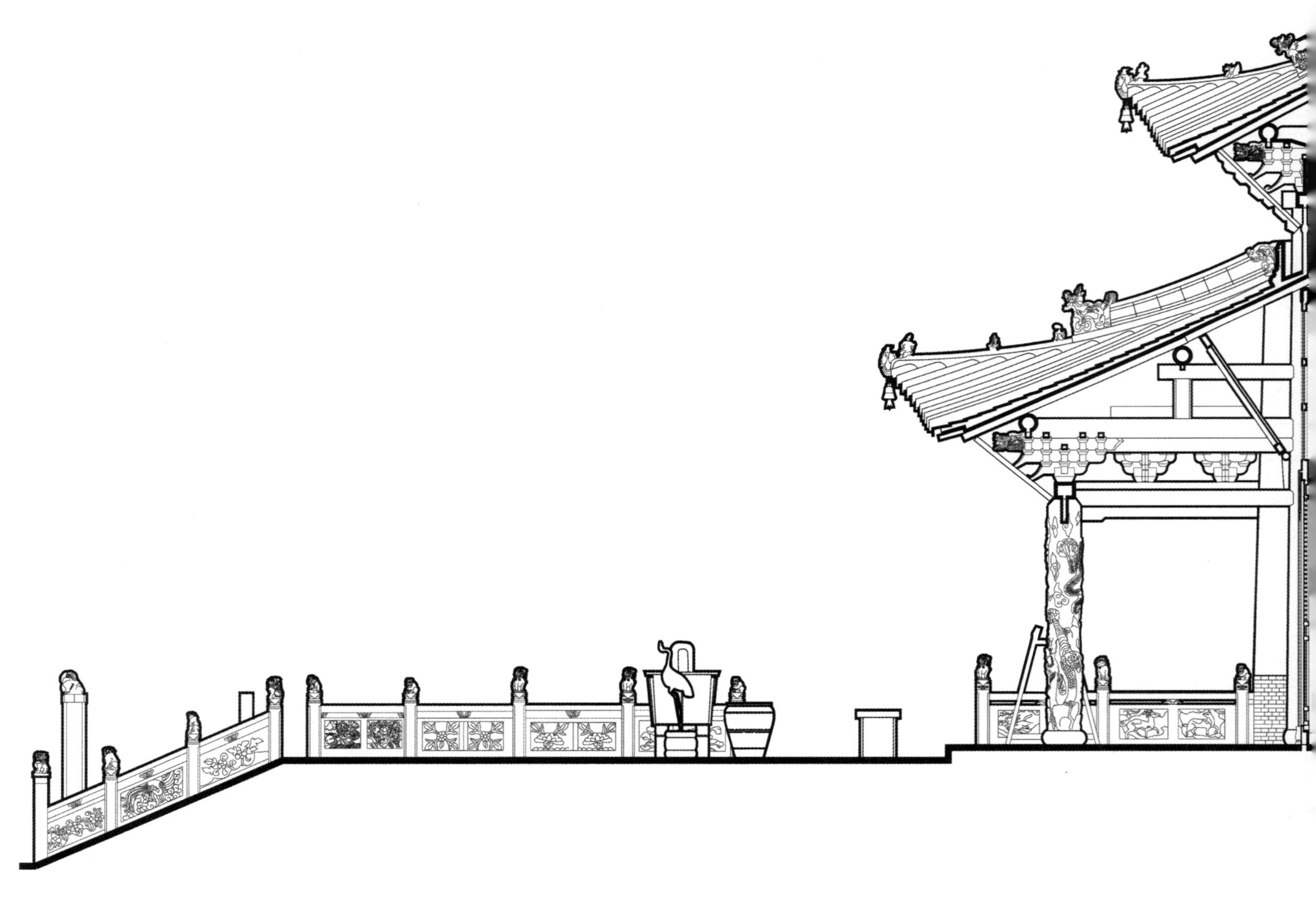

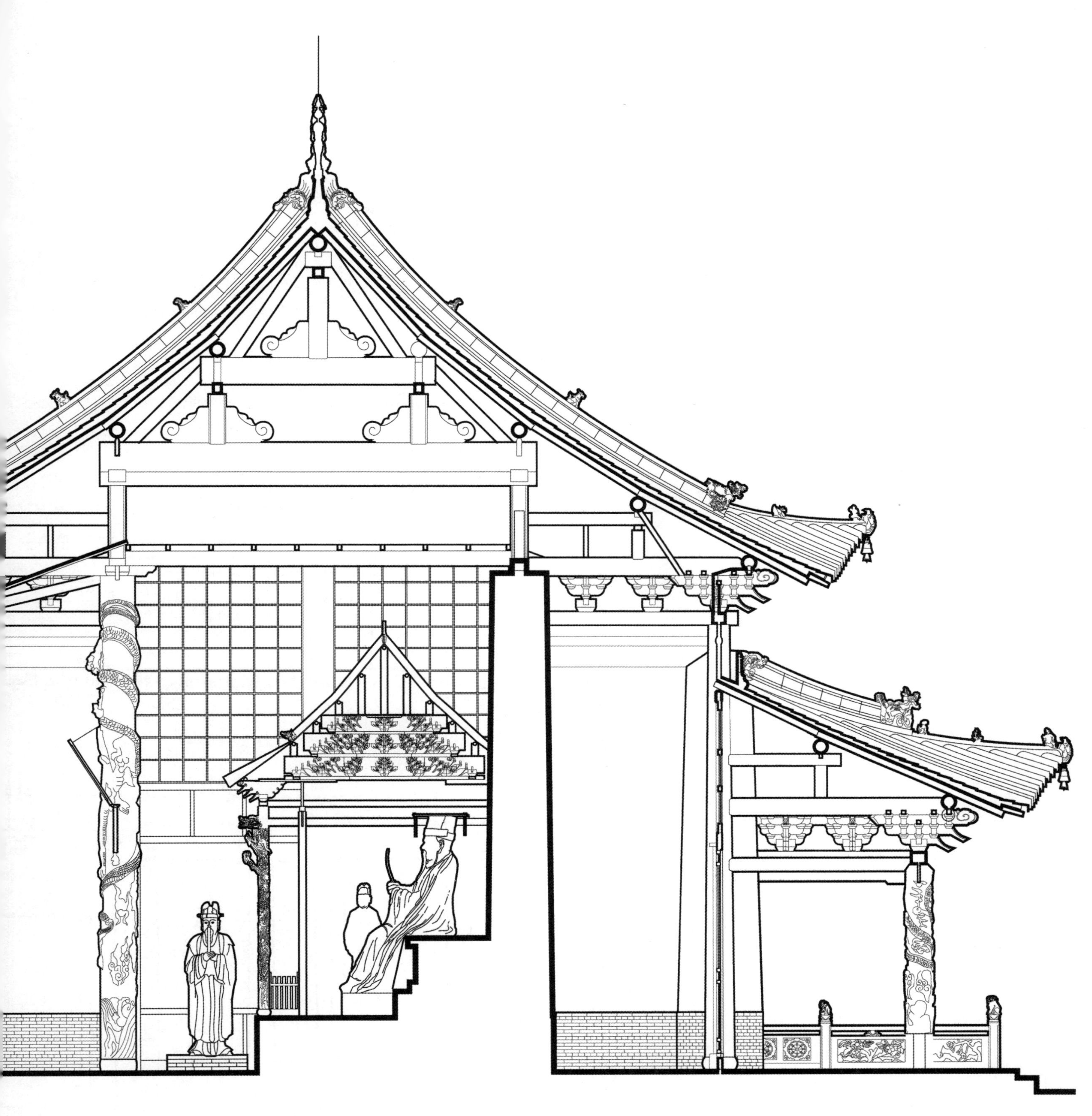

关帝庙崇宁殿明间剖面图 0 1.5 3m

Central bay section of Chongning Hall (the Main Hall in the Temple of Guan Yu) at the Temple of Guan Yu, Haizhou Town

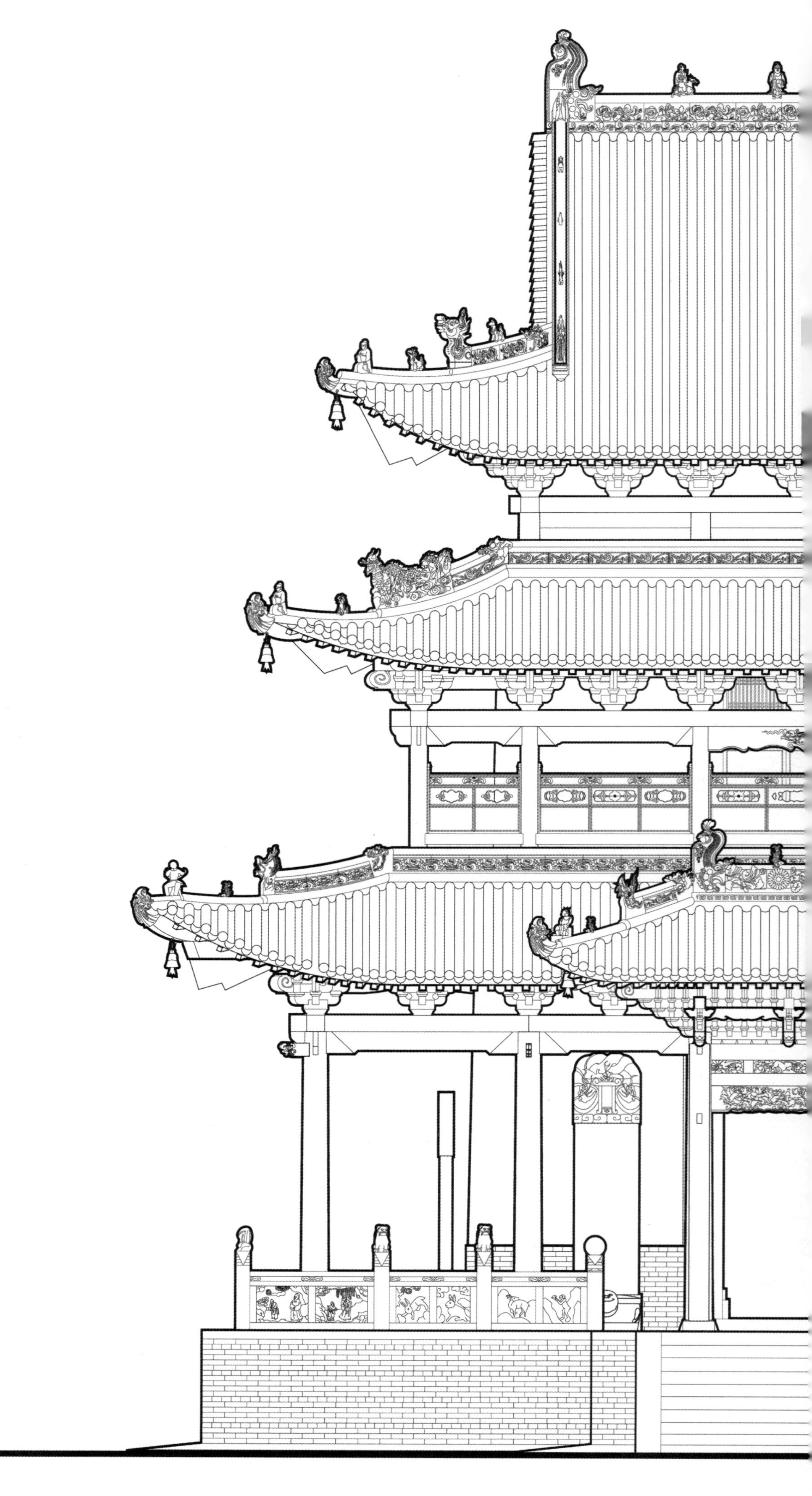

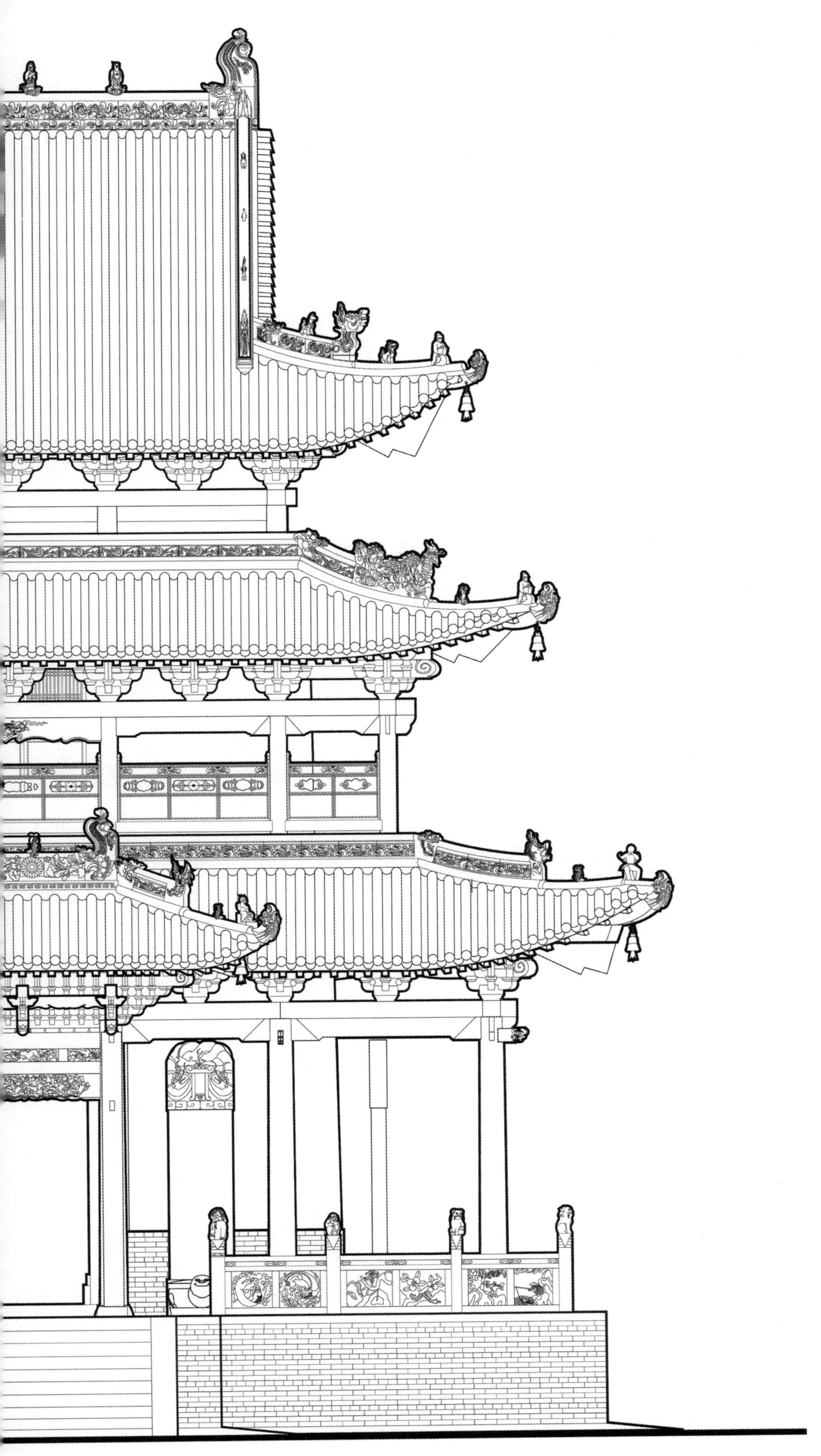

关帝庙御书楼正立面图 0 1.5 3m

Front elevation of Pavilion of Imperial Library at the Temple of Guan Yu

山西解州 2008

Haizhou Town, Shanxi Province, 2008

关帝庙御书楼侧立面图

Side elevation of Pavilion of Imperial Library at the Temple of Guan Yu

山西解州　2008

Haizhou Town, Shanxi Province, 2008

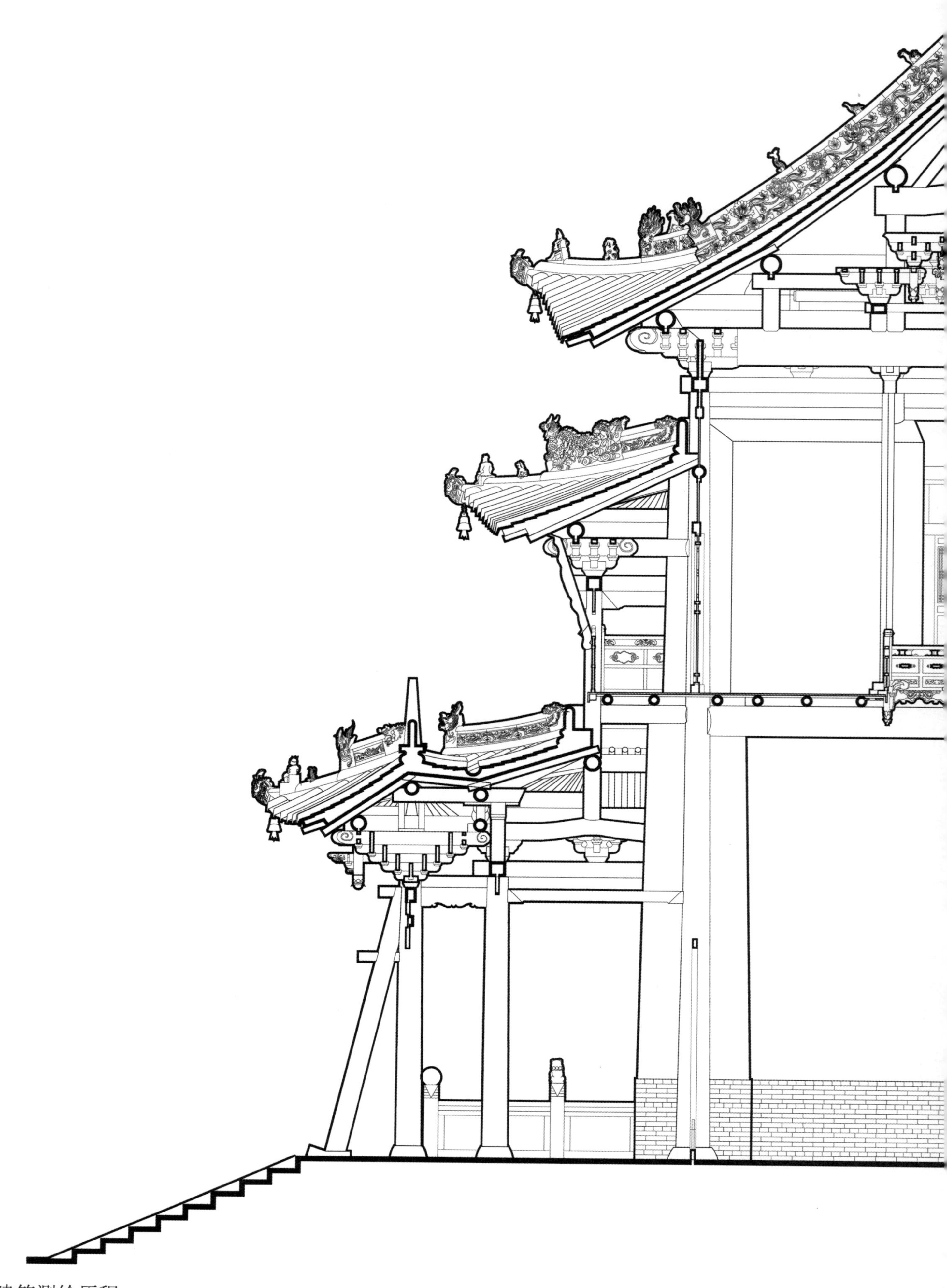

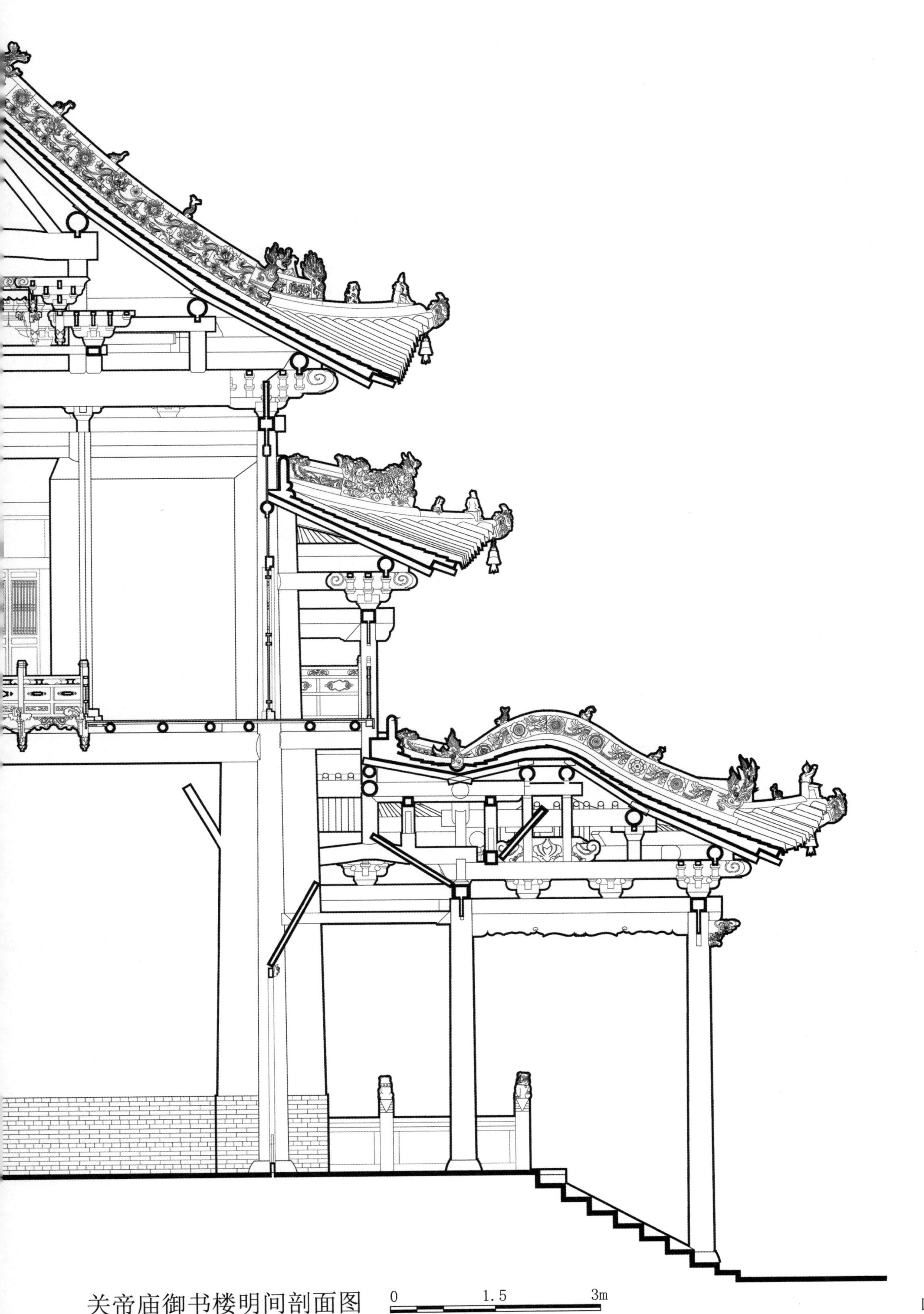

关帝庙御书楼明间剖面图

Central bay section of Pavilion of Imperial Library at the Temple of Guan Yu

山西解州　2008

Haizhou Town, Shanxi Province, 2008

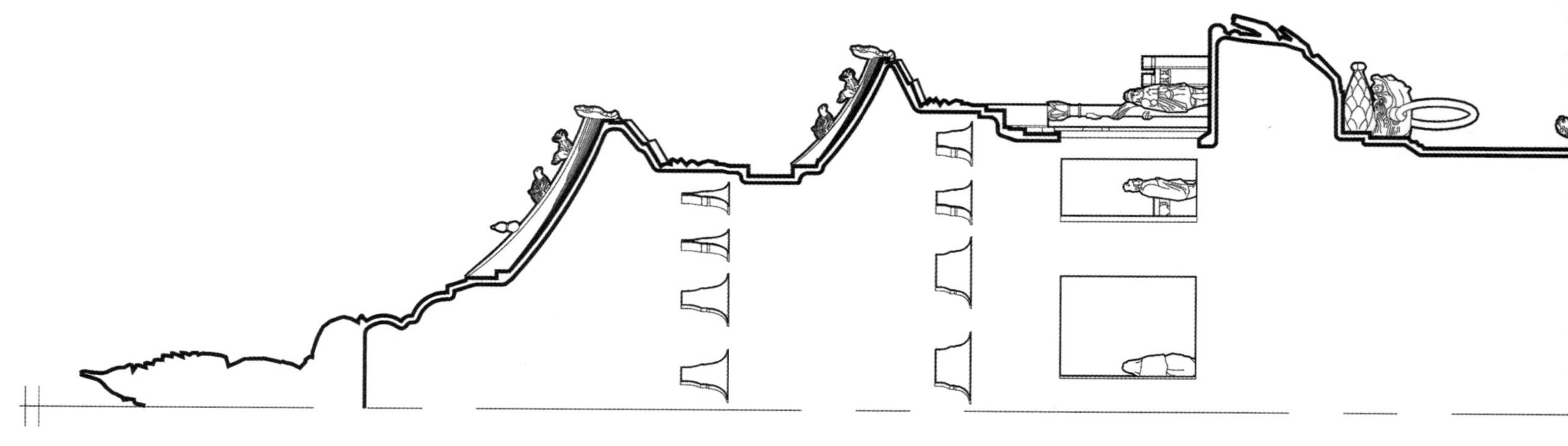

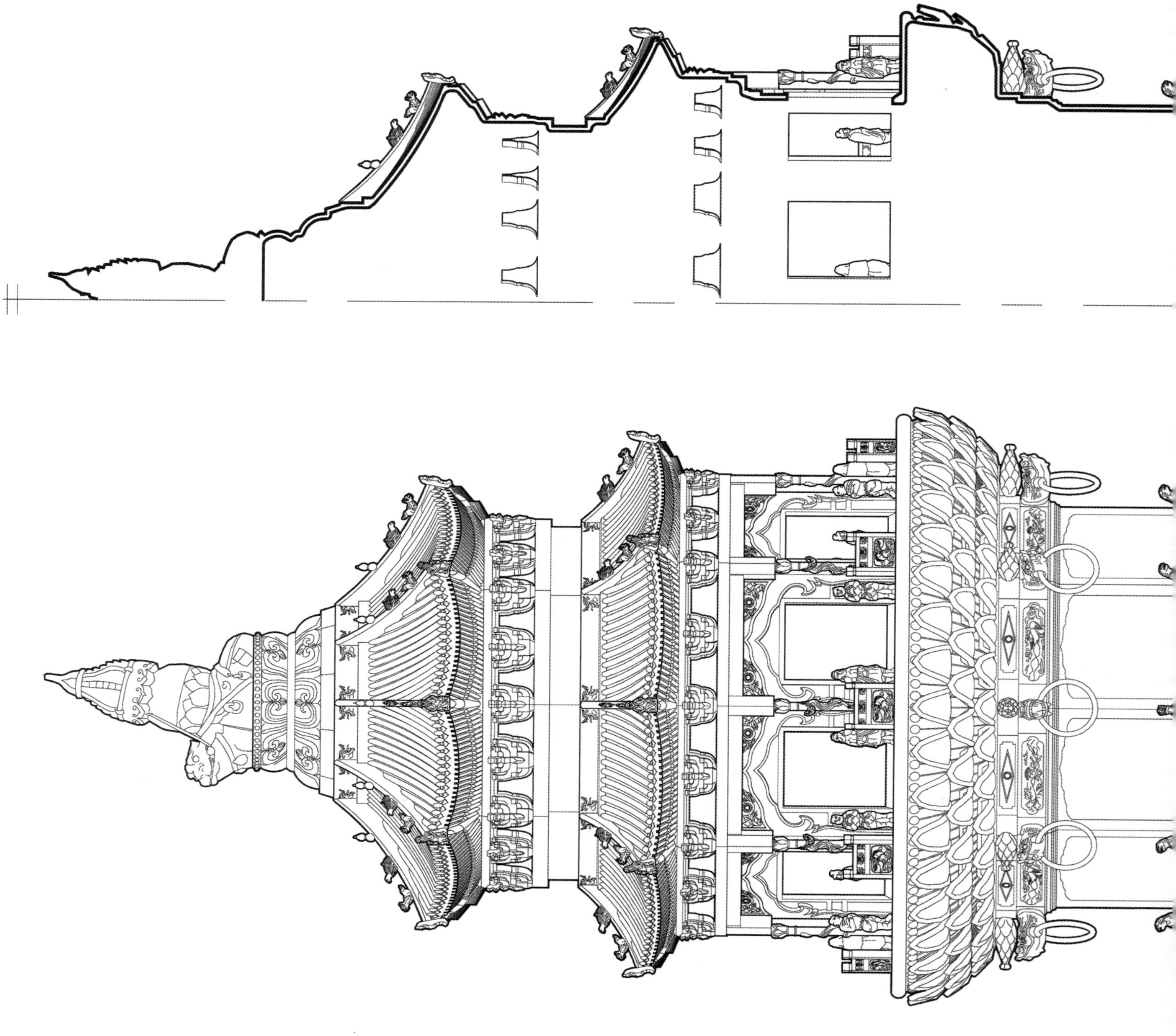

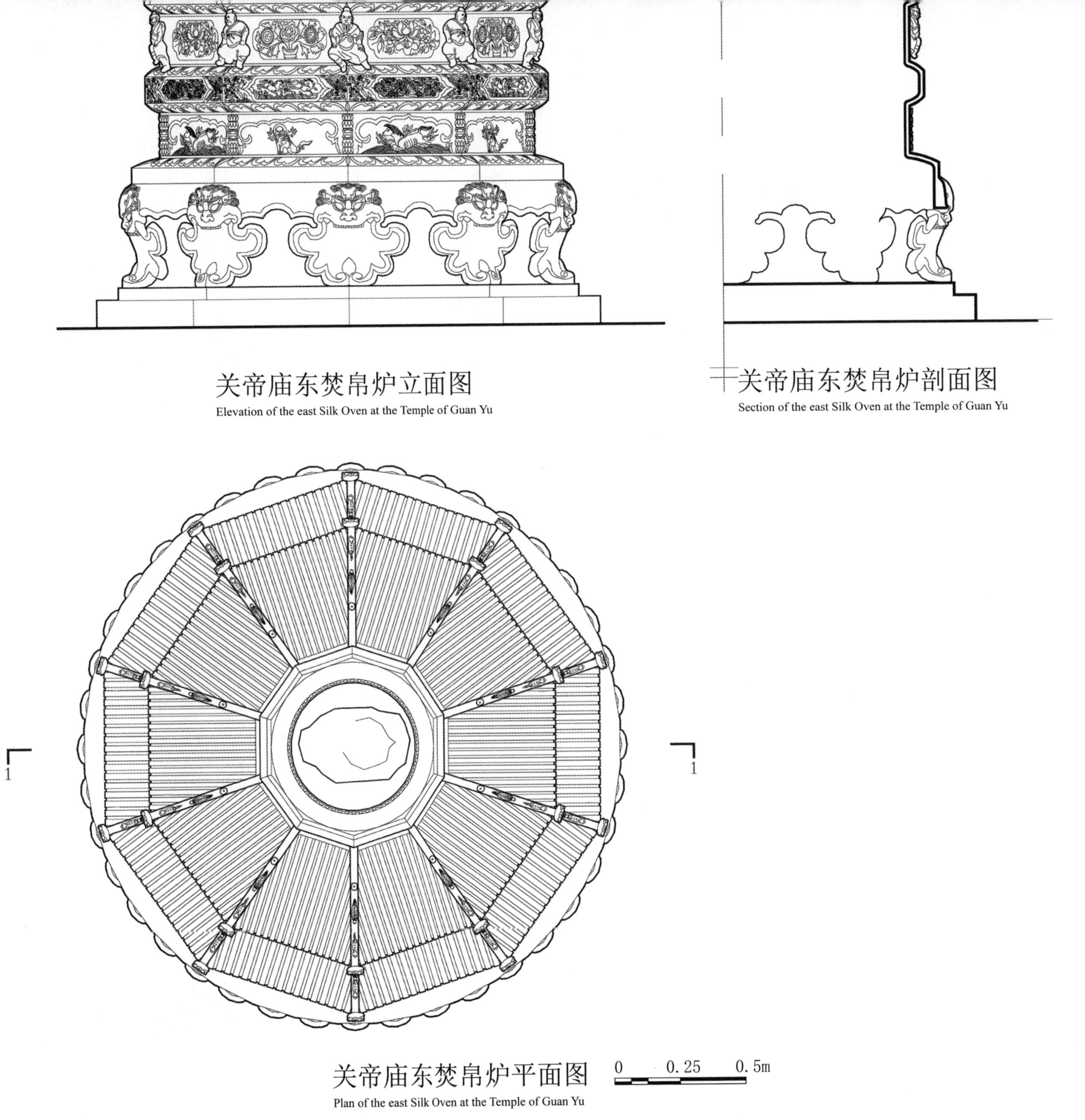

关帝庙东焚帛炉立面图
Elevation of the east Silk Oven at the Temple of Guan Yu

关帝庙东焚帛炉剖面图
Section of the east Silk Oven at the Temple of Guan Yu

关帝庙东焚帛炉平面图
Plan of the east Silk Oven at the Temple of Guan Yu

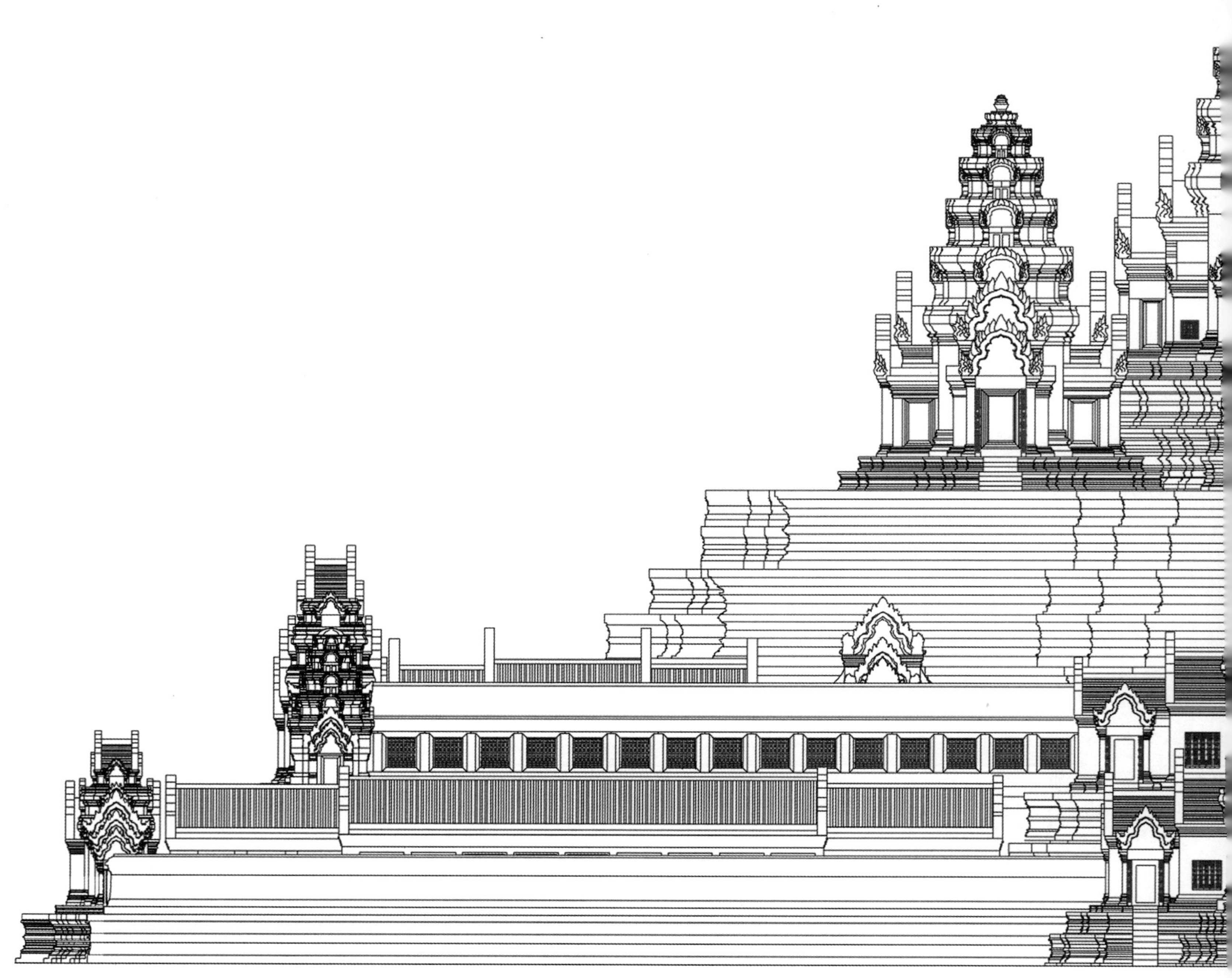

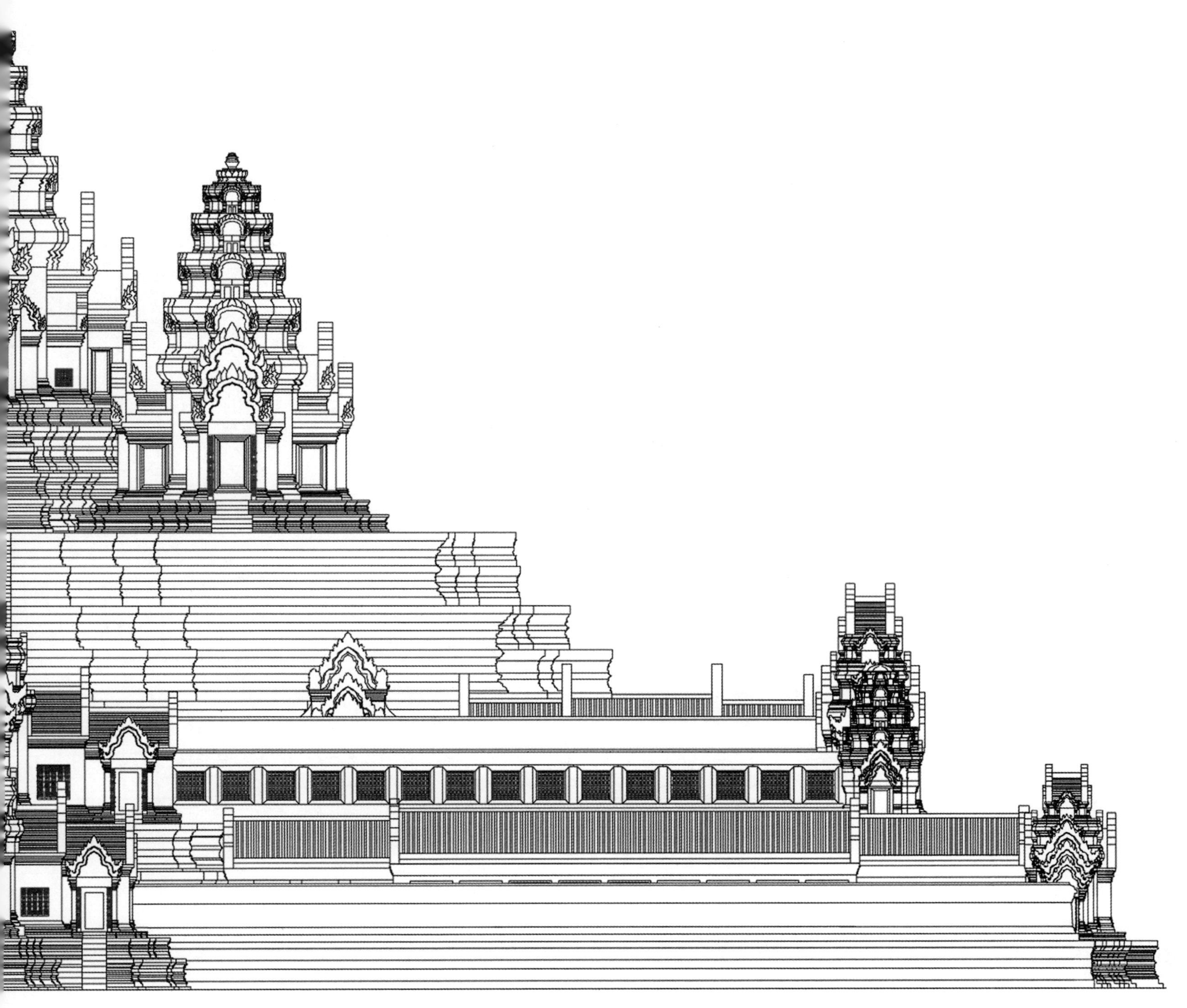

茶胶寺东立面复原图 0 5 10m

Reconstruction drawing of east elevation of Ta Keo Temple

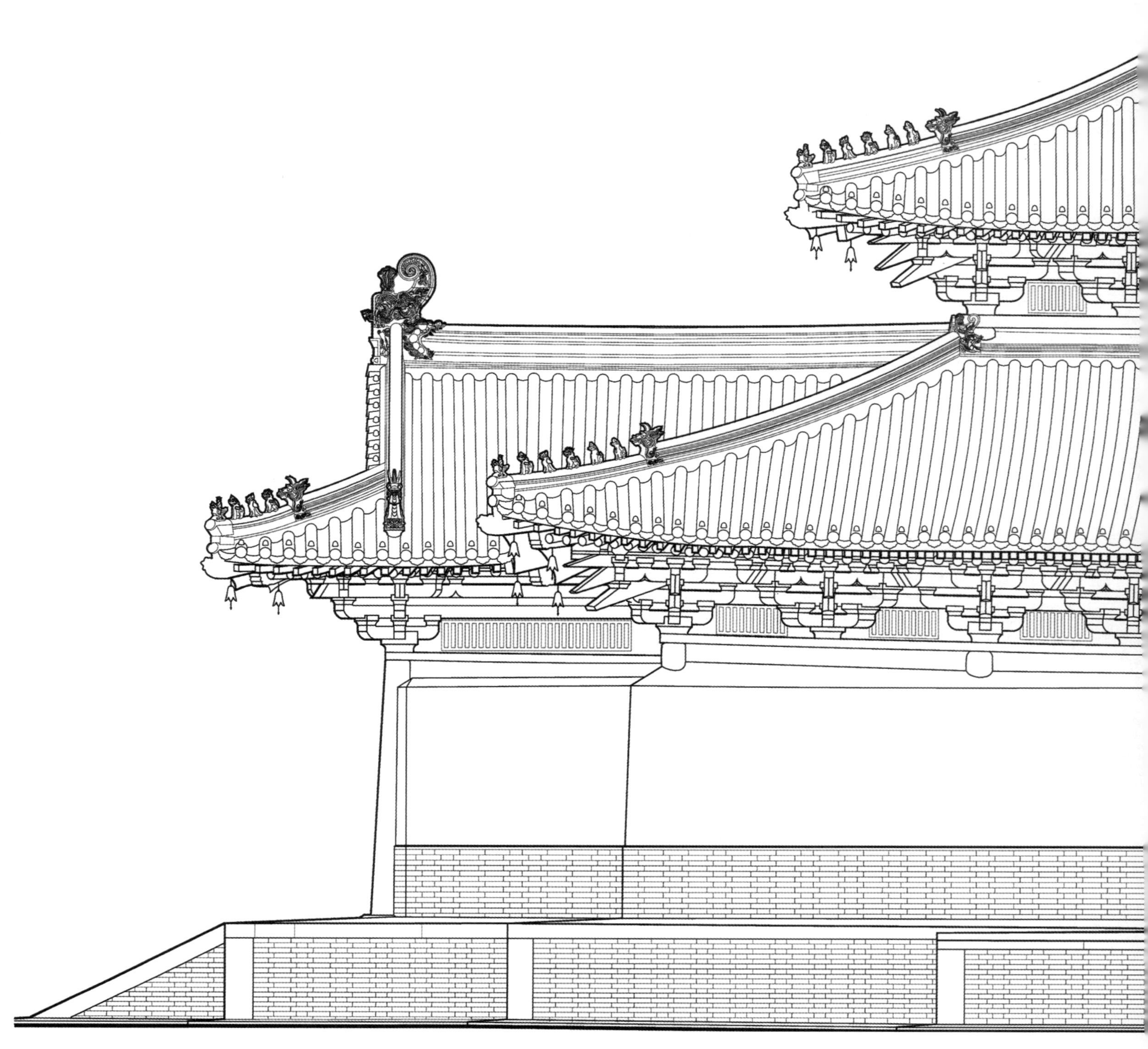

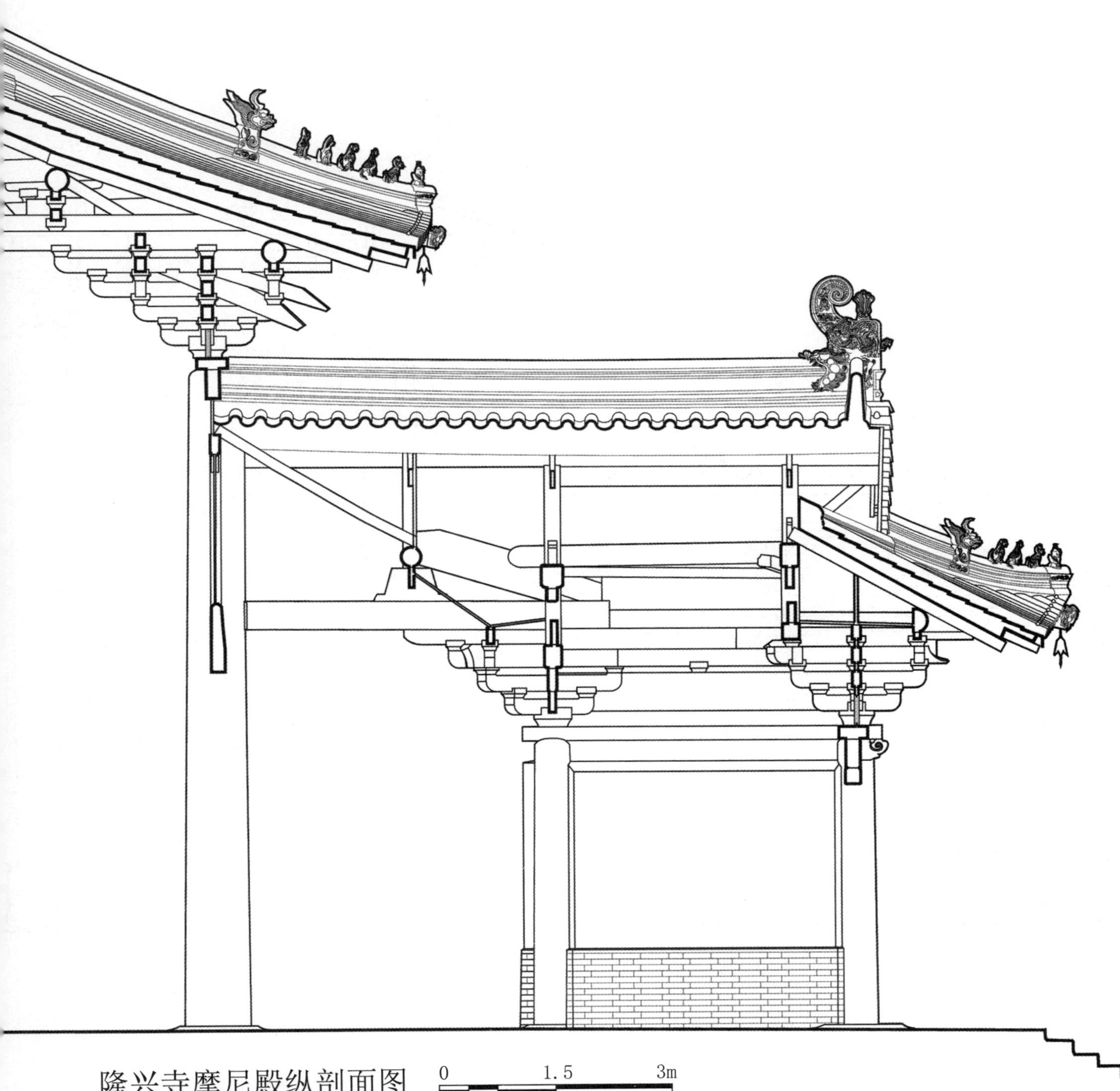

隆兴寺摩尼殿纵剖面图

Vertical section of Moni Hall at Longxing Temple

河北正定　2009

Zhengding, Hebei Province, 2009

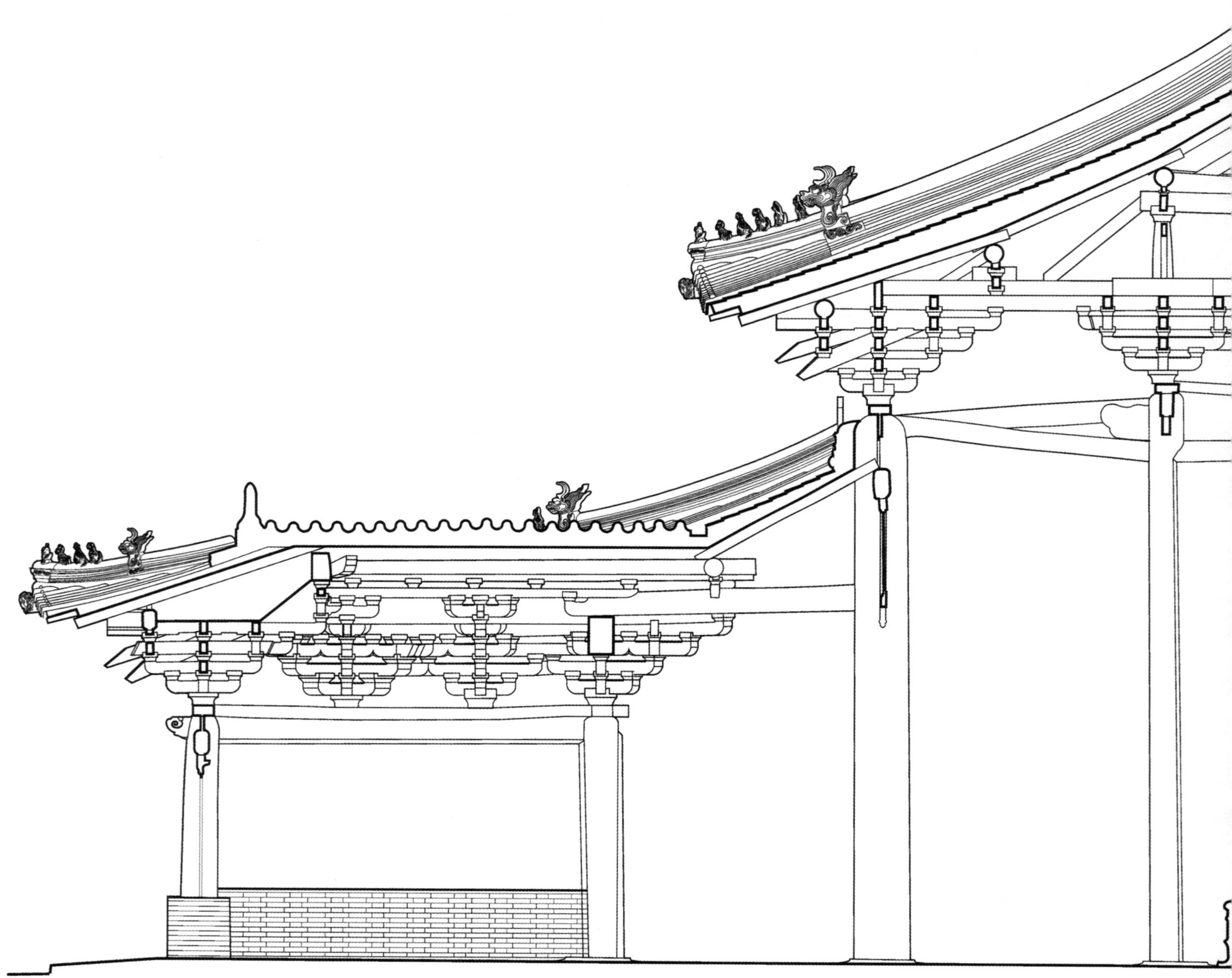

隆兴寺摩尼殿次间剖面图

Side bay section of Moni Hall at Longxing Temple

河北正定　2009

Zhengding, Hebei Province, 2009

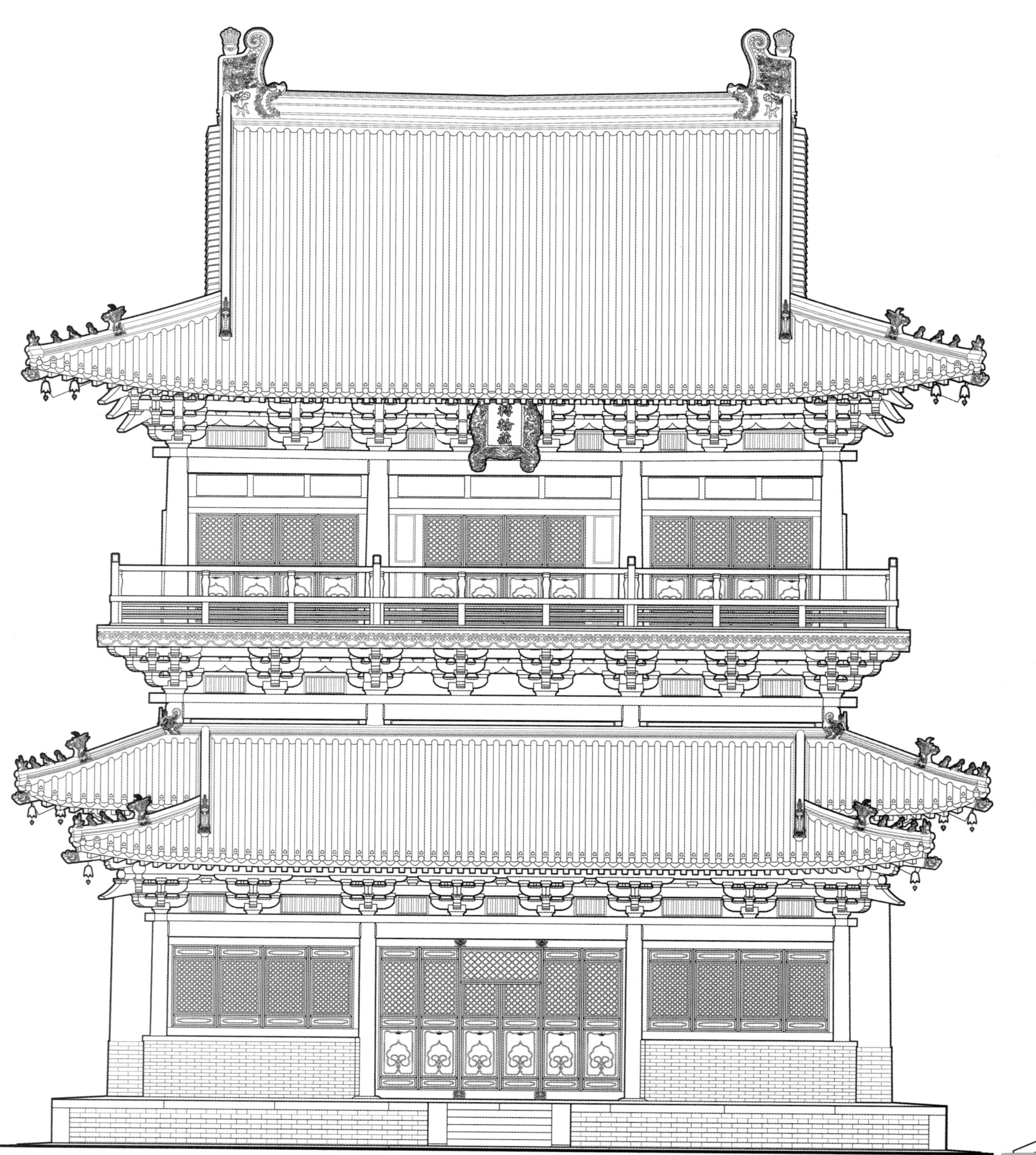

隆兴寺转轮藏阁正立面图 0 1.5 3m

Front elevation of Pavilion of Revolving Sutra Archives at Longxing Temple

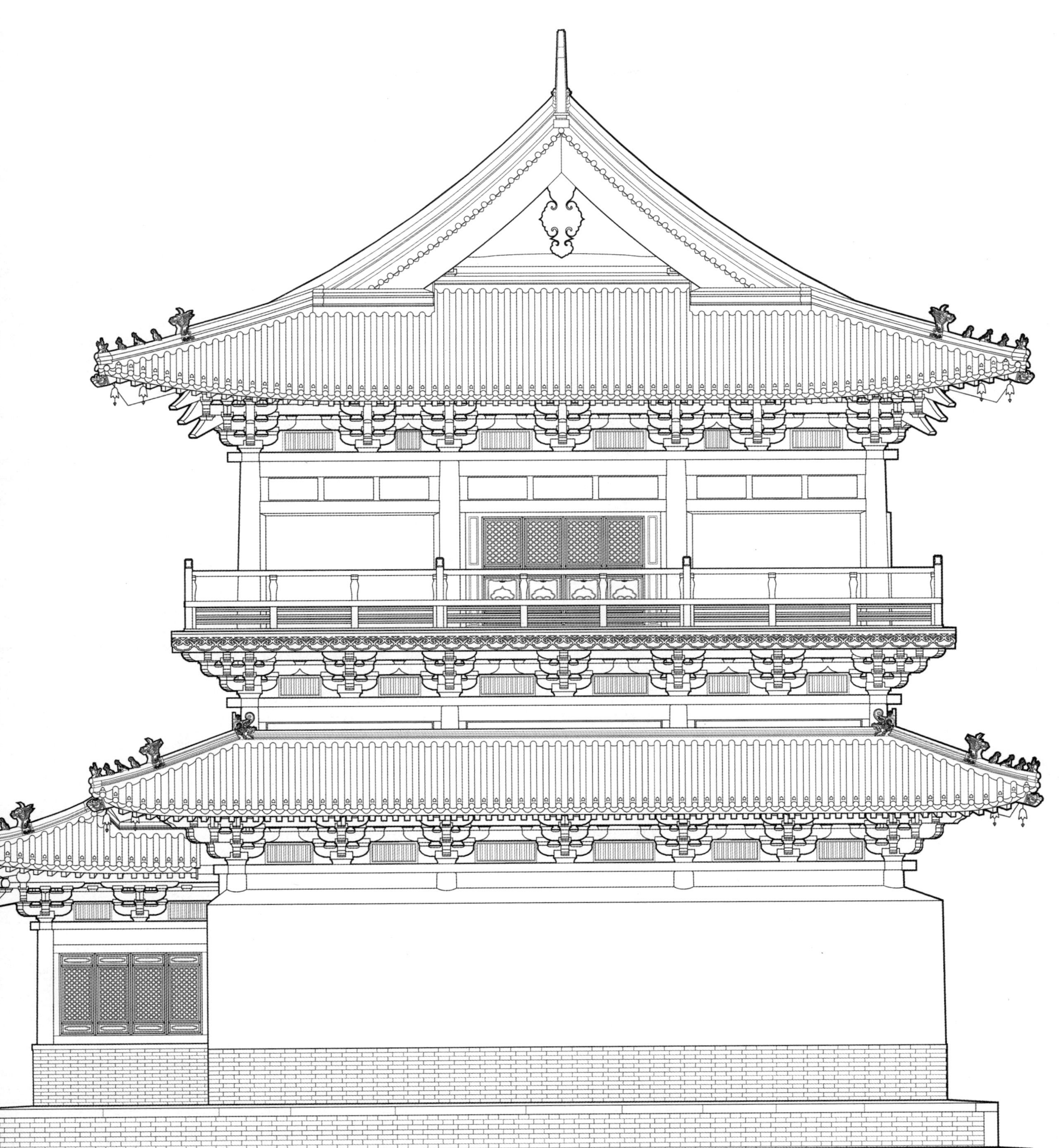

隆兴寺转轮藏阁侧立面图

Side elevation of Pavilion of Revolving Sutra Archives at Longxing Temple

河北正定　2009

Zhengding, Hebei Province, 2009

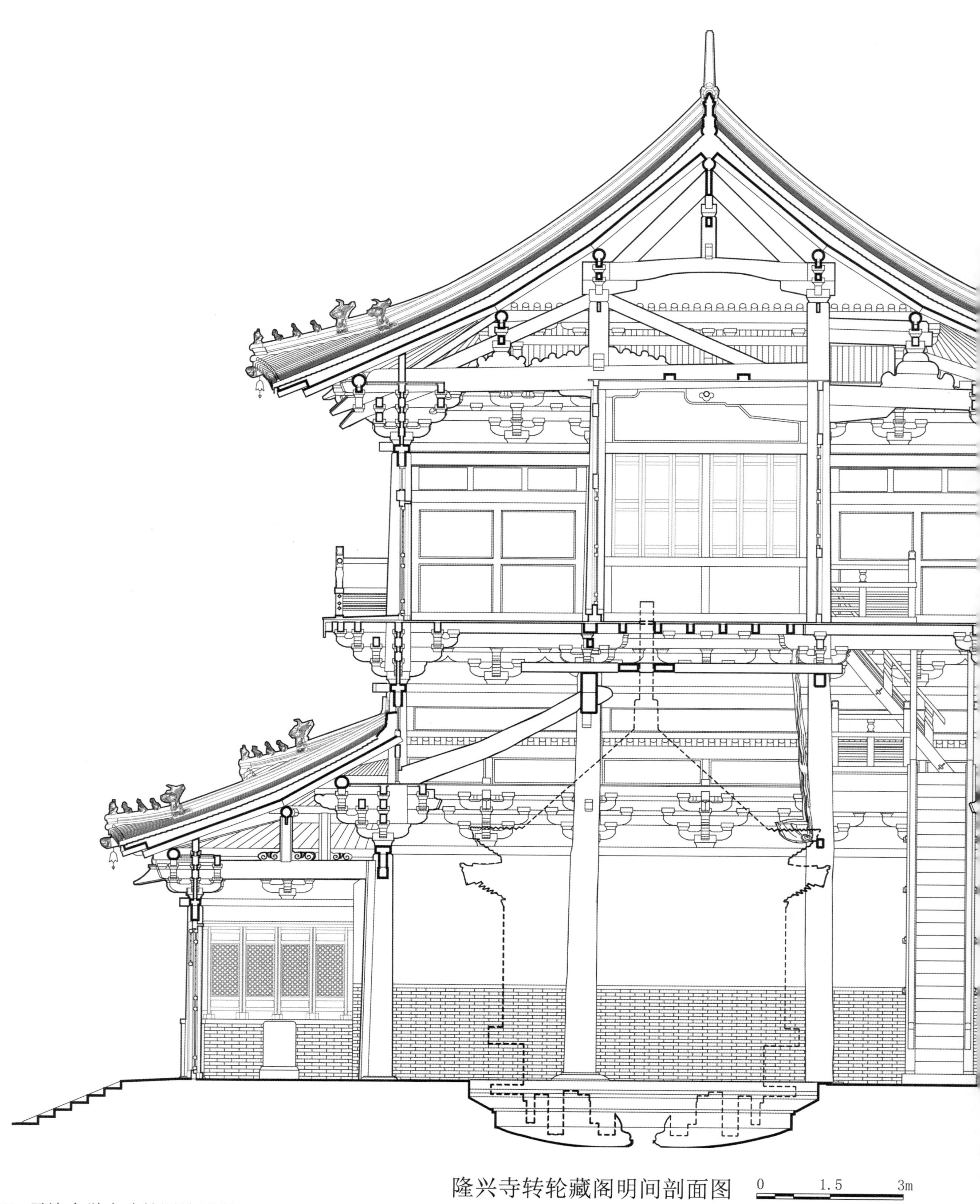

隆兴寺转轮藏阁明间剖面图

Central bay section of Pavilion of Revolving Sutra Archives at Longxing Temple

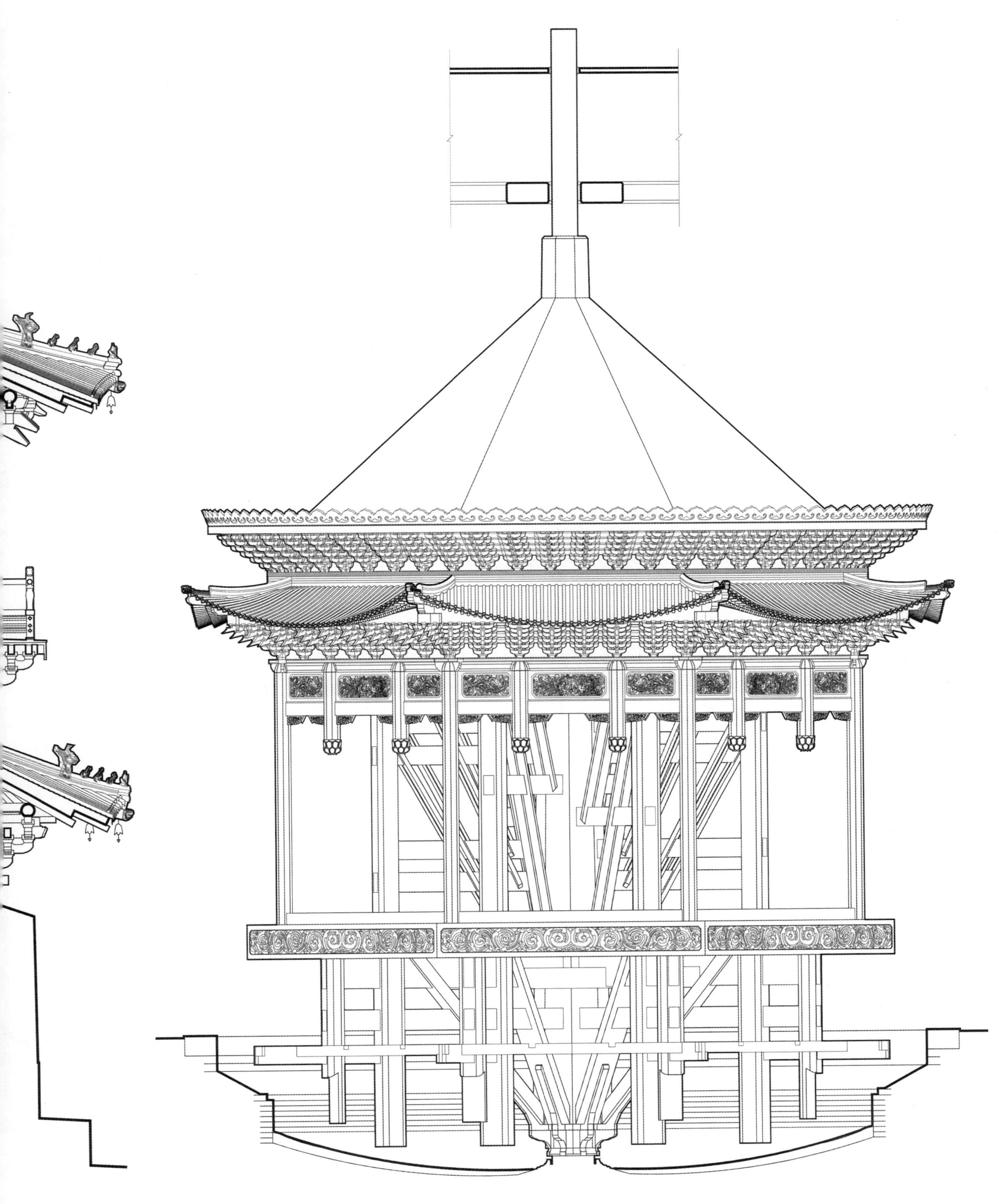

隆兴寺转轮经藏大样图

Detail drawing of Revolving Sutra Archives at Longxing Temple

河北正定　2009

Zhengding, Hebei Province, 2009

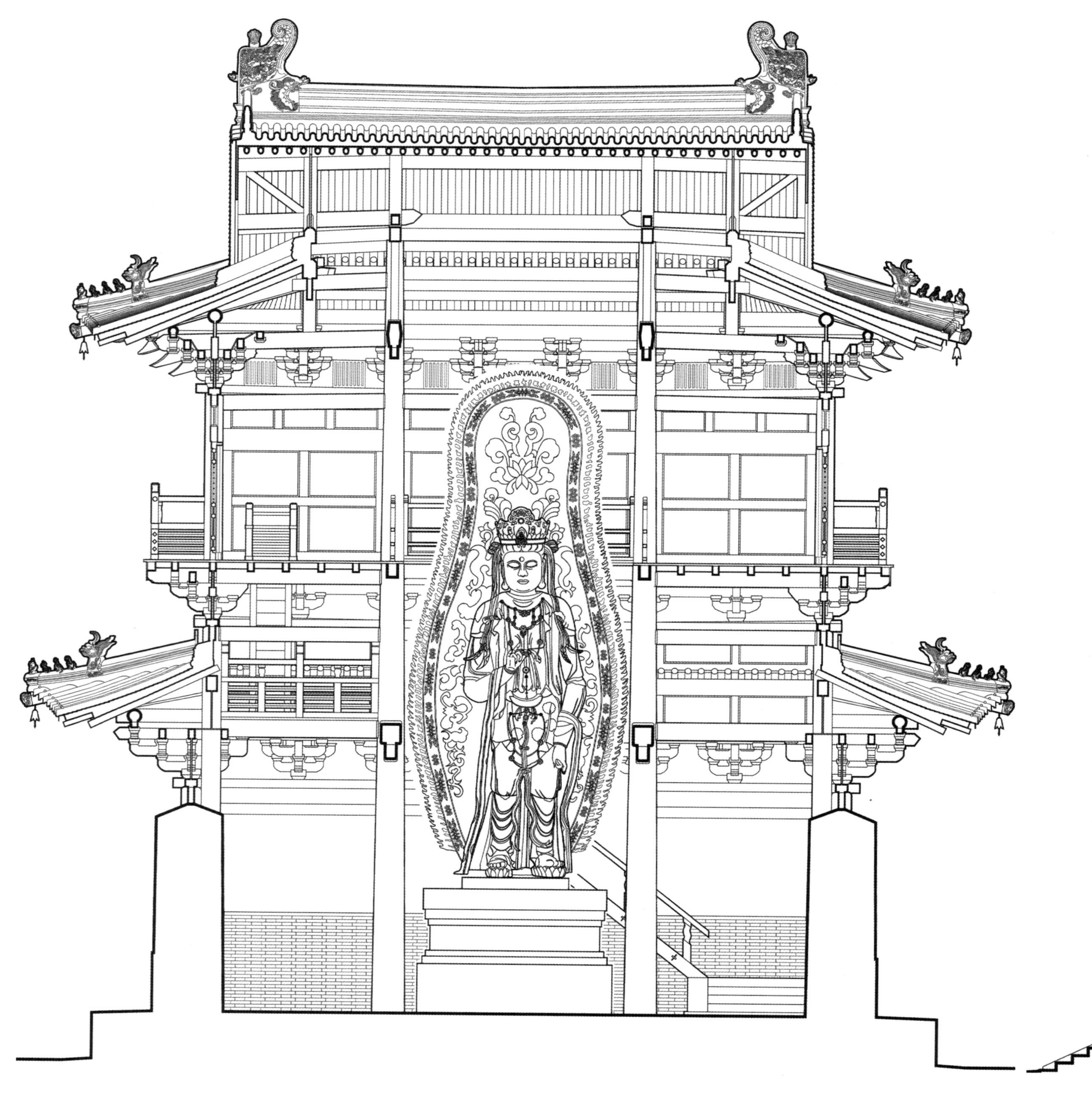

隆兴寺慈氏阁纵剖面图

Vertical section of Cishi (Maitreya) Pavilion at Longxing Temple

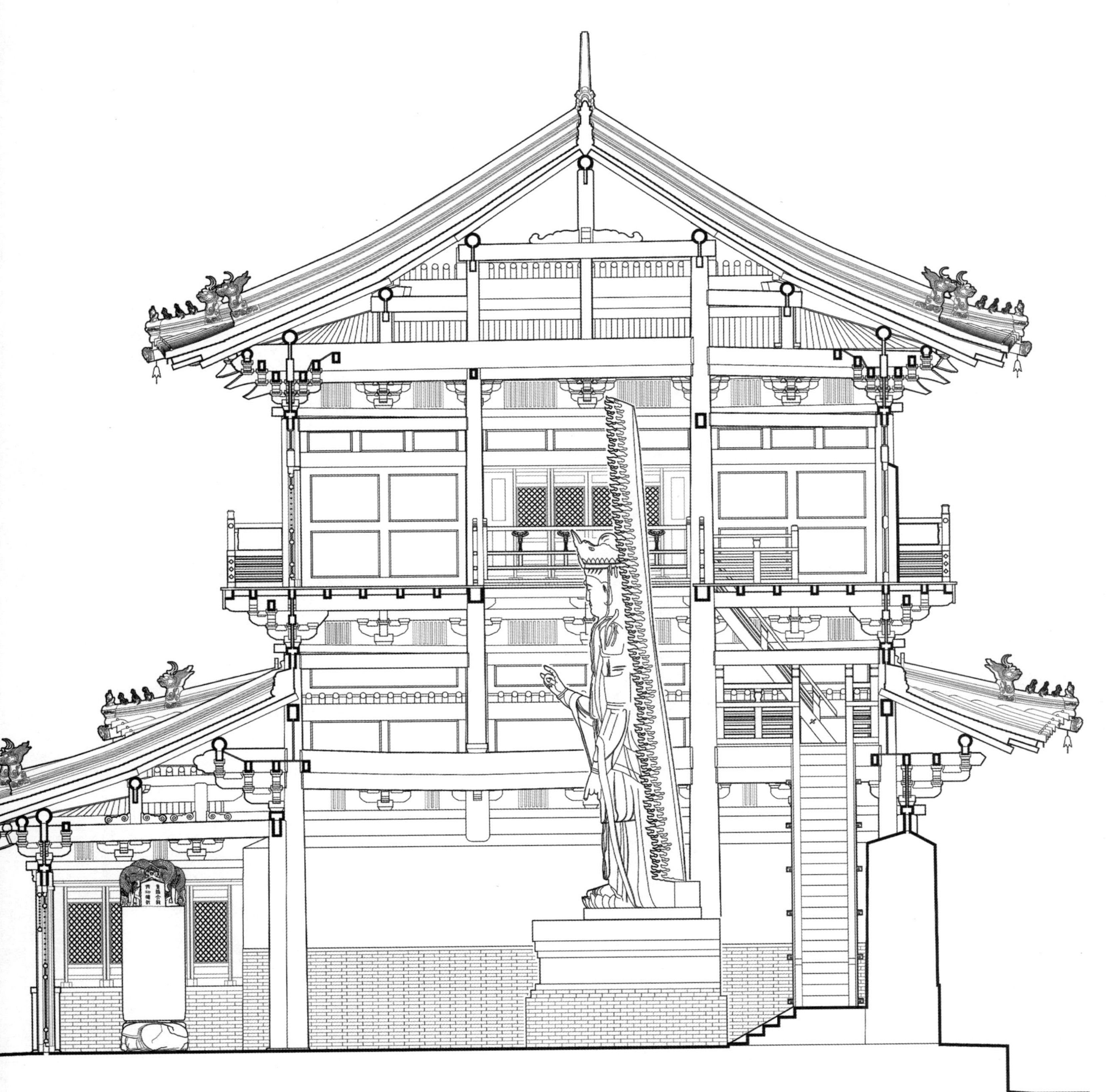

隆兴寺慈氏阁明间剖面图

Central bay section of Cishi (Maitreya) Pavilion at Longxing Temple

河北正定　2009

Zhengding, Hebei Province, 2009

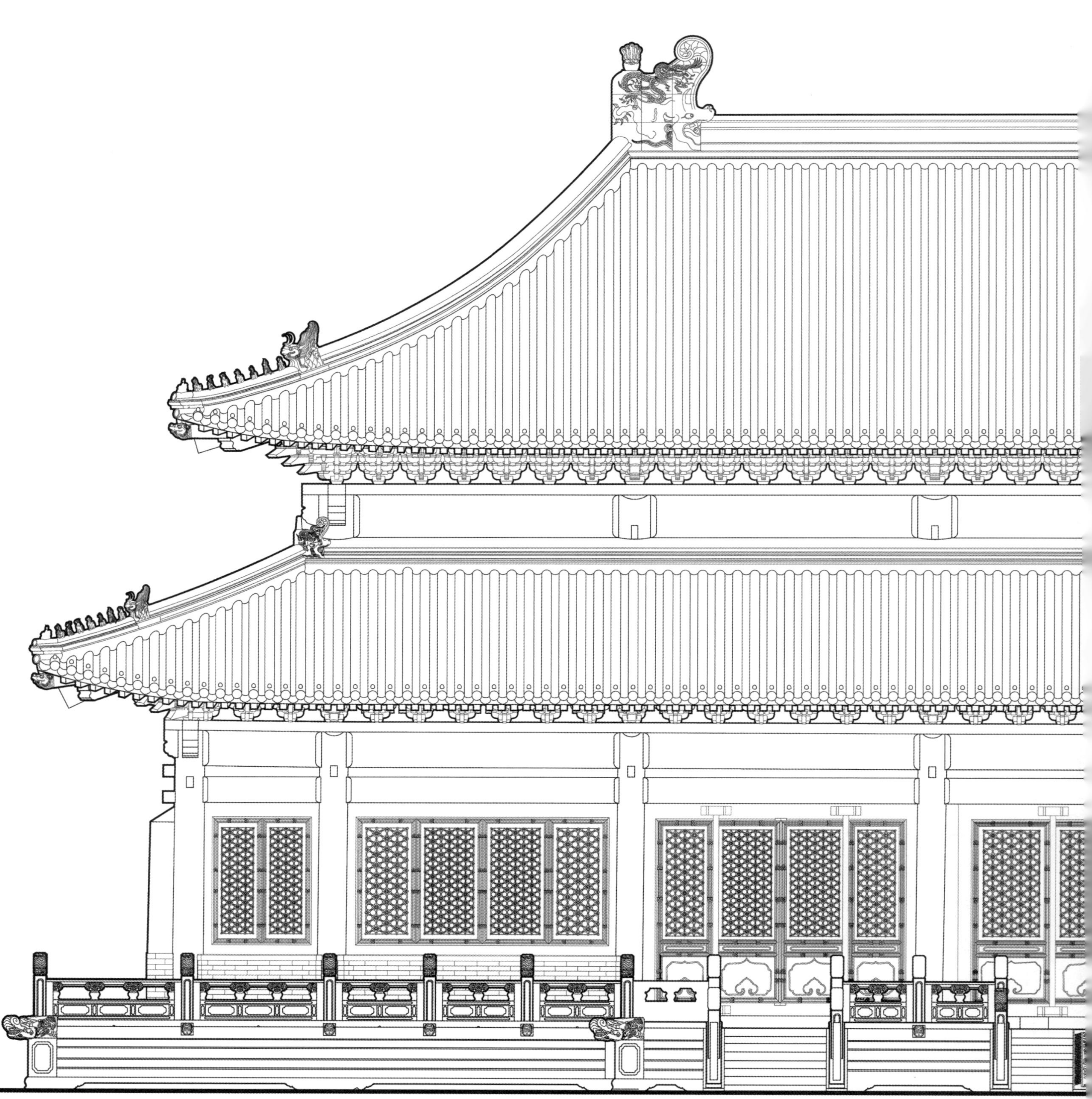

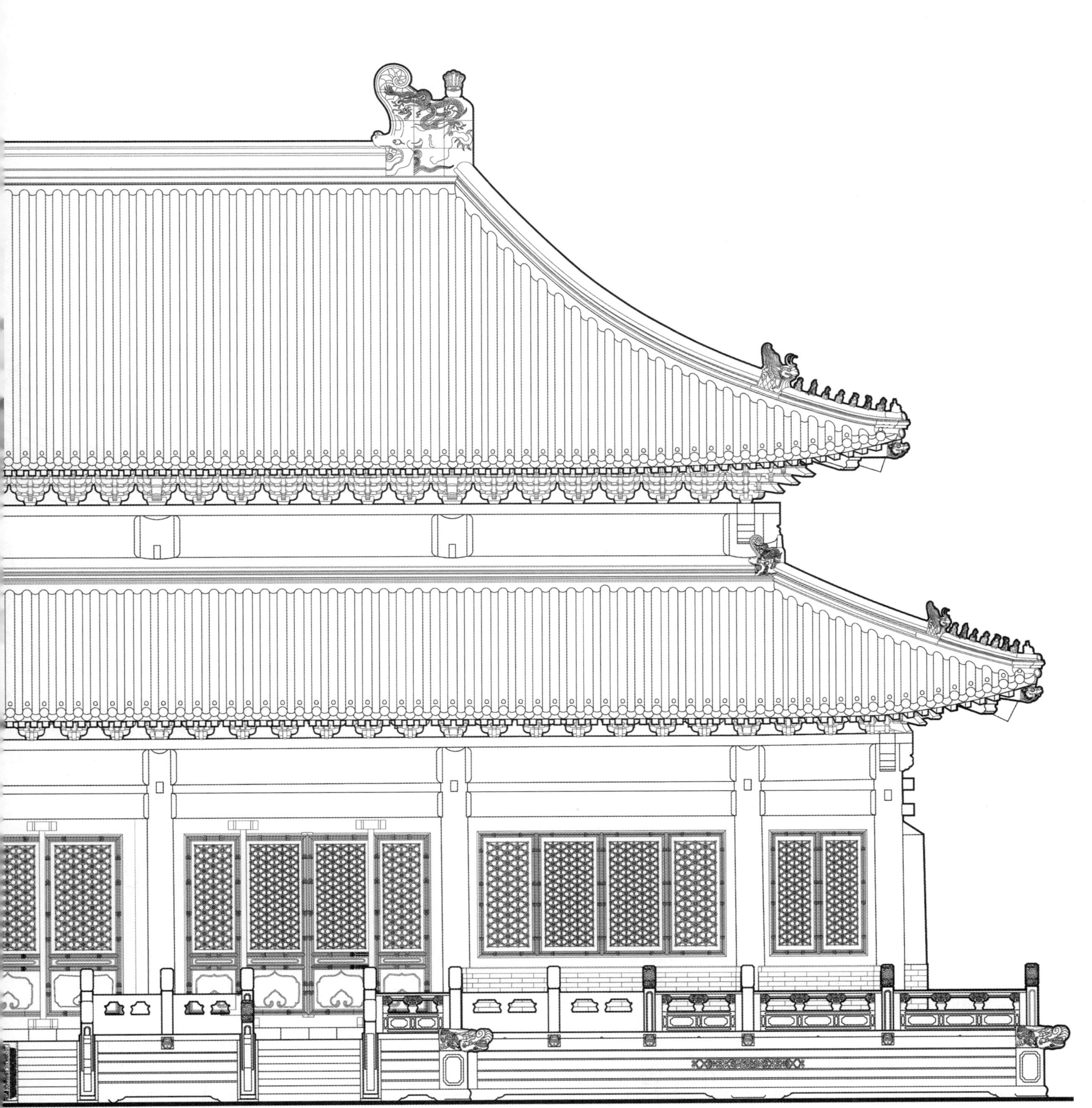

大高玄殿正殿正立面图 0 1.5 3m

Front elevation of Da Gao Xuan (Great Superb Abstruse) Hall

北京 2013

Beijing, 2013

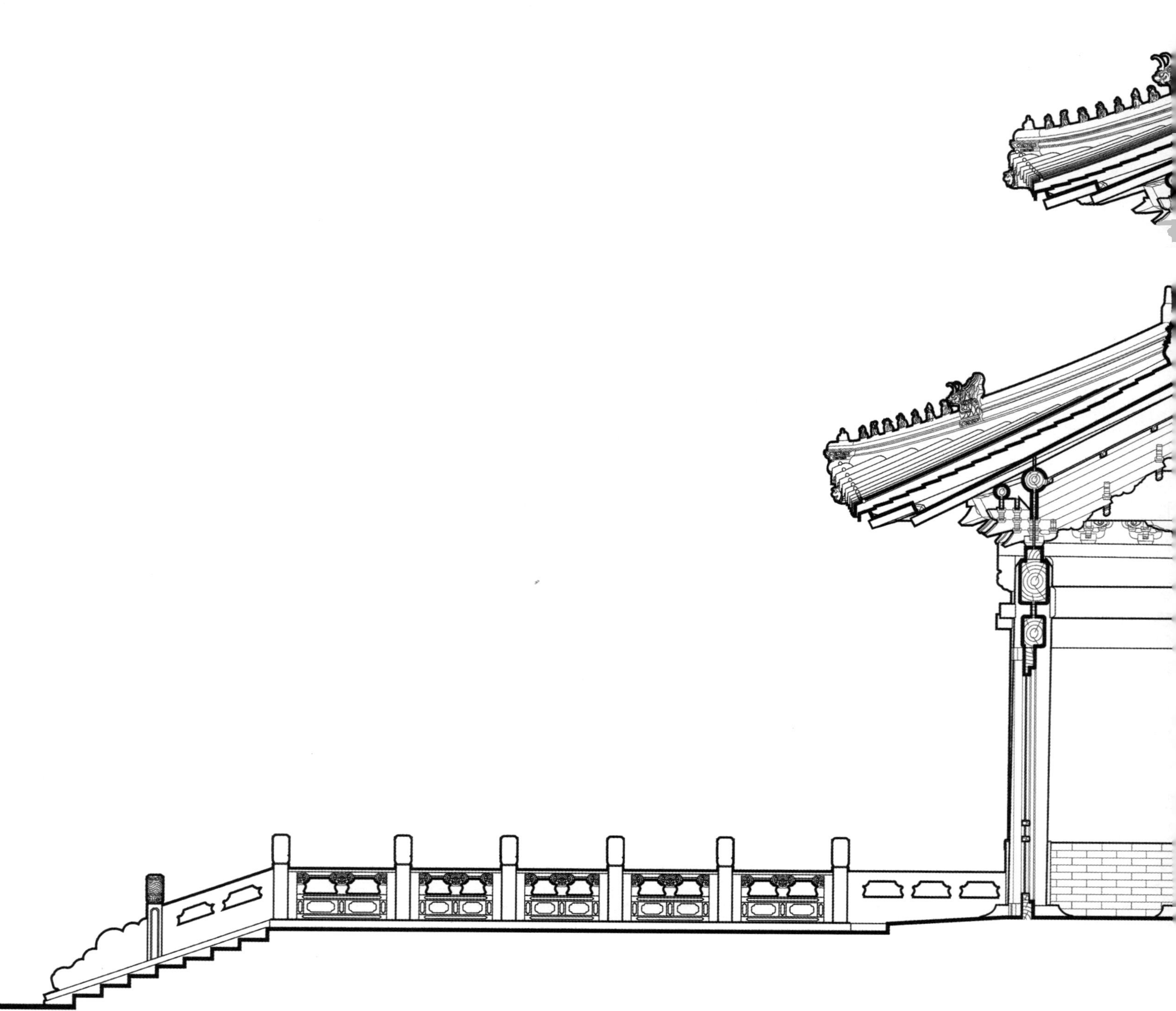

大高玄殿正殿明间剖面图

Central bay section of Da Gao Xuan (Great Superb Abstruse) Hall

北京　2013

Beijing, 2013

大高玄殿乾元阁正立面图 0 1.5 3m

Front elevation of Qianyuan (the Beginning of Universe) Pavilion at Da Gao Xuan (Great Superb Abstruse) Hall complex

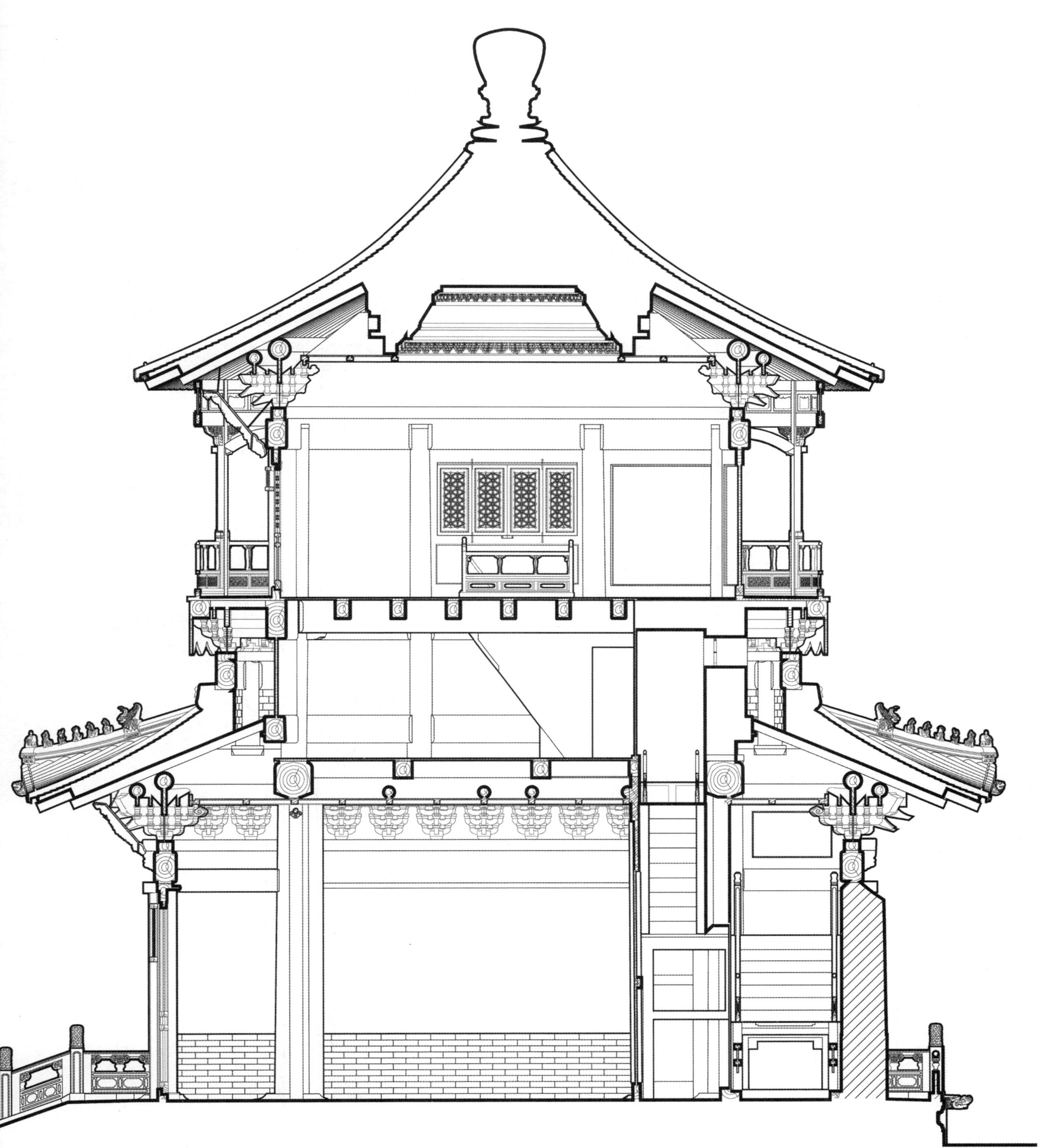

大高玄殿乾元阁明间剖面图

Central bay section of Qianyuan (the Beginning of Universe) Pavilion at Da Gao Xuan (Great Superb Abstruse) Hall complex

北京　2013

Beijing, 2013

景山寿皇殿显承无斁昭格维馨牌坊正立面图 0 1 2m

Front elevation of Xianchengwuduzhaogeweixin (Great Determination of Carrying Forward Ancestral Inheritance) Archway at Jingshan Park

北京 2014

Beijing, 2014

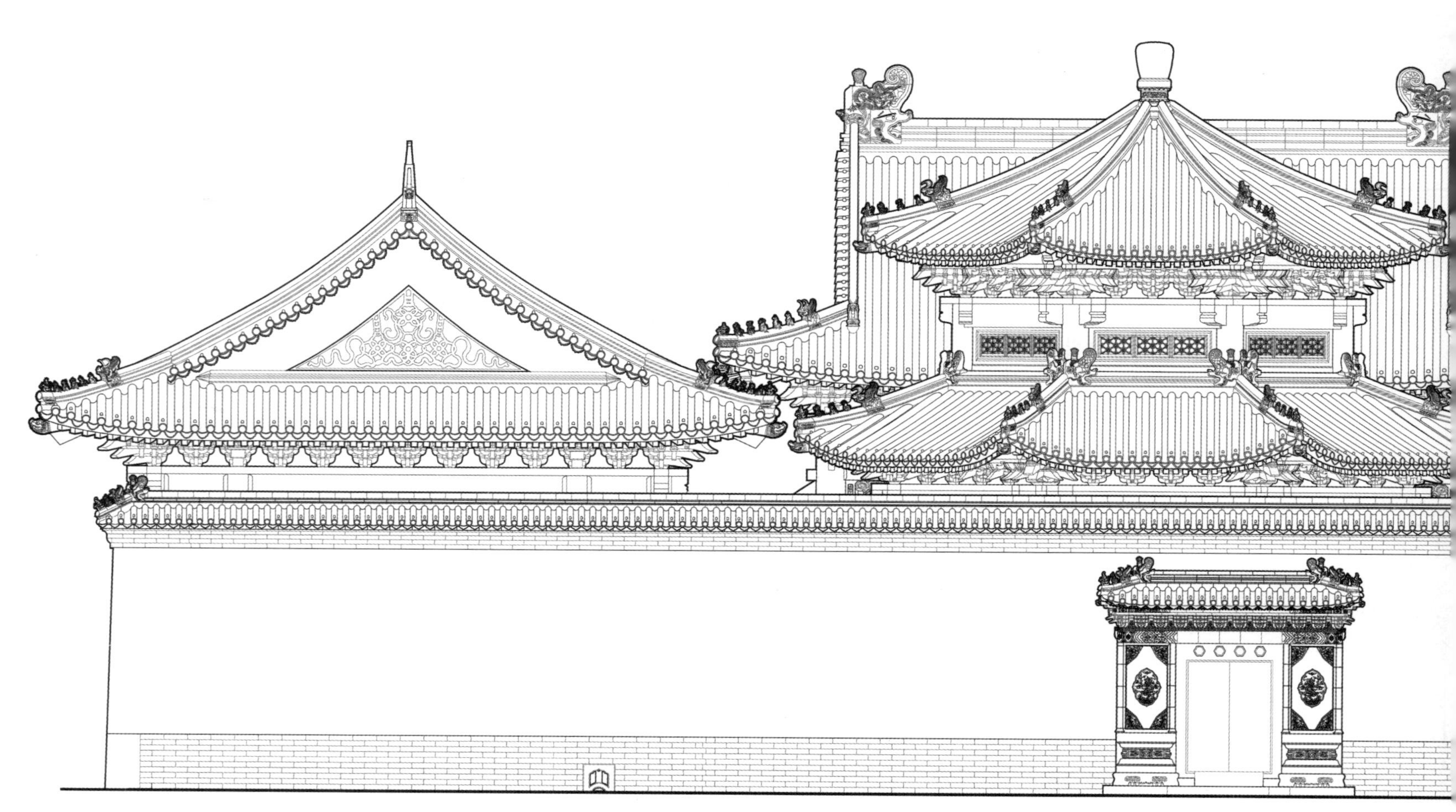

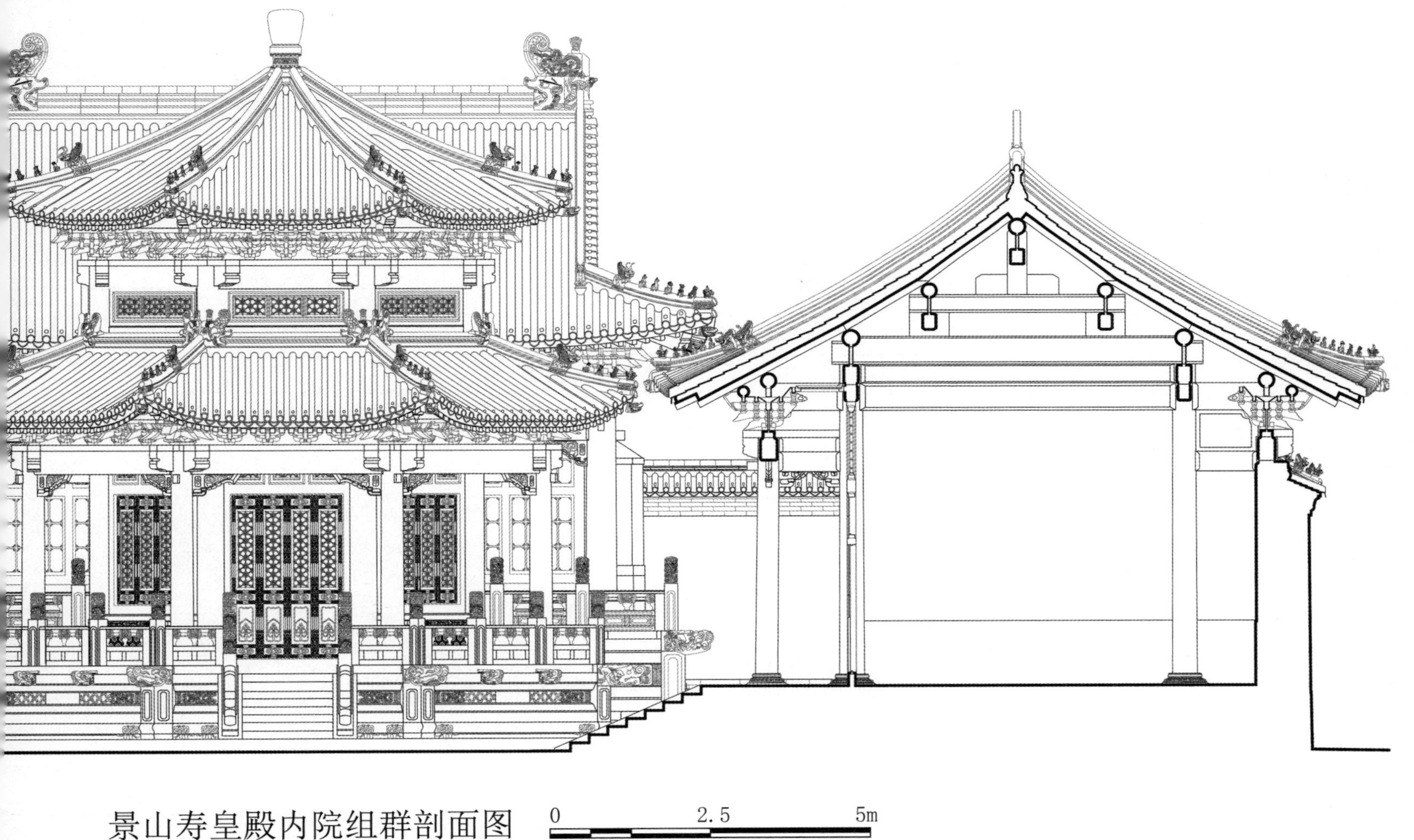

景山寿皇殿内院组群剖面图

Section of the inner court of Hall of Imperial Longevity complex at Jingshan Park

北京　2014

Beijing, 2014

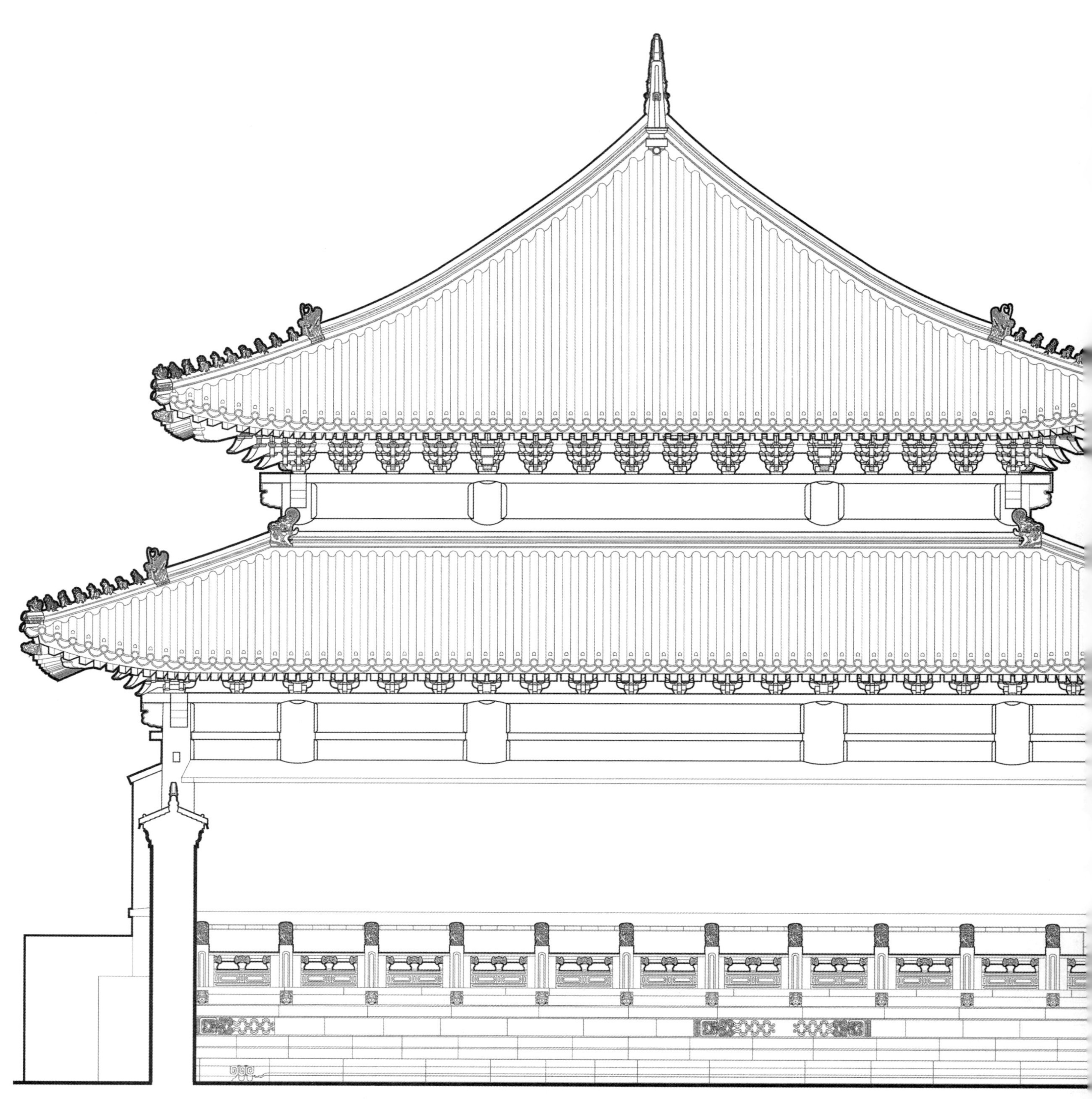

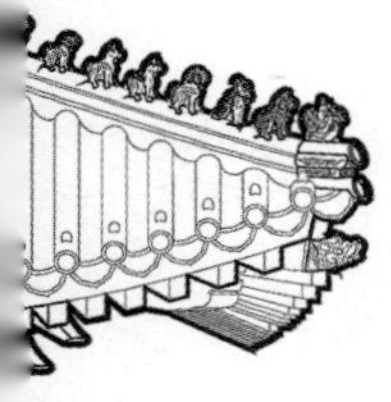

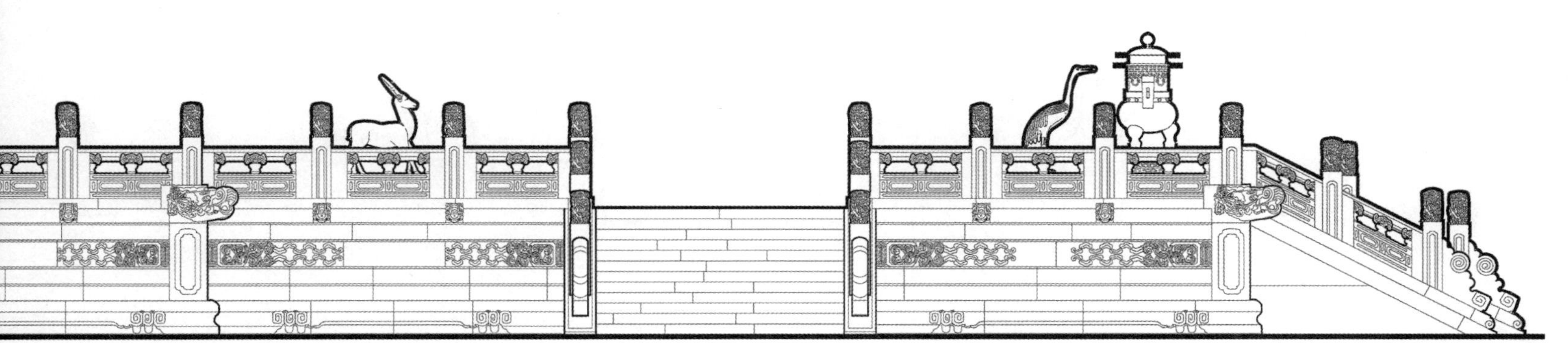

景山寿皇殿大殿侧立面图

0 2.5 5m

Side elevation of Hall of Imperial Longevity at Jingshan Park

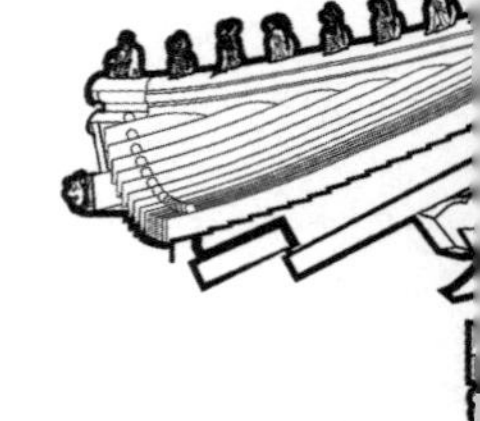

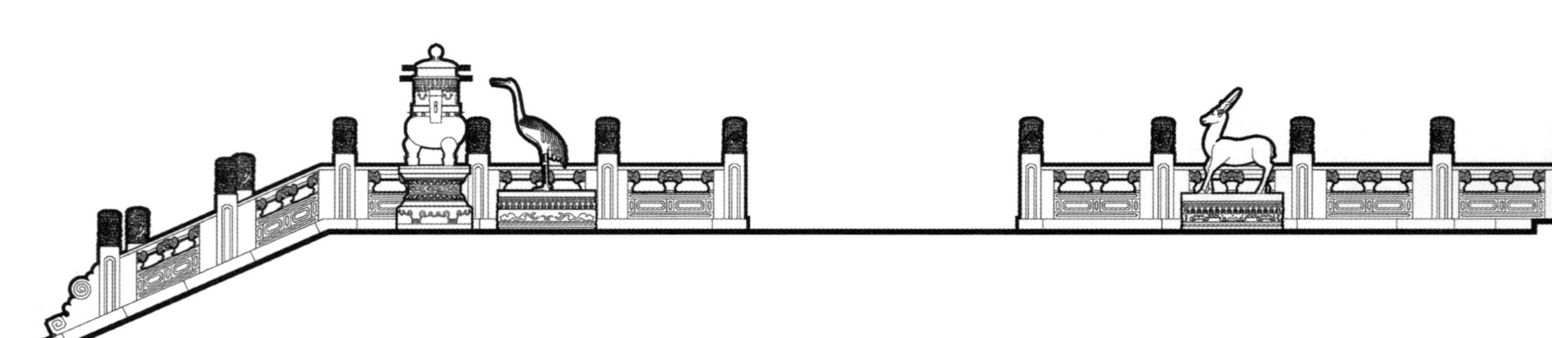

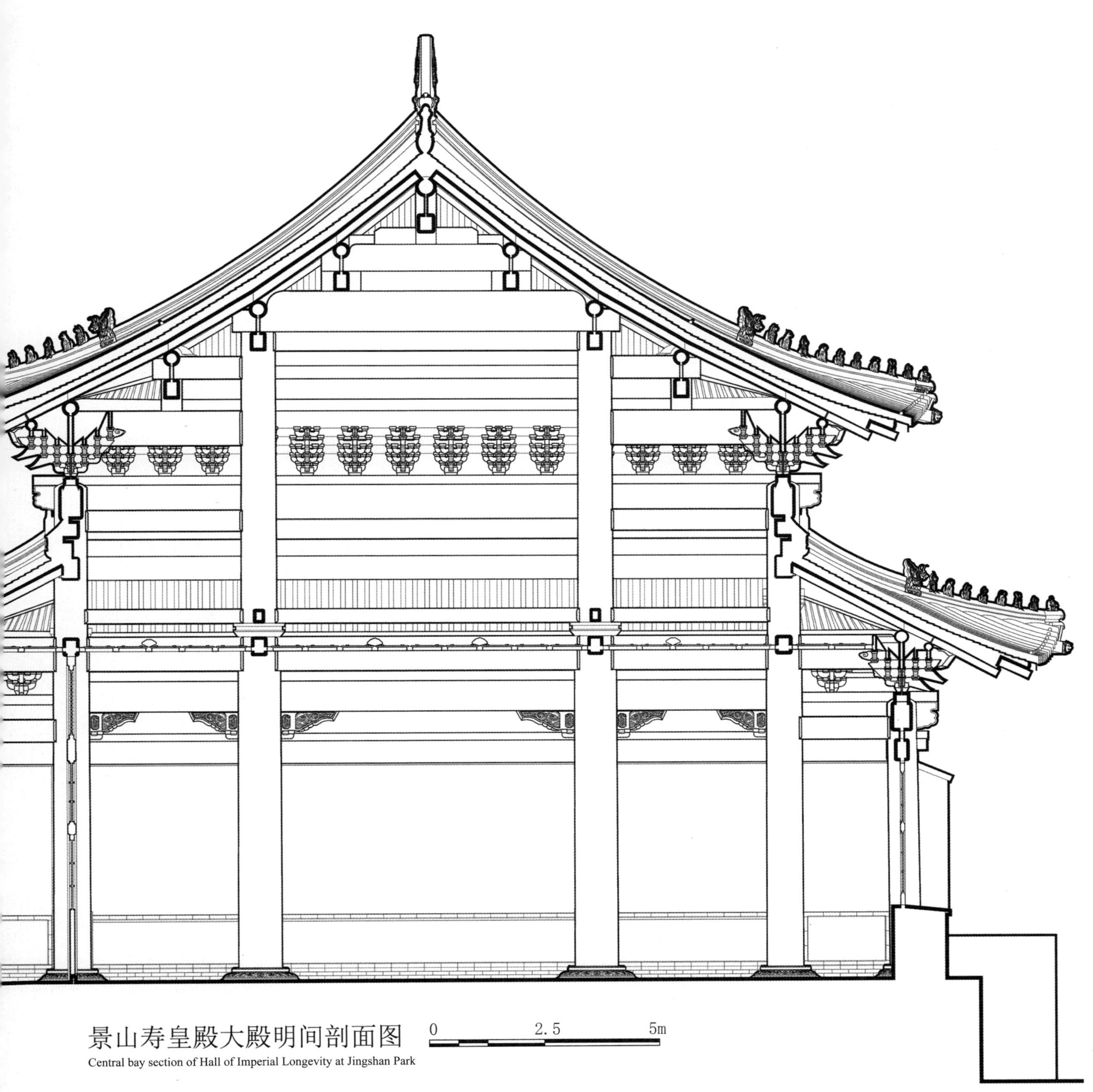

景山寿皇殿大殿明间剖面图

Central bay section of Hall of Imperial Longevity at Jingshan Park

北京　2014

Beijing, 2014

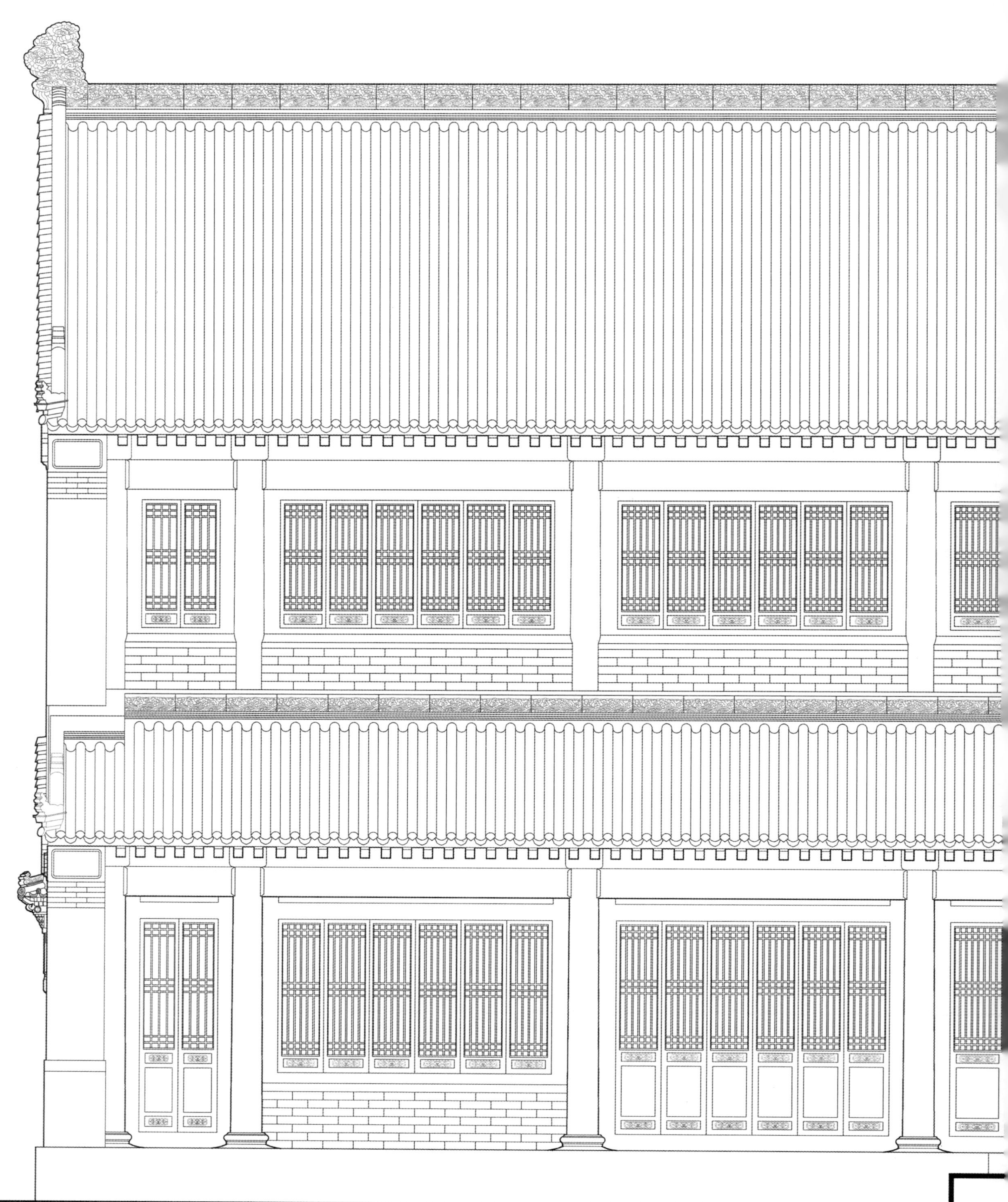

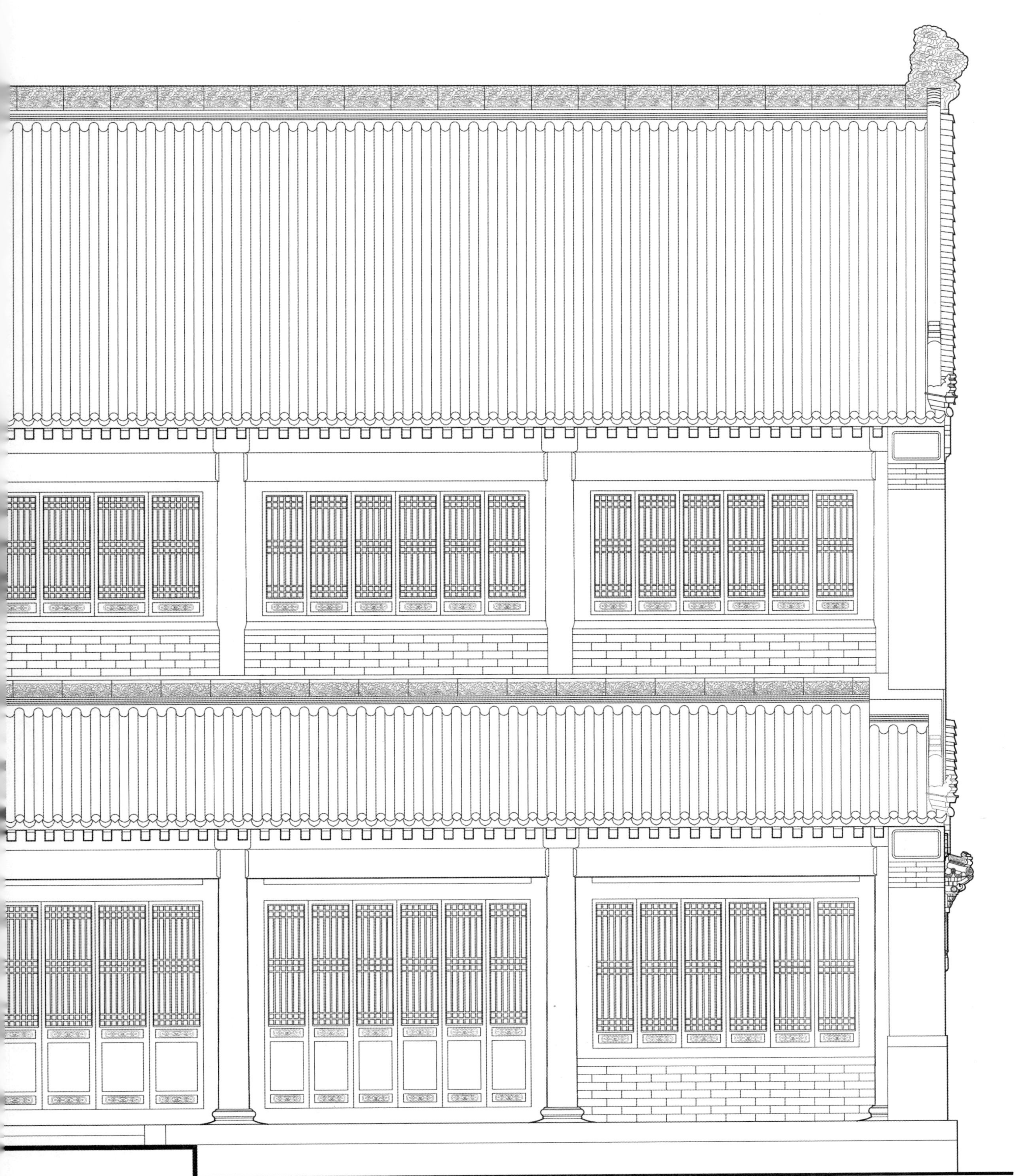

故宫文溯阁正立面图

Front elevation of Wensu (the Beginning of Literature) Pavilion at Mukden Palace

辽宁沈阳　2014

Shenyang, Liaoning Province, 2014

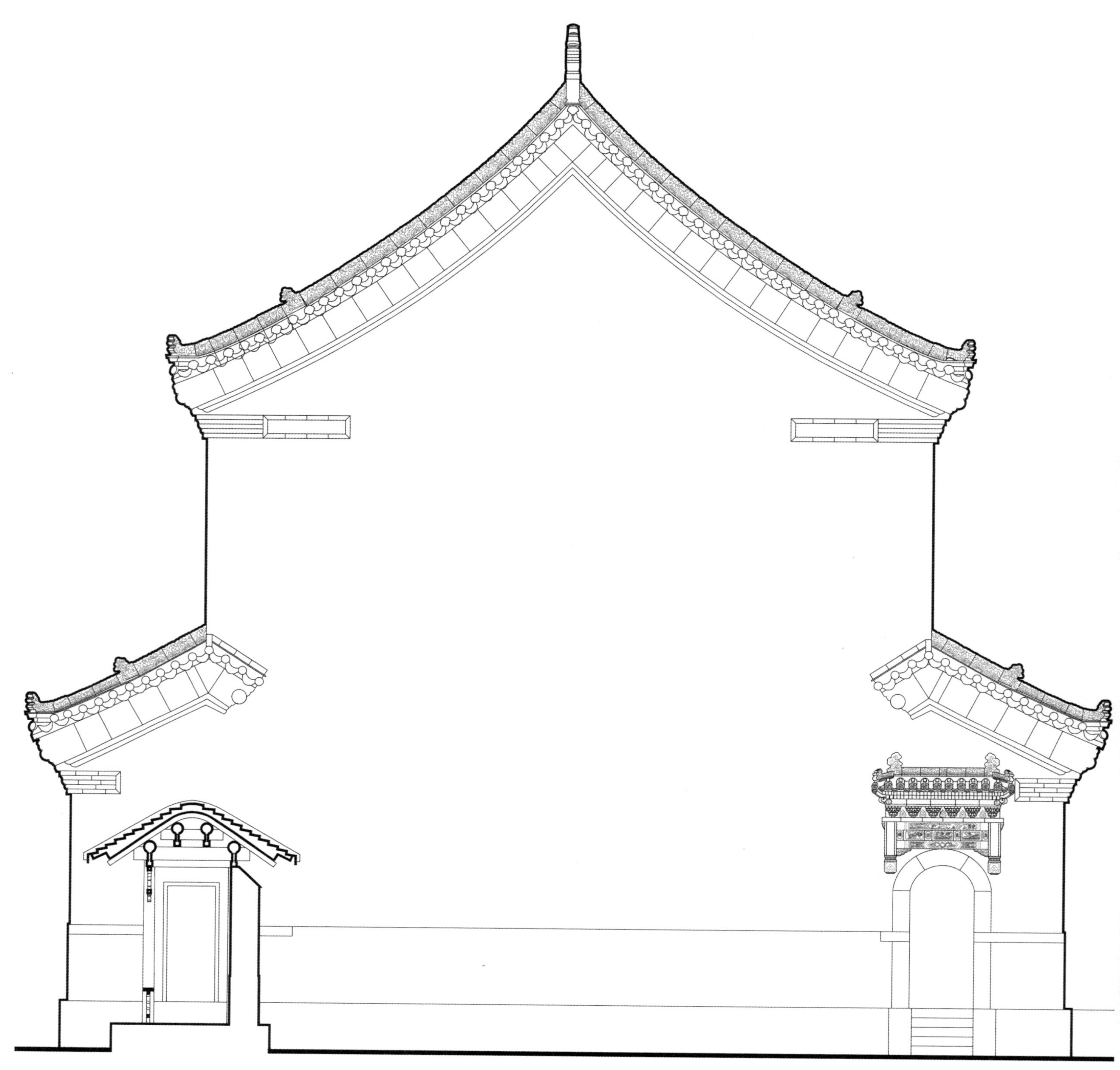

故宫文溯阁侧立面图 0 1.5 3m

Side elevation of Wensu (the Beginning of Literature) Pavilion at Mukden Palace

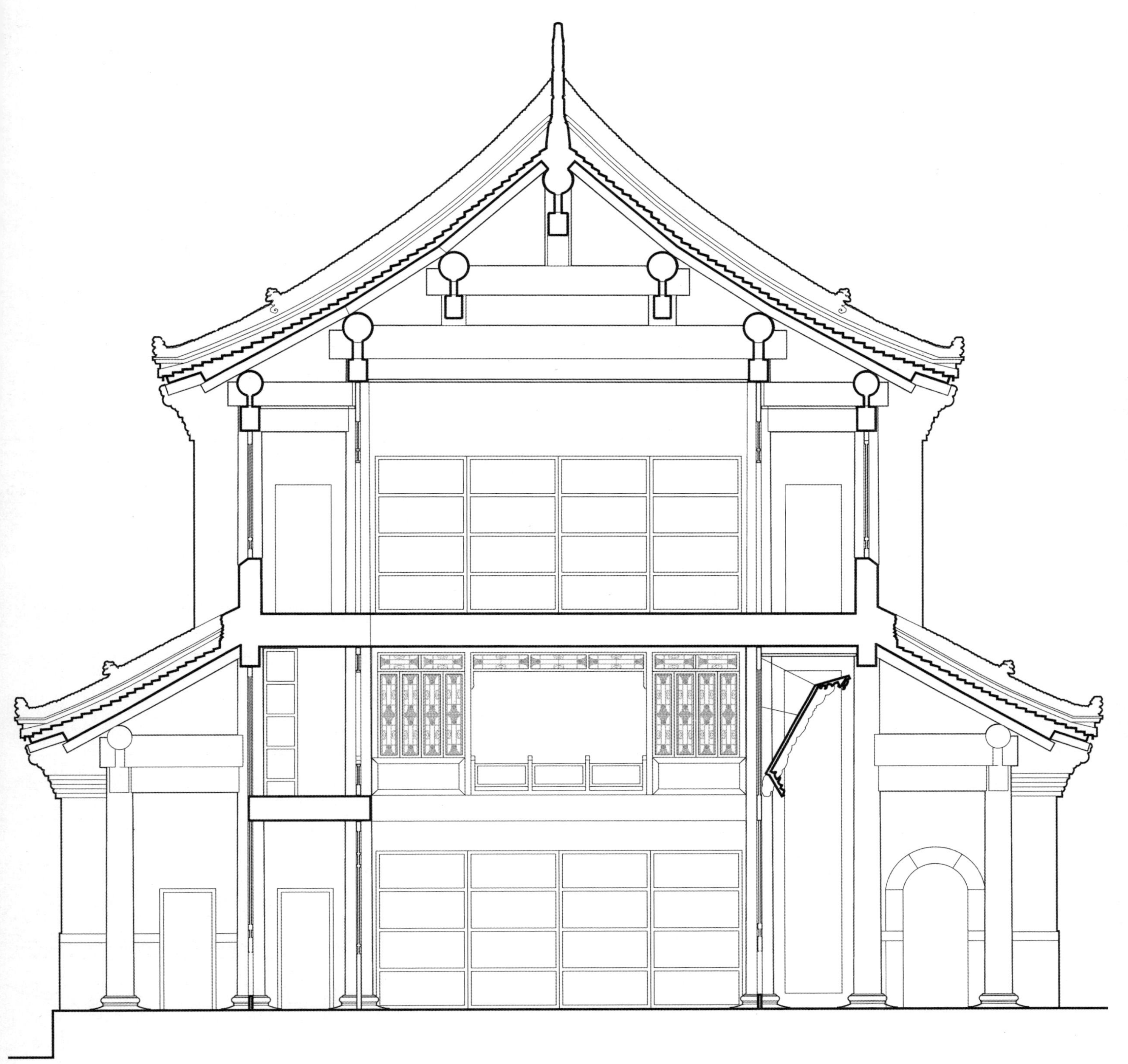

故宫文溯阁明间剖面图

Central bay section of Wensu (the Beginning of Literature) Pavilion at Mukden Palace

辽宁沈阳　2014

Shenyang, Liaoning Province, 2014

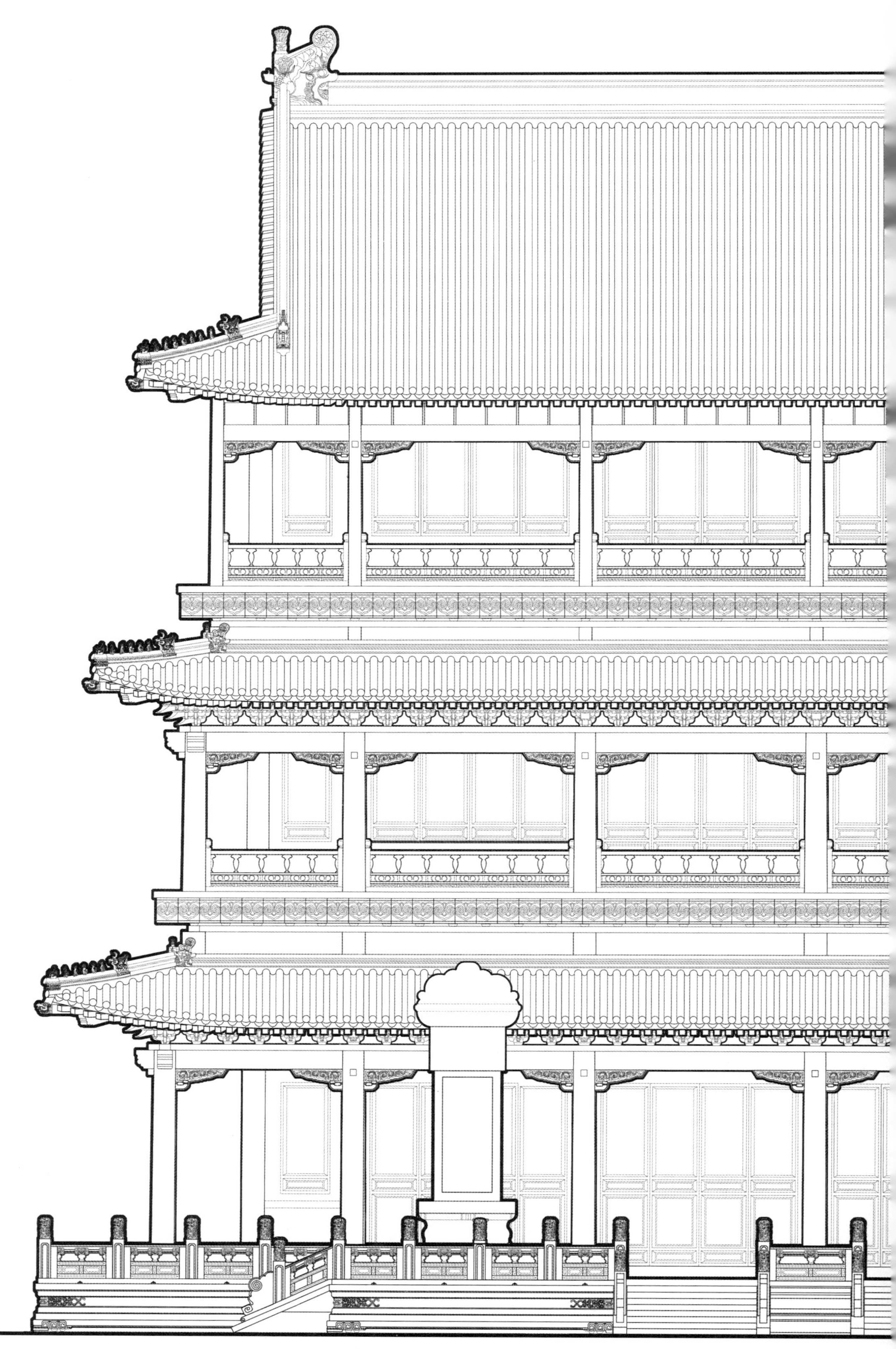

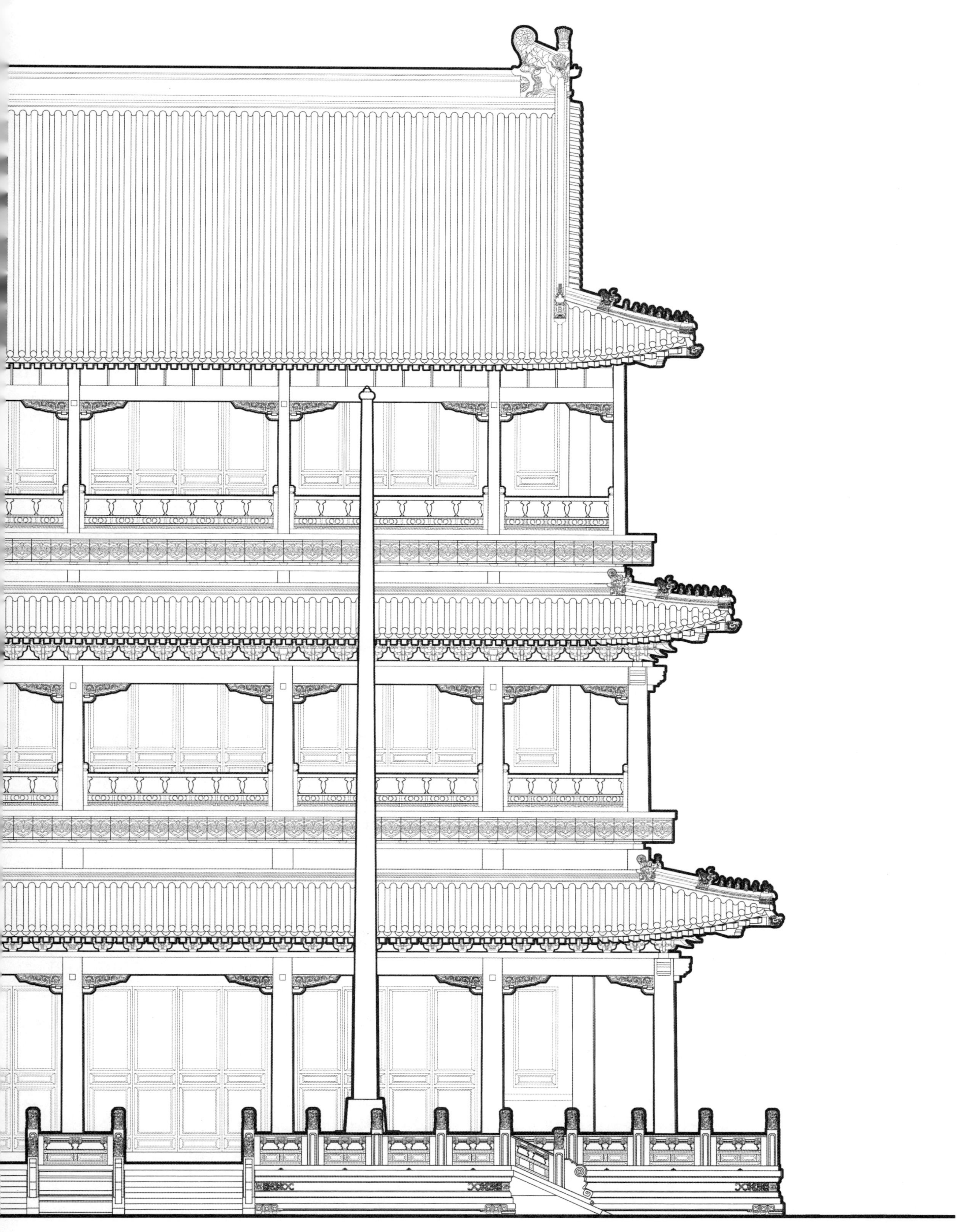

北海极乐世界万佛楼正立面复原图

Reconstruction drawing of front elevation of Ten-thousand Buddha Building at the Temple of Western Paradise complex, Beihai Park

北京　2015

Beijing, 2015

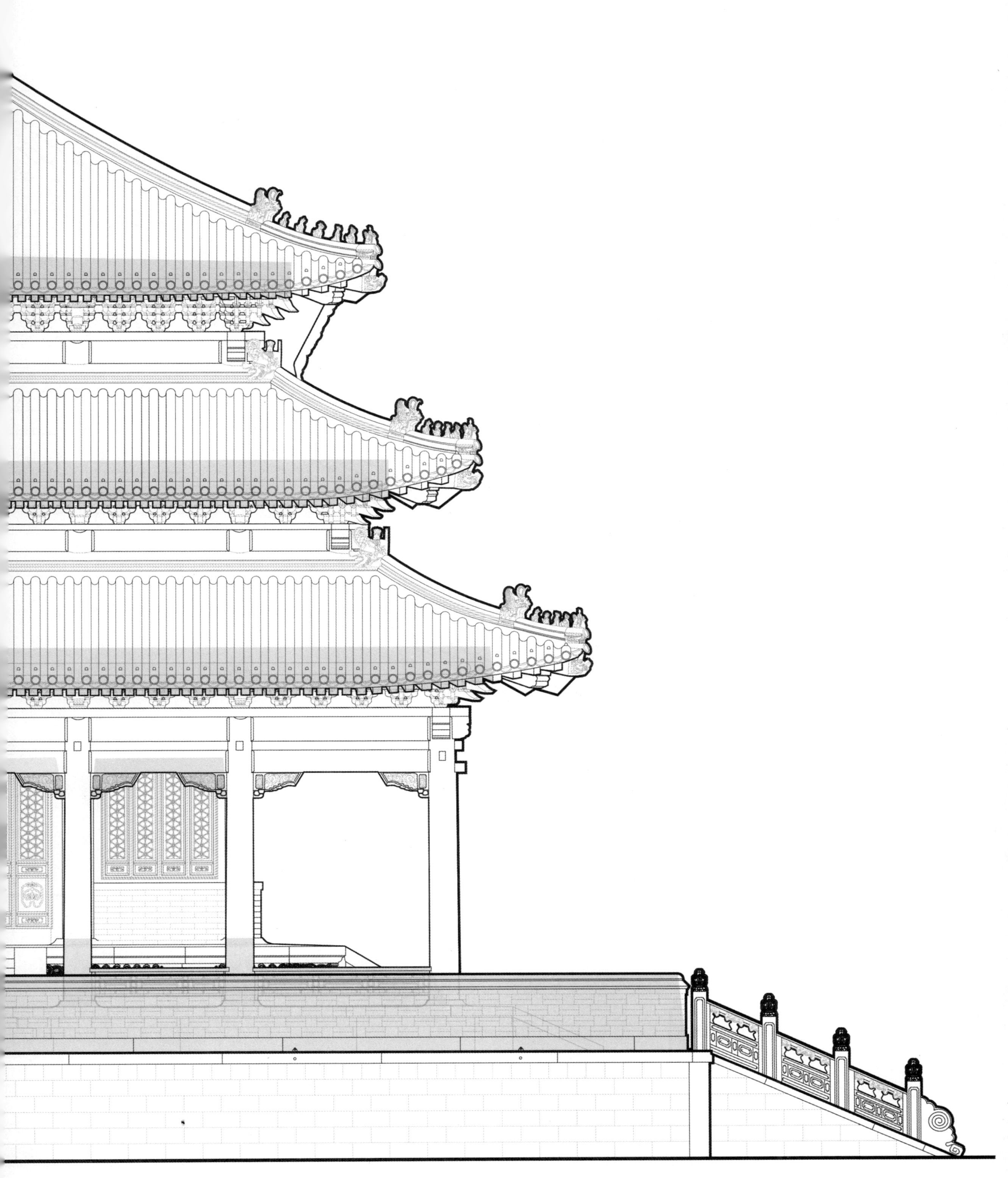

景山万春亭正立面图 0 1.5 3m

Front elevation of Wanchun (Everlasting Spring) Pavilion at Jingshan Park

北京 2016

Beijing, 2016

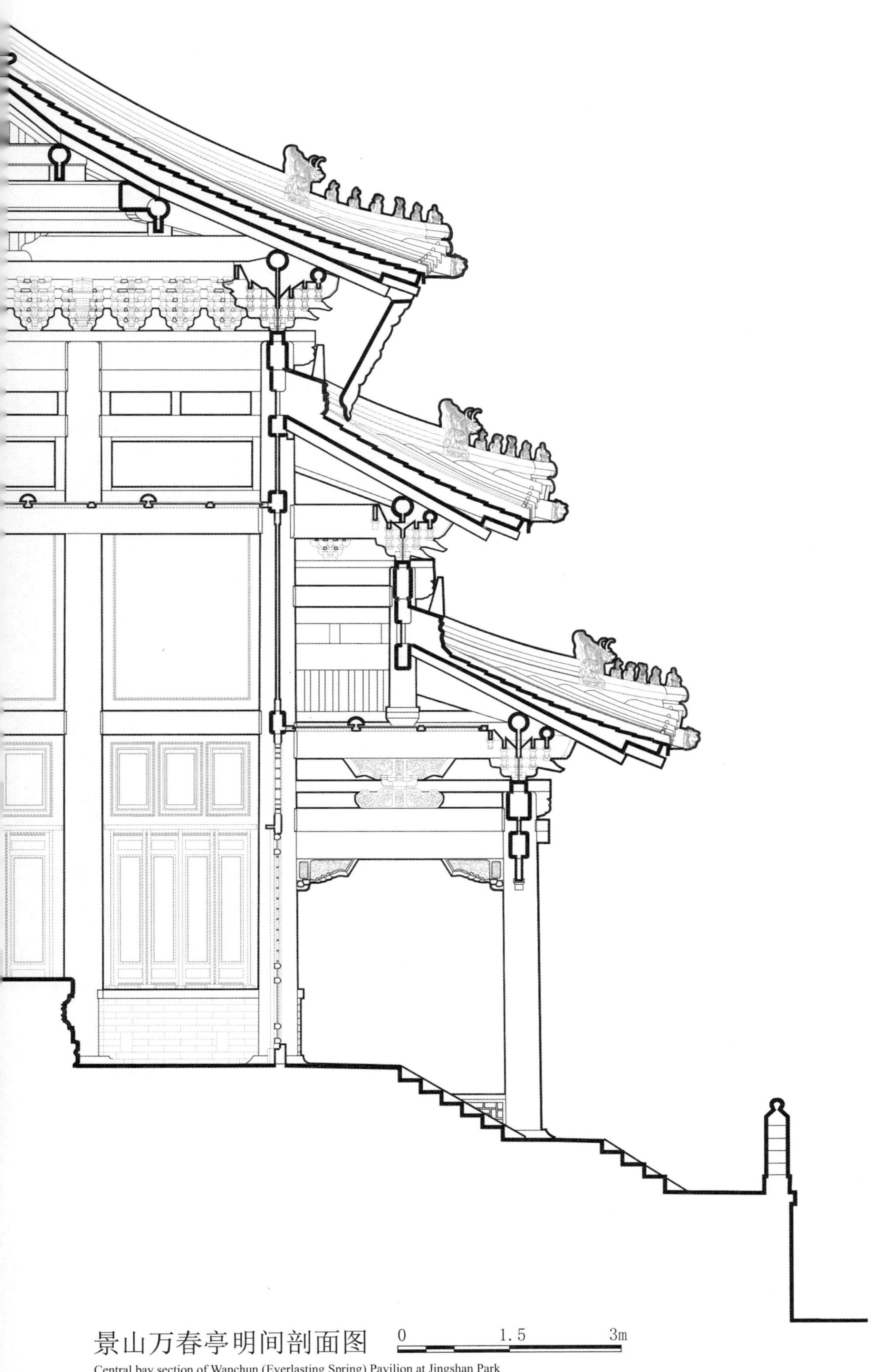

景山万春亭明间剖面图 0 1.5 3m

Central bay section of Wanchun (Everlasting Spring) Pavilion at Jingshan Park

北京 2016

Beijing, 2016

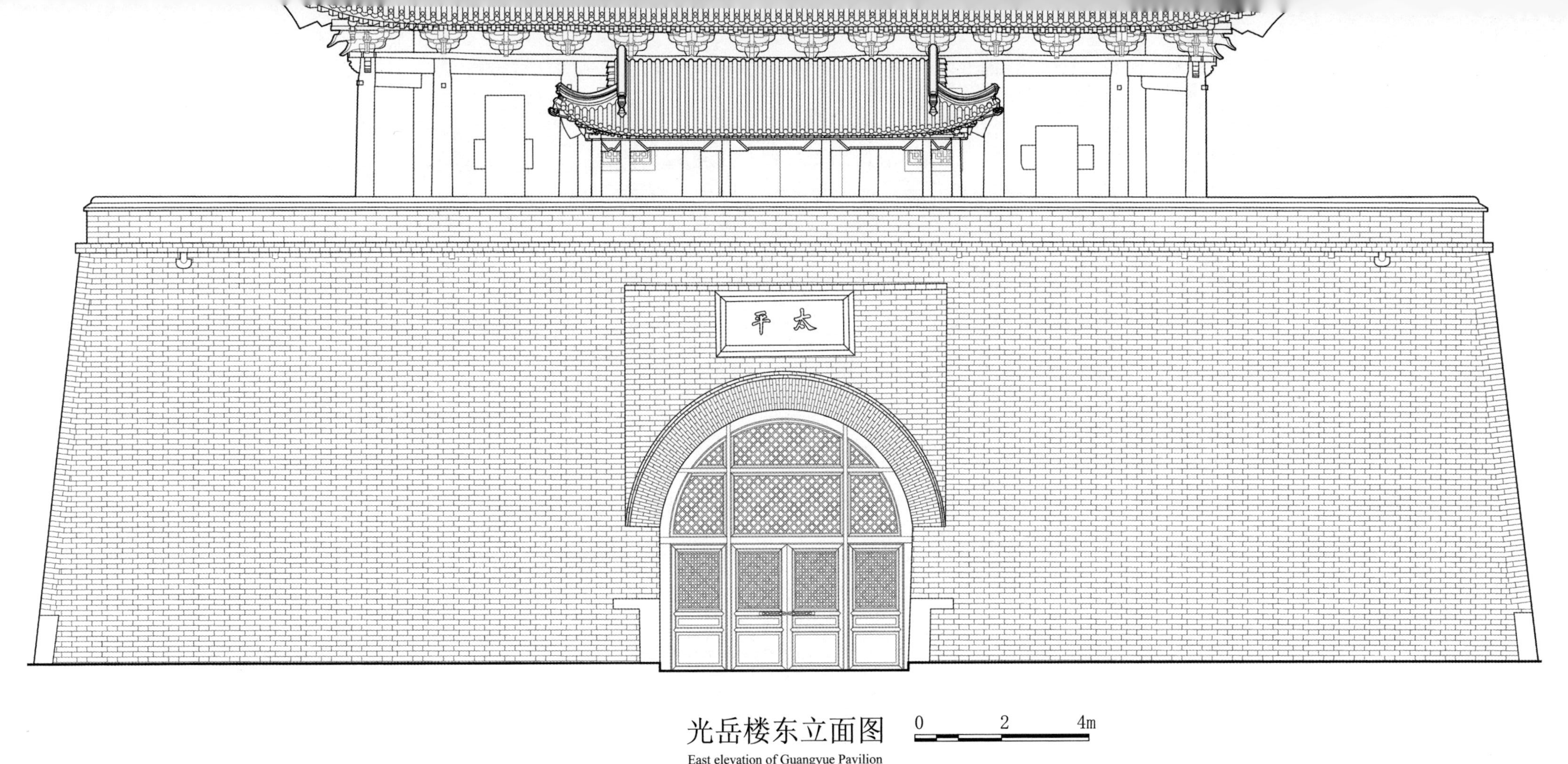

光岳楼东立面图
East elevation of Guangyue Pavilion

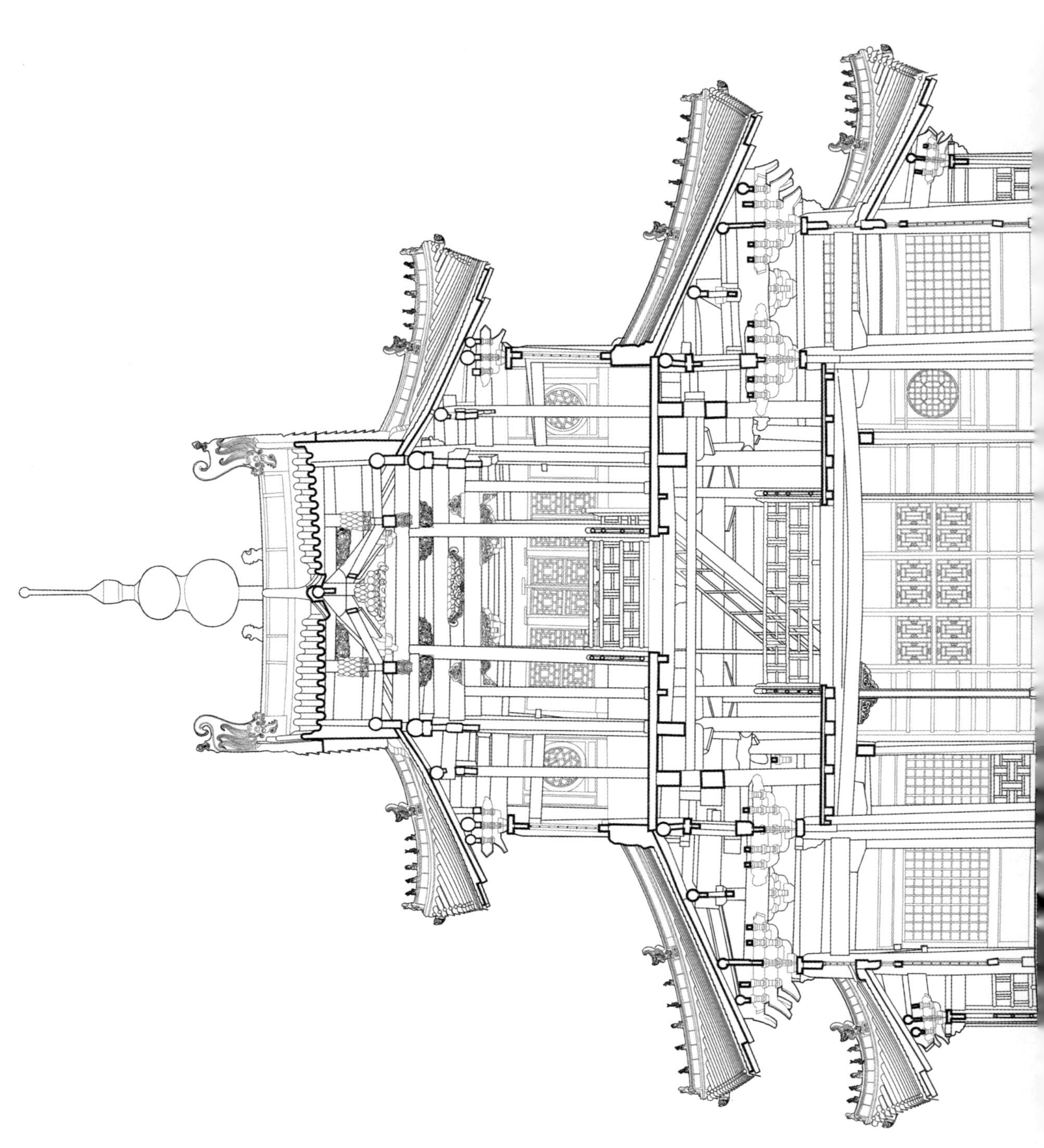

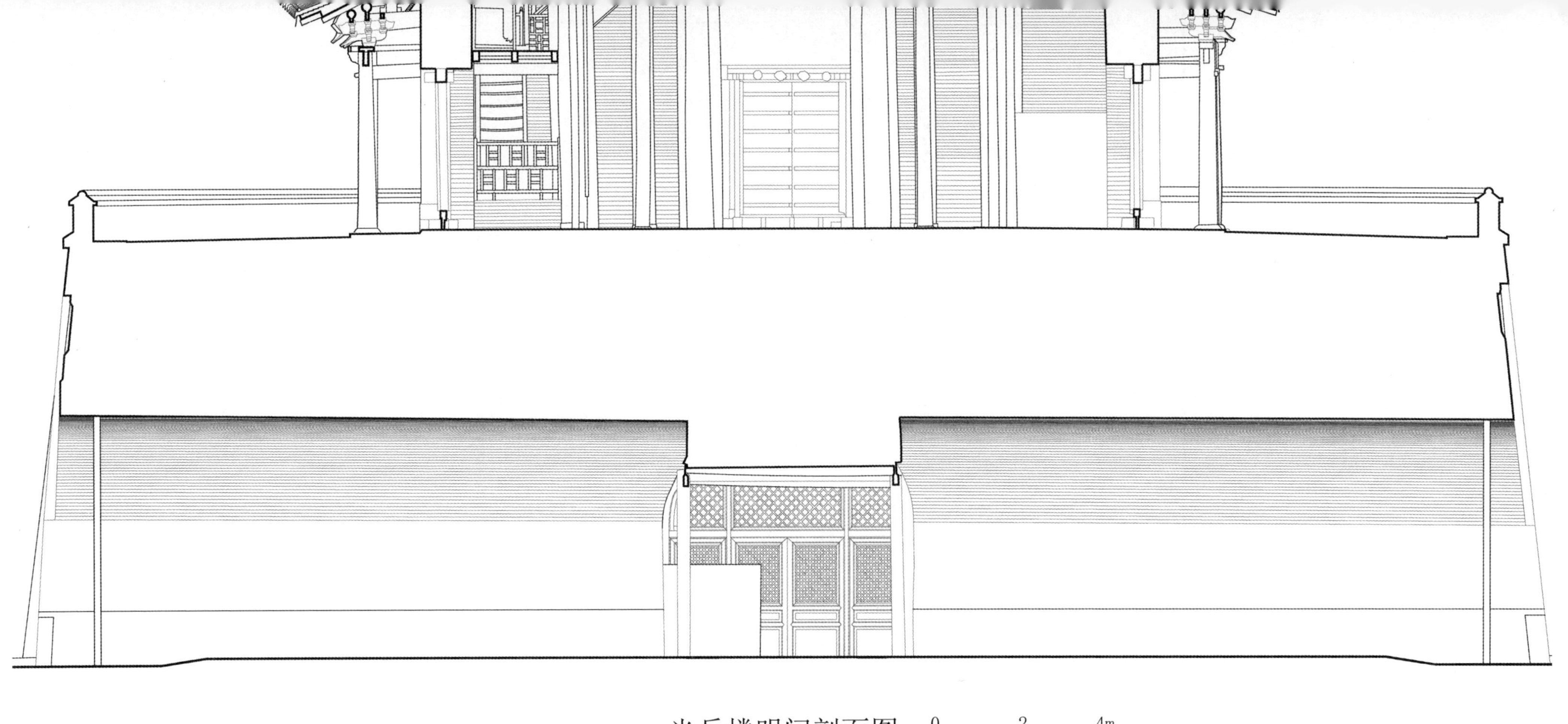

光岳楼明间剖面图
Central bay section of Guangyue Pavilion

山东聊城　2016
Liaocheng, Shandong Province, 2016

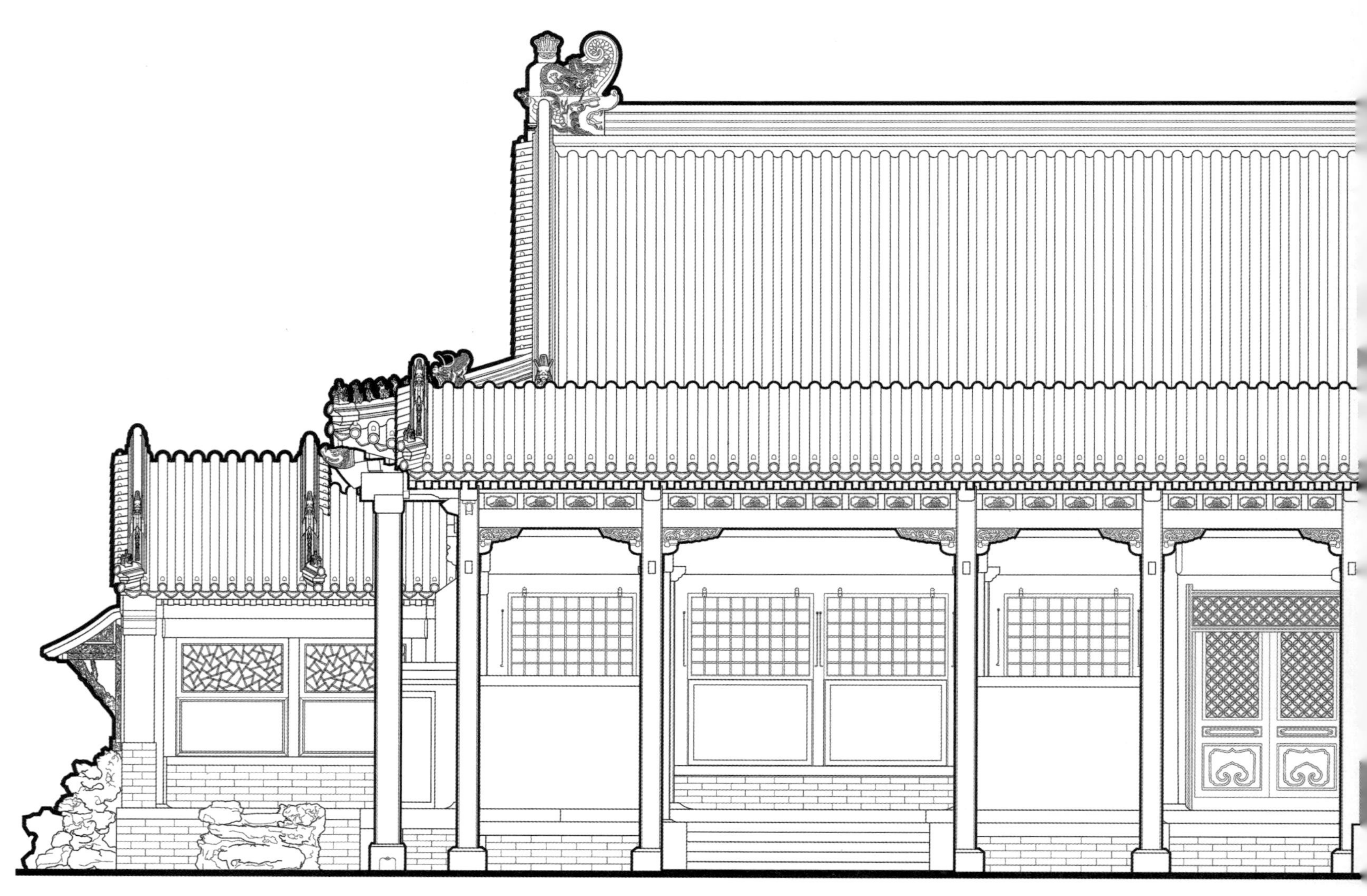

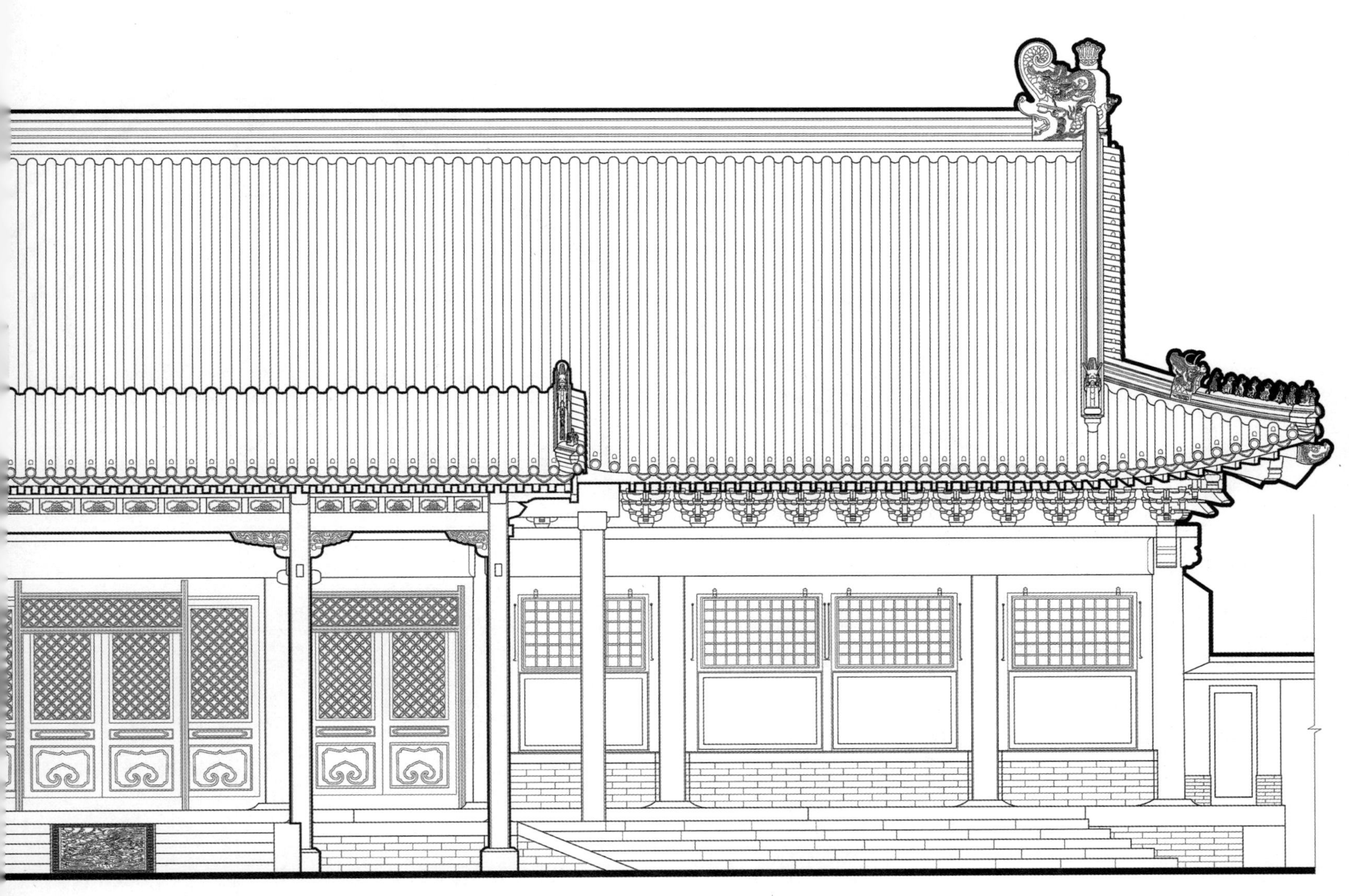

故宫养心殿正立面图 0 1.5 3m

South elevation of the Hall of Mental Cultivation at the Palace Museum

北京 2017

Beijing, 2017

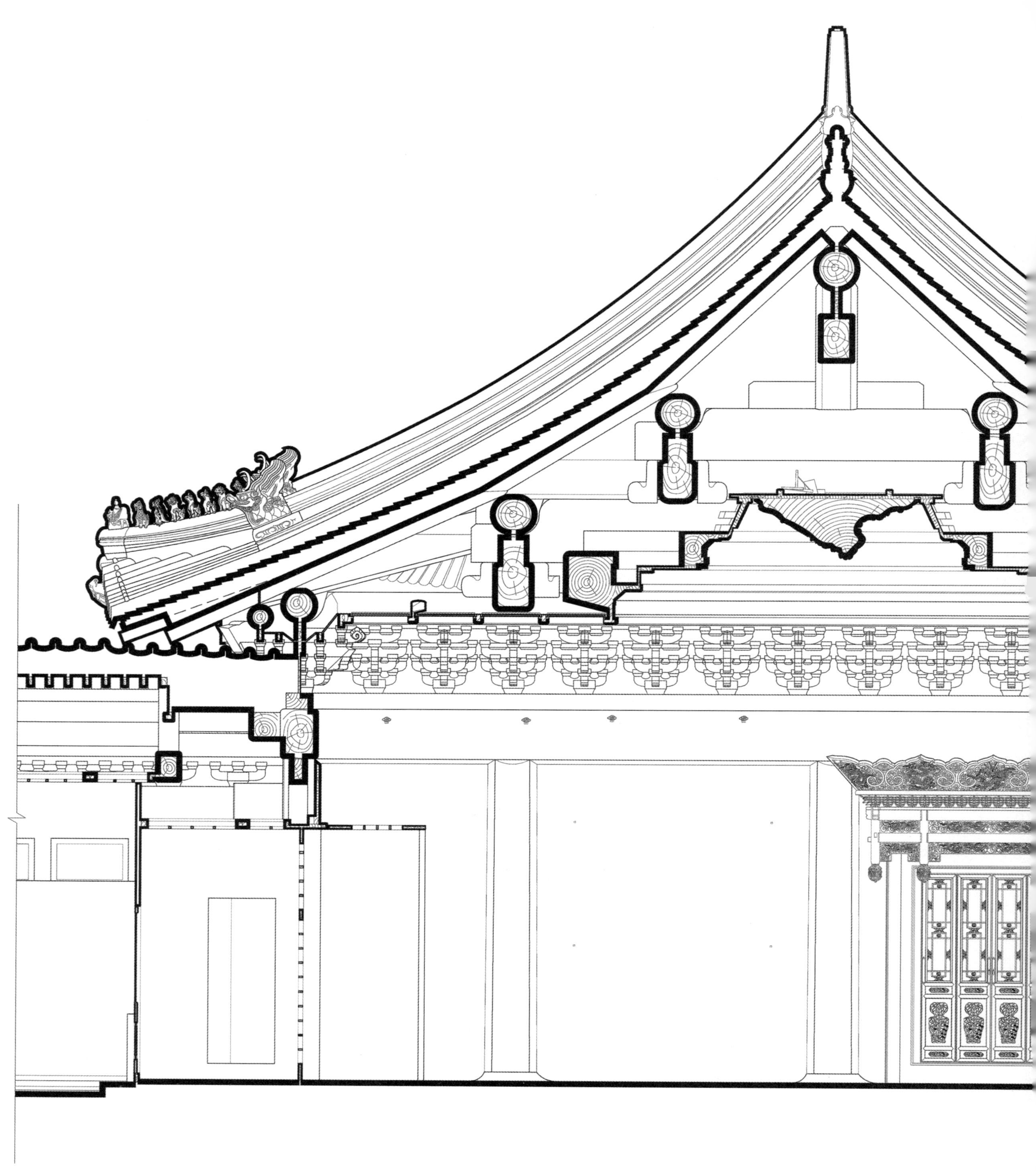

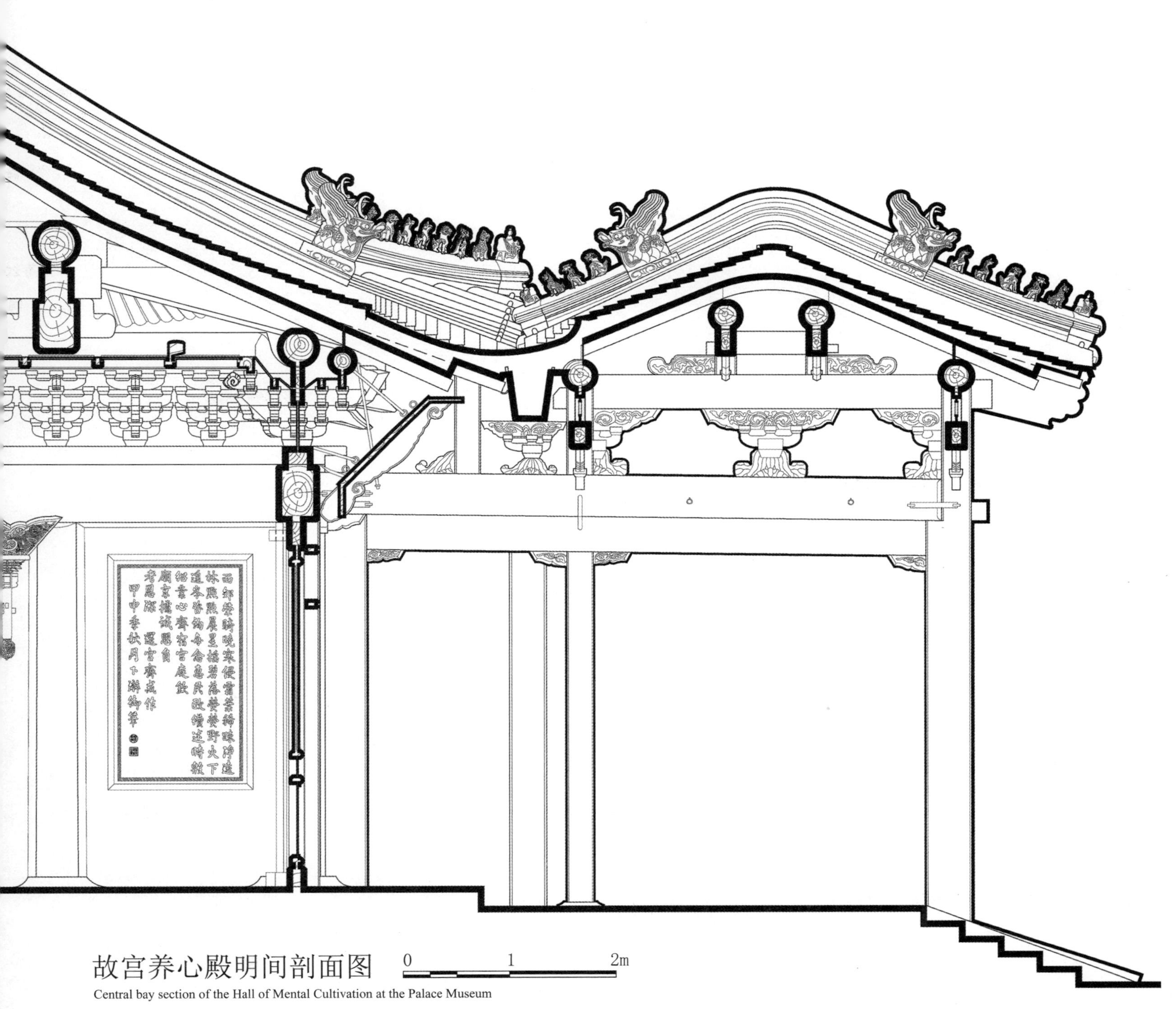

故宫养心殿明间剖面图

Central bay section of the Hall of Mental Cultivation at the Palace Museum

北京　2017

Beijing, 2017

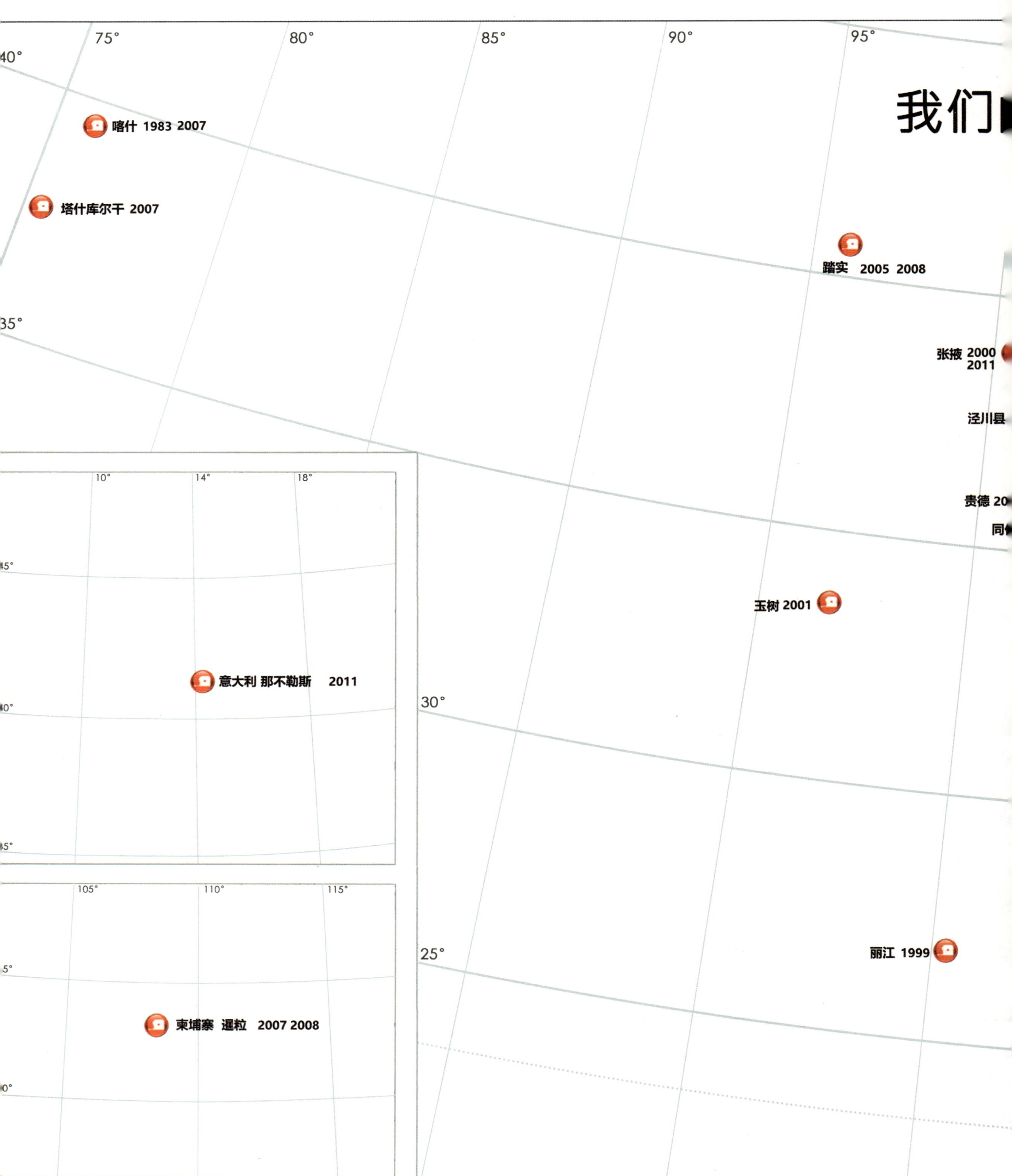
75°
80°
85°
90°
95°
40°
35°
30°
25°
我们
喀什 1983 2007
塔什库尔干 2007
踏实 2005 2008
张掖 2000 2011
泾川县
贵德 20
同
玉树 2001
丽江 1999
10°
14°
18°
意大利 那不勒斯 2011
105°
110°
115°
柬埔寨 暹粒 2007 2008

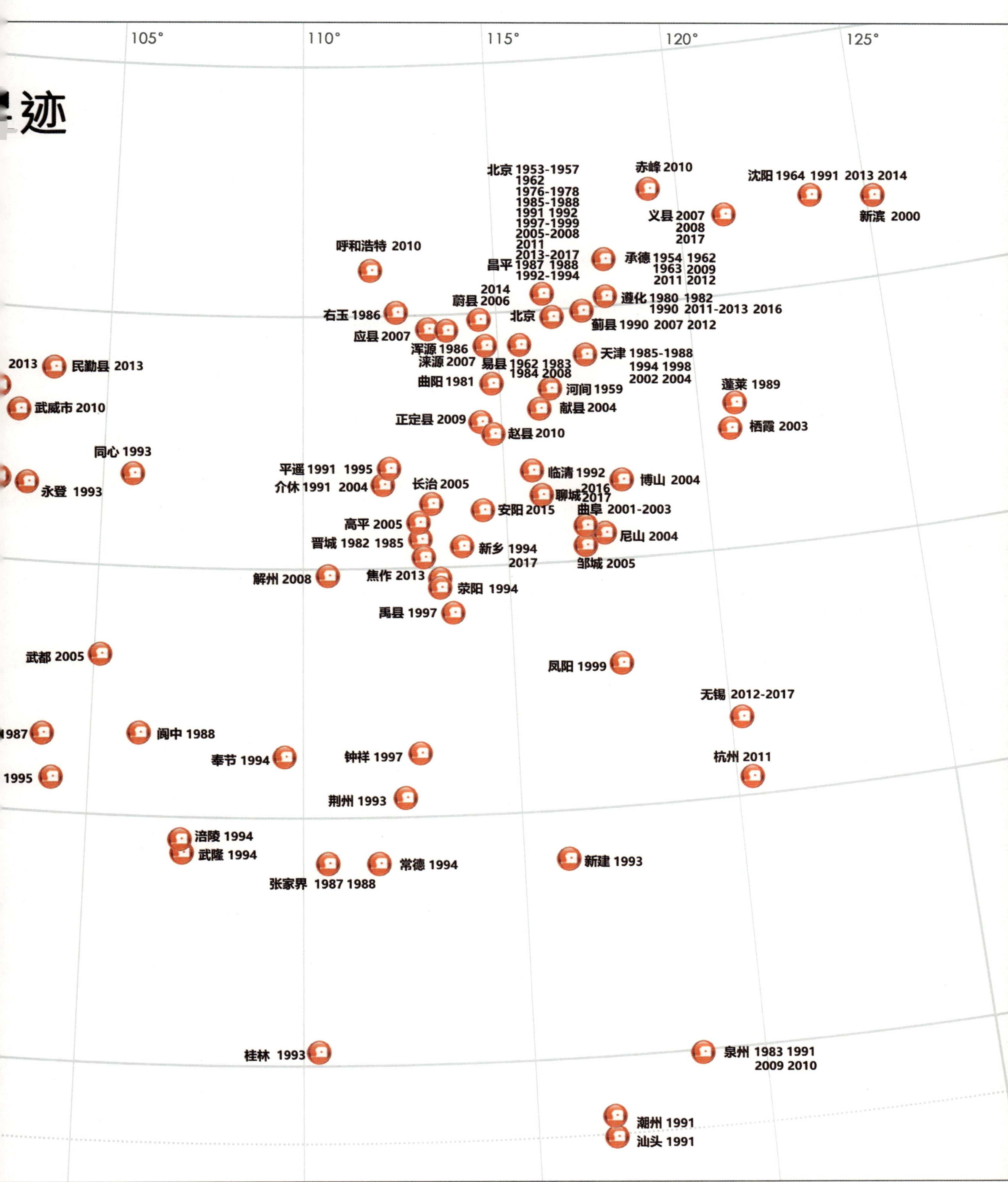

迹
105°
110°
115°
120°
125°
北京 1953-1957
1962
1976-1978
1985-1988
1991 1992
1997-1999
2005-2008
2011
2013-2017
赤峰 2010
沈阳 1964 1991 2013 2014
新滨 2000
义县 2007
2008
2017
呼和浩特 2010
承德 1954 1962
1963 2009
2011 2012
昌平 1987 1988
1992-1994
2014
蔚县 2006
遵化 1980 1982
1990 2011-2013 2016
右玉 1986
北京
蓟县 1990 2007 2012
应县 2007
浑源 1986
涞源 2007
易县 1962 1983
1984 2008
天津 1985-1988
1994 1998
2002 2004
2013
民勤县 2013
曲阳 1981
河间 1959
蓬莱 1989
武威市 2010
献县 2004
正定县 2009
栖霞 2003
赵县 2010
同心 1993
平遥 1991 1995
临清 1992
永登 1993
介休 1991 2004
长治 2005
聊城 2016
2017
博山 2004
安阳 2015
曲阜 2001-2003
高平 2005
尼山 2004
晋城 1982 1985
新乡 1994
2017
邹城 2005
解州 2008
焦作 2013
荥阳 1994
禹县 1997
武都 2005
凤阳 1999
无锡 2012-2017
987
阆中 1988
奉节 1994
钟祥 1997
杭州 2011
1995
荆州 1993
涪陵 1994
武隆 1994
常德 1994
新建 1993
张家界 1987 1988
桂林 1993
泉州 1983 1991
2009 2010
潮州 1991
汕头 1991

图版目录

Draft Contents

Shenyang, Liaoning Province, 1965

077 1965 辽宁沈阳 清昭陵隆恩殿明间剖面图
Central bay section of Sacrifice Hall at Zhao Tomb of the Qing Dynasty, Shenyang, Liaoning Province, 1965

078 1965 辽宁沈阳 清昭陵角楼南立面图
South elevation of the Corner Tower at Zhao Tomb of the Qing Dynasty, Shenyang, Liaoning Province, 1965

079 1965 辽宁沈阳 清昭陵角楼纵剖面图
Vertical section of the Corner Tower at Zhao Tomb of the Qing Dynasty, Shenyang, Liaoning Province, 1965

080 1980 河北遵化 清东陵孝陵神功圣德碑楼正立面图
Front elevation of Magic Holiness Stele Pavilion at Xiao Tomb of Eastern Imperial Tombs of the Qing Dynasty, Zunhua, Hebei Province, 1980

082 1980 河北遵化 清东陵孝陵神功圣德碑楼纵剖面图
Vertical section of Magic Holiness Stele Pavilion at Xiao Tomb of Eastern Imperial Tombs of the Qing Dynasty, Zunhua, Hebei Province, 1980

084 1980 河北遵化 清东陵孝陵神功圣德碑楼侧立面图
Side elevation of Magic Holiness Stele Pavilion at Xiao Tomb of Eastern Imperial Tombs of the Qing Dynasty, Zunhua, Hebei Province, 1980

086 1980 河北遵化 清东陵孝陵神功圣德碑楼明间剖面图
Central bay section of Magic Holiness Stele Pavilion at Xiao Tomb of Eastern Imperial Tombs of the Qing Dynasty, Zunhua, Hebei Province, 1980

088 1983 河北易县 清西陵泰陵石牌坊正立面图
Front elevation of the White Marble Archway at Tai Tomb of Western Imperial Tombs of the Qing Dynasty, Yi County, Hebei Province, 1983

088 1983 河北易县 清西陵泰陵龙凤门正立面图
Front elevation of the Dragon-Phoenix Gate at Tai Tomb of Western Imperial Tombs of the Qing Dynasty, Yi County, Hebei Province, 1983

090 1983 河北易县 清西陵昌陵隆恩殿平面图
Plan of Sacrifice Hall at Chang Tomb of Western Imperial Tombs of the Qing Dynasty, Yi County, Hebei Province, 1983

092 1983 河北易县 清西陵昌陵隆恩殿正立面图
Front elevation of Sacrifice Hall at Chang Tomb of Western Imperial Tombs of the Qing Dynasty, Yi County, Hebei Province, 1983

094 1983 河北易县 清西陵昌陵隆恩殿纵剖面图
Vertical section of Sacrifice Hall at Chang Tomb of Western Imperial Tombs of the Qing Dynasty, Yi County, Hebei Province, 1983

096 1983 河北易县 清西陵昌陵隆恩殿侧立面图
Side elevation of Sacrifice Hall at Chang Tomb of Western Imperial Tombs of the Qing Dynasty, Yi County, Hebei Province, 1983

098 1983 河北易县 清西陵昌陵隆恩殿明间剖面图
Central bay section of Sacrifice Hall at Chang Tomb of Western Imperial Tombs of the Qing Dynasty, Yi County, Hebei Province, 1983

100 1983 河北易县 清西陵昌陵神功圣德碑亭正立面图
Front elevation of Magic Holiness Stele Pavilion at Chang Tomb of Western Imperial Tombs of the Qing Dynasty, Yi County, Hebei Province, 1983

102 1983 河北易县 清西陵昌陵神功圣德碑亭侧立面图
Side elevation of Magic Holiness Stele Pavilion at Chang Tomb of Western Imperial Tombs of the Qing Dynasty, Yi County, Hebei Province, 1983

104 1985 北京 北海琼岛永安寺后部组群立面图
Group Elevation of Yongan (Eternal Peace) Temple on the Jade Flower Island at Beihai Park, Beijing, 1985

106 1985 北京 北海琼岛碧照楼北立面图
North elevation of Bizhao (Shimmering Green Wave) Pavilion on the Jade Flower Island at Beihai Park, Beijing, 1985

108 1987 北京 北海濠濮间西立面图
West elevation of Haopu Jian (Leisure and Inaction) Garden at Beihai Park, Beijing, 1987

110 1987 北京 北海濠濮间北立面图
North elevation of Haopu Jian (Leisure and Inaction) Garden at Beihai Park, Beijing, 1987

110 1987 北京 北海濠濮间剖面图
Section of Haopu Jian (Leisure and Inaction) Garden at Beihai Park, Beijing, 1987

112 1987 北京 北海西天梵境琉璃阁南立面图
South elevation of Glazed Pavilion of Western Paradise at Beihai Park, Beijing, 1987

114 1987 北京 北海极乐世界组群南立面图
South elevation of Temple of Western Paradise complex at Beihai Park, Beijing, 1987

114 1987 北京 北海极乐世界组群剖面图
Section of Temple of Western Paradise complex at Beihai Park, Beijing, 1987

116 1987 北京 北海极乐世界琉璃牌坊东立面图
East elevation of Glazed Archway of the Temple of Western Paradise at Beihai Park, Beijing, 1987

117 1987 北京 北海极乐世界琉璃牌坊南立面图
South elevation of Glazed Archway of the Temple of Western Paradise at Beihai Park, Beijing, 1987

118 1987 北京 北海静心斋组群剖面图
Section of Lodge of Quiet Heart complex at Beihai Park, Beijing, 1987

118 1987 北京 北海静心斋组群剖面图
Section of Lodge of Quiet Heart complex at Beihai Park, Beijing, 1987

120 1987 北京 北海快雪堂组群南立面图
South elevation of Kuaixue Hall complex at Beihai Park, Beijing, 1987

122 1987 北京 北海快雪堂组群东立面图
East elevation of Kuaixue Hall complex at Beihai Park, Beijing, 1987

225 2002 青海贵德 玉皇阁纵剖面图
Vertical section of Jade Emperor Pavilion, Guide, Qinghai Province, 2002

226 2004 山西介休 祆神楼正立面图
Front elevation of Xianshen (Zoroastrianism) Building, Jiexiu, Shanxi Province, 2004

228 2004 山西介休 祆神楼侧立面图
Side elevation of Xianshen (Zoroastrianism) Building, Jiexiu, Shanxi Province, 2004

230 2004 山西介休 祆神楼明间剖面图
Central bay section of Xianshen (Zoroastrianism) Building, Jiexiu, Shanxi Province, 2004

232 2004 山西介休 后土庙三清殿正立面图
Front elevation of Sanqing (Three Gods of Taoism) Hall at Houtu (Earth God) Temple, Jiexiu, Shanxi Province, 2004

234 2004 山西介休 后土庙戏台正立面图
Front elevation of Stage Building at Houtu (Earth God) Temple, Jiexiu, Shanxi Province, 2004

236 2004 山西介休 后土庙三清殿组群剖面图
Section of Sanqing (Three Gods of Taoism) Hall complex at Houtu (Earth God) Temple, Jiexiu, Shanxi Province, 2004

238 2004 山东淄博 颜文姜祠组群纵剖面图
Section of Yan Wenjiang Temple complex, Zibo, Shandong Province, 2004

240 2004 山东淄博 颜文姜祠组群横剖面图
Section of Yan Wenjiang Temple complex, Zibo, Shandong Province, 2004

242 2005 北京 天坛祈年殿正立面图
Front elevation of Hall of Prayer for Good Harvests at Temple of Heaven, Beijing, 2005

243 2005 北京 天坛祈年殿正立面图（局部）
Front elevation of Hall of Prayer for Good Harvests at Temple of Heaven, Beijing (part), 2005

244 2005 山东邹城 孟庙组群立面图
Elevation of Temple of Mencius complex, Zoucheng, Shandong Province, 2005

244 2005 山东邹城 孟庙组群剖面图
Section of Temple of Mencius complex, Zoucheng, Shandong Province, 2005

246 2005 北京 颐和园佛香阁组群正立面图
Front elevation of Tower of Buddha's Fragrance complex at Summer Palace, Beijing, 2005

248 2005 北京 颐和园佛香阁组群剖面图
Section of Tower of Buddha's Fragrance complex at Summer Palace, Beijing, 2005

250 2005 北京 颐和园排云殿正立面图
Front elevation of Hall of Dispelling Clouds at Summer Palace, Beijing, 2005

252 2005 北京 颐和园排云殿侧立面图
Side elevation of Hall of Dispelling Clouds at Summer Palace, Beijing, 2005

254 2006 北京 颐和园众香界正立面图
Front elevation of World of an Abundance of Fragrance at Summer Palace, Beijing, 2006

256 2006 北京 颐和园转轮藏八角亭正立面图
Front elevation of Octagonal Pavilion of Revolving Sutra Archives at Summer Palace, Beijing, 2006

257 2006 北京 颐和园转轮藏八角亭剖面图
Section of Octagonal Pavilion of Revolving Sutra Archives at Summer Palace, Beijing, 2006

258 2007 辽宁义县 奉国寺大雄殿正立面图
Front elevation of Daxiong Hall (the Main Hall in a Buddhist Temple) at Fengguo Temple, Yi County, Liaoning Province, 2007

260 2007 辽宁义县 奉国寺大雄殿明间剖面图
Central bay section of Daxiong Hall (the Main Hall in a Buddhist Temple) at Fengguo Temple, Yi County, Liaoning Province, 2007

262 2008 山西解州 关帝庙崇宁殿正立面图
Front elevation of Chongning Hall (the Main Hall in the Temple of Guan Yu) at the Temple of Guan Yu, Haizhou Town, Shanxi Province, 2008

264 2008 山西解州 关帝庙崇宁殿侧立面图
Side elevation of Chongning Hall (the Main Hall in the Temple of Guan Yu) at the Temple of Guan Yu, Haizhou Town, Shanxi Province, 2008

266 2008 山西解州 关帝庙崇宁殿明间剖面图
Central bay section of Chongning Hall (the Main Hall in the Temple of Guan Yu) at the Temple of Guan Yu, Haizhou Town, Shanxi Province, 2008

268 2008 山西解州 关帝庙御书楼正立面图
Front elevation of Pavilion of Imperial Library at the Temple of Guan Yu, Haizhou Town, Shanxi Province, 2008

270 2008 山西解州 关帝庙御书楼侧立面图
Side elevation of Pavilion of Imperial Library at the Temple of Guan Yu, Haizhou Town, Shanxi Province, 2008

272 2008 山西解州 关帝庙御书楼明间剖面图
Central bay section of Pavilion of Imperial Library at the Temple of Guan Yu, Haizhou Town, Shanxi Province, 2008

274 2008 山西解州 关帝庙东焚帛炉剖面图
Section of the east Silk Oven at the Temple of Guan Yu, Haizhou Town, Shanxi Province, 2008

274 2008 山西解州 关帝庙东焚帛炉立面图
Elevation of the east Silk Oven at the Temple of Guan Yu, Haizhou Town, Shanxi Province, 2008

275 2008 山西解州 关帝庙东焚帛炉平面图
Plan of the east Silk Oven at the Temple of Guan Yu, Haizhou Town, Shanxi Province, 2008

276 2008 柬埔寨暹粒 茶胶寺东立面复原图
Reconstruction drawing of east elevation of Ta Keo Temple, Siem Reap,

Our History:
Measured Survey of Ancient Buildings

Measured survey of ancient buildings is an important part of the architectural education in Tianjin University. Over the past few decades, remarkable achievements have been made in personnel training, discipline development, social service, and so forth. To mark the 80th anniversary of the architectural education in Tianjin University, the Research Institute of Architectural History and Theory would like to review and share our history of measured survey over the years in this book.

The Beginning of Forerunners:
Before the Founding of P. R. China (1949)

The measured survey of ancient buildings by Chinese scholars began in the early 20th Century. It was promoted by many factors, including the strong national consciousness and academic knowledge of Chinese Intellectuals, the influence of the study on Chinese architecture by Western or Japanese researchers, and the scientific methods brought by returned oversea students. Many scholars such as Zhu Qiqian, Liu Dunzhen, Liang Sicheng, and academic societies or government agencies like Society for the Study of Chinese Architecture (SSCA), the Beijing Commission for the Preservation of Cultural Relics, made an important contribution. Under the impetus of these people and organizations, architectural teachers and students from China's modern universities were also involved in various ways.

Mr. Shen Liyuan, who had studied in Italy (Figure 1), was the dean of Department of Architecture of Higher Institute of Industry and Commerce (Institut des Hautes Etudes Industrielles et Commerciales, or IHEIC, one of the predecessors of the School of Architecture, Tianjin University), Tianjin. As a member of the first generation of architects and architectural educators in modern China, Mr. Shen made measurement of Hu Xueyan's Former Residence in Hangzhou as early as in 1920. The general plan (Figure 2) retained today is known as the earliest ancient building measured drawing for which modern measurement methods were applied by Chinese scholars.

1

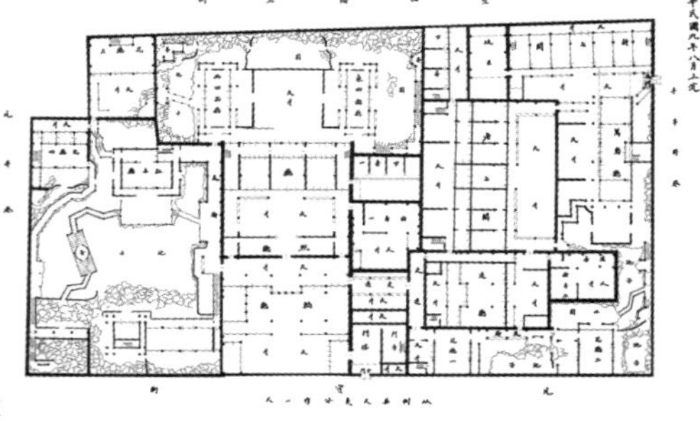
2

In order to protect the precious ancient buildings during the Anti-Japanese War (1937-1945), through the mediation of Mr. Zhu Qiqian, a well-known architect Zhang Bo (Figure 3), also the adjunct professor of Department of Architecture of IHEIC, took the responsibility to organize the teachers and students and staff members from Kwan, Chu & Yang Architects to carry out a large-scale measured survey project for the ancient buildings along the central axis of Beijing (then Beiping) (Figure 4). It was one of the most significant events in the history of measured survey of ancient buildings in modern China. From 1941 to 1945, they had finished more than 700 drawings of important buildings along the central axis of Beijing from Yongding Gate to the Drum Tower, such as Temple of Heaven, Altar of Agriculture, the Imperial Ancestral Temple, and Altar of Land and Grain. Based on modern architectural drawing standards, the measured drawings finished represented the buildings' geometric and structural characteristics with pen and ink, and highlighted by watercolor rendering sometimes; in addition, the records of material and craftsmanship investigation were included as well.

3

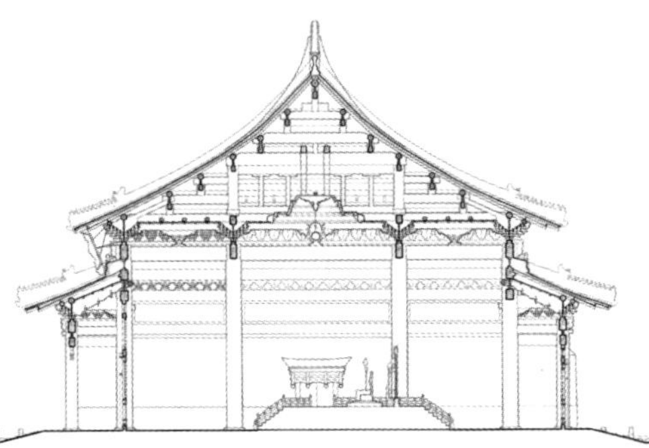
4

During the period, Zhu Zhaoxue, the dean of the Department of Architecture, Peking University, organized his teachers and students in the name of "Dazhong Architects" to take part in the activity from 1942. Among them was Mr. Feng Jiankui (Figure 5) who had graduated from and taught there. Taking this opportunity, Mr. Feng began to study on construction regulations and methods of ancient Chinese buildings, especially those of Qing dynasty. In 1945, Mr. Feng joined the Department of Architecture of IHEIC. In 1952, IHEIC (then called Jingu University) incorporated into Tianjin University, and he became one of the first group of core teachers of architectural education in Tianjin University. From the late 1970s to the beginning of the reform and opening-up (1980s), as the director of Teaching and Research Office of Civil Architectural Design, he taught a course "Rules of Construction of Qing Dynasty", in order to cooperate with the measured survey teaching. The course integrated rich knowledge and interests and was very popular among students.

5

Moreover, it was Mr. Lu Sheng who directly brought measured survey of ancient Chinese buildings into the architectural education of Tianjin University. Mr. Lu graduated from the Department of Architecture, the Central University in Nanjing in 1942, and deeply influenced by scholars such as Liu Dunzhen and Liang Sicheng (Figure 6). When studying in the Central University, Mr. Lu was interested in architectural history. After graduation, he learned from Mr. Liu and Mr. Liang in a town named Lizhuang and participated in research projects of the SSCA in southwestern China during the Anti-Japanese War period. For example, from 1943 to 1944, he took part in measured survey of The White Tower in Jiuzhou Dam, the tombs of Song dynasty and other buildings in Yibin. The he published "Measured survey report on the Tower and tombs in Jiuzhou Dam" and "Hall of Spiral Shell" (Figure 7). At this time, he also assisted Liang Sicheng to compile "History of Chinese Architecture". Since 1945, Mr. Lu had taught in many universities such as the Central University. In 1952, he joined Tianjin University along with the Department of Architecture, Tangshan Institute of Technology, Northern Jiaotong University, and presided over the teaching of Chinese architectural history and measured survey of ancient buildings for a long time.

6

7

In summary, the systematic investigation and measured survey of ancient Chinese buildings carried out by Zhu Qiqian, Liu Dunzhen, Liang Sicheng and other architectural researchers of the first generation in modern China, marked the beginning of research on ancient Chinese buildings by Chinese themselves, which made noticeable achievements in the miserable age of war. During this historical period, the practice and contribution made by Shen Liyuan, Zhang Bo, Lu Sheng, Feng Jiankui and teachers and students from IHEIC (Figure 8), not only left a strong sense of academic honor to the successors in Tianjin University, but also became an important motive force for unbroken improvement.

8

Initial System: from the 1950s to the 1960s

In 1952, the Department of Civil and Architectural Engineering of Tianjin University was established after the adjustment and combination of departments, such as IHEIC from different universities, Northern Jiaotong University and Tangshan Institute of Technology. In 1997, the School of Architecture was established. During the past several decades, "Measured Survey of Ancient Buildings" has been always an integral part of the architectural education in Tianjin University.

In the summer of 1953, the architectural students of Grade 1952 organized a team named "Tourist Group of Learning and Measurement", supervised by Lu Sheng, with the assistance of Tong Heling, Zheng Qian, Zhang Zuoshi and Zhao Guanzhou, and they carried out a field trip for visiting ancient buildings in Beijing. This laid an important foundation for setting measured survey of ancient buildings into the curriculum as a regular course in Tianjin University. At that time, Mr. Lu went back to Tianjin, joined the discussion with Mr. Xu Zhong and other related teachers in charge on the draft plan about measured survey teaching.

Mr. Xu Zhong (Figure 9) also graduated from the Central University in Nanjing, received a master degree in the United States. He taught in the Department of Architecture, the Central University from 1939. He became the dean of the Department of Architecture of Tangshan Institute of Technology in 1950 and later joined Tianjin University. He presided over the architectural education in Tianjin University for a long time. Mr. Xu was an expert in the architectural design, architectural aesthetics, and had a rich experience in traditional Chinese architecture. From 1950 to1960, he presided over the design of the Main Building of the University and a number of campus buildings, as well as the building of the Ministry of Textile in Beijing, which could be regarded as excellent examples of inheriting the artistic styles of traditional architecture after the founding of P. R. China

9

Presided over by Mr. Xu Zhong, based on the draft in 1953, and following the provisions issued by the Ministry of Higher Education in 1954 that there should be five times of practice activities in the five-year program of architectural education, Tianjin University formally listed "Field trip for measured survey of ancient buildings" in the curriculum, combining the teaching traditions and practical needs. The year of 1954 saw the climax of learning national architectural forms, and the field trip attracted the attention of the media. The Central Newsreel and Documentary Film Studio, shot the field trip in Chengde (guided by Mr. Xu Zhong and presided over by Lu Sheng) and made a 2'22" footage titled "Measuring Ancient Buildings", or the "News Weekly No. 39" in 1954. The video not only records the scene of Mr. Xu's teaching in front of the Hall of Sublime Loftiness in Chengde (Figure 10), but also shows how the measurement work was going on. Absolutely valuable! (Figure 11)

10 11

From then on, we launched the teaching practice for large scale measured survey of ancient buildings. The teachers' vivid presentation enhanced the students' understanding and enthusiasm of the traditional Chinese architectural culture; the measured surveys of large scale architectural complexes cultivated the students' spirits of endurance, hardworking, and teamwork; various relationships between materials and structures, a comprehensive cognition of building system and standard engineering drawing requirements, trained the students' abilities of sketching, hand and instrumental measurement, and visual recording, and strengthened the students' consciousness of constructive engineering; and various ways of representation fostered the students' drawing skills and improved their aesthetic attainment. Because measured survey integrated a great deal of basic architectural knowledge and skills, there was a saying among the students involved that "you can't become a real architect unless you pass the measured survey". The teaching of the measured survey developed broader values for basic architectural education apart from helping students to study traditional Chinese architecture, and it still does nowadays.

After the measured survey in Chengde, led by Mr. Lu Sheng, we carried out the measured survey of some historic buildings in the inner court of the Palace Museum and Summer Palace from 1955 to 1957, from which we accumulated much experience in many aspects of teaching arrangement, and sought further improvements in the following practice. The basic teaching process, methods and contents could be summarized as follows.

1. Selecting survey objects according to the teaching demands, conditions, and the values of buildings: due to the location of the University and the needs for basic cognition of traditional Chinese architecture, mainly the official-style buildings of Qing dynasty in the north and northeast China were measured before the 1960s.

2. Preparation before field trips: this included drafting the survey outline, lectures, mobilizing students, declaration of security regulations, and teaching or reviewing measurement skills.

3. On-site measurement and drawing: the main workflows are on-site visiting, teaching, grouping, planning, sketching, measuring, drafting and finishing the final drawings.

4. Balance between division of labor and comprehensive understanding: different drawing views should be assigned reasonably, so that the students could understand the essential form and structure of the building measured; the student who was responsible for a given drawing made requests and records of data, while other students did measurement and got readings; in the course of drafting, data confirmation and mutual supplement should be done among students, so that when they finished their own drawings, they could obtain a full understanding of the building measured.

5. Requirements of drawings: the line types should be divided into section lines, outer and inner contour lines and detailed pattern lines, and there were also strict requirements for handwritten fonts and representation of settings. The whole picture should represent different levels of architectural volumes and space with sense of beauty. In combination with the understanding of the artistic characteristics of ancient Chinese architecture, colored rendering and ensemble representation of building groups were applied when necessary.

Unfortunately, during the "Anti-Rightist Campaign" in 1957, Mr. Lu Sheng was wrongly labeled as a "rightist", and the Teaching and Research Office of Architectural History was closed. Thus they had to give up the field trip plan to Tibet for measurement of the Potala Palace in 1958. However, from the "Anti-Rightist Campaign" to the "Great Cultural Revolution (1966-1976)" period, because of the fact that the measured survey could be regarded as strengthening of physical labor and teamwork, it was not banned except the periods from 1958 to 1961 when the whole China went through a special tough time named "the Great Leap Forward" (1958-1960) and "the three difficult years (1959-1961)." Meanwhile part-time-work and part-time-study were added in the so called "Educational Revolution". Mr. Xu Zhong, the leader of the Department supported the measured survey as usual, while Mr. Lu Sheng, even in face of difficulty, persisted with his efforts and optimism, and many teachers who realized the values of measured survey continued to work with enthusiasm for education and research. In 1960, "Measured Drawings of Gardens and Buildings of Qing Dynasty (vol. 1)" (Figure 12) was compiled by Tianjin university and published for the first time, containing drawings of Mountain Resort in Chengde and the Qianlong Garden in the Palace Museum. The book brought about extensive exchanges between architectural colleges and heritage conservation agencies. Some drawings were quoted by Mr. Li Yunhe, a Hong Kong based scholar, in his book *Cathay's Idea: Design Theory of Chinese Classical Architecture* in 1975 (Figure 13).

On the eve of the "Great Cultural Revolution" (1962-1964), Tianjin University carried out the measured surveys of The Mountain Resort and its Eight Outlying Temples, Chengde, gardens in the Palace Museum, Western Imperial Tombs of Qing dynasty in Yixian, Hebei province, Mukden Palace, Shenyang, and the Three Imperial Tombs in Shenyang, Liaoning province. Among them, the field trip to Shenyang in 1964 was unforgettable (Figure 14). Under the theme of "preparing for war" and guided by requirement of "socialist thrifty schooling", Tianjin University consulted with the Mukden Palace Museum, and carried out a "work-study" program among some students, which is now still effective. Despite the poor conditions for transportation, accommodation and equipment, the teachers shared their joys and sorrows with the students and the work followed the prescribed order and went on fluently.

Under the impetus of Mr. Lu Sheng, the measured survey achievements soon became an important part of architectural research in Tianjin University and provided basic materials for main research area, such as gardens in Qing dynasty and the tombs of

Ming and Qing dynasties. From 1956 to 1957, Mr. Lu published several papers in *Reference Materials of Cultural Relics*, such as "The Mountain Resort in Chengde," "Eight Outlying Temples in Chengde," and "Qianlong Garden in the Palace Museum". However, after the "Anti-Rightist Campaign", Mr. Lu had to do his work quietly, and more achievements related to measured survey were published until many years later, such as "A Brief Introduction to the Imperial Gardens of Qing Dynasty", "The Comparative Study Between Chengde Mountain Resort and Other Gardens", "The Implementation of the Unified Policy of a Multi-Ethnic Country and the Construction of Chengde Mountain Resort", "Ancient Chinese Tombs", "Artistic Analysis of the Form of the Tombs of Qing Dynasty", and "Investigation of the Barracks of Eastern Imperial Tombs of Qing Dynasty".

The "Great Cultural Revolution" made higher education in a mess and came to a standstill in China. Even so, from 1975 to 1978, there were still "worker-peasant-soldier students" of three grades, who took part in the field trips for measured survey in Summer Palace in a relatively simple way.

Inheritance and Development: the 1980s

Marked by the recovery of the College Entrance Examination (CEE) in 1977, Chinese higher education returned to its right track. In 1980s, the new period of "bringing order out of chaos" and construction the socialist "four modernizations", under the guidance of Mr. Xu Zhong, as well as the support and participation of Feng Jiankui, Tong Heling and other predecessors and teachers, Mr. Yang Daoming, who was responsible for the course "History of Chinese Architecture", took the charge of recovering and developing the fine tradition of measured survey in Tianjin University rapidly. Unfortunately, Mr. Lu passed away in 1977, before his beloved work was regained and flourished.

In 1979, the Department of Architecture became independent again. From 1980, advocated by Mr. Feng, we went on to carry out large scale measured survey of the imperial tombs of Qing dynasty based on the existing achievements. In 1981, the first batch of students after the recovery of the CEE, students in Grade 1977 and 1978 surveyed Xiaoling Tomb, Yuling Tomb, and Tomb East of Dingling, Eastern Imperial Tombs of Qing Dynasty, Zunhua, Hebei province; and those in Grade 1980 kept on surveying Xiaoling Tomb, and Tomb East of Xiaoling. Up to 1990, the students surveyed Temple of the North Great Mountain in Quyang, Hebei province, Beihai Park, Hanging Temple in Hunyuan, Shanxi province, Imperial Tombs of Ming Dynasty, ancient buildings in Langzhong, Sichuan province, Penglai Water Castle and Penglai Pavilion in Shandong province, Dule Temple (Temple of Solitary Joy) in Jixian, Tianjin, and so forth.

With the practice of measured survey teaching, the achievements before the "Cultural Revolution" were regularly reorganized, studied, published and inherited and re-created. Many teachers thought that The Mountain Resort and its Eight Outlying Temples was not only of a very high artistic value, but also an important starting point of the measured survey by Tianjin University; so they proposed that the measured drawings should be published as soon as possible, which would have meant the dissemination of traditional Chinese architectural art as well as the pride of teachers and students in the Department. Thus, with collaboration of all related parties, *Ancient Buildings in Chengde* (Figure 15), which embodies the painstaking efforts of generations of teachers and students, was published finally in 1982. The book won the national first prize for "Outstanding Scientific and Technical Books" and its Japanese edition was published by Asahi Shimbun Publications Inc. in Japan (Figure 16). At the beginning of the "reform and open-up" period, the publication aroused huge concerns. Mr. Shi Shaoxi, the then president of Tianjin University, took copies of the book as presents for foreign universities when visiting abroad. Subsequently, other achievements were published in succession, such as *The Gardens in Imperial Palaces of Qing Dynasty* in 1986 (Figure 17), and *The Best Examples of Imperial Gardens in Qing Dynasty* in 1990 (Figure18), edited by Feng Jiankui.

In the 1980s, Mr. Yang Daoming presided over the teaching of measured survey until 1994. At the same time, young teachers began to shoulder the important task. Mr. Wang Qiheng, a representative of architectural historians and surveyors of ancient buildings, began his postgraduate study in February 1982 and became a teacher in the Department in 1984. Since then, he has played a key role in the organization and teaching of measured survey in the past thirty years. At the same time, he inherited the experience from the predecessors, and gradually started the systematic, targeted and groundbreaking practice with strategic insight.

During that period, teaching practice continued to develop based on the achievements of the predecessors, aiming at promoting academic research and publication, and taking imperial tombs, gardens and palaces of Ming and Qing dynasties as the main objects. From late 1980s till now, among accumulations of years of practice, the outstanding achievements are the explorations and researches on the imperial gardens and tombs of Qing dynasty. Following the National Science Foundation of China (NSFC) projects led by Mr. Wang Qiheng, "The Comprehensive Study of Imperial Gardens of Qing Dynasty", "The Comprehensive Study of Imperial Gardens of Qing Dynasty (continued)", "The Comprehensive Study of the Imperial Tombs of Qing Dynasty", and "The Comprehensive Study of the Imperial Tombs of Qing Dynasty (continued)", teachers and students finished a series of academic works and outstanding theses for doctor or master degree. Then the documentation of tombs was further extended to those of Ming dynasty. In 1987, 16 students finished the measurement of Yongling Tomb of Ming dynasty efficiently and in good quality as a "work-study" activity. After that,

19

from 1988 to 1994, four large scale survey projects for imperial tombs of the Ming Dynasty were carried out. Based on the achievements concerned, *Imperial Tombs of Qing Dynasty* (The Classified Complete Works of Chinese Fine Art) (Figure 19) was compiled by Tianjin University, presenting the traditional architectural art in detail and in an exquisite way.

As for the imperial gardens of Qing dynasty, we finished documentation of all the buildings in Beihai Park from 1985 to 1988, including renderings of groups of buildings as ensembles. Under the technical conditions at that time, in order to present the landscape of the ensembles of the Round City, Jade Flower Island, the northern bank of Beihai, we made great effort to finish magnificent general elevations and sections of drawings, which later turned renderings with digital technology, and became one of representative achievements of Tianjin University. The measured survey of Beihai Park also became an important starting point of traditional Chinese garden study in the history of Tianjin University, and a series of research achievements including doctor and master theses were finished. In the 21st Century, our measured survey activities got more financial support from national funds, such as "Research on the Academic History for Chinese Classical Gardens" (National Social Science Fund project, Liu Tongtong), "Research on the Construction Course of Summer Palace" (NSFC project, Zhang Long), "Comprehensive Study on the Temporary Palace of Qing Dynasty" (NSFC project, Zhu Lei).

In addition, the documentation of the tombs of the Ming and Qing dynasties and Beihai Park by Tianjin University also laid a sound foundation for their nomination to be inscribed in the World Heritage list, and played an important role in their conservation, interpretation and presentation.

In 1990, based on IHEIC's practice guided by Zhang Bo in 1940s, the Palace Museum discussed with Tianjin University on collaboration, which became the beginning of measured survey activities for the Palace Museum and temples in Beijing.

So far, through measured survey teaching, Tianjin University made a comprehensive documentation of the imperial tombs, gardens, palaces, temples and other important official-style buildings of Qing dynasty, which helped us to get support from a number of grants, resulting in an in-depth and long-term study about them.

The measured survey teaching in 1980s was the developing process of inheriting the good tradition, summing up experience, improving the quality, and combining scientific research and teaching, showing new characteristics as follows.

1. Patriotism, traditional culture and national self-confidence cultivation: after the reform and opening up to the outside world, the western culture's influence on China was increasing, and, to some extent, a kind of "national nihilism" emerged. For this reason, we paid special attention to present the values of traditional Chinese culture and technology in comparison with western contemporary art, with reference to our abundant research achievements and positive conclusions by western scholars.

2. Emphasizing the ensemble of Chinese architectural complex: this is a succession of traditional methods, developing from general plans to combination of elevations or sections of a courtyard, and even to large scale overall depictions of groups of buildings in continuous courtyards. Drawings of Jade Flower Island of Beihai Park, Hanging Temple in Hunyuan, Shanxi province, and Penglai Pavilion, Shandong province are the typical examples of this type.

3. Recognizing significant details: in an effort to develop predecessor's tradition, we paid special attention to the values of historical development, artistic images and craftsmanship beneath the subtle differences of constructive and decorative details. Students were encouraged to discover significant details, turning the teaching process into a comprehensive survey, a combination of inspection and research.

4. Lectures from different angles: for different surveying objects, we asked the relevant experts and scholars to give on-site lectures, from different disciplines and academic levels, which expanded the horizons of the students, and deepen the cultivation of traditional Chinese culture.

5. Consciously academic accumulation by combination of research and postgraduate teaching: we always focused on large scale architectural complexes and typical architectural types, and tried to obtain complete knowledge through surveying; in addition, postgraduates were organized to do research from multiple aspects, which fruitful achievements laid the foundation for the architectural history research in Tianjin University.

Due to the outstanding achievements of long-term teaching practice, the course— "Field trip for measured survey of ancient Chinese architecture: a synthesis and key practice to improve the quality of architectural education"—was awarded the Special Prize of National Teaching Achievement Awards by State Education

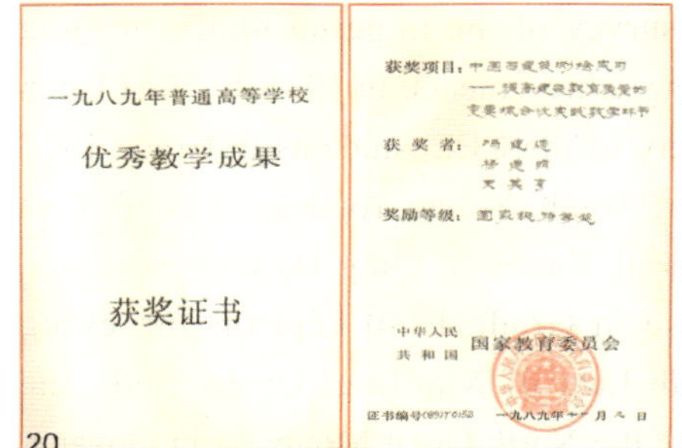
一九八九年普通高等学校

优秀教学成果

获奖证书

获奖项目：

获奖者：

奖励等级：

中华人民共和国 国家教育委员会

证书编号

20

Commission on December 28, 1989 (Figure 20). So far, it is the only project that won the national special prize for teaching achievement in the architectural education field.

Reform Moving Forward:
from the Late 1980s to the 1990s

In the late 1980s and early 1990s, it was a period when crisis and opportunity came out side by side for the measured survey of ancient buildings in universities. At this time, we seized opportunities to persist with large scale survey, while promoting the reform process of survey teaching in various ways.

Due to the contradiction between the development of the market economy and the existing administrative system, survey teaching crisis once caused serious financial difficulties, resulting in the appeals of curtailing the number of students concerned, or selecting a few buildings as fixed teaching points. Many architectural colleges stopped their regular teaching of measured survey, or carried out small scale thematic field trips as part of teachers' research projects, or even adopted visiting tour taking the place of measured survey. In this case, we hold on and overcame difficulties by controlling costs and broadening sources of income. Mr. Zhang Youxin, who was in charge of fine arts teaching, put forward his suggestion of limiting the field trip of watercolor painting in the vicinity of Tianjin, saving the lodging and travel expenses to support the measured survey. At the same time, because of the enterprise reform, the activity for construction site visiting was frequently refused, and gradually canceled. The funding was then transferred to supplement the field trip of measured survey.

Since the 1990s, the government paid more attention to cultural heritage and gradually increased the funding for the conservation and restoration of ancient buildings, and colleges and universities got the opportunity to participate in various practical conservation projects for heritage sites, and a kind of rivalry also emerged. By presenting the long-term accumulation of measured survey teaching achievements, Tianjin University strived for large scale ancient architectural complexes, which represent the outstanding architectural artistically and technical achievements with national values or international levels.

As for the teaching objects, based on disciplinary exchanging and protection of immovable cultural heritage, which was increasingly noticeable in the rapid process of urban development, we required that the students majoring in urban planning should participate in the survey training to receive the edification of traditional architectural culture. Therefore, in the 1990s, we usually faced hundreds of students and acquired an ability to finish the measured survey of a large scale architectural complexes in a short period of time, though there were many practical difficulties need to overcome.

Sticking to the promise and winning the opportunities for academic development, we went into a new period of development and reform in measured survey of ancient buildings. In 1990, the measurement of Dule (Temple of Solitary Joy) for condition inspection, before its major repair in a way of disassembly and reassembly, played a significant role in the history of measured survey of ancient buildings. In order to secure the high quality of the survey work, the teaching team did an in-depth study for the measurement scheme: laying control network and vertical baselines inside and outside of the buildings, utilizing intersection method to obtain the data of tilting and displacement which might occur in each part of Guanyin Pavilion (Avalokitesvara Pavilion) and the Main Gate. All columns were numbered and every capital and base was measured based on control lines. To represent the realistic condition of Guanyin Pavilion, transparent polyester films were used: plans of all floors were overlaid to reveal the horizontal torsion of each floor as well as the leaning which could be visually noticed. Through detailed inspection, we also discovered related distortion and splitting problems of the corner columns. Finally, we completed over 60 measured drawings for Guangyin Pavilion and the Main Gate, directly envisioning their defective conditions and appearances. In addition, we finished "The Surveying Report of Dule Temple, Jixian County, Tianjin", which includes the records of component sizes and defects and provided the most important data for the condition analysis and the subsequent repair project (Figure 21). As a unique attempt for ancient Chinese buildings, the measured survey work, in which the combination of theodolite, surveyor's level and hand measurement were applied, was highly appraised by relevant state agencies and the academic circles.

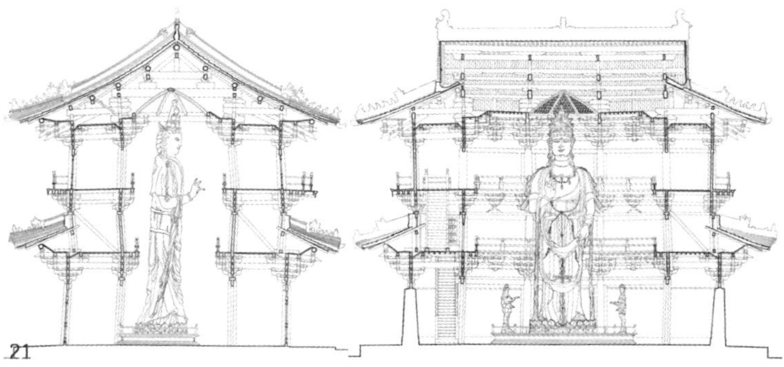
21

In 1991, the Palace Museum invited Tianjin University to make measured survey for ancient buildings in the Palace Museum. At the same time, we also carried out the survey operation for ancient buildings of Mukden Palace, Shenyang. The survey got support and guidance from the top experts on ancient architecture in the Palace Museum. The measured drawings were under strictly acceptance check, which played a significant role in promoting the quality of our measured survey. Subsequently, in 1992, 1997-1999, we carried out measured survey operation for lots of the imperial buildings of Qing dynasty, including the Palace Museum, the Imperial Ancestral Temple (Figure 22), the Temple of Heaven (Figure 23) and Altar of Land and Grain (Figure 24), which won praise from relevant institutions and experts of ancient Chinese architecture. Thanks to the measured survey projects for ancient buildings of Ming and Qing dynasties in Beijing, new research areas were formed, and follow-up research projects supported by the NSFC were carried out, including "Temple and Altar Patterns of the Capitals of Ming and Qing Dynasties" (Cao Peng), "Research on Decoration and Furnishings Design in the Qing Court" (He Beijie), etc.

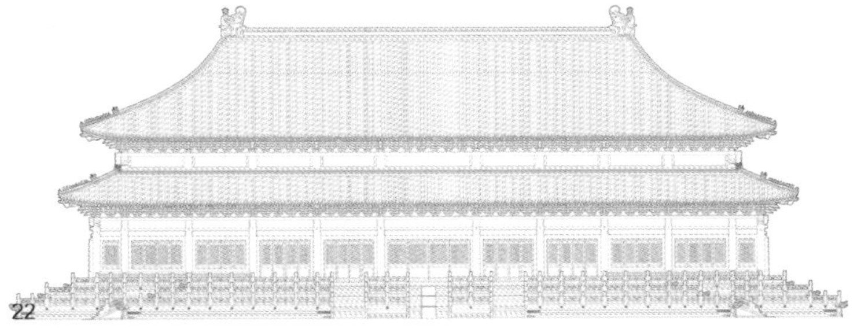
22

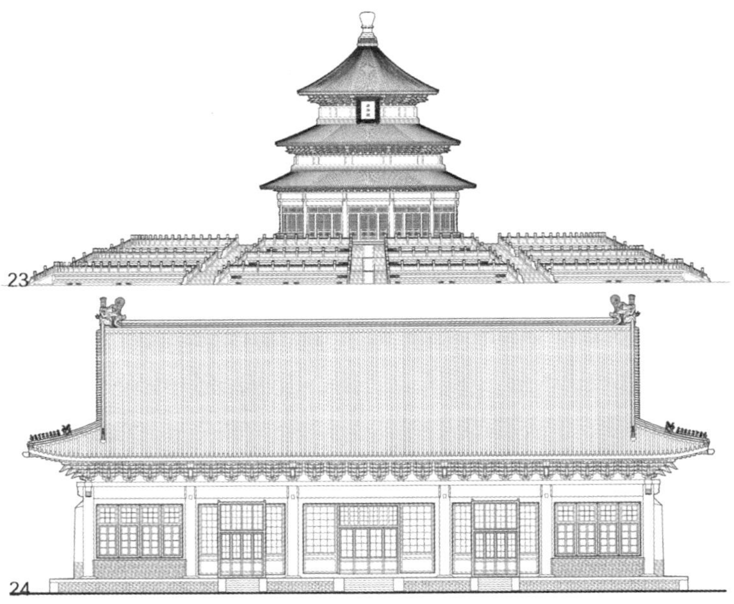
23
24

In 1992, the authority of cultural heritage decided to support the protection of important heritage buildings in underdeveloped areas, starting from the repair project for Qutan Temple (Gautama Temple) in Ledu, Qinghai province. In 1993, recommended by the expert group affiliated to the State Administration of Cultural Heritage (SACH), Tianjin University was commissioned by the Department of Culture of Qinghai province to prepare measured drawings and repair plan for the temple. During the process of plan preparation and implementation, the experts from the SACH inspected the scene, and directly supervised and guided the work, expecting the project to become a "model project". Because of the peculiarity of the project, third-year students who had experience of measured survey were called on to participate in, taking the tasks as their assignments in architectural design course. On the basis of detailed investigation, measured survey and recording for various defective conditions, the repair work solved the existing problems by strictly following the conservation and restoration principles and applying minimal intervention and reversible measures. After more than 20 years of freezing and thawing cycles, there has been no crack and leakage phenomenon found so far. It really deserves the honor of "model project". The measured survey of Qutan Temple not only led us towards a new area, but also launched the practice in combination of measured survey and repair project for ancient buildings (Figure 25).

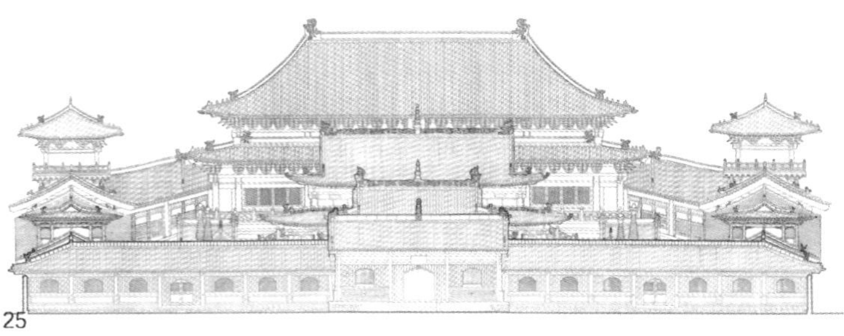
25

Taking Qutan Temple project as an opportunity, Tianjin University developed cooperative relations with administration of cultural heritage in Gansu and Qinghai provices. Since 1993, we have finished many projects of survey, research, repair and conservation planning for national heritage sites in Qinghai and Gansu provinces. In 2001, the research project "Research on Traditional Gan-Qing Architecture and Its Conservation" (Wu Cong) was supported by the NSFC. In 2004, "Repair plan and budget for the former site of Seat of Government for Tusi Lu, Yongdeng, Gansu province" was selected by the SACH as one of the "National Heritage Conservation Award for Top Ten Cases of Investigation, Design and Planning".

With the development of society and changes of practical demands, we stepped into a new stage of "integration of producing-study-research", which was marked by the survey of Dule and Qutan temples. In the past, in teaching-oriented survey practice, more emphases were relatively put on architectural artistic effects and graphic representation, resulting in the drawings with a few important dimensions. According to Mr. Yang Daoming, in early 1960s, Mr. Qi Yingtao, the engineering group leader of the Institute of Ancient Building Conservation, fully affirmed the measured survey of Tianjin University. Furthermore, he expressed his vision that the survey forces of colleges and universities could join the architectural conservation system, and suggested more detailed dimensioning on the drawings so as to be used for repair plan. In 1985, China became a state party to the UNESCO World Heritage, and more and more attention was paid to the protection of architectural heritage. The nomination for inscription in the World Heritage list gradually put on the agenda, resulting in higher requirements on heritage documentation, and all kinds of repair plans and conservation planning also need high quality and intensive measured drawings, while the colleges and universities had the advantages of the key survey technology and human resources. Therefore, we changed our ideas and adjusted the teaching methods and schemes timely, so as to make teaching achievements meet the requirements of heritage conservation practice.

However, detailed dimensioning requirements also revealed some problems in practice, such as increased workload of participants, reduced drawing neatness caused by dimension lines and annotation texts, and sometimes delayed survey outcomes. Therefore, we began to expand in the digital direction, with a series of corresponding teaching reforms. As a result, it evolved not only to keep up with new technologies, but also to solve the problems mentioned above.

In 1989, Zhang Hong, a student whose graduation design topic was "Study on the Reconstruction of Ten-thousand Buddha Building in Beihai," continued the follow-up research work even after she graduated and started with her new job. Taking advantage of the valve computer workstation in her studio, she prepared digital 2D drawings and 3D models, which became the first digital presentation of ancient buildings in China. On the "Kobe University-Tianjin University Architectural Design Exhibition" in 1993, as one of the East Asian heritage protection projects, especially the first computer-aided achievement on measurment of ancient buildings, the project attracted attention from and was highly appraised by Japanese counterparts.

From then on, computer graphics and CAD rapidly gained popularity. The Department started the training of computer graphics in undergraduate students' graduation design projects as well as in postgraduate curriculum. Considering that computer graphics had the advantage of complete survey data, Professor Wang Qiheng put forward a plan of introducing CAD to the measured survey teaching for the second year students. CAD were adopted by small scale tests in 1997 on the survey of the Imperial Ancestral Temple and Altar of Land and Grain in Beijing. Experts affiliated to the SACH were invited to conduct a on-site evaluation, and the results were highly affirmative. Since 1998, this technology has been widely adopted, and it led the measured survey of ancient buildings to a new stage of digitalization in China. (Figure 26)

26

In 1999, based on Autodesk AutoCAD platform, we developed a plug-in named "Survey Drawing Tools" (SDT) (Figure 27). SDT provided the tools for preparing plans, elevations, sections, outlines, frames, and annotations, which could partially realize the semi-automatic generation of drawing lines, and provide standard styles for layers, line types, dimensions, fonts and drawing frames. The CAD software can also extract drawings with different level of details for different pratical requirements, such as for presentation, data anylasis, and engineering materials. Teaching practice over the past years indicated that the application of SDT could effectively ensure the standardization of measured drawings. The technology was efficient and convenient, with strong practicability. The research paper about SDT were pulished in a conference held by the Association for Computer-Aided Architectural Design Research in Asia (CAADRIA) in 2001.

Along with the digital innovation in data presentation, we also brought in advanced measuring equipment. The School of Architecture, founded in 1997, set up an "Architectural Design Supporting System," which included data capture and photogrammetry instrument, such as a total station, a photo-theodolite, an analytical plotter, and a drum scanner for engineering drawings. The faculty team invested a large amount of related funds in the update of measuring equipment, added CD/DVD writers, high-end photographic equipment and dozens of computers, carried out the construction of computing center, LAN and multimedia classrooms, providing a strong guarantee for large-scale digital work.

In order to adapt to the new technologies, integration of "producing-study-research" and digitization, the teaching methods, requirements and process of measured survey also went through further changes, mainly in the following aspects:

1. Computer skills training and courseware application: CAD course including SDT was taught for the second year undergraduates before the field trip, which could help students prepare measured drawings efficiently, and furthermore, continue the tradition of training students to master comprehensive abilities in the information age. "Multimedia Courseware for Measured Survey of Ancient Chinese Buildings" connected the actual buildings and the projection drawings, and explained the difficulties of construction in various architectural forms and structures. Based on common mistakes in measured drawings, it took the advantage of a "spot-the-different" style computer game to atract students to carry out self-study (Figure 28).

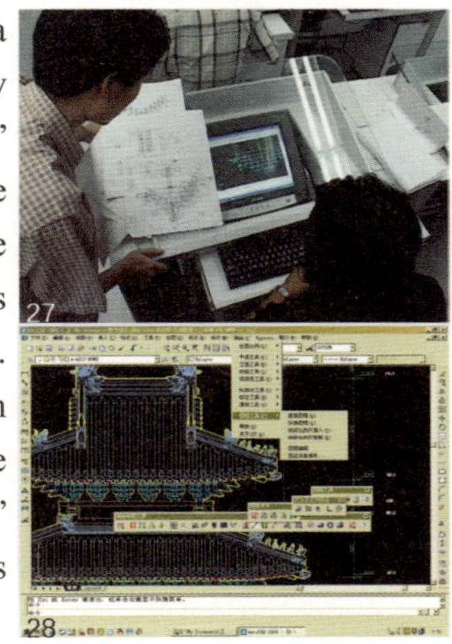
27
28

2. Emphasizing the clarity of the "minimally intervened sample": taking detailed inspection and selection of appropriate samples was regarded as a necessary step before measurement, with sample positions marked in final drawings for "typical measurement". In the surveys that required more detailed deformation data, the drawings that were closest to the original state of the buildings were used as the base drawings, on which deformation data of other parts were labeled.

3. Strengthening "error control": on the basis of the measuring principles, we emphasized the procedures of instrument calibration and periodical data verification, and ensured the correct CAD workflows: from plans, sections to elevations, from controlling structural elements such as column grids and timber frames to various details.

4. Emphasizing observation and understanding of the construction methods and rigorousness of drawings to avoid failure to obtain the right forms and relationships caused by negligence. Although in CAD system elements are easy to copy, but it was easy to cause errors of component arrangement, too. Therefore, we paid more attention to understanding of construction methods and on-site observation, to ensure the coordination between the confirmations of component relationships, corresponding quantities and measurement readings. The number of components was required to be counted in separated sections on the basis of bays. Also, in a "typical survey," was taken full account of the connection and difference between the general construction principle and the actual practices. For the image negligence caused by duplication, the "Find-the-difference" game specially developed for measured survey was used to remind the students to notice the different projections of a given subject from different directions.

5. Training "backbones" of survey teaching team: there are relatively complex operation procedures for many measuring instruments, so we worked closely with the Research Institute of Engineering Survey in the School of Civil Engineering, summarizing the application principles according to the characteristics of ancient buildings. We actively trained postgraduate students to use the instruments and passed on the knowledge and skills among the students from different grades, so that they could assist teachers to complete the measured survey course for undergraduate students.

6. The standardization of the quality control in different teaching phases: 1) including survey notes in the archives and taking the quality of survey notes as a scoring factor. 2) Preparing demonstration drawings for each stage of the measured survey, and setting up standards for acception check step by step. 3) Doing detailed verification of the drafting at the end of the on-site work; 4) Using LAN to help file management, making it convenient for duplication, browsing and review of drawings. 5) Repeated checking and modifying the final drawings to ensure the quality. 6) The establishment of logging system and automated survey database set up a complete and convenient file management system.

7. Shortened on-site working time: with the maturity of computer graphics, the teaching processes have been changed into three steps: sketching, measuring and drafting. After rigorous checking and verification, students could go back to the University to prepare their CAD drawings. The most time-consuming stage of drawing was changed into an off-site work, resulting in improved working conditions and reduced cost.

8. Deepening the knowledge and ideas of ancient Chinese architecture and heritage conservation: we introduced to the survey teaching the training of architectural investigation, oral history collection, analysis report, and principles of cultural heritage conservation, which strengthened the understanding of the research methodology of the cultural heritage conservation and architectural history, and improved the related academic interest and enthusiasm. Many students actively participated in the follow-up conservation planning and repair projects, or studying graduate degree in architectural history and theory, and some of them even selected it a career.

In the new period of improving the measuring technologies and teaching program, we did not forget to continue the cultivation of humanistic quality tradition, and strengthened the cultivation of students' patriotism, self-confidence, spirit of hard work and team work, thrift, and various life skills. All these efforts brought about general recognition and appreciation for the students involved.

In 2000, on the "Architectural History Teaching Seminar," which was sponsored by the National Steering Committee on Architectural Education in Colleges and Universities, the papers about our teaching reform achievements were affirmed by the delegates, experts and professors, and they hoped to promote the achievements in the architectural colleges throughout the country. The surveying methodology and management systems established under the new technology development and new requirements, got the concern of the national heritage conservation agencies. They put forward suggestions to strengthen cooperation in coding the specification for measured survey of heritage buildings.

The integration of "production-study-research" and the progress in digital technology have accelerated the transformation of our teaching achievements into academic research and social services. Our ability to complete the measured survey operation for large scale groups of buildings in a short term played an important role in accelerating the solution to heritage archives construction, especially provided strong support to underdeveloped reagions that were lack of expertise. The measured drawings with the integrated data, played an important role in the conservation planning and repair plan projects for many national heritage sites undertaken by Tianjin University, and have been widely appraised. Among them, the conservation master plan for Xianling Tomb of the Ming Dynasty, Zhongxiang, Hubei province, and the repair plan for Qutan Temple, Ledu, Qinghai province, were approved by the SACH as the model projects.

In addition, a large number of drawings, archives and further research achievements became the basic data to support the nomination for inscription in World Heritage list for many heritage sites. For example, in preparing nomination documents for Imperial Tombs of the Ming and Qing Dynasties, Professor Wang Qiheng participated in the operation as a consultant, and attained satisfactory achievements with the help of relevant measured drawings and research from many sides.

Based on the support of the NSFC and the MoE Doctoral Fund, we not only made lots of achievements in the Imperial tombs, gardens, palaces, temples and mansions of Ming and Qing dynasties, "Yangshi Lei Archives," and so on, but also gradually extended to more regional architectures. The survey achievements laid solid foundation for the research on traditional Chinese architecture..

The survey-based publication promoted the popularization of related research and traditional architectural culture and art. These contain the series of "Classified Complete Works of Chinese Fine Art" (Figure 29), including Imperial Tombs of Ming Dynasty, Imperial Tombs of Qing Dynasty, Imperial Gardens of Qing Dynasty, Mukden Palace and Forbidden City; A History of Ancient Chinese Architecture (Figure 30), A History of Chinese Architectural Art (Figure 31), and partially published "Ancient Chinese Architecture Measured Survey Series." (Figure 32)

29 30 31 32

Abundant Expansion: the New Century

Since the beginning of the new century, we has made steady progress in teaching, research and social services in the field of measured survey of ancient buildings, and has achieved more practical and diversified development in related fields.

In the development and application of measuring technology, we has kept in front and forward-looking. The application of 3D laser scanning is of great significance for survey of ancient Chinese buildings. In 2006, we introduced a full range of 3D laser scanning equipment. In 2007, cooperated with the China Academy of Cultural Heritage, for the first time, we scanned the Main Hall of Fengguo Temple, Yixian, Liaoning province. Subsequently, 3D scanning was used for many heritage sites of national, provincial and municipal levels, such as the architectural complex of Tomb Watch Tower in Tashi, Gansu province, and the archaeological site of Qiaoling Tomb, Shaanxi province. After two years of exploration and experiments, from 2009, 3D laser scanning was applied to large scale measured survey teaching. In preliminary application of this new image-based technology, we insisted on working in with hand measurement for mutual corroboration and problem find-out, and furthermore conducted the targeted study on its strengths and weaknesses, resulting in the master's thesis "Application of 3D Laser Scanning in Measuring Ancient Buildings and Related Problems." It formulates a set of practical standards, which became the initial "guideline" in heritage recording.

With the development of new technology and the needs of measuring large scale and complex terrain, we became the first to utilize unmanned aerial vehicles (UAVs), and carried out the study of related photographic and information processing. Based on the project "Research on Low-Altitude Remote Sensing for Architectural Heritage" (Project of SACH Key Scientific Research Base, Li Zhe), attained the achievements such as "high precision 3D measurement based on UAV helicopter," and "combination platform construction," which were at the highest level in this field in China. The first 40 kg class turbine shaft unmanned helicopter (ultra-low vibration remote sensing platform) also won the national utility model patent. After the introduction of UAVs, close-range photogrammetry began to be applied on the ground and low altitude, combined with the 3D laser scanning, which formed a fast mode of "arial-terrestrial" data capturing.

Through extensive survey practice, massive data and information had been accumulated. However, how to realize efficient management, sharing and use of the information is an important direction of exploration to further realization of the values of surveying achievements. Furthermore it has the significance of promoting the close collaboration between universities and heritage agencies, and even the civilization development of the whole society. According to the trend of digital and information technology, combining geographic information system (GIS) and building information modeling (BIM), we began to carry out research on surveying data management and the application to architectural heritage protection, and continued to push it forward in survey practice. In 2008, the pilot study was conducted in Takeo Temple of Angkor Monuments in Cambodia, and then we attained achievements in application of BIM on Dule Temple, Longxing Temple in Zhengding, Hebei province, and the Grand Theater of Dehe Garden (Garden of Virtue and Harmony) in Summer Palace, Beijing. Combined with a series of applications and theoretical studies, such as "Research on the Standardization of Measured survey and image-based Recording of Historic Buildings" (NSFC project, Wu Cong) and "Research on Information Management and Presentation System of Historic Buildings Based on BIM and GIS" (SACH project, Sun Jizhou), we summarized the ideas

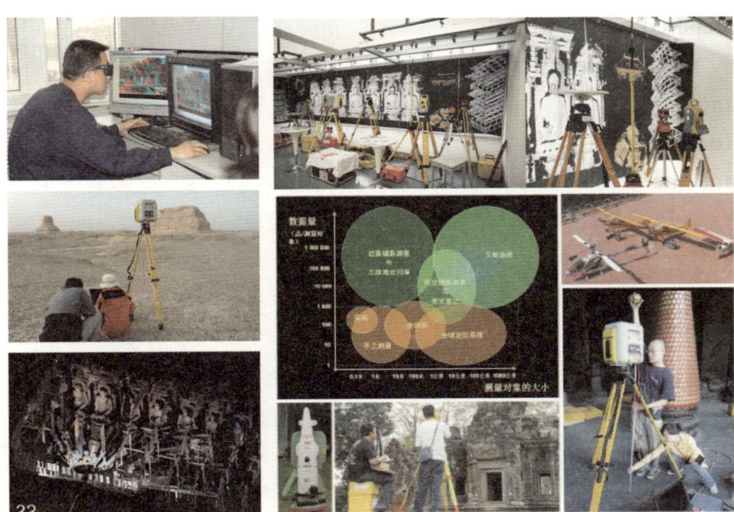
33

and methods of BIM and GIS for the information management of heritage. This laid the foundation for promoting the specialization and standardization of the information sharing and service system of architectural heritage (Figure 33).

In recent years, we also worked with Peking University to conduct research of ancient building dating based on Carbon-14 technology. In the project of "Series of Studies on the Architecture of Liao Dynasty", combined with traditional field investigation and literature research, we get more than 200 samples from more than 26 ancient buildings, which provided a new analysis basis for dating and phasing of ancient buildings.

In the new century, the measured survey practice in Tianjin University were problems originated, which developed a series of new areas in technology application and management methods, and presented more and more values in personnel training, academic research, and social services. As for the social services in the way of "integration of production-study-research," we has directly merged into the practice of national cultural heritage protection and completed a series of conservation planning and repair plan projects. In January, 2004, Tianjin University became one of the first batch of architectural colleges which got the Class-A national qualification for heritage conservation planning and repair plan of ancient buildings in China. Following the situation and trends of heritage protection in China, we undertook dozens of cultural heritage protection projects (Figure 34), of which, a large number of basic works were based on measured survey and relevant research, and the workflows of survey, planning and repair was gradually realized. In 2011, for example, the Beihai Park conservation master plan was finished, which made the world's oldest and most complete imperial garden meet the world heritage protection standard (Figure 35). The heritage sites which was under our in-depth research and systematic survey, and with completed conservation master plan

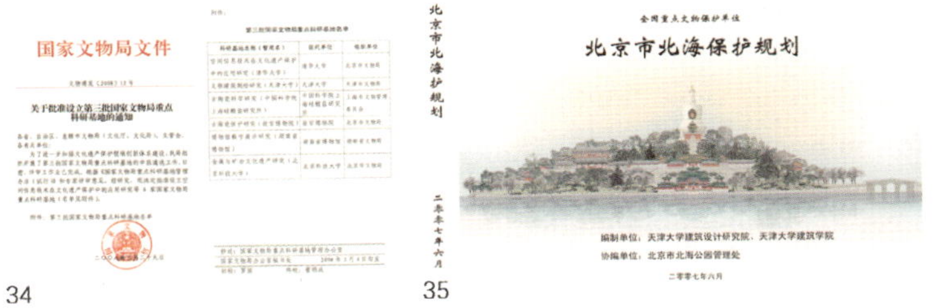

34 35

prepared by us, were listed in the tentative list of World Heritage by the SACH and ICOMOS-China in 2012, such as Beihai Park and Imperial Ancestral Temple in Beijing; Imperial Cities and Tombs in Fengyang, Anhui province; Maijishan Grottoes, Gansu province; Temple of Guan Yu in Haizhou and Wood Pagoda of Yingxian, Shanxi province; the Main Hall of Fengguo Temple in Yixian, Liaoning province; Huishan Mountain Ancestral Temples in Wuxi, Jiangsu province; and Xianling Tomb of Ming dynasty in Zhongxiang, Hubei province.

Tianjin University also developed long-term cooperation with related institutions in certain areas, and directly formed a series of research achievements based on accumulation of measured survey. For example, we have carried out more than 20 survey projects for national heritage sites in Gansu and Qinghai provinces since the 1990s. Based on these achievements, a NSFC project was carried out resulting master or doctoral theses on the characteristics of traditional architectural techniques and brick carving in Gan-Qing area, Seat of Government for Tusi Lu and Miaoyin Temple (Temple of Marvellous Karma) in Yongdeng, Rongwo Temples in Tongren, Temple of Grand Buddha in Zhangye, and the Study on traditional Architecture of Gansu Corridor.

Also began in the late twentieth Century, the research on architectures of Song and Liao dynasties made important progress. More than 200 buildings and structures have been surveyed throughout many provinces and cities, including Fengguo Temple, Guanyin Pavilion of Dule Temple, Wood Pagoda in Yingxian, and imperial architectural ruins of Shangjing (Upper Capital), Liao dynasty, which were recorded with 3D laser scanning. The projects "Series of Studies on the Architecture of Liao Dynasty" and "Series of Studies on the Architecture of Liao Dynasty (continued)" (by Ding Yao) won the support of NSFC, and completed a number of theses. According to a large amount of architectural information and survey achievements, Ding Yao and his research group published the posthumous book edited by Mr. Chen Mingda, Glossary of Treatise on Architectural Methods which is (Figure 36), in which a large number of illustrations and photographs are supplemented for more than 1,100 entries.

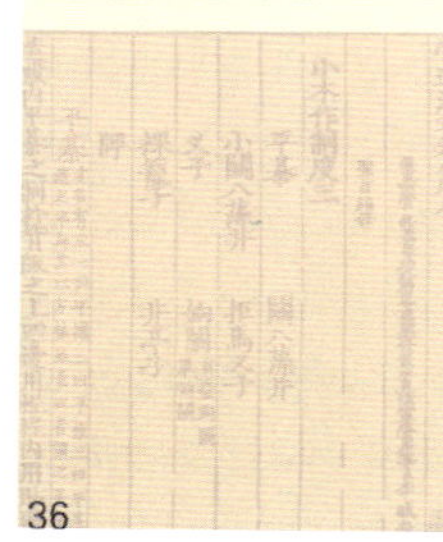

36

In addition, the long-term cooperation with the Summer Palace was also an important part of the expansion of the measured survey activities in the new century. From 2005 to 2013, we organized nearly 1,000 people, finished the survey work for more than 95% of the buildings in the Summer Palace, in which GPS, 3D laser scanning, UAVs, BIM were applied. On this basis, the two sides implemented nearly ten heritage conservation projects, including the deformation monitoring of the Grand Theater of Dehe Garden. Some theses were finished, such as "the Construction Process of the Summer Palace", "Research on the Historic Appearance and Restoration Study of the Summer Palace Plant Landscape," promoting the integrity and authenticity study for this World Heritage site (Figure 37). Supported by the NSFC, we also systematically collected the Yangshi Lei Archives of the Summer Palace, for which the doctoral thesis "a Comprehensive Study on Yangshi Lei Archives of the Summer Palace" was finished on the basis of literature study and large scale measured survey.

37

In the new century, Tianjin University once again cooperated with the Chengde Administration of Cultural Heritage, and carried out a number of measured survey projects for the Mountain Resort and its Outlying Temples. Combined with the similar survey projects in Inner Mongolia, a new research area was developed with a NSFC youth project titled "the Constructive System and Adaptability Research of Official Sino-Tibetan Style Architecture in Northern Inner Asian Frontiers." (Yang Jing)

In 2013, Tianjin University, the Palace Museum and other institutions jointly established "the Collaborative Innovation Center of the Conservation of China's Traditional Villages and Architectural Heritage" (Figure 38), which focuses on the studies of linear heritage, large scale archaeological sites, ancient architectural complex, modern heritage, traditional villages, folk literature, folk art, and folk customs. Through the integration of the advantagous resources of universities, government departments, industry associations, research institutes and other collaborative institutions, it will break the boundaries of tangible and intangible heritage, and established products sharing platform and talent pools. In the aspects of cultural heritage protection, heritage and personnel training, and so forth, it will conduct an exploration for the reform of cultural mechanism, the pattern of cultural heritage protection and other issues.

38

"A Comprehensive Study of Yangshi Lei Archives of Qing Dynasty" and the related series of projects, presided over by Wang Qiheng, won the support of the NSFC, National Social Science Foundation of China, and MoE Doctoral Fund. The studies not only made remarkable achievements in this field, but also showed outstanding academic values of survey achievements after transformation (Figure 39). The Yangshi Lei Archives is of great significance in excavating and recognizing the traditional Chinese design ideas, methodology and procedures. However, the drawings in the Archives are often poorly labeled and organized, requiring a

39

great deal of identification work. It was for the reason that we had adequate accumulation on surveying official-style buildings of Qing dynasty, could we started from the imperial tombs and gardens, and succeeded in identifying 11,000 drawings. Combined with the identification work, related architectural research was in turn promoted and deepened in Tianjin University. Since the beginning of the 21th Century, based on the study of Yangshi Lei Archives, and combined with the literature research on the Lei family and case studies on building construction process, new research areas were developed, such as "The Comprehensive Study on Construction Management System in Qing Dynasty" (NSSFC project, Wang Jianghua).

Rich accumulation of survey achievements brought about two key NSSFC projects: "Study on the Conservation System of Urban Industrial Heritage in Modern China", by Professor Xu Subin, 2013, and "Ancient Chinese Architectural Literature Reorganization and Database Construction," by Professor Wang Qiheng, 2014.

The development and achievements of our survey practice are also reflected in the promotion of the standardization of heritage documentation in China, organization construction, education and training, and interpretation and presentation of ancient Chinese architecture. In 2006, Measured Survey of Ancient Buildings (the 10th Five-year Planning textbook for national higher education) (Figure 40) edited by Tianjin University was published, which filled the gaps of surveying technology and operating specification for traditional timber structure buildings in East Asia in the past century. The textbook is widely used in the domestic architectural colleges and universities and among cultural heritage conservators, and was gained the attention and praise by the scholars from Japan and South Korea. The second edition is forthcoming.

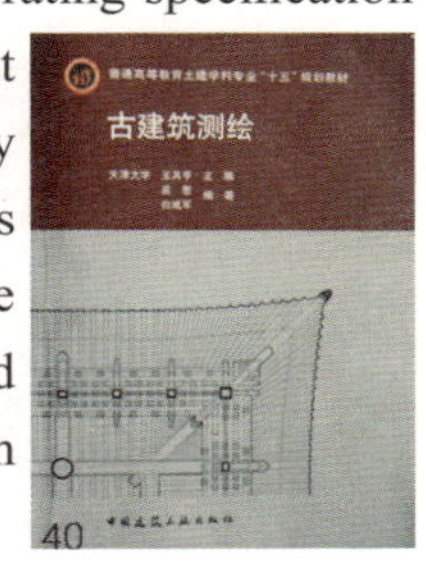

40

In 2008, based on the highly affirmation of the foundation and achievements of our survey practice, the Key Scientific Research Base of Historic Building Survey and Recording, SACH was established in the School of Architecture, Tianjin University. The Base allowed our research and practice to be conducted around the needs of heritage conservation in China, as reflected in those projects about documentation standardization, UAV, GIS and BIM mentioned above, and "Research on the History of Recording Heritage Buildings in China" (MoE Humanities and Social Science project, Zhang Fengwu). After the founding of the Base, and entrusted by the SACH, we undertook the compilation of the "Specifications for Metric Survey of Historic Buildings." The specification aims to establish a set of industrial standards in China for the measured survey of heritage buildings in 3D data and information acquisition methods, technology selection, operation process, content, presentation, product evaluation indicators, and so forth. The preparation work was based on our long accumulated technical and management experience, and collected opinions and suggestions from many domestic universities and heritage conservation agencies. The draft of the Specification was finished in September 2012, and then carried out experimental uses and verification in China.

In the field of teaching, we set up a teaching website for the measured survey course, providing shared resources about the teaching methods, content, courseware and reference materials for teaching exchanges. To meet the requirements of the heritage conservation practice, some new courses were added, such as "Philosophy of architectural conservation," and "Repair of Ancient Buildings."

In 2004, initiated by Tsinghua University and Tianjin University, and joined by Southeast University, Tongji University and Peking University, an exhibition tour entitled "Exhibition of Measured Drawings of Historic Buildings by Five Universities", was held among colleges and universities in China. In preface for *Beams and Eaves: Selected Measured Drawings of Historic Buildings by Five Universities*, the book published after the exhibitions (Figure 41). Mr. Shan Jixiang, the then Director of the SACH, writes: "in fact, the measured survey of historic buildings is an important part of the western traditional architectural education. It can be concluded that the historic building survey was originated from colleges and universities, and their participation has irreplaceable advantages."

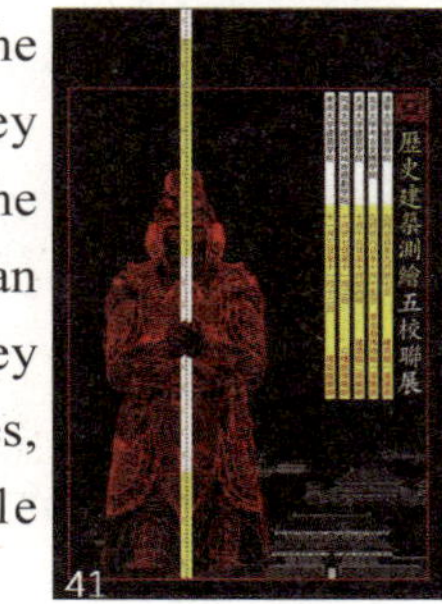

41

Based on the tasks of the Base, focusing on teaching and research of measured survey, to build a sharing platform for domestic architectural colleges, and to promote the cooperation and exchanges and teaching quality improvement, we conducted cooperations with South China University of Technology, Shandong University, Wuhan University, Sichuan University, Southwest Jiaotong University, Huaqiao University, Inner Mongolia University of Technology, Shenyang Jianzhu University, Tibet University. The contents of cooperation and exchange include, but not limited to joint training of teachers, sharing of technology, joint heritage documentation practice, to attract more talents into architectural heritage conservation. In 2009, Tianjin University actively planned the "Research on the Excavation of Ancient Chinese Architecture and its Scientific Values," the special fund of the "Compass Project" supported by the SACH, and united Tsinghua University, Southeast University, Peking University, Beijing University of Technology to participate. A multidisciplinary team was formed to conduct a thematic study, promoting the optimization, integration and sharing of resources in scientific research institutes.

In the field of academic exchanges and collaborations among main land China, Taiwan, Hong Kong and on the international level, we also made active progress. For example, in 2004, Tianjin University held the "Exhibition on Yangshi Lei Archives of the Qing Dynasty" and a related international seminar (Figure 42). The exhibition's foreign language editions were launched in Paris in 2006 (Figure 43), and then in Switzerland and Germany, which raised great repercussions in China and overseas. The exhibitions directly contributed to the inscription of the "Qing Dynasty Yangshi

Lei Archives" in the "Memory of the World" list by UNESCO in 2007 (Figure 44). From 2008, the measured survey of Takeo Temple was conducted by Tianjin University as a part of the Chinese Government Team for Safeguarding Angkor Activities (the second phase) (Figure 45). In 2011, at the invitation of the University of Naples "L'Orientale" (Università degli Studi di Napoli "L'Orientale"), Tianjin University conducted a detailed measured survey for the ancient Kumar city ruins, Italy (Figure 46), which took advanced measuring technology back to the origin of the modern building surveying.

With our advantages in recording of ancient buildings, we established stable exchange programs and collaboration relationship with many universities and research institutions home and abroad. These included six workshops cooperated with some universities of Taiwan since 2007, and four summer schools with Hong Kong University since 2010, a keynote speech by Prof. Wang Qiheng about our teaching practice in an international seminar in France in 2008 (Figure 47), and a subsequent summer school for students majoring in heritage conservation, cooperated with the National School of Architecture (École Nationale Supréieure d'Architecture), Paris-Belleville. The relevant research were also extended to the field of the history of international cultural exchanges, such as "Interpretation of Non-textual History of Cultural Heritage: a Study of Historical Photographs of Chinese Architectural Investigations in Early 20th Century by Japanese" (NSFC project, Xu Subin), "Study on the Spread and Distribution of Chinese Architecture and Garden Image Data in the West Since Sixteenth Century" (MoE Human and Social Science project, Zhang Chunyan). The successful expansion of measured survey teaching outside mainland China including Hong Kong and Taiwan had a profound effect to promote cultural exchanges and expanded our visions. It showed the level of China's education on architecture and heritage protection, and at the same time helped to make the ideas and methodology of traditional Chinese architectural design widely disseminated and recognized.

2012天津大学中国传统建筑园林文化暑期国际班
结业证书

Eternal Glory:
Measured Survey Projects and Awards over the Years

I. Measured Survey Projects

The history of measured survey for ancient Chinese architecture by School of Architecture, Tianjin could trace back to its predecessor - Higher Institute of Industry and Commerce, which carried out the measured survey of ancient buildings along central axis of Beijing in 1942, nearly 80 years ago. Since the establishment of the Department of Architecture in 1952, it has been striking to the measured survey of ancient buildings throughout China and has made great achievements.

1953

Beihai Park, Beijing, by Grade 1952

The achievements included in *Beihai Park* (Ancient Chinese Architecture Measured Survey Series: Gardens), *Collection of Drawings for Chinese Traditional Landscape Architecture: Gardens in Northern China*; and used for "Master Plan for the Conservation of Beihai Park, Beijing"

1954

The Mountain Resort and its Eight Outlying Temples, Chengde, Hebei province, by Grade 1951

The achievements used for the nomination for the World Heritage list, conservation master plan and repair plans, and included in *Ancient Buildings in Chengde*, and *Collection of Drawings for Chinese Traditional Landscape Architecture: Gardens in Northern China*

The outdoor furniture and architectural details in the Palace Museum, Beijing, by Grade 1953

The achievements included in *The Gardens in Imperial Palaces of Qing Dynasty*

1955

The Imperial Garden, the Garden of Tranquil Longevity Palace, the Garden of Benevolent Tranquility Palace, the Palace Museum, Beijing, by Grade 1953

The achievements included in *The Gardens in Imperial Palaces of Qing Dynasty*

1956

Summer Palace, Beijing, by Grade 1955

The achievements used for the conservation master plan, and included in *The Best Specimens of Imperial Garden of Qing Dynasty, Summer Palace* (Ancient Chinese Architecture Measured Survey Series: Gardens), and *Collection of Drawings for Chinese Traditional Landscape Architecture: Gardens in Northern China.*

1957

Summer Palace, Beijing, by Grade 1956

The achievements used for conservation master plan, and included in *The Best Specimens of Imperial Garden of Qing Dynasty, Summer Palace* (Ancient Chinese Architecture Measured Survey Series: Gardens), and *Collection of Drawings for Chinese*

Traditional Landscape Architecture: Gardens in Northern China; and used for "Master Plan for the Conservation of Summer Palace, Beijing"

1962

The Mountain Resort and its Eight Outlying Temples, Chengde, Hebei province, by Grade 1960

The achievements used for the nomination for the World Heritage list, conservation master plan, repair plans, and quoted in *Ancient Buildings in Chengde*, and *Collection of Drawings for Chinese Traditional Landscape Architecture: Gardens in Northern China*

The Imperial Garden, the Garden of Tranquil Longevity Palace, the Garden of Benevolent Tranquility Palace, the Palace Museum, by Grade 1961

The achievements included in *The Gardens in Imperial Palaces of Qing Dynasty*

Western Imperial Tombs of Qing Dynasty, Yi County, Hebei province, by Grade 1960

The achievements used for the nomination for the World Heritage list, conservation master plan, repair plans, and National Publication Foundation Project: *Ancient Chinese Architecture Measured Survey Series*

1963

The Mountain Resort and its Eight Outlying Temples, Chengde, Hebei province, by Grade 1961

The achievements used for the nomination for the World Heritage list, conservation master plan, repair plan, *Ancient Buildings in Chengde*

1964

Mukden Palace, Shenyang, Liaoning province, by Grade 1962

The achievements quoted in *Research on Wensu Pavilion* (Pavilion of the Beginning of Literature)

Fu Tomb and Zhao Tomb, Shenyang, Liaoning province, by Grade 1962

The achievements used for research and repair works, and National Publication Foundation Project: *Ancient Chinese Architecture Measured Survey Series*

1976-1978

Summer Palace, Beijing, by "worker-peasant-soldier" students

1980

Xiaoling Tomb, Yuling Tomb and Tomb East of Dingling, Eastern Imperial Tombs of Qing Dynasty, Hebei province, by Grade 1977 and 1978

The achievements used for the nomination for World Heritage list, emergency treatment plans, and included in *Imperial Tombs of Qing Dynasty* (The Classified Complete Works of Chinese Fine Art), and National Publication Foundation Project: Ancient Chinese Architecture Measured Survey Series

1981

Beiyue Temple (Temple of the North Great Mountain), Quyang, Hebei province, by Grade 1979

The achievements used for emergency treatment plan

1982

Xiaoling Tomb, Tomb East of Xiaoling, Eastern Imperial Tombs of Qing Dynasty, Zunhua, Hebei province, by Grade 1980

The achievements used for the nomination for World Heritage list, emergency treatment plans; included in *Imperial Tombs of Qing Dynasty* (The Classified Complete Works of Chinese Fine Art), and National Publication Foundation Project: *Ancient Chinese Architecture Measured Survey Series*

1983

Tailing Tomb, Changling Tomb, Western Imperial Tombs of Qing Dynasty, Yi county, Hebei province, by Grade 1981

The achievements used for the nomination for World Heritage list, emergency treatment plans, conservation master plan; included in *Imperial Tombs of Qing Dynasty* (The Classified Complete Works of Chinese Fine Art), and National Publication Foundation Project: *Ancient Chinese Architecture Measured Survey Series*

1984

Tomb East of Tailing, Chang Western Ling Tomb, Muling Tomb, Mu Eastern Ling Tomb, Western Imperial Tombs of Qing Dynasty, Yi county, Hebei, by Grade 1982

The achievements used for the nomination for World Heritage list, emergency treatment plans, conservation master plan; included in *Imperial Tombs of Qing Dynasty* (The Classified Complete Works of Chinese Fine Art), and National Publication Foundation Project: *Ancient Chinese Architecture Measured Survey Series*

1985

Round City and Jade Flower Island, Beihai Park, Beijing, by Grade 1983

The achievements included in the *Beihai Park* (Ancient Chinese Architecture Measured Survey Series: Gardens),*Collection of Drawings for Chinese Traditional Landscape Architecture: Gardens in Northern China*; and used for "Master Plan for the Conservation of Beihai Park, Beijing"

1986

Hanging Temple, Hunyuan, Shanxi province, by Grade 1984

The achievements used for research and repair works

Exterior decoration and furnishings of buildings in imperial gardens, Beijing, by Grade 1984

The achievements used for research and repair works

1987

Architectural complex on the East and North Bank, Beihai Park, Beijing, by Grade 1985

The achievements included in the conservation archives, *Beihai Park* (Ancient Chinese Architecture Measured Survey Series: Gardens), and *Collection of Drawings for Chinese Traditional Landscape Architecture: Gardens in Northern China*; and used for "Master Plan for the Conservation of Beihai Park, Beijing".

Yongling Tomb of Ming Dynasty, Beijing, by Grade 1985

The achievements included in *Imperial Tombs of Ming Dynasty* (Classified Complete Works of Chinese Fine Art)

1988

Changling Tomb, Jingling Tomb, Zhaoling and Deling Tomb of

Ming dynasty, Beijing, by Grade 1986

The achievements included in *Imperial Tombs of Ming Dynasty* (Classified Complete Works of Chinese Fine Art)

Altar of the Goddess of Silkworms, *Beihai Park*, Beijing, by Grade 1986

The achievements included in the conservation archives, Beihai Park (Ancient Chinese Architecture Measured Survey Series: Gardens) and *Collection of Drawings for Chinese Traditional Landscape Architecture: Gardens in Northern China*; and used for "Master Plan for the Conservation of Beihai Park, Beijing"

1989

Penglai Pavilion and Water Castle, and Shrine of Qi Jiguang, Penglai, Shandong province, by Grade 1987

The achievements used for research, repair and conservation master plan

1990

Guanyin Pavilion (Avalokitesvara Pavilion) in Dule Temple (Temple of Solitary Joy), Tianjin, by Grade 1988

The achievements used for its emergency repair plan

Jingling Tomb, Xiaoling Tomb, Dingling Tomb, and Tomb East of Zhaoling, Eastern Imperial Tombs of Qing Dynasty, Zunhua, Hebei province, by Grade 1988

The achievements used for emergency treatment plans, the nomination for World Heritage list; included in *Imperial Tombs of Qing Dynasty* (Classified Complete Works of Chinese Fine Art) and National Publication Foundation Project: Ancient Chinese Architecture Measured Survey Series

1991

Benevolent Tranquility Palace and Three Western Residences, the Palace Museum, Beijing, by Grade 1989

The achievements included in *the Palace Museum in Beijing* (Classified Complete Works of Chinese Fine Art), and *Research on Decoration and Furnishings Design in the Qing Court*

Mukden Palace, Shenyang, Liaoning province, by Grade 1989

The achievements included in *Mukden Palace, Shenyang* (Classified Complete Works of Chinese Fine Art) and *Research on Wensu Pavilion*

Houtu Temple (Temple of Earth God) and Xianshen Pavilion (Zoroastrianism Pavilion), Jiexiu, Shanxi province, by Grade 1989

The achievements used for nomination for national officially protected heritage site

1992

Dingling Tomb, and Xianling Tomb of Ming Dynasty, Beijing, by Grade 1990

The achievements used for Emergency Treatment Plan, and included in *Imperial Tombs of Ming Dynasty* (Classified Complete Works of Chinese Fine Art)

Great Warehouse, the Palace Museum, Beijing, by Grade 1990

The achievements used for the research and repair work

Dagoba, Yongshou Temple (Temple of Everlasting Longevity), Linqing, Shandong province, by Grade 1990

The achievements used for emergency treatment plan

1993

Qutan Temple (Gautama Temple), Ledu, Qinghai province, by Grade 1989

The achievements used for emergency repair plan; quoted in Conservation Report of Qutan Temple (Gautama Temple), Qutan Temple, *A History of Ancient Chinese Architecture* (5 volumes), and National Publication Foundation Project: *Ancient Chinese Architecture Measured Survey Series*

Rongwo Monastery, Huangnan, Qinghai province, by Grade 1991

The achievements used for nomination for national officially protected heritage site, emergency repair plans; quoted in *Huangnan Tibetan Buddhist Temples*

Maoling Tomb, Kangling Tomb, Yuling Tomb and Qingling Tomb, Imperial Tombs of Ming Dynasty, Beijing, by Grade 1991

The achievements included in *Imperial Tombs of Ming Dynasty* (Classified Complete Works of Chinese Fine Art)

Tomb of Prince Jingjiang, Guilin, Guangxi province, by Grade 1991

The achievements used for nomination for national officially protected heritage site; included in *Imperial Tombs of Ming Dynasty* (Classified Complete Works of Chinese Fine Art)

1994

Siling Tomb, Tomb of Concubine Wan, East Well and West Well, etc., Imperial Tombs of Ming dynasty, Beijing, by Grade 1992

The achievements included in *Imperial Tombs of Ming Dynasty* (Classified Complete Works of Chinese Fine Art)

Heritage Buildings supposed to be flooded by Three Gorges Project (e.g. White God City), Fuling, Fengjie, Wulong, Sichuan province, by Grade 1992

The achievements used for the conservation plans and relocation projects in the Three Gorges Reservoir Area

The Great Mosque of Tianjin and Guangdong Guild Hall, by Grade 1992

The achievements used for nomination for national officially protected heritage site

1995

Ancient Fortress of Zhangbi Village and Vernacular Buildings in old city of Pingyao, Shanxi province, by Grade 1993

The achievements used for nomination for national officially protected heritage site, and quoted in *Pingyao Ancient City and Vernacular Buildings*

1997

Imperial Ancestral Temple, Round City in Beihai Park, and Altar of Land and Grain, Beijing, by Grade 1994

The achievements included in *Beihai* (Ancient Chinese Architecture Measured Survey Series: Gardens), *Collection of Drawings for Chinese Traditional Landscape Architecture: Gardens in Northern China*, and used for "Master Plan for the Conservation of Beihai Park, Beijing" and quoted in *Beihai Park and Round City* (to be published by China Architecture and Building Press)

Xianling Tomb of Ming Dynasty, Zhongxiang, Hubei province,

by Grade 1994

The achievements used for conservation master plan and nomination for World Heritage list

1998

Imperial Ancestral Temple, Beijing, by Grade 1996

The achievements used for research work, repair plans, and conservation master plan

Fasting Palace and Divine Music Administration, Temple of Heaven, Beijing, by Grade 1996

The achievements used for research, and National Publication Foundation Project: Ancient Chinese Architecture Measured Survey Series

Confucius Temple and the residential area of the old city, Tianjin, by Grade 1995

The achievements used for repair projects, the renovation and planning of the old city of Tianjin, and nomination for national officially protected heritage sites

1999

Seat of Government for Tusi Lu and Miaoyin Temple (Temple of Marvellous Karma), Yongdeng, Gansu province, by Grade 1997

The achievements used for emergency repair and conservation master plan

Sacred Kitchen and Hall of Imperial Zenith, Temple of Heaven, Beijing, by Grade 1997

The achievements used for National Publication Foundation Project: Ancient Chinese Architecture Measured Survey Series

Old streets in Temple of Qu Yuan area, Jingdezhen, Jiangxi province, by Grade 1997

The achievements used for conservation master plan

2000

Great Buddha Temple, Shanxi Guild Hall and the Drum Tower, Zhangye, Gansu province, by Grade 1998

The achievements used for emergency repair plan

Yongling Tomb of Qing Dynasty, Xinbin, Liaoning province, by Grade 1998

The achievements used for research and repair, and included in National Publication Foundation Project: Ancient Chinese Architecture Measured Survey Series

2001

Temple of Confucius, Qufu, Shandong province, by Grade 1999

The achievements used for National Publication Foundation Project: Ancient Chinese Architecture Measured Survey Series

2002

Kong Family Mansion, Qufu, Shandong, by Grade 2000

The achievements used for National Publication Foundation Project: Ancient Chinese Architecture Measured Survey Series

Architecture complex of Pavilion of Jade Emperor Pavilion, Guide, Qinghai, by Grade 1999

The achievements used for research and maintenance

2003

Confucius Family Graveyard, Qufu, Shandong, by Grade 2001

The achievements used for National Publication Foundation Project: Ancient Chinese Architecture Measured Survey Series

Temple of Yan Hui, Qufu, Shandong, by Grade 2001

The achievements used for conservation master plan

Duke of Zhou Temple, Qufu, Shandong province, by Grade 2001

Achievements used for master plan

Tomb of Shaohao (a legendary Chinese sovereign who reigned c. 2600 BC)in Qufu, Shandong province, by Grade 2001

Achievements used for master plan

Zhu-Si Academy（academy of Confucius and Confucian culture）, Qufu, Shandong province, by Grade 2001

Achievements used for master plan

Xianjiao Temple (Temple of Exoteric Buddhism) and Altar of Thunder Gods, Yongdeng, Gansu province, by Grade 2001

Achievements used for nomination for national officially protected heritage site

The ancient architecture in Daxiang mountain，Gangu, Gansu province, by Grade 2001

Achievements used for research, treatment, and master plan

2004

Shanqiao Bridge, Xianxian, Hebei province, by Grade 2001

Achievements used for nomination for national officially protected heritage site

Mount Ni ancient architectural complex, Qufu, Shandong province, by Grade 2002

Achievements used for master plan

Yan Wenjiang Temple, Zibo, Shandong province, by Grade 2002

Achievements used for nomination of national officially protected heritage site

Houtu Temple (temple of Earth God) and Zoroastrianism Building, Jiexiu, Shanxi province, by Grade 2002

Achievements used for research and treatment

2005

Temple of Mencius and the Meng Family Mansion, Zoucheng, Shandong province, by Grade 2003

Achievements included in the records and archives of heritage sites, and used for master plan

The part of the architecture complex of Summer Palace, Beijing, by Grade 2002

Achievements included in *Summer Palace*（Ancient Chinese Architecture Measured Survey Series· Gardens）, and used for master plan

The architecture complex of Temple of Heaven, Beijing, by Grade 2002

Achievements included in *Collection of Drawings for Chinese Traditional Landscape Architecture: Gardens in Northern China* and National Publication Foundation Project, Ancient Chinese Architecture Measured Survey Series

2006

The part of the architecture complex of Summer Palace, Beijing, by Grade 2004

Achievements included in *Summer Palace*（Ancient Chinese Architecture Measured Survey Series· Gardens）, and used for master plan

Changping Barn and Lingyan Temple, Yuxian, Hebei province, by Grade 2004

Achievements used for research and treatment

2007

Mahavira Hall of Fengguo Temple, Yixian, Liaoning province, by Grade 2005

Achievements included in *Fengguo Temple in Yixian*

The part of the architecture complex of Summer Palace, Beijing, by Grade 2005

Achievements used for master plan, and included in *Summer Palace* (Ancient Chinese Architecture Measured Survey Series· Gardens), and *Collection of Drawings for Chinese Traditional Landscape Architecture: Gardens in Northern China*

2008

Temple of Guan Yu（temple enshrining and worshipping Guan Yu）,Haizhou, Yuncheng, Shanxi province, by Grade 2006

Achievements included in National Publication Foundation Project, Ancient Chinese Architecture Measured Survey Series

Guan Yu Family Temple, Changping, Yuncheng, Shanxi province, by Grade 2006

Achievements included in National Publication Foundation Project, Ancient Chinese Architecture Measured Survey Series

Concubine Tombs and Prince Tombs of Western Imperial Tombs of Qing Dynasty, Yixian, Hebei province, by Grade 2006

Achievements included in National Publication Foundation Project, Ancient Chinese Architecture Measured Survey Series

Qing Tomb in Liao Dynasty，Bahrain Right Banner, Chifeng, Inner Mongolia, by Grade 2006

Achievements used for research and treatment

Ta Keo Temple, Siem Reap, Cambodia, by Grade 2006

Achievements used for research and protection

Tomb Watch Tower of Tashi in Eastern Han Dynasty, Guazhou, Gansu province, by Grade 2006

Achievements used for research and treatment

2009

The architecture complex of Longxing Temple, Zhengding, Hebei province, by Grade 2007

Achievements used for research and treatment

Daxiong Hall (the main hall in a Buddhist temple) of Kaiyuan Temple, Quanzhou, Fujian province, by Grade 2007

Achievements used for research and treatment

Painted wood statues of Pavilion of Mahayana of·Temple of Universal Peace, Hebei province, by postgraduates of grade 2008

Achievements used for research and treatment

2010

Shiretu Temple, Ih Juu Temple, Temple of Five Stupas，Inner Mongolia,by Grade 2008

Achievements used for research and treatment

Confucious Temple and Dayun Temple, Wuwei, Gansu province, by Grade 2008

Achievements used for research and treatment

Aiji Bridge (Zhaozhou Bridge or Great Stone Bridge), Zhaoxian, Hebei province, by postgraduate of grade 2008

Achievements used for research and treatment

Precept Alter of Kaiyuan Temple, Quanzhou, Fujian province, by Grade 2006

Achievements used for research and treatment

2011

The part of the architecture complex of Summer Palace (West Dyke Bridge, The Pavilion of Literary-prosperity, Pavilion of Bright Scenery, Boatyard, Jingming Tower（Pavilion of Bright Scenery）, etc.)，by Grade 2009

Achievements included in *Summer Palace* (Ancient Chinese Architecture Measured Survey Series· Gardens), and *Collection of Drawings for Chinese Traditional Landscape Architecture: Gardens in Northern China*

Yuling Tomb and Princess Tombs of Eastern Imperial Tombs of Qing Dynasty, Zunhua, Hebei province, by Grade 2009

Achievements included in National Publication Foundation Project, Ancient Chinese Architecture Measured Survey Series

The architecture complex of Enjoying Moonlight and Murmuring River in Chengde Mountain Resort, by Grade 2009

Achievements included in *Collection of Drawings for Chinese Traditional Landscape Architecture: Gardens in Northern China*

His Lai Temple and Minqin Guild Hall，Zhangye, Gansu province, by Grade 2009

Achievements used for master plan and treatment

Lodge of Quiet Heart in *Beihai Park*, Beijing, by Grade 2008

Achievements used for repair plan, and included in Beihai Park (Ancient Chinese Architecture Measured Survey Series· Gardens), and *Collection of Drawings for Chinese Traditional Landscape Architecture: Gardens in Northern China*

2012

Jichang Garden（Garden of Emotional Reposing）and Shrine of Dutiful Son Hua , by Grade 2010

Achievements used for the nomination of world cultural heritage

Ruyi Island（Ruyi: formerly a symbol of good luck）,Tower of Mist and Rain, Wenjin Chamber（Chamber of Literature Taste） in Chengde Mountain Resort, by Grade 2010

Achievements included in *Collection of Drawings for Chinese Traditional Landscape Architecture: Gardens in Northern China*

Ding Eastern Ling Tomb of Eastern Imperial Tombs of Qing Dynasty, Zunhua, Hebei province, by Grade 2010

Achievements used for National Publication Foundation Project Ancient Chinese Architecture Measured Survey Series and repair plan

Wing-Room of Dule Temple (Temple of Solitary Joy) Jixian, Tianjin, by Grade 2010

Achievements used for research and treatment

2013

Shengrong Temple, Minqin, Gansu province, by Grade 2011

Achievements used for research, treatment, and master plan

The Architecture Complex of Taoist Temple of the Da Gao Xuan

Hall (Hall of Great Superb Abstruse), by Grade 2011

Achievements used for research

The architectural complex of Tower of Buddha's Fragrance & Hall of Dispelling Clouds in Summer Palace,Beiing, by Grade 2011

Achievements included in the *Collection of Drawings for Chinese Traditional Landscape Architecture: Gardens in Northern China* and National Publication Foundation Project, Ancient Chinese Architecture Measured Survey Series

Tomb East of Xiaoling of Eastern Imperial Tombs of Qing Dynasty, Zunhua, Hebei province, by Grade 2011

Achievements used for National Publication Foundation Project *Ancient Chinese Architecture Measured Survey Series*

Ancient Buildings in Zhaipuchang Village, Jiaozuo, Henan province, by Grade 2011

Achievements used for preservation and restoration project, and research

2014

The architectural complex of Hall of Imperial Longevity in Jingshan Park, Beijing, by Grade 2012

Achievements used for National Publishing Foundation Project Ancient Chinese Architecture Measured Survey Series

Huishan Mountain Ancestral Temples, Wuxi, by Grade 2012

Achievements used for nomination for world cultural heritage

Fuling Tomb of Qing dynasty, by Grade 2012

Achievements used for preservation and restoration project, and research

The ancient architecture in Yuxian County, Hebei province, by Grade 2012

Achievements used for research and treatment

Information mapping of Fortress of Jiayu Pass, Gansu province, by Grade 2011

Achievements used for research and treatment

2015

Palace of Great Blessings in the Palace Museum, Beijing, by postgraduate of grade 2014

Achievements used for research and treatment, and records and archives

Tomb of Yuan Shikai, Temple of Hanqi(Politician in Northern Song Dynasty), Gaoge Temple（High-rise Tower Temple）, Anyang, Henan province by Grade 2013

Achievements used for research and treatment

Mukden Palace, Shengyang, Liaoning province，by Grade 203

Achievements used for research and treatment

Huishan Mountain Ancestral Temples, Wuxi, by Grade 2013

Achievements used for nomination for world cultural heritage

The ancient architecture in Yuxian County, Hebei province, by Grade 2013

Achievements used for research and cooperation

2016

Hall of Spiritual Cultivation in the Palace Museum, by Grade 2014

Achievements used for research and treatment, and records and archives

Xiaoling Tomb of Eastern Imperial Tombs of Qing Dynasty, Zunhua, Hebei province, by Grade 2014

Achievements used for National Publication Foundation Project, Ancient Chinese Architecture Measured Survey Series

Pavilion of Five Peaks and the Palace Gate in Jingshan Park, Beijing, by Grade 2014

Achievements used for National Publication Foundation Project, Ancient Chinese Architecture Measured Survey Series

Delicacy mapping of Guangyue Pavilion, Liaocheng, Shandong province, by Grade 2014

Achievements used for research and treatment

The ancient architecture in Yuxian County, Hebei province, by Grade 2014

Achievements used for research and cooperation

Research on material and technics of Huishan Mountain Ancestral Temples, Wuxi, Jiangsu province, by Grade 2014

Achievements used for nomination for world cultural heritage

2017

Hall of Spiritual Cultivation &Palace of Great Blessings in the Palace Museum, Beijing，by Grade 2015

Achievements used for research and treatment, and archiving recording files

Guande Hall (Hall of Scrutinizing Virtues) & Temple of Guan Yu in Jingshan Park, Beijing, by Grade 2015

Achievements used for National Publication Foundation Project, Ancient Chinese Architecture Measured Survey Series

Hall of Ripples in Beihai Park, Beijing，by Grade 2015

Achievements used for research and treatment

Temple of Heaven, Beijing, by Grade 2015

The achievements used for National Publication Foundation Project, Ancient Chinese Architecture Measured Survey Series

The ancient buildings of Fengguo Temple, Yixian, Liaoning province, by Grade 2015

The achievements used for the serial research on architecture of Liao Dynasty

Tomb of Prince Lujian, Henan, by Grade 2015

The achievements used for research and maintenance

Tracking record of protection project of Huishan Mountain Ancestral Temples, Wuxi, Jiangsu province, by Grade 2015

The achievements used for the nomination of world cultural heritage

Shanxi and Shaanxi Guild Hall, Liaocheng, Shandong, by Grade 2015

The achievements used for research and maintenance

II. Teachers

Since the ten years of turmoil, from the founding of Tianjin University to the end of 1970s, the list of teachers who have taught and guided the measured survey has been lost. According to the teachers and students' memories, the list is sorted out as follows (in surname stroke order).

Wang Naixiang, Wang Yusheng, Wang Longfei, Wang Shuchun, Wang Fuyi, Fang Xianfu, Lu Sheng, Feng Jiankui, Shi Chenglu, Zhuang Taosheng, Yang Yongxiang, Yang Daoming, Qiang Yuan, Shen Yulin, Song Yuanjin, Zhang Chi, Zhang Zuoshi, Zhang Boren, Zhang Wenzhong, Zhou Zushi, Fan Ting, Lin Zhaolong, Zheng Qian, Qu Haoran, Jing Qimin, Hu Dejun, Xia Lanxi, Xu Zhong, Gao Zhenming, Gao Shulin, Cao Zhizheng, Zhang Youxin, Peng Yigang, Tong Heling, Chu Ping, Mu Chunnuan...

After the 80s of last century, teachers and students carried forward the glorious tradition of measured survey, and continued to write a new chapter (in surname stroke order).

Measured survey teachers

Ding Yao, Bu Xueyang, Wang Xingtian, Wang Qiheng, Wang Di, Wang Jing, Wang Wei, Fang Yuan, Bai Chengjun, Bai Xuehai, Feng Lin, Yong Xinqun, Zhu Yang, Zhu Lei, Zhuang Yue, Liu Yunyue, Liu Tongtong, Liu Shunxiao, Liu Guanhua, Liu Yanhui, Xu Zhen, Ji Ye, Yun Yingxia, Yan Jianwei, Du Haiying, Li Zhe, Yang Changming, Yang Jing, Yang Ying, Xiao Yucheng, Wu Weijia, Wu Cong, Wu Jingzi, Qiu Kang, He Jie, He Beijie, Zou Ying, Wang Jianghua, Song Kun, Zhang Fengwu, Zhang Yukun, Zhang Long, Zhang Xiangwei, Zhang Chi, Zhang Hong, Zhang Chunyan, Zhang Wei, Zhang Xiaoyu, Zhang Qi, Zhang Ping, Chen Tian, Chen Chunhong, Lin Ning, Lin Qing, Zhou Kai, Pang Zhihui, Zheng Ying, Zhao Jianbo, Jing Ziyang, Hu Lian, Hong Zaisheng, Yuan Dachang, Yuan Yiqian, Cao Peng, Cao Lei, Sheng Haitao, Cui Kai, Liang Xue, Qin Li, Zeng Li, Zeng Jian, Wen Yuqing, Jin Yuanfeng, Dou Zheng, Teng Suhong...

Teachers in charge of measurement technology from School of Architectural Engineering

Deng Rong, Yue Shuxin, Guo Chuanzhen, Han Xu, Xiong Chunbao...

Teachers in charge of student management

Liu Danqing, Yan Jialiang, Li Changqing, Lai Lin, Zhang Jianbin, Lin Jiani, Xie Shu…

Logistics work staff

Shu Qisheng, Guo Shenghua

Photography & Propaganda

Shi Huanling, Bai Jianshu, Liu Ruli, Xu Tingfa

Leading graduate students (We have included the students who stayed here to teach in the university after graduation in the list of tutors)

Ma Kai, Ma Shengnan, Wang Fengying, Wang Fangjie, Wang Gang, Wang Qi, Wang Yi, Wang Ru, Wang Ruru, Wang Shengxia, Wang Xiaoshi, Wang Xue, Wang Kang, Wang Jingting, Wang Lin, Wang Aoyi, Wang Ruijia, Wang Lei, Wang Wei, Yin Jiahuan, Kong Zhiwei, Kong Junting, Deng Yuning, Deng Jingrong, Shi Zheng, Shi Yue, Ye Jin, Tian Tian, Shi Zhan, Fu Miqiao, Dai Peng, Bai Lili, Feng Yuchan, Feng Tingting, Ya Baiyang, Cheng Li, Qu Peng, Zhu Zhenhua, Zhu Kun, Zhu Lei, Wu Sha, Zhong Dandan, Wu Dongfan, Liu Shida, Liu Shengyu, Liu Jiangfeng, Liu Fang, Liu Chang, Liu Hongtao, Liu Xiaochen, Liu Mi, Liu Wanlin, Liu Xiangyu, Liu Tingting, Liu Yu, Liu Dianxing, Liu Jing, Liu Huiyuan, Qi Siyang, Yan Kai, Yan Jinqiang, Yan Mi, Chi Xiaoyan, Xu Ying, Sun Lina, Sun Yanan, Sun Lian, Sun Qian, Sun Yuan, Sun Jian, Yin Shuaike, Su Xin, Su Yi, Du Yiming, Du Songyi, Du Xin, Du Meiyi, Li Tian, Li Wendi, Li Dongzu, Li Dongyao, Li Jiang, Li Lijuan, Li Jialu, Li Xin, Li Ke, Li Zheng, Li Jie, Li Zhe, Li Xiaodan, Li Qian, Li Qianmei, Li Jingyang, Li Jing, Li Qi, Li Chao, Li Chengyuan, Li Shujing, Yang Dawei, Yang Wenmo, Yang Jie, Yang Ying, Yang Xiaoqing, Xiao Fangfang, Wu Liping, Wu Xiaodong, Wu Hanbing, Wu Linlin, He Rong, He Yingjie, Di Yajing, Sha Dainuo, Shen Zhensen, Song Xue, Zhang Dou, Zhang Yu, Zhang Miao, Zhang Yingqi, Zhang Yuqi, Zhang Jingni, Zhang Shengqiang, Zhang Hengxian, Zhang Hengyuan, Zhang Junling, Zhang Jiahao, Zhang Xukang, Zhang Yingjuan, Zhang Liming, Zhang Yaofei, Chen Tiancheng, Chen Shuangchen, Chen Shuyan, Chen Fenfang, Chen Keqiang, Chen Guodong, Chen Jiamen, Chen Xue, Chen Jin, Chen Chen, Chen Peng, Chen Yong, Chen Yanli, Wu Jing, Fan Yiming, Fan Xiaofeng, Lin Jia, Ji Hong, Zhou Wenyao, Zhou Junliang, Zhou Yuehuang, Guan Wei, Meng Xiaoyue, Meng Xiaojing, Zhao Xiaogang, Zhao Zijie, Zhao Xiangdong, Zhao Chunlan, Zhao Xiaofeng, Zhao Yawei, Zhao Pengwen, Zhao Xichun, Hao Shuai, Rong Xing, Hou Yunan, Hou Kai, Hou Xinjue, Jiang Bei, Jiang Dongcheng, Fei Zhiteng, Fei Yapu, He Meifang, Yuan Xiaotang, Yuan Shouyu, Yuan Yuan, Geng Yun, Geng Wei, Tie Jing, Xu Dan, Xu Longlong, Yin Liang, Gao Yuan, Guo Huazhan, Guo Junjie, Guo Aolin, Guo Man, Tang Xu, Huang Bing, Huang Bo, Cao Su, Cao Xiaoyu, Cao Xue, Cao Ruiyuan, Sheng Mei, Chang Qinghua, Cui Shan, Shang Ying, Yan Ziyi, Liang Zhe, Liang Lu, Peng Fei, Ge Shengya, Dong Ruixi, Han Jie, Han Tao, Han Sai, Cheng Xiaochong, Cheng Jingwei, Fu Dongyan, Fu Jing, Fu Qiang, Zeng Yin, Zeng Hui, Xie Zhuyue, Xie Guojie, Xie Yiming, Lei Tongna, Man Bingbing, Chu Andong, Tan Hu, Fan Fei, Pan Haoyuan, Xue Shan, Ji Kai, Dai Jianxin, Wei Anmin, Wei Qiufang, Shim Miru (Korea)

III. Awards

In adherence to the persistence of our predecessors, we has won many awards on the basis of long-term accumulation, remarkable achievements and constant reform and expansion, such as:

In 1989, the teaching of measured survey was awarded the Special Prize of National Teaching Achievement Awards for General Higher Education by State Education Commission;

In 2001, the teaching reform of measured survey was awarded the "Second Prize of National Teaching Achievement Awards" by the Ministry of Education (and the "First Prize of Teaching Achievement Award in Tianjin" in 2000);

In 2007, the teaching of measured survey was awarded "National Quality Course" by the Ministry of Education (and the "University Quality Course of Tianjin" in 2006);

In 2008, the measured survey teaching team was awarded the "May Day Labour Medal" by Tianjin Federation of Trade Unions;

In 2009, the measured survey teaching team was awarded the "National Excellent Teaching Group" by the Ministry of Education;

vement of "Research and Demonstration of r Metric Survey of Architectural Heritage", ng of measured survey, was awarded the "Second c and Technological Progress" by the Ministry of ure 48)

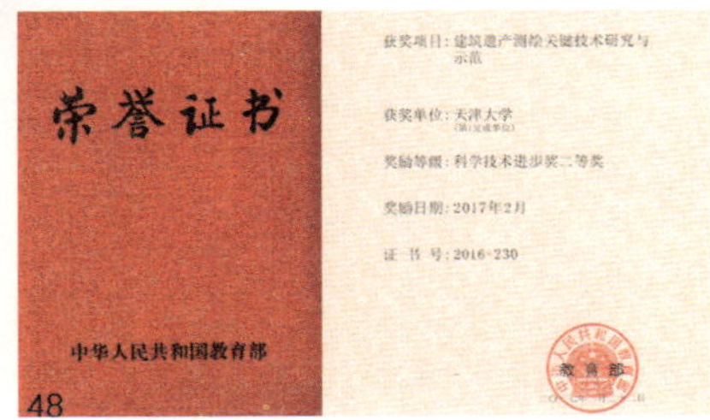

48

Because of the outstanding achievements in the architectural education and research, including the achievements in measured survey of historic buildings, Professor Wang Qiheng, the academic leader of architectural history of the new generation, was awarded the "National Distinguished Teacher" by the Ministry of Education in 2003, and was awarded "Architectural Education Prize" by the Architectural Society of China in 2008.

In the field of architectural heritage conservation planning and repair plan, we also won a large number of awards, such as:

In 2004, the National Heritage Conservation Award for Top Ten Cases of Investigation, Design and Planning: construction drawing design (Phase III) and budget of the repair project of Seat of Government for Tusi Lu in Yongdeng, Gansu province;

In 2005, the First Prize of Shandong Excellent Urban Planning and Design in 2004: Conservation Planning of Penglai Pavilion and Penglai Water Castle;

In 2005, the Third Prize of the National Excellent Planning and Design: Conservation Planning of Penglai Pavilion and Penglai Water Castle;

In 2009, the Second Prize of the Excellent Planning and Design by the Ministry of Education: Conservation Planning of Maiji Shan Grottoes;

In 2009, the Second Prize of the National Excellent Urban and Rural Planning and Design: Conservation Planning of Historical and Cultural City of Penglai;

In 2009, the First Prize of the Shandong Excellent Urban and Rural Planning and Design: Conservation Planning of Historical and Cultural City of Penglai;

In 2012, the First Prize of Tianjin Haihe River Cup-Excellent Investigation and Design Award (Engineering Investigation): Repair Plan of Tianjin Guangdong Guild Hall;

In 2012, the Second Prize of Tianjin Haihe River Cup-Excellent Investigation and Design Award (Engineering Investigation): Repair Plan of the Foreign Affairs Department Hall of Qing Dynasty in Summer Palace;

In 2016, the First Prize of Tianjin Haihe River Cup-Excellent Inveatigation and Design Award (Engineering Investigation): Repair Plan of Lodge of Quiet Heart in Beihai Park;

Conservation and repair plans of architectural heritage done by the students as graduation design, have also received many awards since 2003, such as:

In 2003, the "Excellent Work" (the Highest Award) of National Design Competition of Architectural Students: Repair Plan of Yanlou Corridor in Beihai Park;

In 2004, the "Excellent Work" (the Highest Award) of National Design Competition of Architectural Students: Reconstruction Design of Longxing Temple in Qingshan, Shandong province;

In 2005, the "Excellent Work" (the Highest Award) of National Design Competition of Architectural Students: Master Plan of Beihai Park in Beijing;

In 2006, the "Excellent Work" (the Highest Award) of National Design Competition of Architectural Students: Master Plan of Tianjin Guangdong Guild Hall;

In 2007, the "Excellent Work" (the Highest Award) of National Design Competition of Architectural Students: Master Plan of Summer Palace in Beijing;

In 2009, the "Excellent Work" of the 8th Revit Cup National Design Competition of Architectural Students: Master Plan of Imperial Ancestral Temple in Beijing;

In 2010, the "Excellent Work" of Autodesk Cup National Design Competition of Architectural Students: the Restoration Design and Research Based on 3D Reconstruction and Building Information Modelling of Ta Keo Temple;

The "Excellent Work" of Autodesk Cup National Design Competition of Architectural Students: Master Plan of the Historical Cultural Relics of Western Imperial Tombs of Qing Dynasty;

Tianjin Excellent Graduation Design(Thesis): the Restoration Design and Research Based on 3D Reconstruction and Building Information Modelling of Ta Keo Temple, etc.

Besides, we were highly appreciated by the state leaders and experts in the field.

On August 15, 1987, Beijing Municipal Bureau of Landscape and Forestry organized an appraisal meeting on the achievements of measured survey for Beihai Park. Mr. Luo Zhewen and Mr. Yang Lie, members of Expert Group affiliated to the SACH, made a high evaluation of the measured drawings made by the Department of Architecture of Tianjin University since 1985: "On the basis of integration of teaching, research and production, the systematic large scale recording of ancient buildings by the university is a great progress in terms of the conservation and study of ancient architectural heritage, and the precious experience is worth praising and should be carefully summarized, learned and promoted. Most of the measured drawings prepared by the second year architectural students attain a high level, combining the scientific, archiving and artistic elements. It shows China's adorable development of the architectural history teaching and research in architectural education in recent years."

In 1989, before being awarded the Special Prize of National Teaching Achievement Awards for General Higher Education by State Education Commission, Mr. Hu Dejun, the Dean of Department of Architecture, together with the expert group of the Teaching and Research Offices of Architectural History, reviewed the achievements of measured survey and held an exhibition. Shan Shiyuan, the expert leader of the Palace Museum, together with Luo Zhewen and Du Xianzhou, the experts affiliated to the SACH, Yu Fujing, the deputy chairman from the Architectural Society of China, Xu Boan of School of Architecture of Tsinghua University, Shen Yulin and Zhang Chi from the Department of Architecture of Tianjin University, after careful deliberation, signed the appraisal opinions in May : "The field trip for measured survey of ancient buildings by Tianjin University is a long-term, fruitful and excellent teaching achievements. It has great synthesis and practical significance for architectural education, and contributes greatly to the development of discipline and the conservation of ancient Chinese buildings of our country." The experts particularly appreciated the measured drawings of large-scale ancient building complex, and pointed out that the layout of building complex was one of the essential elements of ancient Chinese architecture, and emphasizing on the building group was the progress of academic ideology.

In 1990, at the 69th anniversary of the founding of Society for Research in Chinese Architecture, Mr. Dai Nianci, the Deputy Minister of the Ministry of Construction, and a master architect, also spoke highly of the role which measured survey practice of Tianjin University had played in architect's professional accomplishment and ethics. In 1990, Li Ruihuan, the then Member of the Standing Committee of the Political Bureau of the CPC Central Committee, met with the teachers and students who attended the field trip of measured survey in Eastern Imperial Tombs of Qing Dynasty and Dule Temple (Temple of Solitary Joy) and fully approved the teaching direction that carried forward the ancient excellent cultural heritage and cultivated patriotism.

In 2008, Mr. Shan Jixiang, the Director-General of the SACH, wrote a letter to the Tianjin University after attending the Exhibition of History of the School of Architecture:" In the past fifty years, the School of Architecture, Tianjin University launched a series of large scale measured survey works for heritage sites of World Heritage, national, and provincial levels, such as the Mountain Resort and its Outlying Temples in Chengde, the Palace Museum, the Imperial Tombs of Ming Dynasty, Beihai Park, Temple of Heaven, the Imperial Ancestral Temple, the Altar of Land and Grain, the Summer Palace, the Eastern and Western Imperial Tombs of Qing Dynasty, Mukden Palace in Shenyang. They had attained great achievements and accumulated numerous crucial data, and laid a solid academic foundation and established a stable academic team, which promoted the overall level of the heritage documentation of in China."